高等学校"十二五"规划教材

新工科建设·现代机械工程系列教材

机械工程材料

（第2版）

张建军　李妙玲　强　华　张　毅◎主编

扫码获取本书数字资源

西南大学出版社

国家一级出版社　全国百佳图书出版单位

图书在版编目(CIP)数据

机械工程材料 / 张建军等主编. — 2版. — 重庆 :
西南师范大学出版社，2021.7(2024.9重印)

ISBN 978-7-5697-0980-3

Ⅰ. ①机… Ⅱ. ①张… Ⅲ. ①机械制造材料－高等学校－教材 Ⅳ. ①TH14

中国版本图书馆CIP数据核字(2021)第124108号

机械工程材料(第2版)

JIXIE GONGCHENG CAILIAO DI－ER BAN

主　编: 张建军　李妙玲　强　华　张　毅

责任编辑: 杜珍辉

封面设计: 汤　立

出版发行: 西南大学出版社(原西南师范大学出版社)

地址:重庆市北碚区天生路1号

邮编:400715　市场营销部电话:023-68868624

http://www.xdcbs.com

经　　销: 新华书店

印　　刷: 重庆天旭印务有限责任公司

幅面尺寸: 195mm×255mm

印　　张: 20.75

字　　数: 481千字

版　　次: 2021年7月　第2版

印　　次: 2024年9月　第2次印刷

书　　号: ISBN 978-7-5697-0980-3

定　　价: 48.00元

前 言 QIAN YAN

本书根据教育部机械基础课程教学指导分委员会工程材料及机械制造基础课指组制定的《普通高等学校工程材料及机械制造基础系列课程教学基本要求》的工程材料课程教学要求和“新工程”建设的需要，结合编者多年教学经验并吸收近年来工程材料课程教学改革成果编写。

本书自 2015 年出版以来，已重印多次，现利用再版的机会，编者根据征集部分读者的意见，对第 1 版作必要修订与订正，调整部分章节内容，将碳素钢与铸铁内容整合为第 7 章碳素钢与铸铁；原第 7 章合金钢调整为第 8 章合金钢；增加了各章小结。

本书系统地阐述了机械工程常用金属与非金属材料的基础理论，特别是机械工程常用材料及选用。内容包括：金属材料的力学性能、金属与合金的晶体结构、金属与合金的结晶、铁碳合金相图、金属的塑性变形及再结晶、钢的热处理及表面处理、碳素钢与铸铁、合金钢、有色金属及高分子材料、陶瓷材料、粉末冶金材料、复合材料、功能材料、机械零件的失效分析，典型机械零件、工模具的选材与工艺分析。

本书注重基本理论和基本概念的阐述，内容新颖，信息量大，采用最新国家标准，在保证理论知识完整性、系统性的同时，适当增加新材料、新工艺、新技术内容，突出机械工程材料的应用，重视可读性和实用性。

参加本书编写的有西南大学张建军(绪论、第 15 章)，翟彦博

（第7章），马永昌（第13章、附录），黄月华（第14章）；洛阳理工学院李妙玲（第3章、第4章）；四川农业大学张黎骅（第5章）；重庆邮电大学张毅（第6章）；重庆文理学院胡旭（第1章、第2章）；长江师范学院李世春（第9章、第12章）；常熟理工学院王海霞（第8章）；重庆人文科技学院强华（第10章、第11章）。

本书由张建军、李妙玲、强华、张毅担任主编，张黎骅、王海霞、翟彦博担任副主编。全书由张建军统稿。

与本书配套的《工程材料实验教程》（张建军等主编）也同时由西南大学出版社出版，可供选用。

本书为高等学校机械类、近机械类本科各专业“机械工程材料”课程的教材，也可供高职高专和网络教育等有关专业选用及有关工程技术人员参考。

在编写过程中，作者参阅了有关教材、标准、资料，在此表示衷心感谢。

由于编者水平有限，书中缺点和错误在所难免，恳请广大读者批评指正。

编　者

2021年6月

目 录

绪 论 …… 001

0.1 材料的定义、地位和作用 …… 001

0.2 工程材料的分类 …… 001

0.3 材料发展简史及材料科学的形成 …… 002

0.4 机械工程材料的发展展望 …… 005

0.5 本课程性质、教学目的、内容和学习方法 …… 005

第 1 章 金属材料的力学性能 …… 006

1.1 强度、刚度、弹性及塑性 …… 007

1.2 硬 度 …… 011

1.3 冲击韧性 …… 016

1.4 疲劳强度与高温强度 …… 018

1.5 断裂韧度 …… 019

1.6 耐磨性 …… 021

第 2 章 金属与合金的晶体结构 …… 024

2.1 固态物质的结合键 …… 024

2.2 金属的晶体结构 …… 026

2.3 实际金属的晶体结构 …… 032

2.4 合金的晶体结构 …… 035

第 3 章 金属与合金的结晶 …… 040

3.1 纯金属的结晶 …… 040

3.2 合金的结晶 …… 046

第 4 章 铁碳合金相图 …… 063

4.1 铁碳合金中的相与基本组织 …… 063

4.2 $Fe\text{-}Fe_3C$ 相图 …… 066

4.3 铁碳合金的成分、组织、性能间的关系 …… 075

4.4 铁碳合金相图的应用 …… 078

第 5 章 金属的塑性变形及再结晶 …… 081

5.1 金属塑性变形的实质 …… 081

5.2 冷塑性变形对金属组织与性能的影响 …… 085

5.3 冷变形金属在加热时的变化 …… 088

5.4 金属的热塑性变形(热变形加工) …… 091

第6章　钢的热处理及表面处理 …… 095
6.1　概述 …… 095
6.2　钢在加热时的转变 …… 095
6.3　钢在冷却时的转变 …… 098
6.4　钢的退火与正火 …… 105
6.5　钢的淬火 …… 108
6.6　钢的淬透性 …… 111
6.7　钢的回火 …… 113
6.8　钢的表面淬火 …… 116
6.9　钢的化学热处理 …… 118
6.10　热处理新技术和新工艺 …… 122
6.11　钢铁材料的表面处理 …… 124
6.12　热处理技术条件的标注及工序位置的安排 …… 129
第7章　碳素钢与铸铁 …… 135
7.1　碳钢 …… 135
7.2　铸铁概述 …… 144
7.3　常用铸铁 …… 147
7.4　铸铁的热处理 …… 158
第8章　合金钢 …… 162
8.1　合金钢基本知识 …… 162
8.2　低合金钢和合金结构钢 …… 167
8.3　合金工具钢 …… 180
8.4　特殊性能钢 …… 191
第9章　有色金属材料 …… 201
9.1　铝及铝合金 …… 201
9.2　铜及铜合金 …… 209
9.3　镁及镁合金 …… 214
9.4　钛及钛合金 …… 219
9.5　轴承合金 …… 222
第10章　高分子材料 …… 228
10.1　高分子材料的基础知识 …… 228
10.2　塑料 …… 233
10.3　橡胶 …… 239
10.4　胶粘剂 …… 242
10.5　合成纤维 …… 242
第11章　陶瓷材料 …… 245
11.1　概述 …… 245

11.2 陶瓷的组成相及其结构 …… 246
11.3 陶瓷的性能及应用 …… 247
11.4 常用陶瓷材料 …… 249
第 12 章 粉末冶金材料 …… 253
12.1 概述 …… 253
12.2 机械制造中常用的粉末冶金材料 …… 257
第 13 章 复合材料 …… 267
13.1 概述 …… 267
13.2 复合材料的复合增强原理 …… 269
13.3 复合材料的性能特点 …… 270
13.4 常用复合材料及应用 …… 272
第 14 章 功能材料 …… 276
14.1 概述 …… 276
14.2 电功能材料 …… 277
14.3 磁功能材料 …… 279
14.4 热功能材料 …… 282
14.5 光功能材料 …… 284
14.6 传感器用敏感材料 …… 285
14.7 智能材料 …… 287
第 15 章 工程材料的选用 …… 290
15.1 机械零件的失效概述 …… 290
15.2 机械零件选材原则和步骤 …… 292
15.3 典型零件选材及工艺分析 …… 299
15.4 工模具选材 …… 310
附 录 …… 318
参考文献 …… 322

绪　论

0.1　材料的定义、地位和作用

材料是人们用来制造各种产品的物质，是人类生活和生产的物质基础。人类社会发展的历史表明，生产技术的进步和生活水平的提高与新材料的运用息息相关。材料的利用情况标志着人类文明的发展水平，历史学家把人类的历史按人类所使用的材料种类划分为石器时代、青铜器时代、铁器时代，人类社会的发展伴随着材料的发明和发展。每一种新材料的出现和应用，都使社会生产和生活发生重大的变化，并有力地推动着人类文明进步。

如今，把材料、信息、能源称为现代技术的三大支柱，许多工业化国家都把材料学作为重点发展的学科之一，可见材料在现代技术中的重要地位和作用。材料的发展虽然离不开科学技术的进步，但科学技术的继续发展又依赖于工程材料的发展。在人们日常生活和现代工程技术的各个领域中，工程材料的重要作用都是很明显的。例如，耐腐蚀、耐高压的材料在石油化工领域中应用；强度高、重量轻的材料在交通运输领域中应用；某些高分子材料、陶瓷材料和金属材料在生物医学领域中应用；高温合金和陶瓷在高温装置中应用；半导体材料、超导材料在通信、计算机、航天和日用电子器件等领域中应用；强度高、重量轻、耐高温、抗热振性好的材料在宇宙飞船、人造卫星等宇航领域中应用；在机械制造领域中，从简单的手工工具到复杂的智能机器人，都应用了现代工程材料。在工程技术发展史上，每一项创造发明能否推广应用于生产，每一个科学理论能否实现技术应用，其材料往往是解决问题的关键。因此，世界各国对材料的研究和发展都非常重视，它在工程技术中的作用是不容忽视的。

0.2　工程材料的分类

现代材料种类繁多，据粗略统计，目前世界上的材料总和已达40余万种，并且每年还以约5%的速率增加。材料有许多不同的分类方法。

按照材料的使用性能分为结构材料和功能材料两大类。结构材料是以力学性能为主要使用性能，用于工程结构和机械零件等；功能材料是以某些物理、化学或生物功能等为主要使用性能，用于特殊功能零件。

按照材料的化学组成分为金属材料、高分子材料、陶瓷材料和复合材料四大类。

0.2.1　金属材料

目前，机械工业生产中，金属材料是最重要的工程材料。包括：①黑色金属——铁和以铁为基的合金(钢、铸铁和铁合金);②有色金属——黑色金属以外的所有金属及其合金。金属材料不仅来源丰富,而且还具有优良的使用性能与工艺性能。使用性能包括力学性能和物理、化学性能。优良的使用性能可满足生产和生活上的各种需要。优良的工艺性能则可使金属材料易于采用各种加工方法,制成各种形状、尺寸的零件和工具。金属材料还可通过不同成分配制、不同加工和热处理来改变其组织和性能,从而进一步扩大其使用范围。其中,应用最广的是黑色金属,在机械产品中占整个用材的60%以上。

0.2.2 高分子材料

高分子材料为有机合成材料,亦称聚合物。其某些力学性能不如金属材料,但它们具有金属材料不具备的某些特性,如耐腐蚀、电绝缘性、隔声、减震、重量轻、原料来源丰富、价廉以及成型加工容易等优点,因而近年来发展极快。目前,它们不仅用作人们的生活用品,而且在工业生产中已日益广泛地代替部分金属材料,将成为可与金属材料相匹敌的、具有强大生命力的材料。

0.2.3 陶瓷材料

陶瓷材料是人类应用最早的材料。它坚硬、稳定,可以制造工具、用具;在一些特殊的情况下也可作为结构材料。新型陶瓷材料的塑性与韧性虽低于金属材料,但它们具有高熔点、高硬度、耐高温以及特殊的物理性能,可以制造工具、用具以及功能结构材料,已成为发展高温材料和功能材料方面具有很大潜力的新型工程材料。

0.2.4 复合材料

复合材料是两种或两种以上不同材料的组合材料，其性能优于它的组成材料。复合材料可以由各种不同种类的材料复合组成,所以它的结合键非常复杂。它在强度、刚度和耐蚀性方面比单纯的金属、陶瓷和聚合物都优越，是一类特殊的工程材料，具有广阔的发展前景。目前,高比强度和比弹性模量的复合材料已广泛地应用于航空、建筑、机械、交通运输以及国防工业等部门。

机械工程材料主要是指用于机械、车辆、船舶、建筑、化工、能源、仪器仪表、航空航天等工程领域中的材料,用于制造各类机械零件、构件的材料和在机械制造过程中所应用的工艺材料,也包括一些用于制造工具的材料和具有特殊性能(如耐腐蚀、耐高温等)的材料,是材料科学的一个分支。

0.3 材料发展简史及材料科学的形成

0.3.1 我国古代在材料及其加工工艺方面的辉煌成就

我国古代在材料及其加工工艺方面的科学技术曾遥遥领先同时代的欧洲,对世界文明和人类进步做出了杰出的贡献。大约二三百万年前,最先使用的工具材料是天然石头。用坚硬的容易纵裂成薄片的火遂石和石英石等天然材料制成石刀、石斧、石锄。到了原始社会末期(约六七千年之前)开始人工制作陶器,由此发展到东汉出现瓷器,成为最早生产瓷器的国家。瓷器于9世纪传到非洲东部和阿拉伯国家,13世纪传到日本,15世纪传到欧洲,对世界文明产生了很大的影响。直到今天,中国瓷器仍畅销全球,名誉四海。

早在4000年前,我国就开始使用天然红铜,夏朝(公元前2140年始)以前就开始了青铜冶炼,至公元前1000多年的殷商时代,我国的青铜冶铸技术已达到很高的水平,从出土的大量青铜礼器、生活用具、武器、工具,特别是重达875kg的司母戊大鼎,其体积庞大、花纹精巧、造型精美,是迄今世界上最古老的大型青铜器,如图0-1所示。从湖北隋县出土的战国青铜编钟是我国古代文化艺术高度发达的见证,如图0-2所示。这些都说明了当时已具备高超的冶铸技术和艺术造诣。

图0-1 司母戊大鼎

图0-2 战国青铜编钟

到春秋时期,我国已能对青铜冶铸技术做出规律性的总结,如《周礼·考工记》对青铜的成分和用途关系有如下的记载:“金有六齐,六分其金而锡居一,谓之钟鼎之齐;五分其金而锡居一,谓之斧斤之齐;四分其金而锡居一,谓之戈戟之齐;三分其金而锡居一,谓之大刃之齐;五分其金而锡居二,谓之削杀矢之齐;金、锡半,谓之鉴燧之齐。”这“六齐”规律是世界上最早的金属材料的成分、性能和用途间关系的总结。

我国早在周代就开始了冶铁,这比欧洲最早使用生铁的时间约早2000年。春秋战国时期(公元前770年~公元前221年)已开始大量使用铁器。我国不仅具有使用钢铁的悠久历史,而且当时的技术也很发达,如河北武安出土的战国时期的铁锹,经金相检验证明,该材料就是现今的可锻铸铁。我国古代创造了三种炼钢方法。第一种是从矿石中直接炼出自然钢。用这种钢制作的剑在东方各国享有盛誉,东汉时传入欧洲;第二种是西汉时期的经过“百次”冶炼锻打的百炼钢;第三种是南北朝时期生产的灌钢。我国先炼铁后炼钢的两步炼钢技术要比其他国家早1600多年。钢的热处理技术也达到了相当高的水平。根据许多出土文物与历史记载,证明我国古代人民曾做出了很大的贡献。远在西汉时,司马迁所著的《史记·天官书》中就有“水与火合为焠”;东汉班固所著的《汉书·王褒传》中有“……巧冶铸干将之朴、清水焠其锋”等有关热处理技术方面的记载。从辽阳三道壕出土的西汉钢剑,经金相检验,发现其内部组织完全符合现在淬火马氏体组织。从河北满城出土的西汉佩剑及书刀,检验发现其中心为低碳钢,表层为明显的高碳层。这些都证明早在2000年以前,我国已采用了淬火工艺和渗碳工艺,热处理技术已达到相当高的水平。明代科学家宋应星在《天工开物》一书中对钢铁的退火、淬火、渗碳工艺做了详细的论述。它是世界上有关金属加工工艺最早的科学著作之一,这充分反映了我国人民在金属加工工艺方面的卓越成就。

0.3.2 工程材料的工业化发展

人类虽早在公元前就已了解铜、铁、锡、铅、金、银等多种金属,但由于采矿和冶炼技术的限制,在相当长的历史时期内,很多器械仍用木材制造或采用铁木混合结构。1856 年英国人 H. 贝塞麦发明转炉炼钢法,1856~1864 年英国人 K. W. 西门子和法国人 P. E. 马丁发明平炉炼钢以后,大规模炼钢工业兴起,钢铁才成为最主要的机械工程材料。到 20 世纪 30 年代,铝及铝合金、镁及镁合金等轻金属逐步得到应用。第二次世界大战后,科学技术的进步促进了新型材料的发展,球墨铸铁、合金铸铁、合金钢、耐热钢、不锈钢、镍合金、钛合金和硬质合金等相继形成系列并扩大应用。同时,随着石油化学工业的发展,促进了合成材料的兴起,工程塑料、合成橡胶和胶粘剂等在机械工程材料中的比重逐步提高。另外,宝石、玻璃和特种陶瓷材料等也逐步扩大在机械工程中的应用。

0.3.3 材料科学的形成和发展

人们对材料的认识也是一个逐步深入的过程。由于技术手段原因,早期对材料的认识只局限于表面宏观感性认识。1863 年光学显微镜第一次被用于金属研究,出现了金相学的研究,才使人们对材料的观察进入到微观领域;1912 年应用 X 射线衍射技术对晶体微观结构进行研究;1932 年又发明了电子显微镜以及后来出现的各种谱仪,把人们带到了微观世界的更深层次,现代科学技术的发展为人们认识材料提供了技术手段和理论基础。同时,与材料有关的一些基础学科(如物理、化学、量子力学等)的发展,有力地推动了材料研究的深化。所以,材料科学是在物理、化学、冶金学等基础上建立起来的以材料为研究对象的多科性科学。它是研究材料的化学成分和微观结构与材料性能之间关系的一门科学。同时,它还研究制取材料和使用材料的有关知识。随着科学技术的发展,尤其是材料测试分析技术的不断提高,如电子显微技术、微区成分分析技术等的应用,材料的内部结构和性能间的关系不断被揭示,对材料的认识将进入更加微观领域。在认识各种材料的共性基本规律的基础上,正在探索按指定性能来研发新材料的途径。

新中国成立后,我国工农业生产迅速发展,尤其是改革开放以来,作为其物质基础的材料也得到了高速发展。目前,各种金属材料品种较齐全,已基本满足国民经济高速发展的需要。我国粗钢产量自 1996 年的 1.01 亿吨到 2013 年 7.79 亿吨一直位居世界第一。近年来,我国从神舟号到玉兔号载人飞船相继发射成功、蛟龙号载人潜水器载人深潜成功以及在生物医学如骨科、齿科材料,人工器官材料,医用器械等方面所取得的显著成果,都是有材料科学与工程技术的支持。随着现代科学技术的发展,对工程材料的要求也越来越高。如今,在发展高性能金属材料的同时,又迅速发展和应用了高性能的非金属材料及复合材料,不断满足生产和科学技术发展的需要。

0.4　机械工程材料的发展展望

目前，机械工业正朝着高速、自动、精密化的方向发展。在机械产品设计及其制造与维修过程中，所遇到的有关机械工程材料和热处理及材料选用方面的问题日趋增多，使机械工业的发展与工程材料学科之间的关系更加密切。机械产品的可靠性和先进性，除设计因素外，在很大程度上取决于所选用材料的质量和性能。新型材料的发展是发展新产品和提高产品质量的物质基础。如各种高强度材料的发展，为发展大型结构件和逐步提高材料的使用强度等级，减轻产品自重提供了条件；高性能的高温材料、耐腐蚀材料为开发和利用新能源开辟了新的途径。现代发展起来的新型材料如新型纤维材料、功能性高分子材料、非晶质材料、单晶体材料、精细陶瓷和新合金材料等，对于研制新一代的机械产品具有重要意义。如碳纤维比玻璃纤维强度和弹性更高，用于制造飞机和汽车等结构件，能显著减轻自重而节约能源。精细陶瓷如热压氮化硅和部分稳定结晶氧化锆，有足够的强度，比合金材料有更高的耐热性，能大幅度提高热机的效率，是绝热发动机的关键材料。还有不少与能源利用和转换密切有关的功能材料的突破，将会引起机电产品的巨大变革。

0.5　本课程性质、教学目的、内容和学习方法

工程材料课程是高等学校机械类、近机械类工科专业必修的一门技术基础课。

教学目的是从机械工程材料的应用角度出发，学习并掌握机械工程材料的基本知识，掌握常用机械工程材料的成分、组织结构与性能间的关系以及有关加工工艺对其的影响；熟悉常用机械工程材料的性能和应用，并初步具备选用常用材料的能力；了解与本课程有关的新材料、新技术、新工艺及其发展概况。为学习其他有关课程和将来从事技术工作奠定必要的基础。

本课程主要内容包括：工程材料的基本理论（第一章～第六章）、机械工程常用材料（第七章～第十四章）、工程材料的选用（第十五章）等。基本理论部分由金属学基础知识和钢的热处理组成：主要介绍金属材料的力学性能、晶体结构部分，金属与合金的结晶、合金相图，钢的热处理，金属的塑性变形与再结晶；机械工程常用材料主要介绍各种钢铁材料及性能和应用，有色金属材料、陶瓷材料、粉末冶金材料、复合材料、功能材料简介等；材料选用部分主要介绍零件失效分析、典型机械零件和工模具材料的选用等。

本课程是以物理、化学、材料力学、机械制造基础实习为基础的课程，理论性、实践性和实用性都很强，涉及大量的组织、结构及相图方面的知识，知识面较广，内容较丰富，具有概念多而抽象、微观描述多的特点。学习本课程之前，学生应具有必要的机械制造基础实践的感性认识和一定的专业基础知识，具有一定的物理、化学、材料力学、机械制造基础知识。学习中应注重于分析、理解与运用，要充分利用图表理解其含义，并注意前后知识的衔接与综合应用，为了提高独立分析问题、解决问题的能力，除理论学习外，还要注意密切联系实际，认真完成课程实验，才能达到较好的学习效果。

第1章　金属材料的力学性能

材料的性能用来表征材料在给定外界条件下的行为参量，包括使用性能和工艺性能。使用性能是指材料在使用过程中所表现出来的性能，主要有力学性能、物理性能和化学性能；工艺性能是指金属材料在各种加工过程中所表现出来的性能，主要有冶炼、铸造、锻造、焊接、热处理和切削加工等性能。

由于多数机械零件是在常温、常压、非强烈腐蚀性介质中工作，而且在使用过程中受到不同性质载荷（外力）的作用，所以设计零（构）件、选用材料、鉴定工艺质量时大多以力学性能为主要依据，因此，熟悉和掌握材料的力学性能是非常重要的。

机械工程材料中，金属材料性能优良，是机械工程上最主要的材料。

金属材料的力学性能（mechanical properties）是指材料在载荷作用下所表现出来的特性，即金属材料在外力作用下所表现出来的各种性能。它取决于材料本身的化学成分和材料的微观组织结构。当载荷性质、环境温度与介质等外在因素不同时，材料会产生不同的变形、断裂过程与断裂方式，因此用来衡量材料力学性能的指标也不同。所以，力学性能的高低表征了金属抵抗各种损伤能力的大小，也是设计金属构件时选材和进行强度计算的主要依据。常用的力学性能指标有强度、刚度、硬度、塑性、韧性等。它们可通过各自的标准试验来测定。

金属材料在加工及使用过程中所受的外力称为载荷。根据载荷作用性质的不同，可分为静载荷、冲击载荷及交变载荷三种：

（1）静载荷　是指大小不变或变化过程缓慢的载荷。

（2）冲击载荷　是在短时间内以较高速度作用于零件上的载荷。

（3）交变载荷　是指大小、方向或大小和方向都随时间发生周期性变化的载荷。

根据作用形式不同，载荷又可分为拉伸载荷、压缩载荷、弯曲载荷、剪切载荷和扭转载荷等，如图1-1所示。

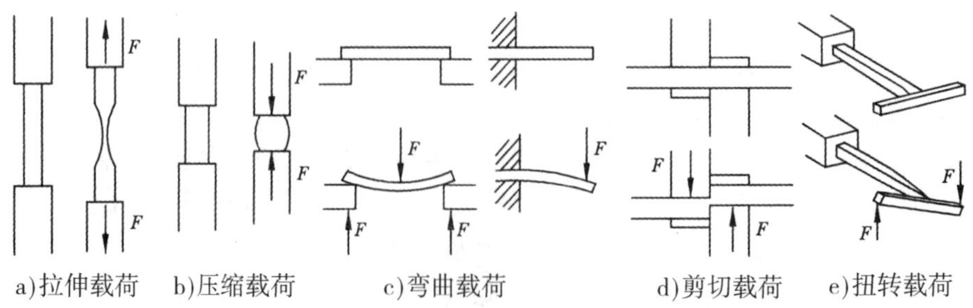

图1-1　载荷的作用形式

1.1 强度、刚度、弹性及塑性

1.1.1 强度

强度(strength)是指金属材料抵抗塑性变形和断裂的能力。工程上常用室温下静载强度,根据外力作用的形式不同可分为抗拉强度、抗压强度、抗弯强度、抗剪强度和抗扭强度。此外,还有高温强度和疲劳强度等。

金属材料的强度、刚度与塑性可通过静拉伸试验来测得。静拉伸试验通常指的是在室温大气环境中,测试光滑试样在静载荷作用下反映出的力学行为。其中以抗拉强度(tensile strength)、屈服强度(yield strength)等最为广泛。

1. 拉伸试验

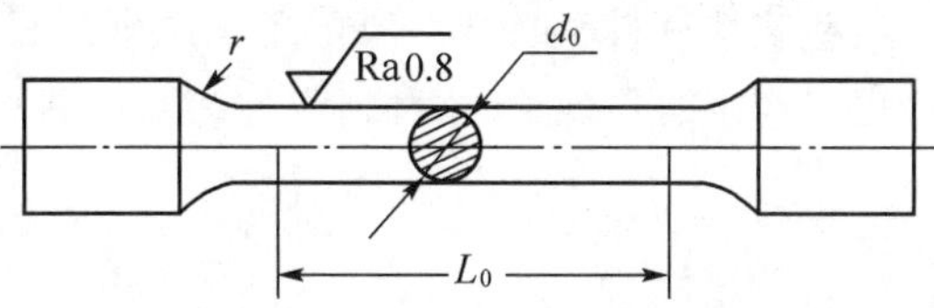

图 1-2 圆形标准拉伸试样

被测材料的抗拉强度和屈服强度应依据国家标准 GB/T228.1－2010《金属材料 拉伸试验 第 1 部分:室温试验方法》的规定进行。试验前,圆形材料制成如图 1-2 所示的标准拉伸试样。图中 d_0 为试样的原始直径(mm),L_0 为试样的原始标距长度(mm)。按照 GB/T6397－1986《金属拉伸试验试样》规定,试样分为长试样和短试样。对圆形拉伸试样,长试样 $L_0=11.3(S_0)^{1/2}$;短试样 $L_0=5.65(S_0)^{1/2}$。

现以低碳钢经退火后为例。试验时,将试样装夹在拉伸试验机上缓慢施加拉伸载荷,试样则不断产生变形,直至被拉断为止。试验机自动记录装置可将整个拉伸过程中的拉伸载荷和伸长量描绘在以拉伸载荷 F 为纵坐标,伸长量$\triangle L$ 为横坐标的图上,即得到力－伸长量曲线(也称拉伸曲线),如图 1-3b 所示。

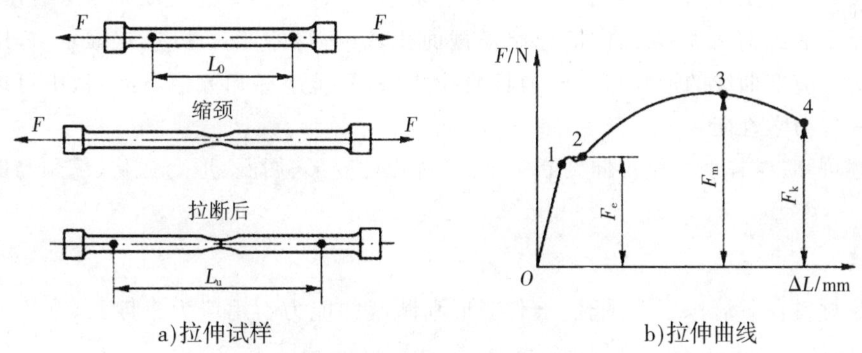

图 1-3 低碳钢(退火)的力－伸长曲线

从图中明显地表现出下面几个变形阶段:

(1)弹性变形阶段 O-1 段为弹性变形阶段,试样受外力作用产生变形,其变形量与外力成正比,外力去除后,试样将恢复到原始状态。

（2）屈服阶段　1-2 段为屈服阶段，试样受外力作用除发生弹性变形外，还发生了部分塑性变形。当外力增大到 F_e 时，在 2 点的曲线几乎呈水平线段或锯齿形折线，说明外力不再增加（或波动不大）而试样仍继续变形，这种现象称为屈服。它表明材料开始发生塑性变形。外力去除后，一部分变形恢复，还有一部分变形不能恢复，这部分不能恢复的变形即塑性变形（又称永久变形）。

（3）强化阶段　2-3 段为强化阶段，为使试样继续变形，外力由 F_e 增大到 F_m，随着塑性变形的增大，材料变形抗力也逐渐增加。

（4）缩颈和断裂阶段　3-4 段为缩颈和断裂阶段，当外力增加到最大值 F_m 时，试样的直径发生局部收缩现象，称为缩颈，如图 1-3a 中的缩颈。由于截面减小，使试样继续变形所需外力减小。当外力减至 F_k 时，试样在缩颈处断裂。

低碳钢等塑性材料在断裂前有明显的塑性变形，这种断裂称为韧性断裂。

某些脆性材料（如铸铁等）在尚未产生明显的塑性变形时已断裂，故不仅没有屈服现象，而且也不产生缩颈现象，这种断裂称为脆性断裂。图 1-4 为铸铁的力—伸长曲线。

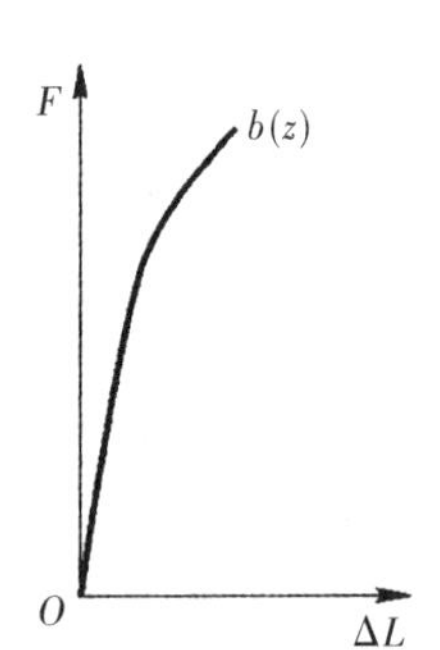

图 1-4　铸铁的力—伸长曲线

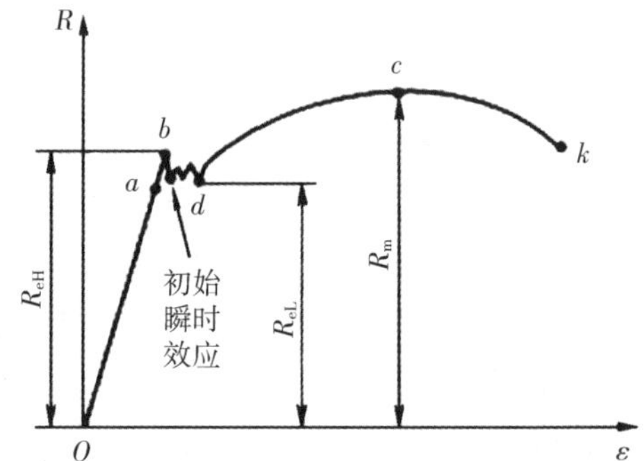

图 1-5　应力—应变曲线

为了消除试样尺寸的影响，引入应力—应变曲线，如图 1-5 所示。图中横坐标是把试样的伸长量△L 除以试样的原标距长度 L_0 所得的商——应变（strain），用符号 ε 表示；纵坐标是把试样承受的载荷 F 除以试样的原始横截面积 S_0 所得的商——应力（stress），用符号 R 表示。应力—应变曲线的形状与力—伸长曲线相似，只是坐标和数值不同，从中可以看出金属材料的一些力学性能。

由上述可知：试样从开始拉伸到断裂，要经过弹性变形、屈服、形变强化、缩颈与断裂四个阶段。

2. 强度

强度是材料在载荷作用下，抵抗永久变形和断裂的能力。用应力来度量，常用的强度指标有：屈服强度（yield strength）和抗拉强度（tensile strength）。

（1）屈服强度

1）屈服强度　是材料屈服时的应力值。它表明材料对开始明显塑性变形的抗力，在 GB/T228.1—2010 中，将屈服强度分为上屈服强度和下屈服强度。上屈服强度是指试样发生屈服并且外力首次下降前的最大应力，用符号 R_{eH} 表示；下屈服强度是指不记初始瞬时效应时屈服阶段中的最小应力，用符号 R_{eL} 表示。由于材料的下屈服强度数值比较稳定，所以一般以它作为材料对塑性变形抗力的指标。

$$R_{eL}=F_{eL}/S_0 \tag{1-1}$$

式中：R_{eL} 为下屈服强度(MPa)；F_{eL} 为试样的下屈服力(N)；S_0 为试样原始横截面积(mm^2)。

2)规定残余延伸强度　有些材料(如铸铁等)在拉伸过程中没有明显的屈服现象，很难测出屈服强度，工程上用规定残余延伸强度 R_r 来表示它的屈服强度。规定残余延伸强度是指卸除拉伸力后，其标距部分的残余延伸率等于规定的原始标距或引伸计标距百分率时对应的应力。表示此强度的符号应附以下角标注明其规定的残余延伸率。例如：$R_{r0.2}$ 表示规定残余延伸率为0.2%时的应力值(通常写成 $R_{0.2}$)，即有：

$$R_{r0.2}=F_{r0.2}/S_0 \tag{1-2}$$

式中：$R_{r0.2}$ 为规定残余延伸率为0.2%时的应力值(MPa)；$F_{r0.2}$ 为残余延伸率达0.2%时的载荷(N)；S_0 为试样原始横截面积(mm^2)。

(2)抗拉强度 R_m

试样在屈服阶段之后所能抵抗的最大力(对于无明显屈服的金属材料，为试验期间的最大力)用 F_m 表示，相应的应力称为抗拉强度，用符号 R_m 表示，即

$$R_m=F_m/S_0 \tag{1-3}$$

式中：R_m 为抗拉强度(MPa)；F_m 为试样在屈服阶段之后所能抵抗的最大力(N)；S_0 为试样原始横截面积(mm^2)。

实际生产中，绝大多数工程零件在工作中都不允许产生明显的塑性变形，因此 R_{eL} 是工程中塑性材料零件设计及计算的重要依据，$R_{r0.2}$ 则是不产生明显屈服现象零件的设计计算依据。由于抗拉强度 R_m 测定比较方便，数据比较准确，所以有时可直接采用抗拉强度 R_m 加上较大的安全系数作为设计计算的依据。

工程上，把“屈服强度与抗拉强度之比”称为屈强比(yielding-to-tensile ratio)。其值越大，越能发挥材料的潜力；其值越小，零件工作时的可靠性越高，因为万一超载也不致马上断裂；其值太小，材料强度的有效利用率降低。

合金化、热处理、冷热加工对材料的 R_{eL}、R_m 数值会产生很大的影响。

1.1.2　刚度

材料受力时抵抗弹性变形的能力称为刚度(rigidity)。它表示材料产生弹性变形的难易程度。刚度等于材料的弹性模量(或切变模量)与零(构)件截面积的乘积，通常用弹性模量 E(单向拉伸或压缩时)及切变模量 G(剪切或扭转时)来评价。

弹性模量 E(或切变模量 G)是在弹性范围内应力与应变的比值($E=R/\varepsilon$)。其值越大，材料的刚度越大，即具有特定外形尺寸的零件或构件保持其原有形状尺寸的能力也越强，就是说弹性变形越不容易进行。弹性模量的大小主要取决于金属的本性(晶格类型和原子结构)，而与金属的显微组织无关。温度的变化会影响弹性模量，温度升高，弹性模量减小。金属的合金化、热处理、冷变形等对弹性模量的影响很小。基体金属一经确定，其弹性模量值就基本确定了。在材料不变的情况下，只有改变零件的截面尺寸或结构，才能改变它的刚度。

常见金属的弹性模量和切变模量见表 1-1。

表 1-1　常见金属的弹性模量和切变模量

金　属	弹性模量 E/ MPa	切变模量 G/ MPa
铁(Fe)	196 000	79 000
镍(Ni)	210 000	84 000
钛(Ti)	118 010	44 670
铝(Al)	72 000	27 000
铜(Cu)	132 400	49 270
镁(Mg)	45 000	18 000

1.1.3　塑性

塑性(plasticity)是指材料在断裂前发生塑性变形的能力。常用的性能指标有断后伸长率和断面收缩率，可在静拉伸试验中，把试样拉断后将其对接起来进行测量而得到。

1. 断后伸长率

断后伸长率是指试样拉断后标距长度的伸长量与原标距长度的百分比，用符号 A 表示，即：

$$A=\frac{L_u-L_0}{L_0}\times 100\% \tag{1-4}$$

式中：A 为断后伸长率(%)；L_0 为试样原始标距长度(mm)；L_u 为试样拉断后对接的标距长度(mm)。如图 1-3a 所示。

伸长率的数值和试样标距长度有关。长试样的断后伸长率用符号 $A_{11.3}$ 表示，短试样的断后伸长率用符号 A 表示。同一种材料的 $A>A_{11.3}$，所以相同符号的断后伸长率才能进行比较。

2. 断面收缩率

断面收缩率是指试样拉断后颈缩处横截面积的最大缩减量与原始横截面积的百分比，用符号 Z 表示，即：

$$Z=\frac{S_0-S_u}{S_0}\times 100\% \tag{1-5}$$

式中：Z 为断面收缩率(%)；S_0 为试样原始横截面积(mm^2)；S_u 为试样拉断后颈缩处最小横截面积(mm^2)。

一般情况下，A 或 Z 值越大，材料塑性越好。塑性好的材料可用轧制、锻造和冲压等方法加工成形，而且在工作时若超载，可因其塑性变形而避免突然断裂，提高了工作安全性。

目前，原有各有关手册、书籍和有关单位所使用的金属力学性能数据仍存在按照旧版国家标准 GB/T228—1987《金属拉伸试验方法》的规定，标注符号的现象，本书为方便读者阅读，列出了新、旧标准关于金属材料强度与塑性有关指标的名词术语及符号对照表，见表 1-2。

表 1-2 新、旧标准金属材料强度与塑性有关指标的名词术语及符号对照

GB/T228.1—2010		GB/T228—1987	
名词术语	符号	名词术语	符号
屈服强度	—	屈服点	σ_s
上屈服强度	R_{eH}	上屈服点	σ_{sU}
下屈服强度	R_{eL}	下屈服点	σ_{sL}
规定残余伸长强度	R_r，如 $R_{r0.2}$	规定残余伸长应力	σ_r，如 $\sigma_{r0.2}$
抗拉强度	R_m	抗拉强度	σ_b
断后伸长率	A 和 $A_{11.3}$	断后伸长率	δ_5 和 δ_{10}
断面收缩率	Z	断面收缩率	ψ

1.2 硬 度

硬度(hardness)是固体材料表面在外力作用下，抵抗局部变形，特别是塑性变形、压痕或划痕的能力，是衡量材料软硬的指标。硬度值的大小不仅取决于材料的成分和组织结构，而且还取决于测定方法和试验条件。

硬度试验设备简单，操作迅速方便，一般不需要破坏零件或构件，而且对于大多数金属材料，硬度与其他的力学性能(如强度、耐磨性)以及工艺性能(如切削加工性、可焊性等)之间存在着一定的对应关系。因此，硬度被广泛地用以检验原材料和热处理件的质量、鉴定热处理工艺的合理性以及作为评定工艺性能的参考。

机械制造中应用广泛的是静试验载荷压入法硬度试验。即在规定的静态试验载荷下将压头压入材料表层，然后根据载荷的大小、压痕表面积或深度来确定其硬度值的大小。因此，压入法所表示的硬度是指材料表面抵抗更硬物体压入的能力。常用的硬度试验方法有布氏硬度(Brinell hardness)、洛氏硬度(Rockwell hardness)和维氏硬度(Vickers hardness)等。

1.2.1 布氏硬度

1. 试验原理

根据 GB/T231.1—2009 规定，布氏硬度试验原理如图 1-6。试验时，采用一定直径 D 的硬质合金球作压头，在相应的试验载荷 F 的作用下，将压头压入试样的表面，经规定保持时间后，卸除试验载荷，测量试样表面的压痕直径 d，用试验载荷 F 除以压痕表面积 S 所得的商作为布氏硬度值，用符号 HBW 表示。图 1-7 为 HB-3000B 布氏硬度计。

布氏硬度计算如下：

$$\mathrm{HBW}=0.102\times\frac{F}{S}=0.102\times\frac{2F}{\pi D\left(D-\sqrt{D^2-d^2}\right)} \tag{1-6}$$

式中：HBW 为布氏硬度值(N/mm^2)；F 为载荷(N)；S 为压痕面积(mm^2)。

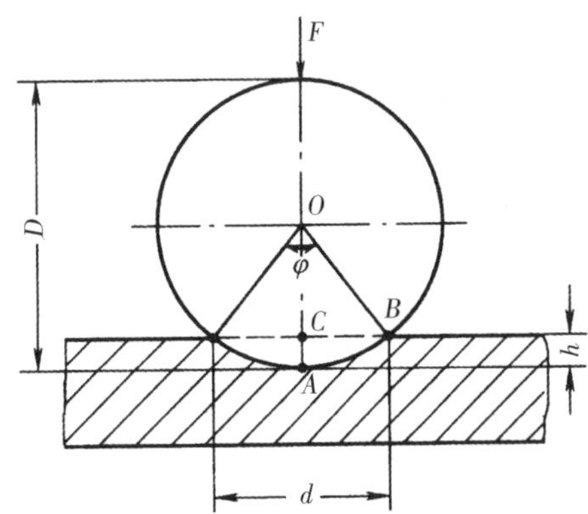

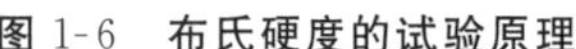
图 1-6 布氏硬度的试验原理

图 1-7 HB-3000B 布氏硬度计

由上式可以看出,当 F、D 一定时,布氏硬度值仅与压痕平均直径 d 的大小有关。d 越小,布氏硬度值越大,材料硬度越高;反之,则说明材料较软。在实际应用中,布氏硬度一般不用计算,只需根据测出的压痕平均直径 d 查表即可得到硬度值。

由于材料有软有硬,工件有厚有薄、有大有小,如果只采用一种标准的试验载荷 F 和压头球体直径 D,就会出现对某些材料和工件不适应的现象。因此,在布氏硬度试验时,应按一定的试验规范正确地选择压头球体直径 D、试验载荷 F 和保持时间 t,见表 1-3。

压头直径　GB/T231.1－2009《金属材料　布氏硬度试验　第 1 部分:试验方法》中有 10mm、5mm、2.5mm 和 1mm 四种。压头直径可根据试样厚度选择,见标准中压头直径、压痕平均直径与试样最小厚度关系表。选择压头直径时,在试样厚度允许的条件下尽量选用 10mm 球体作压头,以便得到较大的压痕,使所测的硬度值具有代表性和重复性,从而更充分地反映出金属的平均硬度。

标准中 F/D^2 比值　有 30、15、10、5、2.5、1.25 和 1 七种,其值主要根据试验材料的种类及其硬度范围来选择,如表 1－3 所示。球体直径 D 和 F/D^2 比值确定后,试验力 F 也就确定了。试验须保证压痕直径 d 在(0.24～0.6)D 范围内,试样厚度为压痕深度的 10 倍以上。

试验力保持时间 t　主要根据试样材料的硬度来选择,见表 1-3。黑色金属:t＝10～15s;有色金属:t＝(30±2)s;对于硬度＜35HBW 的材料:t＝(60±2)s。

表 1-3　几种布氏硬度试验规范

材料	布氏硬度	钢球直径 D (mm)	$0.102\times F/D^2$ (N/mm²)	试验载荷 F (N)	负荷保持时间(s)
钢及铸铁	＜140	10	10	9807	10
		5		2452	
		2.5		612.9	
	≥140	10	30	29420	
		5		7355	
		2.5		1839	

续表

材料	布氏硬度	钢球直径 D (mm)	$0.102\times F/D^2$ (N/mm^2)	试验载荷 F (N)	负荷保持时间(s)
铜及其合金	＜35	10	5	4903	60
		5		1226	
		2.5		306.5	
	35～200	10	10	9807	30
		5		2452	
		2.5		612.9	
	＞200	10	30	29420	30
		5		7355	
		2.5		1839	
轻金属及其合金	＜35	10	2.5	2452	60
		5		612.9	
		2.5		153.2	
	35～80	10	10 (5 或 15)	9807	30
		5		2452	
		2.5		612.9	
	＞80	10	10 (或 15)	9807	30
		5		2452	
		2.5		612.9	

2. 表示方法

布氏硬度用符号 HBW 表示，符号 HBW 之前为硬度值(不标注单位)，符号后面按以下顺序用数值表示试验条件。例如：120HBW10/1000/30 表示用直径 10mm 的硬质合金球压头在 9.8kN(1000kgf)的试验载荷作用下，保持 30s 所测得的布氏硬度值为 120。500HBW5/750 表示用直径 5mm 的硬质合金球压头在 7.355kN(750kgf)的试验载荷作用下保持 10～15s(不标注)测得的布氏硬度值为 500。

3. 特点及应用

布氏硬度试验压痕面积较大，受测量不均匀度影响较小，测量结果较准确，适合测量组织粗大且不均匀的金属材料的硬度。如铸铁、铸钢、非铁金属及其合金，各种退火、正火或调质的钢材等。而且，由于布氏硬度与抗拉强度之间存在一定的经验关系，因此得到了广泛的应用。但布氏硬度试验较费时，压痕较大，不宜用来测成品，特别是有较高精度要求的配合面、小件及薄件，也不能用来测太硬的材料，测试范围上限为 650HBW。

1.2.2 洛氏硬度

1. 试验原理

洛氏硬度是在初试验载荷(F_0)及总试验载荷(F_0+F_1)的先后作用下，将压头(120°金刚石圆锥体或一定直径硬质合金球)压入试样表面，经规定保持时间后，卸除主试验载荷F_1，用测量的残余压痕深度增量计算硬度值，如图1-8所示。图1-9为HR-150型洛氏硬度计。

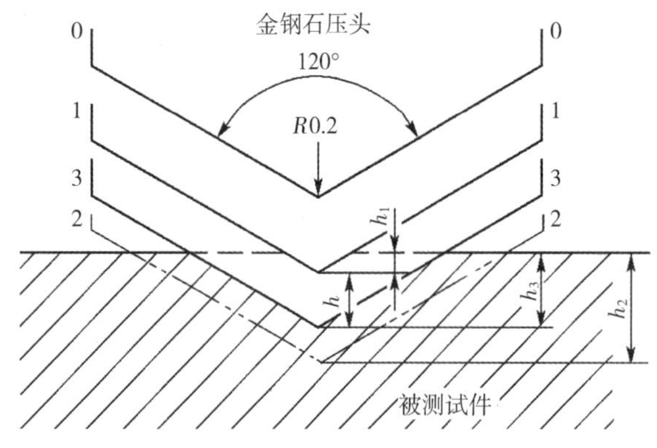

图1-8 洛氏硬度的试验原理

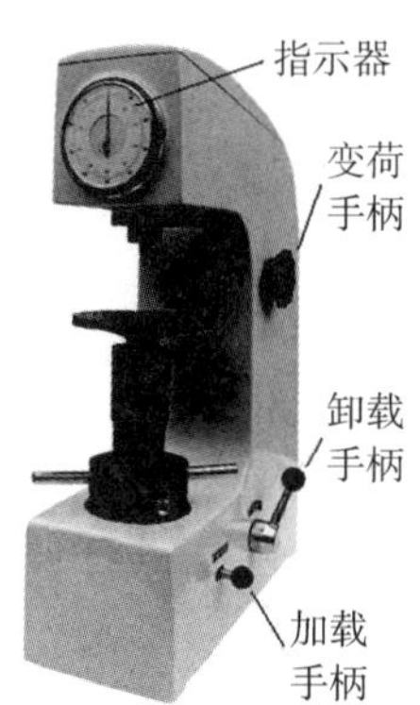

图1-9 HR-150型洛氏硬度计

图中0-0为压头与试样表面未接触的位置。1-1为施加初载荷(F_0)98.07 N(10kgf)后，压头经试样表面压入到h_1位置。此处是测量压入深度的起点(可防止因试样表面不平引起的误差)。2-2为初试验载荷(F_0)和主试验载荷(F_1)共同作用下，压头压入到h_2位置。3－3为卸除主试验载荷，但保持初试验载荷的条件下，因试样弹性变形的恢复使压头回升到h_3位置。因此，压头在主试验载荷作用下，实际压入试样产生塑性变形的压痕深度为$h(h=h_3-h_1)$(h为残余压痕深度增量)。用h大小来判断材料的硬度：h越大，硬度越低；反之，硬度越高。为了照顾习惯上数值愈大，硬度愈高的概念，故采用一个常数k减去h来表示硬度大小，并规定每0.002mm的压痕深度为一个硬度单位，由此获得的硬度值称为洛氏硬度值，用符号HR来表示。

$$HR=(k-h)/0.002 \tag{1-7}$$

式中：k为常数，金刚石圆锥体作压头时k=0.2mm；硬质合金球作压头时k= 0.26mm。由此得出的洛氏硬度值HR为一无名数。实际测试时，硬度值的大小可直接由硬度计表盘上读出。

2. 表示方法

金属洛氏硬度试验方法(GB/T 230.1－2009)中规定，根据所采用的压头和试验力的不同，洛氏硬度有A、B、C、D、E、F、G、H、K、N、T共11种标尺，其中A、B、C三种洛氏硬度标尺应用广泛。洛氏硬度用HR表示，HR前面为硬度数值，HR后面为使用的标尺。例如，50HRC表示用C标尺测定的洛氏硬度值为50；60HRB表示用B标尺测定的洛氏硬度值为60。

3. 特点及应用

在洛氏硬度试验中，选择不同的试验载荷和压头类型对应不同的洛氏硬度标尺，便于用来测定从软到硬较大范围的材料硬度。最常用的HRA、HRB和HRC三种标尺的主要试验规范及应用举例见表1-4,其中以HRC应用最为广泛。

表1-4 常用洛氏硬度的试验规范及应用举例

硬度符号	压头类型	试验载荷(N)		硬度值范围	应用举例
		预载	总载		
HRC	120°金刚石圆锥	98	1471	20~70HRC	调质钢、淬火钢等
HRB	ϕ1.5875mm钢球	98	980	20~100HRB	退火钢、正火钢及有色金属等
HRA	120°金刚石圆锥	98	588	20~88HRA	硬质合金、表面淬火钢等

洛氏硬度试验操作简便快捷,测量硬度值范围大、压痕小,可直接测成品和较薄工件。但由于试验载荷较大,不宜用来测定极薄工件及氮化层、金属镀层等的硬度。而且由于压痕小,对内部组织和硬度不均匀的材料,测定结果波动较大,故需在不同位置测试三点的硬度值取其算术平均值。洛氏硬度无单位,各标尺之间没有直接的对应关系。

1.2.3 维氏硬度

维氏硬度能在同一硬度标尺上测定极软到极硬金属材料的硬度值。

1. 试验原理

根据GB/T 4340.1-2009规定,维氏硬度试验是将相对面夹角为136°的正四棱锥体金刚石压头,以选定的试验载荷压入试样表面,经规定保持时间后,卸除试验载荷,再测量压痕投影的两对角线的平均长度 d,进而计算出压痕的表面积 S,求出压痕表面积上平均压力(F/S),以此作为被测试金属的硬度值,如图1-10所示。维氏硬度值也可根据压痕对角线长度,查表得到。

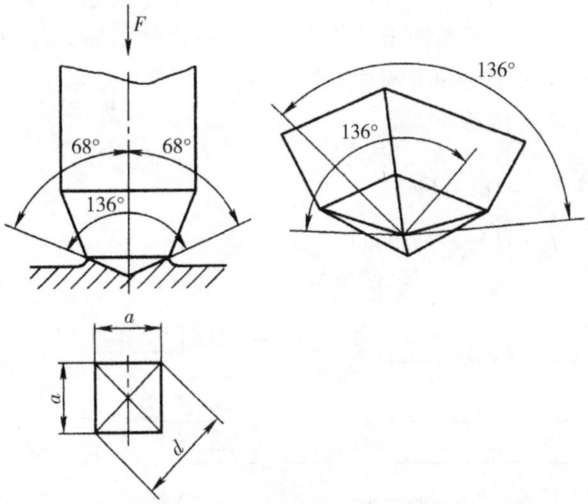

图1-10 维氏硬度试验原理

2. 表示方法

维氏硬度用符号HV表示,HV前面为硬度值,HV后面的数字按试验载荷、试验载荷保持时间(10~15s不标注)的顺序表示试验条件。例如:640HV30表示用294.2N(30kgf)的试验载荷,保持10~15s(不标出)测定的维氏硬度值为640;640HV30/20表示用294.2 N(30kgf)的试验载荷,保持20s测定的维氏硬度值为640。

3. 特点及应用

维氏硬度试验,对试样表面质量要求较高,测试较为麻烦。但因所施加的试验载荷小,压入深度较浅，故可测量较薄或表面硬度值较大的材料的硬度，也可测定从很软到很硬的各种金属材料的硬度（0～1000HV），且连续性好，准确性高。它弥补了布氏硬度因压头变形不能测高硬度材料的不足。

除上述硬度试验法外，我们还可用显微硬度（HM）法测定一些极薄的镀层、渗层或显微组织中的不同相的硬度；用肖氏硬度（HS）法测定如机床床身等大型部件的硬度；用莫氏硬度法测定陶瓷和矿物的硬度等。

1.3　冲击韧性

上述强度、塑性、硬度都是在静载荷作用下测量的静态力学性能指标。在实际生产中，许多零件是在冲击载荷作用下工作的，如活塞销、冲模、锻模、锻锤的锤杆和风动工具等。对这类零件，不仅要满足其在静载荷作用下的强度、塑性和硬度等性能要求，还应考虑材料抵抗冲击载荷的能力，即要求材料具有足够的韧性。

韧性（toughness）是指材料在塑性变形和断裂过程中吸收能量的能力。韧性好的材料在使用过程中不至于发生突然的脆性断裂，从而保证零件的工作安全性。材料韧性除取决于材料本身因素外，还和外界条件，特别是加载速率、应力状态、温度及介质的影响有很大的关系。材料韧性的变化在静载荷的作用下反应不敏感。

金属材料在冲击载荷作用下抵抗破坏的能力称为冲击韧性（impact toughness）。为了评定金属材料的冲击韧性，需进行冲击试验。最常见的冲击试验——夏比冲击试验，是常温下的一次冲击弯曲试验。

1.3.1　冲击试样

为了使试验结果可以相互比较，必须采用标准试样，按 GB/T 229-2007《金属材料　夏比摆锤冲击试验方法》规定，将被测材料制成（U 型或 V 型缺口）标准冲击试样，如图 1-11 所示。

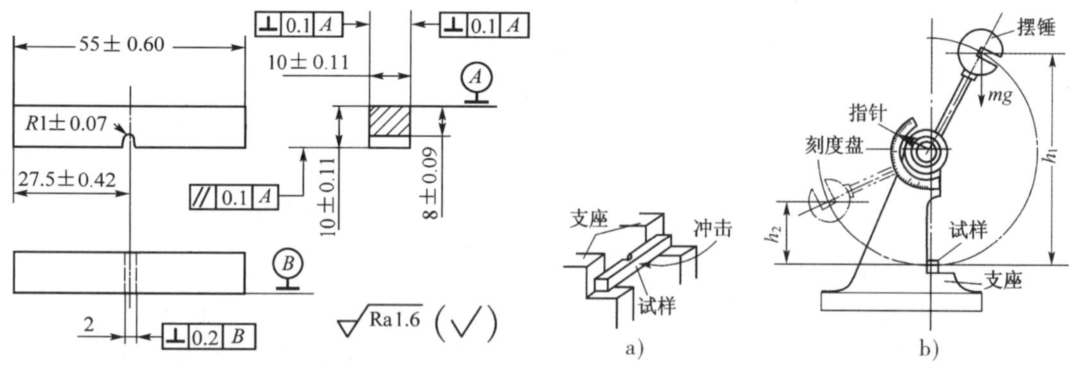

图 1-11　金属夏比 U 型缺口试样图

图 1-12　摆锤式冲击试验原理示意图

1.3.2　冲击试验的原理及方法

冲击试验是利用能量守恒原理，试样被冲断过程中吸收的能量等于摆锤冲击试样前后的势能差。常用的方法是摆锤式一次冲击试验法，它是在专门的摆锤冲击试验机上进行的。

试验时，将试样缺口背向摆锤冲击方向放在试验机支座上（图 1-12a），摆锤举至 h_1 高度，具有势能 mgh_1，然后使摆锤自由落下，冲断试样后，摆锤升至高度 h_2（图 1-12b），此时摆锤的势能为 mgh_2。摆锤冲断试样所消耗的能量，即试样在冲击力一次作用下折断时所吸收的能量称为冲击吸收能量，用符号 K 表示（U 型缺口试样用 KU、V 型缺口用 KV）。

$$K = mgh_1 - mgh_2 = mg(h_1 - h_2)$$

K 值可由冲击试验机刻度盘上直接读出。冲击试样缺口底部单位横截面积上的冲击吸收能量称为冲击韧度，用符号 a_k 表示，单位为 J/cm^2。

$$a_k = K/A \tag{1-8}$$

式中：a_k 为冲击韧度（J/cm^2）；K 为冲击吸收能量（J）；A 为试样缺口底部横截面积（cm^2）。

1.3.3 影响冲击吸收能量的因素

冲击吸收能量 K 值越大，材料韧性越好。K 值与温度有关。由图 1-13 可知，K 值随温度降低而减小，在不同温度的冲击试验中，K 值急剧变化或断口韧性急剧转变的温度区域，称为韧脆转变温度。韧脆转变温度越低，材料的低温抗冲击性能越好。

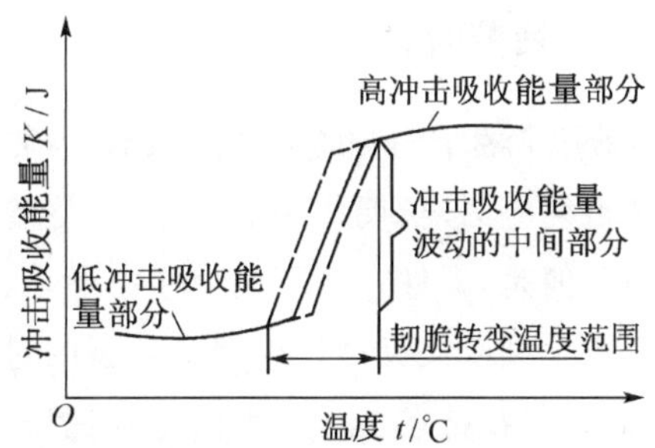

图 1-13 温度对冲击吸收能量的影响

冲击吸收能量还与试样形状、尺寸、表面粗糙度、内部组织和缺陷等有关。因此，冲击吸收能量一般作为选材的参考，而不能直接用于强度计算。

应当指出，冲击试验时，吸收能量中只有一部分消耗在断开试样缺口的截面上，其余部分则消耗在冲断试样前，缺口附近体积内的塑性变形上。因此，冲击韧度 a_k 不能真正代表材料的韧性，而用冲击吸收能量 K 作为材料韧性的判据更为适宜（国家标准现已规定采用 K 作为韧性判据）。

1.3.4 小能量多次冲击试验

生产中有些承受冲击载荷的机械零件，很少因一次大能量冲击而遭破坏，绝大多数是在一次冲击不足以使零件破坏的小能量多次冲击作用下而破坏的，如凿岩机风镐上的活塞、冲模的冲头等。它们的破坏是由于多次冲击损伤的积累，导致裂纹的产生与扩展的结果，根本不同于一次冲击的破坏过程。对于这样的零件，用冲击韧度来作为设计依据显然是不符合实际的，有人提出测定材料的多次冲击抗力。

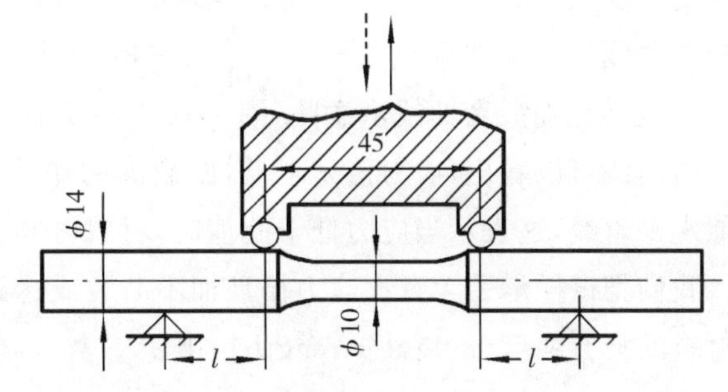

图 1-14 多次冲击试验原理示意图

实践表明，一次冲击韧度高的材料，小能量多次冲击抗力不一定高，反过来也一样。如大功率柴油机曲轴是用孕育铸铁制成的，它的冲击韧度接近于零，而在长期使用中未发生断裂。因此，需要采用小能量多次冲击试验来检验这类金属的抗冲击性能。

图 1-14 是一种多次冲击弯曲试验示意图，将材料制成专用试样放在多冲试验机上，使之受到试验机锤头较小能量(＜500J)的多次冲击。测定在一定能量下，材料断裂前的冲击次数作为多冲抗力的指标。

应当指出，抵抗次数很少的大能量冲击载荷作用，其冲击抗力主要决定于 a_k 值。而冲击能量不大时，材料承受多次冲击的能力，主要取决于强度和塑性。因此，a_k 值一般不直接用于冲击强度计算，而仅作参考。

1.4　疲劳强度与高温强度

1.4.1　疲劳断裂

在实际生产中，许多零件如轴、齿轮、轴承、叶片、连杆、弹簧等是在循环应力(包括交变应力和重复应力)长期作用下工作的，尽管工作应力并不太高，按照静强度的观点设计应该是安全的。但是，零件在循环应力作用下，在一处或几处产生局部永久性累积损伤，经一定循环次数后产生裂纹或突然发生完全断裂的过程，称为疲劳(疲劳断裂)。疲劳断裂前无明显塑性变形，而且往往是在工作应力低于其屈服点甚至是弹性极限的情况下发生断裂，因此危险性很大，常造成严重事故。据统计，约有 80%以上的零部件失效是由疲劳引起的。疲劳断裂不管是脆性材料还是韧性材料，都是突发的，事先均无明显的塑性变形，具有很大的危险性。

1.4.2　疲劳强度

测定材料的疲劳强度时，要用较多的试样，在不同循环应力的作用下进行试验，绘制出材料所受交变应力 R(弯曲交变应力以正应力 σ)与其断裂前的应力循环次数 N 的关系曲线称为疲劳曲线。试验按国标 GB/T 4337-2008《金属材料 疲劳试验 旋转弯曲方法》进行。图 1-15 为旋转弯曲疲劳曲线示意图，图 1-16 为中碳钢和铝合金的实测疲劳曲线。

由曲线可以看出，应力值 σ 越低，断裂前的循环次数越多；当应力降低到某一值后，曲线近似水平直线，这表示当应力低于此值时，材料可经受无数次应力循环而不断裂。

我们把试样承受无数次应力循环而不断裂或达到规定的循环次数才断裂的最大应力，作为材料的疲劳强度(fatigue strength)，用 σ_{-1} 表示，单位为 MPa。这个规定的循环次数称为循环基数。通常规定钢铁材料的循环基数为 10^7；非铁金属的循环基数为 10^8；腐蚀介质作用下的循环基数为 10^6。

影响疲劳强度的因素很多。除设计时在结构上注意减小零件应力集中外，改善零件表面粗糙度和进行热处理(如高频淬火、表面形变强化、化学热处理以及各种表面复合强化等)也是提高疲劳强度的方法。

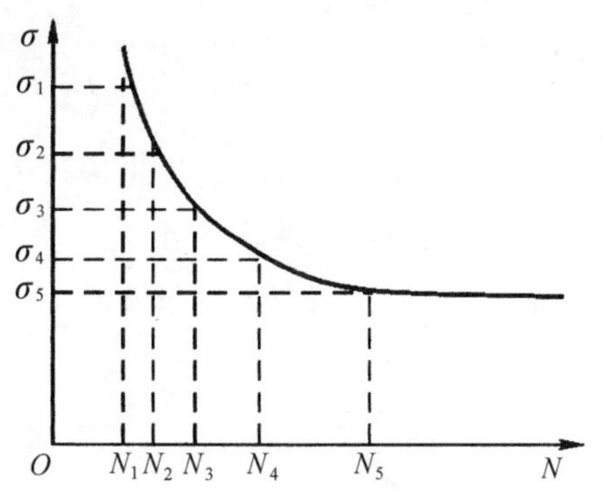

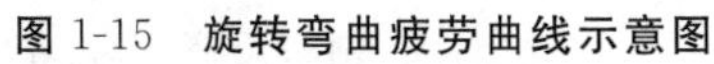
图 1-15 旋转弯曲疲劳曲线示意图

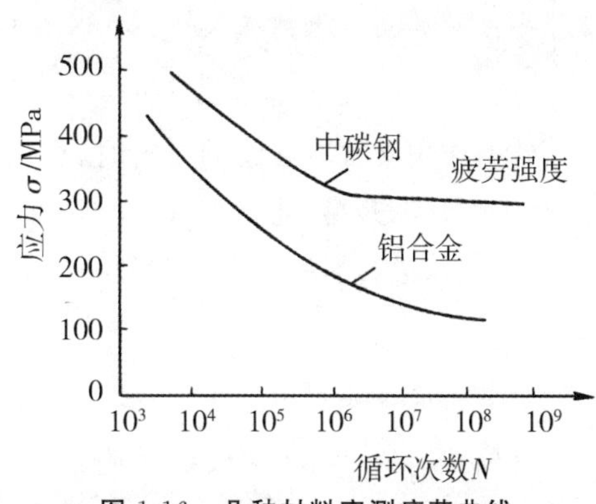

图 1-16 几种材料实测疲劳曲线

金属的疲劳强度与抗拉强度之间存在近似的比例关系：

碳素钢：$\sigma_{-1} \approx (0.4 \sim 0.55) R_{m}$，灰铸铁：$\sigma_{-1} \approx 0.4\, R_{m}$，有色金属：$\sigma_{-1} \approx (0.3 \sim 0.4) R_{m}$。

1.4.3 高温强度

金属材料在高于一定温度长时间工作，承受的应力即使低于屈服强度 R_{eL}，也会出现缓慢塑性变形，这就是所谓的"蠕变"。所以，高温下材料的强度就不能完全用室温下的强度（R_{eL} 或 R_{m}）来代替，此时必须考虑温度和时间影响，材料的高温强度要用蠕变极限和持久强度来表示。蠕变极限是指金属在给定温度下和规定时间内产生一定变形量的应力。例如 $\sigma_{0.1/1000}^{600}=88\text{MPa}$，表示在 600℃下，1000 h 内，引起 0.1%变形量的应力值为 88 MPa。持久强度是指金属在给定温度下和规定时间内，使材料发生断裂的应力。例如 $\sigma_{100}^{800}=186\text{MPa}$，表示工作温度为 800℃时，承受 186 MPa 的应力作用，100 h 后断裂。

工程塑料在室温下受到应力作用就可能发生蠕变，这在采用塑料受力件时应予以注意。

1.5 断裂韧度

1. 低应力脆断的概念

工程设计常用屈服强度 R_{eL} 或规定残余延伸强度（如 $R_{r0.2}$）来确定零（构）件的许用应力 $[\sigma]$。一般认为，零件在许用应力以下工作就不会产生塑性变形，更不会产生断裂。但实际上有些高强度材料的零（构）件往往在远低于屈服强度的状态下发生脆性断裂，这就是低应力脆断。中、低强度的重型零（构）件、大型结构件也有类似情况。高压容器的爆炸和桥梁、船舶、大型轧辊、发电机转子的突然折断等事故，往往都属于低应力脆断。低应力脆断总是与材料内部的裂纹和裂纹的扩展有关。因此，裂纹是否易于扩展，就成为衡量材料是否易于断裂的一个重要指标。

2. 裂纹扩展的基本形式

当外力作用于含有裂纹的材料时，根据应力与裂纹扩展面的取向不同，裂纹扩展可分为张开型（Ⅰ型）、滑开型（Ⅱ型）和撕开型（Ⅲ型）三种基本形式，如图 1-17 所示。其中以张开型（Ⅰ型）最危险，最容易引起脆性断裂。因此，本节对断裂韧度的讨论，就以这种形式作为研究对象。

3. 断裂韧度及其应用

当材料中存在裂纹，裂纹尖端附近某点处的实际应力值与施加应力 R（称为名义应力）、裂纹半长 a 以及外力施力点距裂纹尖端的距离有关。施加的应力在裂纹尖端附近形成了一个应力场，为表述该应力场的强度，引入应力场强度因子的概念，即：

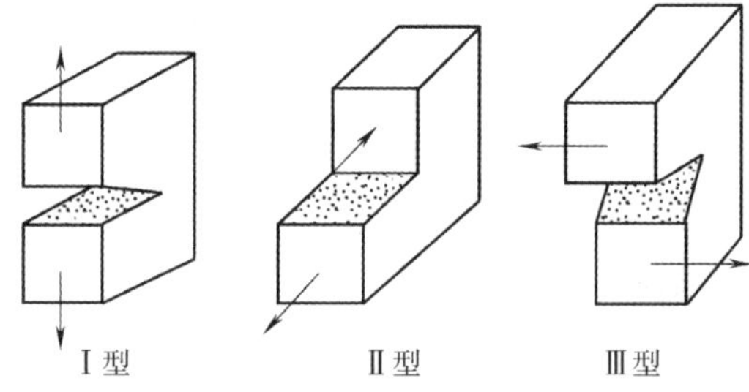

图 1-17　裂纹扩展的基本形式

$$K_{\mathrm{I}}=YR\sqrt{a} \tag{1-9}$$

式中：K_{I} 为应力场强度因子（$\mathrm{MPa}\cdot\mathrm{m}^{1/2}$），下脚标Ⅰ表示张开型裂纹；$R$ 为名义应力（MPa）；a 为裂纹半长，即裂纹长度的一半（m）；Y 为裂纹形状系数，无量纲，一般为 1～2。

由公式可见，K_{I} 随 R 和 a 的增大而增大，故应力场的应力值也随之增大。当 K_{I} 达到某一临界值时，就能使裂纹尖端附加的内应力达到材料的断裂强度，裂纹将发生突然的失稳扩展，导致构件脆断，这时所对应的应力场强度因子 K_{I} 称为材料的断裂韧度（fracture toughness），用 K_{Ic} 表示。K_{Ic} 的单位与 K_{I} 相同，它表示材料抵抗裂纹失稳扩展（即抵抗脆性断裂）的能力。

断裂韧度可为零（构）件的安全设计提供重要的力学性能指标。若材料的 K_{Ic} 已知，我们可根据材料的工作应力，确定材料中允许存在的、不会失稳扩展的最大裂纹长度；也可根据材料已存在的裂纹长度，确定材料能够承受的不致脆断的最大应力。如果已知材料的工作应力和最大裂纹尺寸，还可以算出应力场强度因子 K_{I}，根据应力场强度因子和断裂韧度的相对大小，可判断材料在受力时，是否会因为裂纹失稳扩展而断裂。

断裂韧度是材料固有的力学性能指标，是强度和韧性的综合体现。它与裂纹的大小、形状及外加应力等无关，主要取决于材料的成分、内部组织和结构。常见工程材料的断裂韧度值 K_{Ic} 参见表 1-5。

表 1-5 常见工程材料的断裂韧度值 K_{Ic}

<table>
<tr><th colspan="2">材料</th><th>K_{Ic}</th><th colspan="2">材料</th><th>K_{Ic}</th></tr>
<tr><td rowspan="5">金属材料</td><td>塑性纯金属(Cu、Ni)</td><td>100～350</td><td rowspan="5">高分子材料</td><td>聚苯乙烯</td><td>2</td></tr>
<tr><td>低碳钢</td><td>140</td><td>尼龙</td><td>3</td></tr>
<tr><td>高强度钢</td><td>50～150</td><td>聚碳酸酯</td><td>1.0～2.6</td></tr>
<tr><td>铝合金</td><td>23～45</td><td>聚丙烯</td><td>3</td></tr>
<tr><td>铸铁</td><td>6～20</td><td>环氧树脂</td><td>0.3～0.5</td></tr>
<tr><td rowspan="3">复合材料</td><td>玻璃纤维
(环氧树脂基体)</td><td>42～60</td><td rowspan="3">陶瓷材料</td><td>Co/WC
金属陶瓷</td><td>14～16</td></tr>
<tr><td>碳纤维增强聚合物</td><td>32～45</td><td>SiC</td><td>3</td></tr>
<tr><td>普通木材(横向)</td><td>11～13</td><td>苏打玻璃</td><td>0.7～0.8</td></tr>
</table>

1.6 耐磨性

耐磨性(wear resistance)是在一定工作条件下材料抵抗磨损的能力。耐磨性分为相对耐磨性和绝对耐磨性两种。

相对耐磨性是指两种材料A与B在相同的磨损条件下磨损量的比值,其中材料A是参考试样。相对耐磨性是试验试样磨损量除以参考试样磨损量的商,它仅表示试验的材料与参考材料A的耐磨性比。国标GB/T12444-2006为金属材料磨损试验方法。

绝对耐磨性(简称耐磨性)通常用磨损量或磨损率的倒数表示,在试验研究中使用最多的是体积磨损量或体积磨损率的倒数。

评定材料磨损的三个基本量是体积磨损量、重量磨损量和长度磨损量。体积磨损量和重量磨损量是指磨损过程中由于磨损而造成的零件(或试样)体积或重量的改变量。实验室研究中,往往是首先测量试样的重量磨损量,然后再换算成体积磨损量进行比较或研究。长度磨损量是指磨损过程中,由于磨损而造成的零件表面尺寸的改变量,多在实际设备的磨损监测中使用。此外,除了上述指标以外,磨损率和比磨损率也应用较多。应指出,耐磨性、磨损量都是一定实验条件下的相对指标,不同试验条件下所得到的值不可直接比较。

耐磨性主要受成分、硬度、摩擦系数和弹性模量的影响。在大多数情况下,材料的硬度愈大则耐磨性就愈好。

本章小结

1. 主要内容

工程材料中最常用的力学性能指标是强度、硬度、塑性和韧性。强度是材料抵抗塑性变形和断裂的能力,硬度是表征金属材料软硬程度的一种性能。对于具有一定塑性的材料,硬度高，其强度也高，一些金属材料的硬度和强度大致成正比，如钢、铸铁、黄铜。塑性是材料受力断裂前发生塑性变形的能力，断后伸长率低于5%的材料为脆性材料。一般情况下，材料塑性好韧性也好。但韧性和塑性是不同的概念，韧性是材料断裂前吸收塑性变形功和断裂的能力。韧性越好，则发生脆性断裂的可能性越小。

2. 学习重点

(1)应力一应变曲线，强度、刚度、弹性和塑性的概念。

(2)布氏硬度和洛氏硬度的测试原理、表示方法、特点及应用对象。

(3)冲击韧性、疲劳强度、高温强度及耐磨性的概念。

(4)根据金属材料的力学性能计算，判断其是否符合使用要求。

习题与思考题

1-1　名词解释

强度；抗拉强度；屈服强度；硬度；塑性；伸长率；断面收缩率；刚度；韧性

1-2　现测得长、短两根圆形截面标准试样的 $A_{11.3}$ 和 A 均为 25%，求两试样拉断后的标距长度是多少？哪一根试样的塑性好？为什么？

1-3　标准规定，15 钢的力学性能指标不应低于下列数值：$R_m \geqslant 372$MPa，$R_{eL} \geqslant 225$MPa，$A \geqslant 27\%$，$Z \geqslant 55\%$。现将购进的 15 钢制成 $d_0 = 10$ mm 的圆形截面短试样，经拉伸试验后测得 $F_m = 34500$N，$F_{eL} = 21100$N，$L_u = 65$，$d_u = 6$ mm。试问：这批 15 钢的力学性能是否合格？

1-4　发现一紧固螺栓使用后有塑性变形（伸长），试分析材料哪些性能指标没有达到要求？

1-5　图 1-18 中为五种材料经拉伸试验测得的应力一应变曲线：①45 钢；②铝青铜；③35 钢；④硬铝；⑤纯铜。试问：(1)当应力 $R = 300$ MPa 时，各种材料处于什么状态？(2)用 35 钢（$w_C = 0.35\%$）制成的轴，在使用过程中发现有较大的弹性弯曲变形，若改用 45 钢（$w_C = 0.45\%$）制作该轴，试问能否减少弹性变形？若弯曲变形中已有塑性变形，试问是否可以避免塑性变形？

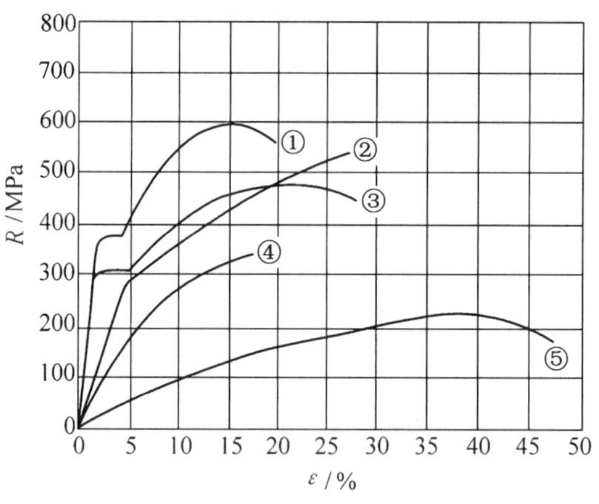

图 1-18　题 1-5 图

1-6　下列情况应采用什么方法测定硬度？写出硬度值符号。(1)锉刀；(2)黄铜铜套；(3)硬质合金刀片；(4)供应状态的各种碳钢钢材；(5)耐磨工件的表面硬化层。

1-7　有五种材料，它们的硬度分别为 478HV、81HRB、79HRA、65HRC、474HBW。试比较这五种材料硬度的高低。

1-8　何谓冲击韧性、冲击韧度？影响冲击韧性的主要因素有哪些？大能量一次冲击和小能量多次冲击的冲击抗力各取决于什么？

1-9　何谓金属的疲劳现象与疲劳强度？提高金属材料疲劳强度的工艺措施有哪些？

1-10　压力容器钢的 $R_{eL}=1000$ MPa，$K_{Ic}=170$ MPa·$m^{1/2}$，铝合金的 $R_{eL}=400$MPa，$K_{Ic}=25$MPa·$m^{1/2}$。试问：这两种材料制作压力容器发生低应力脆断时裂纹的临界尺寸各是多少？哪一种更适合做压力容器？（设 $Y=\pi^{1/2}$）

1-11　冲击吸收能量能否作为选材时的计算依据？为什么？

第2章　金属与合金的晶体结构

金属材料的性能取决于材料的化学成分和其内部微观的组织结构。固态物质按其原子（或分子）的聚集状态可分为晶体和非晶体两大类，它们的性能有很大差异，通常情况下金属为晶体物质，其结构对金属性能影响显著，掌握金属的内部结构及其对性能的影响，对于选材和加工金属材料都具有重要意义。

2.1　固态物质的结合键

组成固态物质的质点（原子、分子或离子）间的相互作用力称为结合键。不同类型的质点相互作用时，其吸引和排斥情况的不同，形成不同类型的结合键，主要有离子键、共价键、金属键和分子键等。

2.1.1　结合键

1. 离子键

当两种电负性相差大的原子（如碱金属元素与卤族元素的原子）相互靠近时，电负性小的原子失去电子成为正离子，电负性大的原子获得电子而成为负离子。正负离子间通过静电作用所形成的化学键称为离子键（ionic bond）。如 NaCl 晶体内 Na^+ 与 Cl^- 之间的结合键。由于离子的电荷分布呈球形对称，因此它在各方向上都可以和相反电荷的离子相吸引，即离子键没有方向性。离子键的另一个特性是无饱和性，即一个离子可以同时和几个异号离子相结合。

离子型晶体中，正、负离子间有很强的电的吸引力，所以有较高熔点，离子晶体如果发生相对移动，将失去电平衡，使离子键遭到破坏，故离子键材料是脆性的。离子的运动不像电子那么容易，所以固态时导电性很差。

2. 共价键

两个相同原子或性质相差不大的原子互相靠近，电子不会转移，原子间借共用电子对所产生的力而结合，形成共价键（covalent bond）。

在外力作用下，原子发生相对位移时，键将遭到破坏，故共价键材料是脆性的。为使电子运动产生电流，必须破坏共价键，须加高温、高压，因此共价键材料具有很好的绝缘性。金刚石、单质硅、SiC 等均属于共价键。

3.金属键

金属原子的结构特点是外层电子少,容易失去。当金属原子相互靠近时,其外层的价电子脱离原子成为自由电子,为整个金属所共有,它们在整个金属内部运动,形成电子气。金属正离子和自由电子之间互相作用,使离子结合在一起,这种结合方式称为金属键(metallic bond)。

根据金属键的结合特点可以解释金属材料的一般性能:

(1)良好的导电性　金属中的自由电子在外电场作用下,会沿着电场方向作定向运动,形成电流,从而显示出良好的导电性。

(2)较好的导热性和正的电阻温度系数　金属中正离子是以某一固定位置为中心作热振动的,对自由电子的流通就有阻碍作用,这就是金属具有电阻的原因。随着温度的升高,正离子振动的振幅加大,对自由电子通过的阻碍作用也加大,因而金属的电阻是随温度的升高而增大的,即具有正的电阻温度系数。此外,由于自由电子的运动和正离子的振动可以传递热能,因而使金属具有较好的导热性。

(3)良好的塑性　当金属发生塑性变形(即晶体中原子发生相对位移)后,正离子与自由电子间仍能保持金属键的结合,使金属显示出良好的塑性。

(4)不透明、具有金属光泽　因为金属晶体中的自由电子能吸收可见光的能量,故金属具有不透明性。吸收能量后跳到较高能级的电子,当它重新跳回到原来低能级时,就把所吸收的可见光的能量,以电磁波的形式辐射出来,在宏观上就表现为金属的光泽。

4.分子键和氢键

许多物质其分子具有永久极性。当不易失去或获得电子的原子、分子靠近时,由于各自内部电子不均匀分布产生较弱的静电引力,称为范德瓦尔斯力,由这种力结合起来的结合方式叫分子键(molecular bond)或范德瓦尔斯键。

因范德瓦尔斯力很小,分子键能很低,所以其材料熔点很低。金属与合金这种键不多,而聚合物通常链内是共价键,而链与链之间是分子键,如塑料、橡胶等。

氢键(hydrogen bond)是一种特殊的分子间作用力,由于氢原子结构的特殊性,当它和电负性大的原子结合后,电子强烈偏移,因而又能和另一个电负性大的原子产生静电吸引形成氢键。氢键与分子键的结合能量相近。

2.1.2　工程材料的键性

工程材料中,原子(或离子、分子)间相互作用的性质,只有少数是上述四种键型的极端情况,大多数是这四种键型的过渡。材料的键型不同,表现出不同的特性。

金属材料是最重要的工程材料,包括金属和以金属为基的合金。元素周期表中的金属元素分简单金属和过渡族金属两类。简单金属的结合键完全为金属键;过渡族金属的结合键为金属键和共价键的混合键,但以金属键为主。

陶瓷材料的结合键主要是离子键与共价键的混合键。

高分子材料的链状分子间的结合是分子键,而链内(主价键)是共价键。

2.2 金属的晶体结构

2.2.1 晶体的基本知识

1. 晶体与非晶体

(1)晶体(crystal) 是原子在空间有规则重复排列的物质。若把原子看成刚性的圆球，晶体就是由这些圆球紧密堆砌而成的，如图 2-1 所示。如金刚石、石墨及固态金属与合金等。

(2)非晶体(non-crystal) 其内部的原子无规律地堆积在一起，如图 2-2 所示。如沥青、玻璃、松香等。最典型的非晶体材料是玻璃，所以往往也把非晶态的固体称为玻璃体。

图 2-1 晶体中原子排列模型

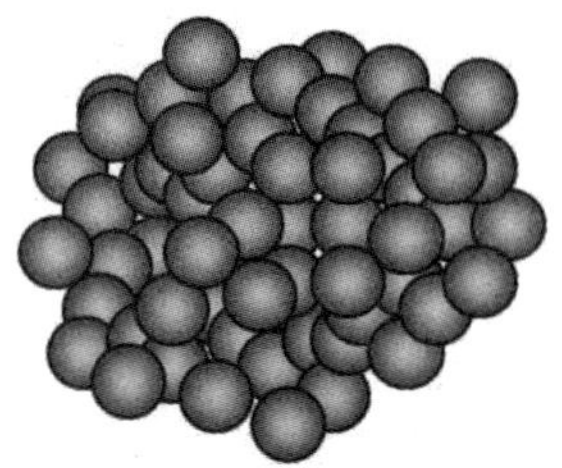

图 2-2 非晶体中原子排列模型

自然界中，除少数物质(如普通玻璃、松香、石蜡等)是非晶体外，包括金属在内的绝大多数固态无机物都是晶体。

晶体与非晶体中原子排列方式不同，导致性能上出现较大差异。晶体具有固定的熔点(如铁为 1538℃、铜为 1083℃、铝为 660℃)，且在不同方向上具有不同的性能，即表现出晶体的各向异性。而非晶体没有固定的熔点，随温度升高，固态非晶体将逐渐变软，最终成为有显著流动性的液体。液体冷却时将逐渐稠化，最终变为固体。此外，因非晶体物质在各个方向上的原子聚集密度大致相同，因此表现出各向同性。

应当指出，晶体和非晶体在一定条件下可以互相转化。例如，玻璃经高温长时间加热能变为晶态玻璃；而通常是晶态的金属，如从液态急冷(冷却速度$>10^7$℃/s)，也可获得非晶态金属。非晶态金属与晶态金属相比，具有高的强度与韧性等一系列突出性能，故近年来已为人们所重视。

(3)准晶 介于晶体和非晶体之间的原子排列情况称为准晶。在一些有色金属合金中快速冷却后可以见到。

新型纳米材料由纳米级尺寸(1～100nm)的微粒组成。纳米微粒的结构有三种，即晶体、非晶体和准晶。由于粒子极细小，界面原子所占比例大，如 5nm 的纳米晶体粒子所组成的材料，晶界可占 50%以上。纳米材料具有独特的性能，如高强度、高硬度、高韧性等。

2. 晶格、晶胞和晶格常数

(1)晶格(crystal lattice) 为了便于分析和描述晶体中原子排列规律，可近似地把原子看成是固定不动的几何点，并用一些假想的直线将代表原子的几何点连接起来，构成一个空间格架，这种抽象的、用于描述原子在晶体中排列形式的几何空间格架，简称晶格。如图 2-3 所示，其结点表示一个原子中心的位置。

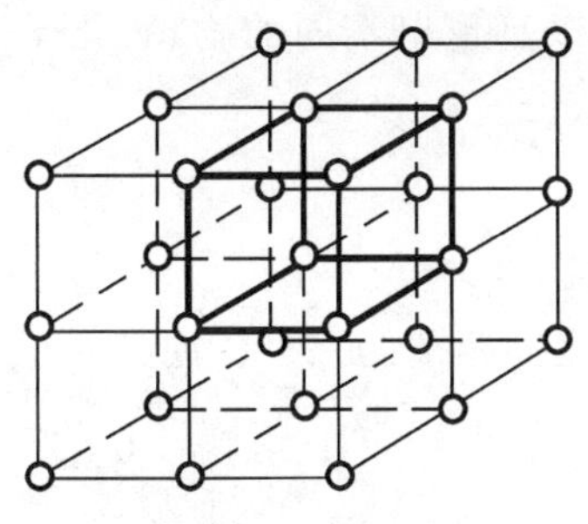

图 2-3 **晶格和晶胞**

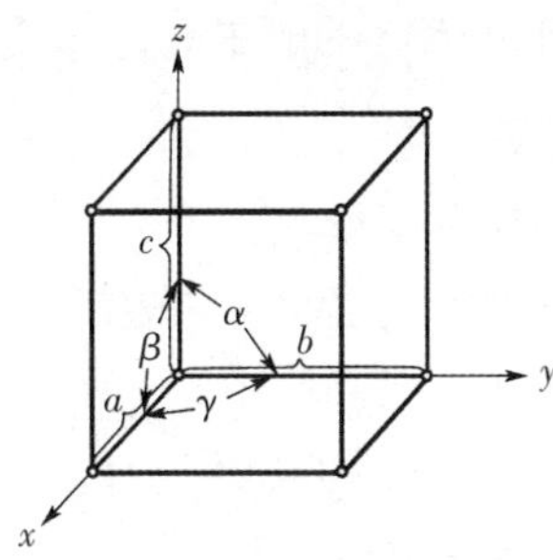

图 2-4 **晶胞大小及形状表示**

(2)晶胞(cell) 由于晶体中原子是有规则周期性排列的，所以常从晶格中取出一个能够完全反映晶格特征的、最小的几何单元来分析原子排列的规律，这个最小的几何单元称为晶胞，如图 2-3 中黑粗线所示。整个晶格就是由许多大小、形状和位向相同的晶胞在空间重复堆积而形成的。

(3)晶格常数(lattice constant) 在晶体学中，通常取晶胞角上某一结点作为原点，沿其三条棱边作为三个坐标轴 X、Y、Z，并称为晶轴，而且规定在坐标原点的前、右、上方为轴的正方向，反之为负方向，并以棱边长度 a、b、c 和棱面夹角 α、β、γ 来表示晶胞的大小和形状，如图 2-4 所示。其中 a、b、c 称为晶格常数，单位为 Å(1Å$=10^{-8}$cm)。

3. 晶系

根据晶胞参数特征，可将所有晶体分为七种晶系，见表 2-1。

表 2-1 晶系及晶体结构

晶系	空间点阵	棱边长度	棱边夹角	晶体结构示意图
立方	简单立方	$a=b=c$	$\alpha=\beta=\gamma=90°$	简单立方 体心立方 面心立方 简单正方 体心正方 简单菱方 简单正交 体心正交 面心正交 底心正交 简单六方 简单单斜 底心单斜 简单三斜
	体心立方			
	面心立方			
菱方	简单菱方	$a=b=c$	$\alpha=\beta=\gamma\neq90°$	
正方(四方)	简单正方	$a=b\neq c$	$\alpha=\beta=\gamma=90°$	
	体心正方			
正交(斜方)	简单正交	$a\neq b\neq c$	$\alpha=\beta=\gamma=90°$	
	底心正交			
	体心正交			
	面心正交			
六方	简单六方	$a_1=a_2=a_3\neq c$	$\alpha=\beta=90°$，$\gamma=120°$	
单斜	简单单斜	$a\neq b\neq c$	$\alpha=\gamma=90°\neq\beta$	
	底心单斜		$\alpha\neq\beta\neq\gamma\neq90°$	
三斜	简单三斜	$a\neq b\neq c$		

各种晶体物质由于其晶格类型和晶格常数不同，所以呈现出不同的物理、化学及力学性能。

4. 晶格尺寸和原子半径

晶格尺寸用晶格常数表示，立方晶系只用一个数值 a 即可表示。

原子半径指晶胞中原子密度最大方向上相邻两原子之间距离的一半。同种原子处于不同晶格中，其原子半径不一样。

5. 晶胞原子数

晶胞原子数是指一个晶胞内所包含的原子数目。

6. 配位数和致密度

配位数是晶格中与任一原子处于相等距离并相距最近的原子数目。

致密度是金属晶胞中原子本身所占的体积的百分数，即晶胞中所包含的原子体积与晶胞体积的比值。

2.2.2 常见金属的晶格类型

金属的晶格类型有很多种，典型的有下列三种基本晶格类型。

1. 体心立方晶格(body-centered cubic lattice)

体心立方晶格的晶胞如图 2-5a 所示。它是一个立方体($a=b=c$，$\alpha=\beta=\gamma=90$℃)，所以只要用一个晶格常数 a 表示即可。在晶胞的中心和八个角上各有一个原子(见图 2-5b)。由图 2-5c 可见，晶胞角上的原子为相邻的八个晶胞所共有，每个晶胞实际上只占有 1/8 个原子，而中心的原子为该晶胞所独有，故晶胞中实际原子数为$(8\times1)/8+1=2$。这 2 个原子的体积为 $2\times(4/3)\pi r^3$，式中 r 为原子半径。由图 2-5c 可见，原子半径 r 与晶格常数 a 的关系为 $r=\left(\frac{\sqrt{3}}{4}\right)a$，晶胞体积为 a^3，故体心立方晶格的致密度为：

$$\frac{2\text{ 个原子体积}}{\text{晶胞体积}}=\frac{2\times\left(\frac{4}{3}\right)\pi r^3}{a^3}=0.68$$

a) 模型

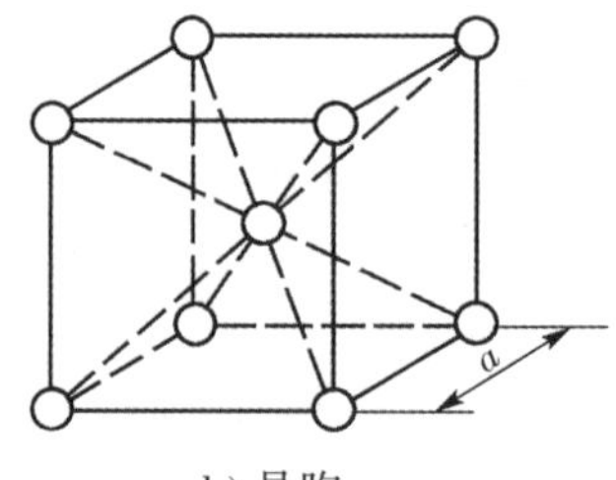

b) 晶胞

c) 晶胞原子数

图 2-5 体心立方晶胞

属于体心立方晶格的金属有 α-Fe、Cr、W、Mo、V 等。

2. 面心立方晶格(face-centered cubic lattice)

面心立方晶格的晶胞如图 2-6a 所示。它也是一个立方体,所以也只用一个晶格常数 a 表示即可。在晶胞的每个角上和晶胞的六个面的中心都排列一个原子(见图 2-6b)。由图 2-6c 可见,晶胞角上的原子为相邻的八个晶胞所共有,而每个面中心的原子为两个晶胞所共有。所以,面心立方晶胞中原子数为(8×1)/8+(6×1)/2=4。配位数为 12;致密度为 0.74 或 74 %。

属于面心立方晶格的金属有 γ-Fe、Al、Cu、Au、Ag、Pb、Ni 等。

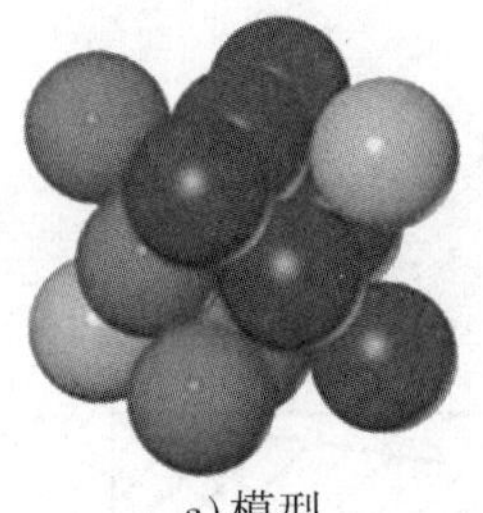

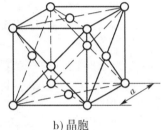

a) 模型

b) 晶胞

c) 晶胞原子数

图 2-6　面心立方晶胞

3. 密排六方晶格(close-packed hexagonal lattice)

密排六方晶格的晶胞如图 2-7a 所示。它是一个六方柱体,由六个呈长方形的侧面和两个呈六边形的底面所组成。因此要用两个晶格常数表示,一个是柱体的高度 c,另一个是六边形的边长 a。在晶胞的每个角上和上、下底面的中心都排列一个原子,另外在晶胞中间还有三个原子(见图 2-7b)。由图 2-7c 可见,密排六方晶胞每个角上的原子为相邻的六个晶胞所共有,上、下底面中心的原子为两个晶胞所共有,晶胞中三个原子为该晶胞独有。所以,密排六方晶胞中原子数为(12×1)/6+(2×1)/2+3=6。配位数为 12;致密度为 0.74 或 74%。

a) 模型

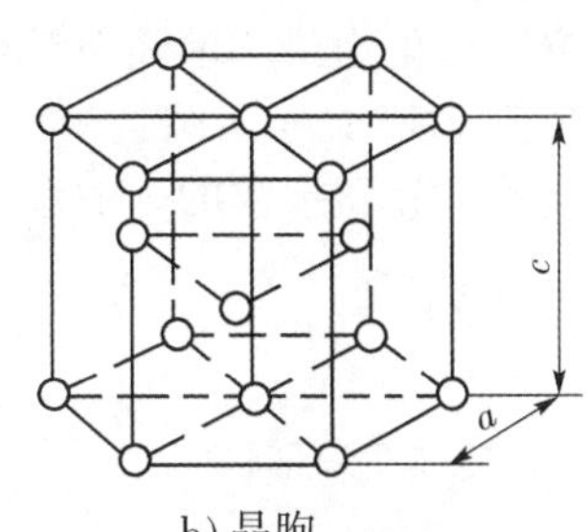

b) 晶胞

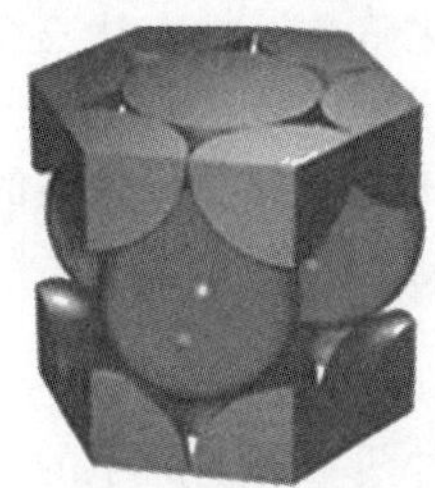

c) 晶胞原子数

图 2-7　密排六方晶胞

属于密排六方晶格的金属有 Mg、Zn、Be、Cd 等。

2.2.3　晶体中晶面与晶向的表示方法

1. 晶面及表示法

(1) 晶面及晶面指数

在金属晶体中,通过一系列原子所构成的平面,称为晶面。为便于研究,不同位向的晶面用一定的符号来表示。表示晶面的符号称为晶面指数。图 2-8 为立方晶格的几种不同位向的晶面及晶面指数。

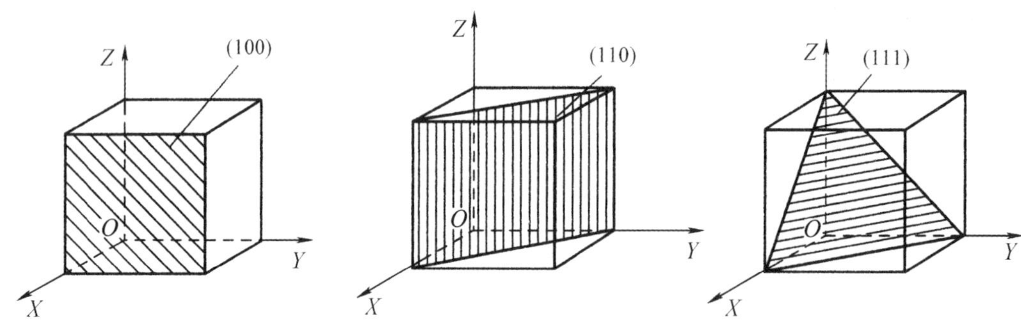

图 2-8 立方晶格中几个晶面及晶面指数

(2)确定晶面指数的方法

现以图 2-9 中影线所示的晶面为例，说明确定晶面指数的方法。

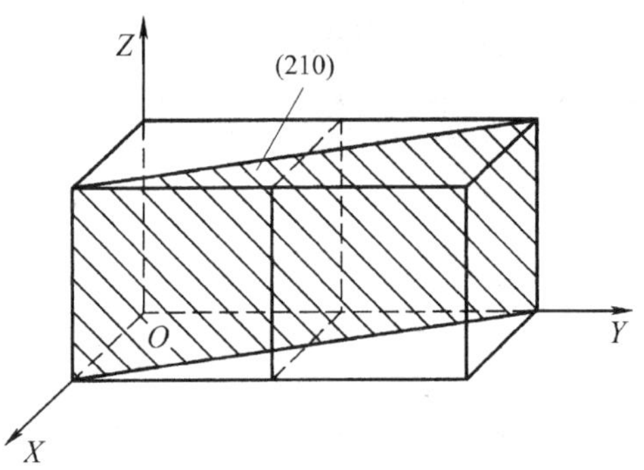

图 2-9 确定立方晶格晶面指数的示意图

1)设坐标　在晶格中，沿晶胞的互相垂直的三条棱边设坐标轴 X、Y、Z，坐标轴的原点 O 应位于该待定晶面的外面（某一原子），以免出现零截距。

2)求截距　以晶胞的棱边长度（即晶格常数）为度量单位，确定晶面在各坐标轴上的截距。如图 2-9 中影线所示的晶面在 X、Y、Z 轴上的截距分别为 1、2、∞。

3)取倒数　将各截距值取倒数。上例所得的截距的倒数应为 $\frac{1}{1}$、$\frac{1}{2}$、$\frac{1}{\infty}$，即 1、$\frac{1}{2}$、0。取倒数的目的是为了避免晶面指数出现∞。

4)化整数　将上述三个倒数按比例化为最小的简单整数。上例即为 2、1、0。

5)列入括号　将上述所得的各整数依次列入圆括号（　）内，便得晶面指数。故(210)即为图 2-9 中影线所示晶面的晶面指数。晶面指数的一般形式用“(hkl)”表示。

2. 晶向及表示法

(1)晶向及晶向指数

通过两个以上原子的直线，表示某一原子列在空间的位向，称为晶向。

表示晶向的符号叫晶向指数。

(2)确定晶向指数的方法

现以图 2-10 中 OA 晶向为例，说明确定晶向指数的方法如下：

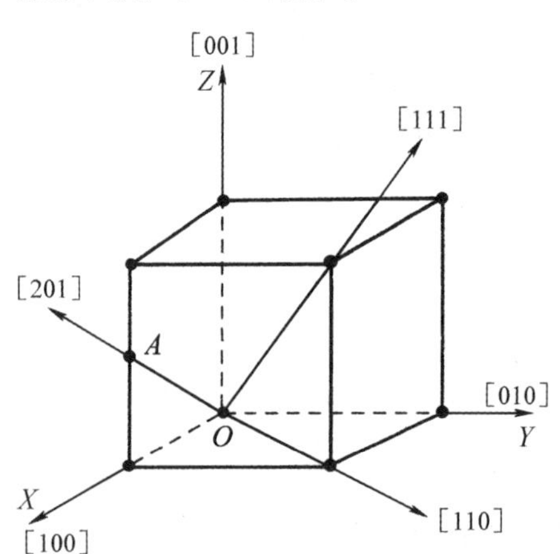

图 2-10 立方晶格中几个晶向及晶向指数

1)设坐标　在晶格中设坐标轴 X、Y、Z，但坐标轴的原点 O 应为待定晶向的矢量箭尾。

2)求坐标值　以晶格常数为度量单位，在待定晶向的矢量上任选一点，并求出该点在 X、Y、Z 轴上的坐标值。如图 2-10 所示的 OA 晶向在 X、Y、Z 轴上的坐标值分别为 1、0、$\frac{1}{2}$。

3)化整数　将上述三个坐标值按比例化为最小的整数。上例即为 2、0、1。

4)列入方括号　将上述所得的各整数依次列入方括号[　]内,即得晶向指数。故[201]即为图 2-10 中 OA 晶向的晶向指数。晶向指数的一般形式用“[uvw]”表示。

图 2-10 为立方晶格中某些晶向及晶向指数,即[100]、[010]、[001]、[110]、[111]及[201]六种晶向。

3. 晶面族和晶向族

晶面指数(hkl)或晶向指数[uvw]实际上代表了一系列互相平行的晶面或晶向。

晶体学中,把那些原子排列完全相同而位向不同(互不平行)的晶面称为晶面族,用{hkl}符号表示。把原子排列完全相同,而位向不同(互不平行)的晶向称为晶向族,用〈uvw〉符号表示。例如,立方晶胞中的晶面(100),(010),(001)为同一个晶面族,可统一用{100} 符号表示;而晶向[100],[010],[001] 为同一个晶向族,可用〈100〉符号表示。

另外,在立方晶格中,指数相同的晶面与晶向是互相垂直的。

4. 晶面及晶向的原子密度

某晶面的原子密度是指其单位面积中的原子数,而晶向原子密度则指其单位长度上的原子数。在各种晶格中,不同晶面和晶向上的原子密度都是不同的。体心立方晶体中一些晶面和晶向的原子密度可见表 2-2。

表 2-2　体心立方晶格中主要晶面和晶向的原子密度

晶面指数	晶面原子排列示意图	晶面密度(原子数/面积)	晶向指数	晶向原子排列示意图	晶向密度(原子数/长度)
{100}		$\frac{\frac{1}{4}\times 4}{a^2}=\frac{1}{a^2}$	〈100〉		$\frac{\frac{1}{2}\times 2}{a}=\frac{1}{a}$
{110}		$\frac{\frac{1}{4}\times 4+1}{\sqrt{2}a^2}=\frac{1.4}{a^2}$	〈110〉		$\frac{\frac{1}{2}\times 2}{\sqrt{2}a}=\frac{0.7}{a}$
{111}		$\frac{\frac{1}{6}\times 3}{\frac{\sqrt{3}}{2}a^2}=\frac{0.58}{a^2}$	〈111〉		$\frac{\frac{1}{2}\times 2+1}{\sqrt{3}a}=\frac{1.16}{a}$

比较所求数值得知,原子密度最大的晶面是{110},原子密度最大的晶向是〈111〉。

由于晶体中不同晶面和晶向上原子的密度不同,因此在晶体中不同晶面和晶向上原子结合力也就不同,从而在不同晶面和晶向上显示出不同的性能,这就是晶体具有各向异性的原因。晶体的这种“各向异性”的特点是它区别于非晶体的重要标志之一。晶体的各向异性在其化学性能、物理性能和机械性能等方面都同样会表现出来,即在弹性模量、破断抗力、屈服强度、电阻率、磁导率、线膨胀系数以及在酸中的溶解速度等许多方面都会表现出来,并在工业上得到了应用,如变压器硅钢片利用了在不同晶向有不同磁化能力的特性。

2.3 实际金属的晶体结构

在实际金属材料中,并非都是理想状态的晶体结构,实际的金属晶体结构与理想晶体相差很远,通常见不到它们具有这种各向异性的特征。因此,还必须进一步讨论实际金属的晶体结构。

2.3.1 多晶体与亚组织

如果一块晶体,其内部的晶格位向完全一致,即由原子按一定几何规律作周期性排列而成,如图 2-11 所示,我们称这块晶体为单晶体(single crystal)。以上的讨论我们指的都是这种单晶体中的情况。在工业生产中,只有经过特殊制作才能获得单晶体。

实际使用的金属材料,即使体积很小,其内部仍包含了许多颗粒状的小晶体,每个小晶体内部的晶格位向是一致的,而各个小晶体彼此间位向都不同,如图 2-12 所示。这种外形不规则的小晶体通常称为晶粒(crystal grain)。晶粒与晶粒之间的界面称为晶界(grain boundary)。这种实际上由许多晶粒组成的晶体称为多晶体(polycrystal)。一般金属材料都是多晶体。

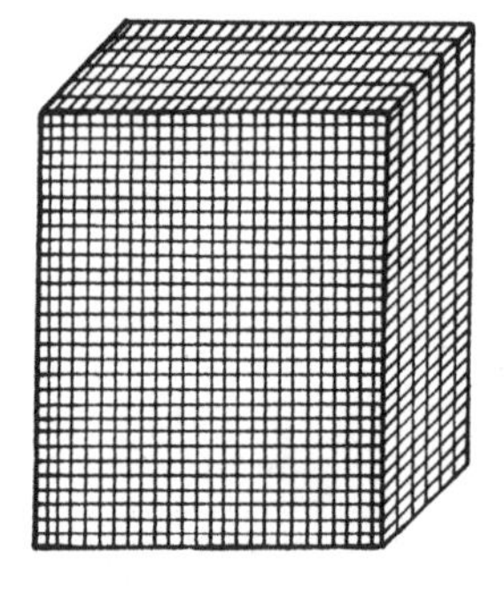

图 2-11 单晶体示意图

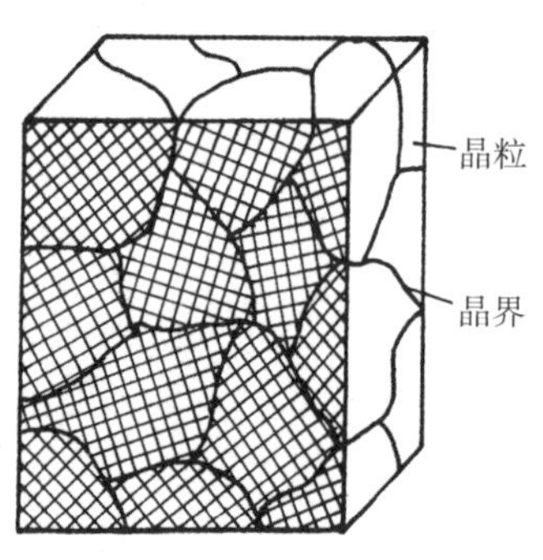

图 2-12 多晶体示意图

图 2-13 纯铁的显微组织

晶粒尺寸是很小的,如钢铁材料的晶粒一般在 $10^{-1} \sim 10^{-3}$ mm,故只有在金相显微镜下才能观察到。金相显微镜下观察到的纯铁的晶粒和晶界,如图 2-13 所示。这种在金相显微镜下观察到的金属组织,称为显微组织(microscopic structure)或金相组织。

由于实际金属都是多晶体,其中每个晶粒都具有各向异性,但不同方向测试其性能时,都是千千万万个位向不同的晶粒的平均性能,故实际金属就表现出各向同性。

实践证明:在实际金属晶体的一个晶粒内部,其晶格也并不像理想晶体那样完全一致,而是存在着许多尺寸更小、位向差也很小($<2° \sim 3°$)的小晶块,它们相互嵌镶成一颗晶粒,这些小晶块称为亚晶粒(或亚结构、亚组织)。在亚晶粒内部,晶格的位向是一致的。两相邻亚晶粒间的边界称为亚晶界。

2.3.2 晶体的缺陷

实际金属不仅是多晶体，晶粒内还存在亚晶粒。同时，由于种种原因，在晶体内部某些局部区域，原子的规则排列往往受到干扰而被破坏，不像理想晶体那样规则和完整，这种区域称为晶体缺陷(crystal defect)。这种局部存在的晶体缺陷，对金属的性能影响很大。例如，对理想、完整的金属晶体进行理论计算求得的屈服强度，要比对实际晶体进行测量所得的数值高出千倍左右，故金属材料的塑性变形和各种强化机理都与晶体缺陷密切相关。根据晶体缺陷的几何形态特点，可将其分为以下三类。

1. 点缺陷

实际晶体结构中，晶格的某些结点，往往未被原子所占有，这种空着的位置称为空位。同时又可能在个别晶格空隙处出现多余的原子，这种不占有正常的晶格位置，而处在晶格空隙之间的原子称为间隙原子。金属中杂质原子占据在金属晶体原子的位置上，即结点的位置，代替了金属原来的一个原子，这种杂质原子称为置换原子。

点缺陷(point defect)是指在三维方向上尺寸都很小的一种缺陷，包括空位、间隙原子和置换原子等，最常见的是晶格空位和间隙原子，如图 2-14 所示。

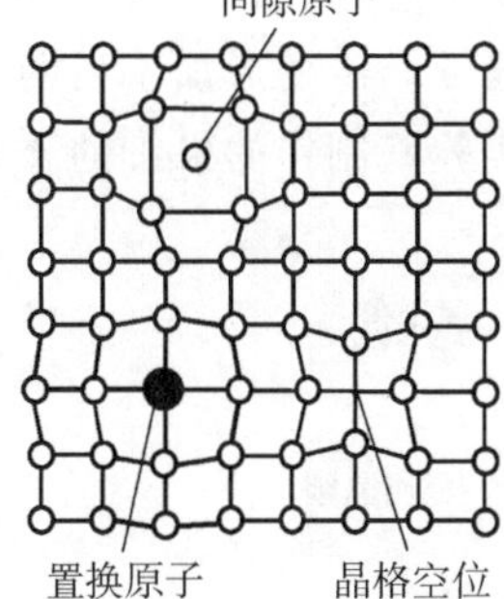

图 2-14 点缺陷示意图

在空位和间隙原子的附近，由于原子间作用力的平衡被破坏，使其周围的原子离开了原来的平衡位置，产生了晶格畸变。晶格畸变将使晶体性能发生改变，强度、硬度和电阻增加。

应当指出，晶体中的空位和间隙原子都处在不断的运动和变化之中。空位和间隙原子的运动，是金属中原子扩散的主要方式之一，这对热处理和化学热处理过程都是极为重要的。

2. 线缺陷

线缺陷(line defect)是指在晶体中呈线状分布(在一个方向上尺寸很大，另两个方向上尺寸很小)的缺陷，常见的线缺陷是各种类型的位错。晶体中某处有一列或若干列原子发生有规律的错排现象称为位错。位错的类型很多，其中“刃型位错”是一种常见的位错。

图 2-15a 为简单立方晶格晶体中刃型位错的原子排列示意图。由图可见，在 $ABCD$ 晶面以上垂直插入一个原子面 $EFGH$，像刀刃一样切到 EF 线上，使 $ABCD$ 晶面上、下两部分晶体的原子排列数目不等，即原子产生了错排现象，故称“刃型位错”。在位错线 EF 附近，由于原子错排而产生了晶格畸变，使位错线上方附近原子受到压应力，而其下方附近原子受到拉应力，离位错线越近，应力越大。

通常把在晶体上半部多出原子面的位错称为正刃型位错，用符号“⊥”表示；在晶体下半部多出原子面的位错称为负刃型位错，用符号“⊤”表示，如图 2-15b 所示。

晶体中位错的数量通常用位错密度表示，位错密度 ρ 可用下式计算

$$\rho = L/V \quad (\mathrm{cm/cm^3}) \tag{2-1}$$

式中，V—晶体的体积；L—体积为 V 的晶体中位错线的总长度。

晶体中位错密度变化，以及位错在晶体内的运动，对金属的性能、塑性变形及组织转变等

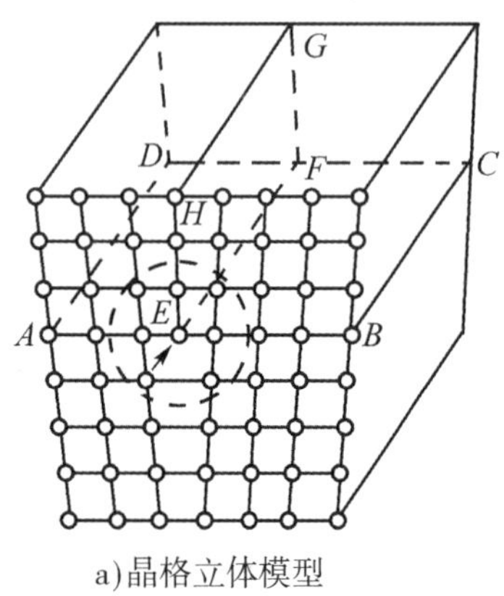

a)晶格立体模型

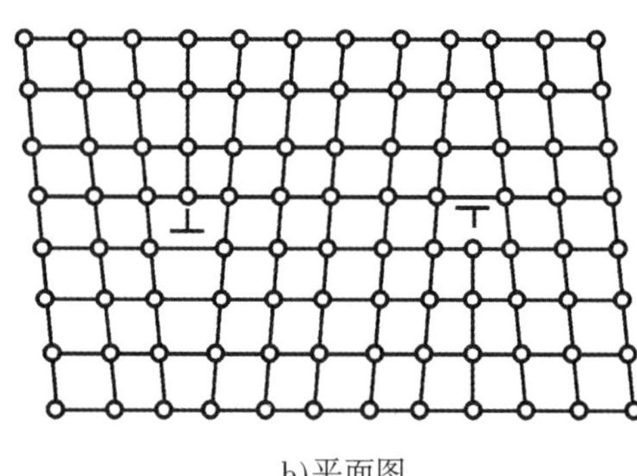
b)平面图

图 2-15 刃型位错示意图

都有着极为重要的影响。图 2-16 是金属的强度与位错密度的关系。由图可见，当金属处于退火状态（$\rho = 10^5 \sim 10^8$ cm/cm^3）时的强度最低，随着位错密度的增加或降低，都能提高金属的强度。冷变形加工后的金属，由于位错密度增加，故提高了强度（即加工硬化）。而目前，尚在实验室制作的极细的金属晶须，因位错密度极低而使其强度又明显提高。

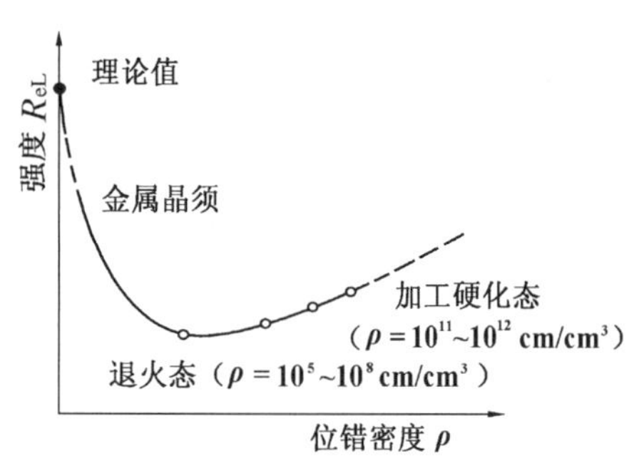

图 2-16 金属的强度与位错密度的关系

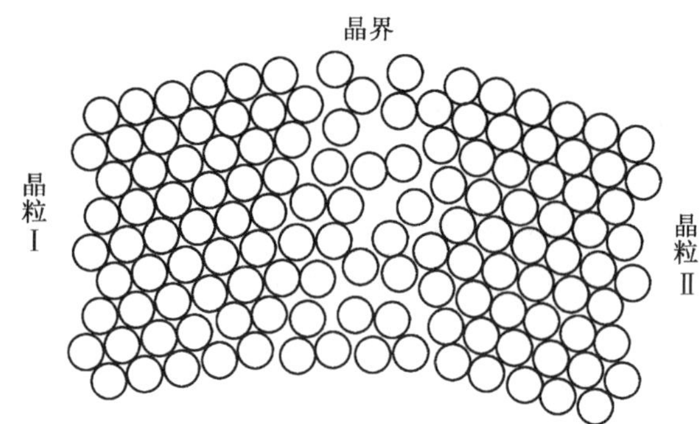

图 2-17 晶界的过渡结构示意图

3. 面缺陷

面缺陷（plane defect）是指晶体中呈面状分布（在两个方向上的尺寸很大，在第三个方向上尺寸很小）的缺陷。常见的面缺陷是晶界和亚晶界。

一般金属材料都是多晶体。多晶体中两个相邻晶粒间的位向差大多在 30°～40°。故晶界处原子必须从一种位向逐步过渡到另一种位向，使晶界成为不同位向晶粒之间原子排列无规则的过渡层，如图 2-17 所示。

晶界处原子的不规则排列，即晶格处于畸变状态，使晶界处能量高出晶粒内部能量，因此晶界与晶粒内部有着一系列不同的特性。例如，晶界在常温下的强度和硬度较高，在高温下则较低；晶界容易被腐蚀；晶界的熔点较低；晶界处原子扩散速度较快等。

亚晶界实际上是由一系列刃型位错所形成的小角晶界，如图 2-18 所示。由于亚晶界处原子排列同样要产生晶格畸变，因而亚晶界对金属性能有着与晶界相似的影响。例如，在晶粒大小一定时，亚晶粒越细，金属的屈服强度越高。

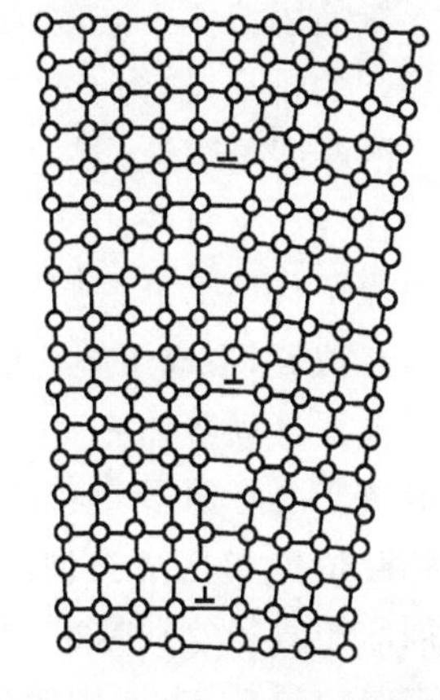
图 2-18 亚晶界结构示意图

总之，金属多晶体内由于晶界、亚晶界、位错等缺陷的存在，都使金属晶体中很大部分晶格处于畸变状态，直接影响到金属的力学性能，可提高金属的强度。晶界越多，晶粒越细，金属的塑性变形能力越大，塑性越好。

2.4 合金的晶体结构

2.4.1 合金的基本概念

由于纯金属的力学性能较低，所以工程上使用的材料都是合金。

由两种或两种以上的金属元素或金属元素与非金属元素组成的具有金属特性的物质称为合金(alloy)。例如，黄铜是铜和锌的合金；碳钢和铸铁是铁和碳等的合金；硬铝是铝、铜、镁的合金。

组成合金的最基本的、独立的物质称为组元(constituent)。组元通常是纯元素，但也可以是稳定的化合物。根据组成合金组元数目的多少，合金可以分为二元合金、三元合金和多元合金等。

给定组元后，可按不同比例配制出一系列成分不同的合金，这一系列合金就构成一个合金系。合金系也可分为二元系、三元系和多元系等。

合金中，具有同一化学成分且结构相同的均匀部分称为相(phase)。合金中相与相之间有明显的界面。液态合金通常都为单相液体。合金在固态下，仅由一个固相组成时称为单相合金，由两个以上固相组成时称为多相合金。

组成合金的各相成分、结构、形态、性能和各相的组合情况称为组织(structure)。合金的性能一般都是由组织所决定的。因此，在研究合金的组织与性能之前，应先了解构成合金组织中相的晶体结构(相结构)及其性能。

2.4.2 合金的相结构

由于组元间相互作用不同，固态合金的相结构可分为固溶体和金属化合物两大类。

1. 固溶体(solid solution)

合金在固态下，组元间仍能互相溶解而形成的与其中某一组元的晶格类型相同的均匀相，称为固溶体。把保留晶格形式的组元称为溶剂。因此，固溶体的晶格与溶剂的晶格相同，而溶质以原子状态分布在溶剂的晶格中。在固溶体中，一般溶剂含量较多，溶质含量较少。

(1)固溶体的分类

按照溶质原子在溶剂晶格中分布情况的不同，固溶体可分为置换固溶体和间隙固溶体两类。

1)置换固溶体

溶质原子占据溶剂晶格的某些结点位置而形成的固溶体称为置换固溶体，如图 2-19a 所示。

置换固溶体中溶质原子的分布通常是任意的，称为无序固溶体。在某些条件下，原子成有规则的排列，称为有序固溶体。无序固溶体转变成有序固溶体叫固溶体的有序化。这时，合金的某些物理性能将发生很大变化。

在金属材料的相结构中，如某种不锈钢中，铬和镍原子代替部分铁原子，而占据了 γ-Fe 晶格某些结点位置，形成了置换固溶体。

在置换固溶体中，溶质在溶剂中的溶解度主要取决于两者原子直径的差别、它们在周期表中的相互位置和晶格类型。一般来说，溶质原子和溶剂原子直径差别越小，则溶解度越大；两者在周期表中位置越靠近，则溶解度也越大。如果上述条件能很好地满足，而且溶质与溶剂的晶格类型也相同，则这些组元往往能无限互相溶解，即可以任何比例形成置换固溶体，这种固溶体称为无限固溶体，如铁和铬、铜和镍便能形成无限固溶体。反之，若不能很好满足上述条件，则溶质在溶剂中的溶解度是有限度的，只能形成有限固溶体，如铜和锌、铜和锡都形成有限固溶体。有限固溶体的溶解度还与温度有密切关系，一般温度越高，溶解度越大。

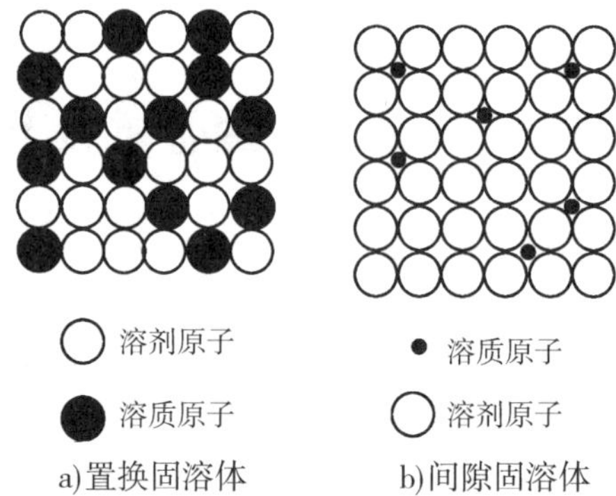

图 2-19　固溶体结构示意图

当形成置换固溶体时，由于溶质原子与溶剂原子的直径不可能完全相同，因此，也会造成固溶体晶格常数的变化和晶格的畸变。

2)间隙固溶体

当溶质原子比较小时，如碳、氮等，它们位于晶格间隙而形成的固溶体称为间隙固溶体，如图 2-19b 所示。间隙固溶体形成的条件是溶质原子半径与溶剂原子半径的比值 $d_{质}/d_{剂}<0.59$。因此，形成间隙固溶体的溶质元素通常是原子半径小的非金属元素，如碳、氮、氢、硼、氧等。如碳钢中碳原子溶入 α-Fe 晶格空隙中形成的间隙固溶体，称为铁素体；碳原子溶入 γ-Fe 晶格空隙中形成的间隙固溶体，称为奥氏体。

(2)固溶体的溶解度

溶质原子溶入固溶体中的数量称为固溶体的浓度，在一定条件下的极限浓度叫溶解度。

由于溶剂晶格的空隙有一定的限度，随着溶质原子的溶入，溶剂晶格将发生畸变，如图 2-20 所示。溶入的溶质原子越多，所引起的畸变就越大。当晶格畸变量超过一定数值时，溶剂的晶格就会变得不稳定，于是溶质原子就不能继续溶解，所以间隙固溶体的溶质在溶剂中的溶解度是有一定限度的，这种固溶体称为有限固溶体。

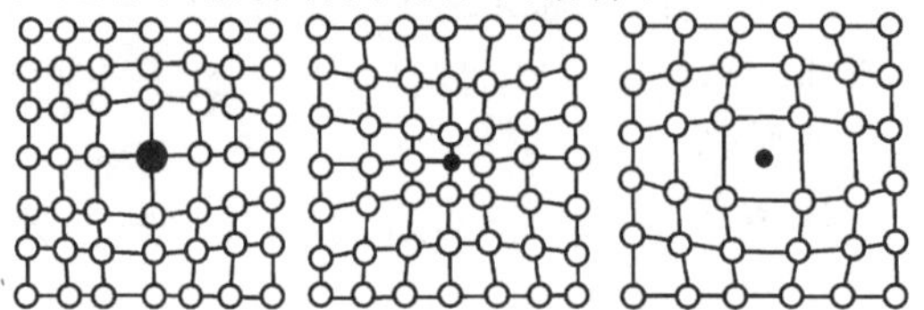

图 2-20　固溶体中的晶格畸变示意图

(3)固溶体的性能

由于固溶体的晶格发生畸变,增加了变形抗力,结果使金属材料的强度、硬度增高。这种通过溶入溶质元素形成固溶体,使金属材料的强度、硬度升高的现象,称为固溶强化(solution strengthening)。固溶强化是提高金属材料力学性能的重要途径之一。实践表明,适当控制固溶体中的溶质含量,可以在显著提高金属材料的强度、硬度的同时,仍能保持相当好的塑性和韧性。因此,对综合力学性能要求较高的结构材料,都是以固溶体为基体的合金。

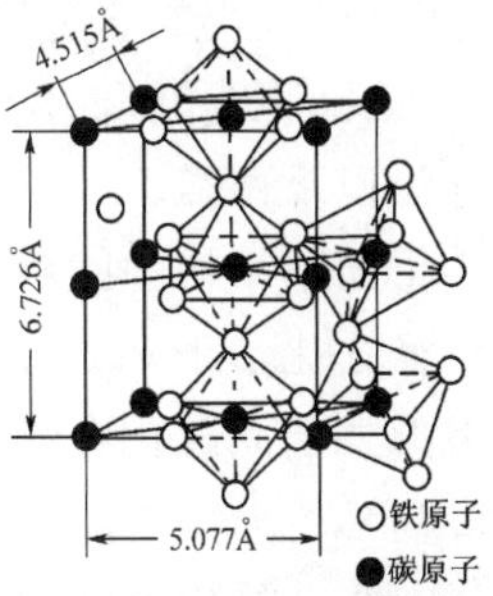

4.515Å
6.726Å
5.077Å
○铁原子
●碳原子

图 2-21 Fe_3C 的晶格形式

2. 金属化合物(metallic compound)

金属化合物是指合金组元间相互作用而形成的具有金属特性的一种新相,其晶格类型与各组元的晶格类型完全不同,一般可用化学分子式表示。例如,钢中渗碳体(Fe_3C)是由铁原子和碳原子所组成的金属化合物,它具有如图 2-21 所示的复杂晶格形式。碳原子构成一正交晶格($a \neq b \neq c, \alpha = \beta = \gamma = 90°$),在每个碳原子周围都有六个铁原子构成八面体,八面体内都有一个碳原子,每个铁原子为两个八面体所共有,在 Fe_3C 中,Fe 与 C 原子的比例为:$\frac{Fe}{C} = \frac{1/2 \times 6}{1} = \frac{3}{1}$,因而可用 Fe_3C 化学分子式表示。

(1)金属化合物的分类

金属化合物的种类很多,常见的有以下三种类型:

1)正常价化合物　是指严格遵守原子价规律的化合物,它们是由元素周期表中相距较远,电化学性质相差较大的元素组成的,因而其成分固定不变,并可用化学式表示。如:ZnS、Mg_2Si、Mg_2Sn、Mg_2Pb 等。

2)电子化合物　电子化合物是指不遵循原子价规律,而是按照一定的电子浓度(化合物中价电子数与原子数的比值,即电子浓度 $c_{电}$ = 价电子数/原子数),组成一定晶体结构的化合物。

电子化合物中,一般一定的电子浓度与一定的晶格形式相对应。如当电子浓度为 3/2 时,形成体心立方晶格的电子化合物,称为 β 相;当电子浓度为 21/13 时,形成复杂立方晶格的电子化合物,称为 γ 相;当电子浓度为 7/4 时,形成密排六方晶格的电子化合物,称为 ε 相。

在许多金属材料中,经常存在着电子化合物相。如 Cu-Zn 合金中的 CuZn,因 Cu 的价电子数为 1,Zn 的价电子数为 2,化合物的总原子数为 2,故 CuZn 的电子浓度 $c_{电} = 3/2$,属于 β 相。同理,Cu_5Zn_8 和 Cu_9Al_4 属于 γ 相,$CuZn_3$ 和 Cu_3Zn 属于 ε 相。

应注意,电子化合物虽然可以用化学式表示,但它是一个成分可变的相,也就是在电子化合物的基础上,可以再溶解一定量的组元,形成以该化合物为基的固溶体。例如,在 Cu-Zn 合金中,β 相的化学成分中,锌的质量分数(w_{Zn})可在 36.8%～56.5%范围内变动。

3)间隙化合物　是指由原子直径较大的过渡族金属元素(Fe、Cr、Mo、W、V 等)和原子直径较小的非金属元素(H、C、N、B 等)所组成的化合物。如合金钢中,不同类型的碳化物(VC、Cr_7C_3、$Cr_{23}C_6$ 等)和钢经化学热处理后,在其表面形成的碳化物和氮化物(如 Fe_3C、Fe_4N、

Fe_2N 等）都属于间隙化合物。

间隙化合物的晶体结构特征是：直径较大的过渡族元素的原子占据了新晶格的正常位置，而直径较小的非金属元素的原子则有规律地嵌入晶格的空隙中，因而称为间隙化合物。根据晶体结构特点，间隙化合物可分为以下两类。

①简单结构的间隙化合物　当非金属原子半径与金属原子半径之比小于0.59时，形成具有体心立方、面心立方等简单晶格形式的间隙化合物称为间隙相，如VC、WC、TiC等。如图2-22所示。

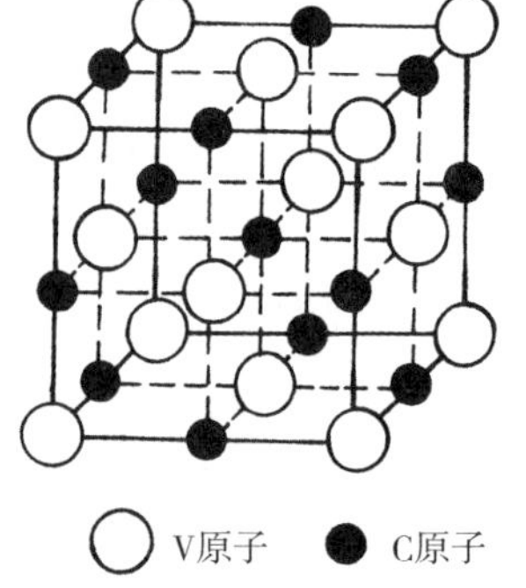

图2-22　VC的晶格形式

②复杂结构的间隙化合物　当非金属原子半径与金属原子半径之比大于0.59时，形成具有复杂晶格形式的间隙化合物，如 Fe_3C、$Cr_{23}C_6$、Cr_7C_3、Fe_4W_2C 等。如图2-21所示的 Fe_3C 的晶格。

(2)金属化合物的性能

金属化合物的晶格类型和性能不同于组成它的任一组元，一般熔点高、硬而脆，生产中很少使用单相金属化合物的合金。但当金属化合物呈细小颗粒均匀分布在固溶体基体上时，将使合金强度、硬度和耐磨性明显提高，这一现象称弥散强化。因此，金属化合物在合金中常作为强化相存在。

金属化合物是许多合金钢、有色金属和硬质合金的重要组成相及强化相。如碳钢中的 Fe_3C 可以提高钢的硬度和强度；工具钢中VC可以提高钢的耐磨性；高速钢中的 W_2C,VC等可使钢在高温下保持高硬度；而WC和TiC则是硬质合金材料的主要组成物；在结构钢中加入少量Ti形成TiC，可在加热时阻碍奥氏体晶粒的长大，起到细化晶粒的作用。通过调整固溶体中溶质含量和金属化合物的数量、大小、形态及分布状况，可以使合金的力学性能在较大范围内变动，以满足工程上不同的使用要求。

本章小结

1.主要内容

固态物质的结合键——离子键、共价键、金属键、分子键和氢键。

晶体的基本知识：晶体与非晶体的区别；用于描述晶体结构的晶格、晶胞和晶格常数；三种典型的金属晶格类型（体心立方、面心立方和密排六方）；晶体中晶面与晶向的表示方法。

实际金属的晶体结构及缺陷：包括多晶体与亚组织，晶体的缺陷（点缺陷、线缺陷和面缺陷）。

合金的概念，合金中的基本相及其结构。

2.学习重点

(1)晶体与非晶体。

(2)金属的3种典型晶体结构。

(3)实际金属的晶体结构，晶体缺陷与性能关系。

(4)合金的晶体结构。

习题与思考题

2-1 解释下列名词

结合键；晶体；非晶体；晶格；晶胞；晶格常数；致密度；晶面指数；晶向指数；点缺陷；线缺陷；面缺陷；亚晶粒；位错；单晶体；多晶体；合金；相；组织；固溶体；固溶强化；金属间化合物；弥散强化。

2-2 常见的金属晶体结构有哪几种？它们的原子排列和晶格常数有什么特点？α-Fe、γ-Fe、Al、Cu、Ni、Pb、Cr、V、Mg、Zn 各属何种晶体结构？

2-3 晶面指数和晶向指数有什么不同？

2-4 在题 2-4 图中，求出坐标原点为(0,0,0)及(0,1,0)时，阴影面的晶面指数。

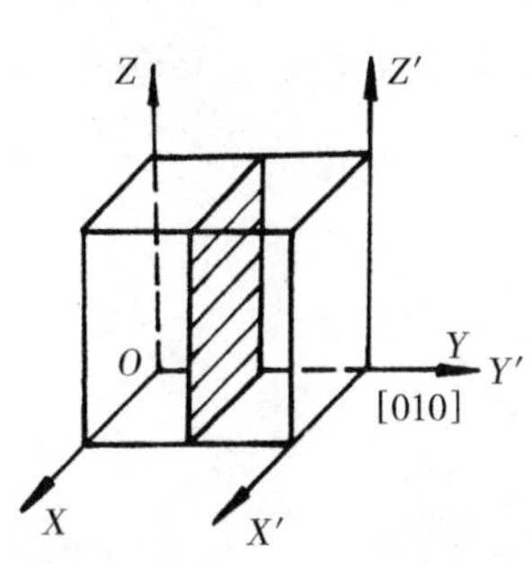

图 2-23 题 2-4 图

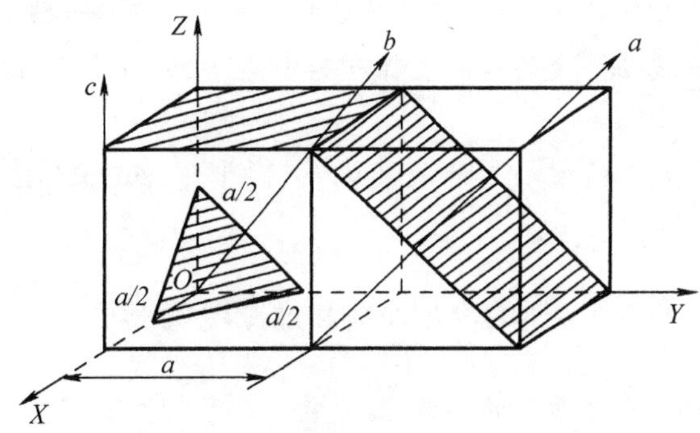

图 2-24 题 2-5 图

2-5 标出题 2-5 图中阴影线所示晶面的晶面指数及 a，b，c 三晶向的晶向指数。

在立方晶格中，如果晶面指数和晶向指数的数值相同时，那么该晶面和晶向间存在着什么关系？例如，(111)与[111]……等。

2-6 画出立方晶格中(110)晶面与(111)晶面。并画出在晶格中和(110)、(111)晶面上原子排列情况完全相同而空间位向不同的几个晶面。

2-7 晶体的各向异性是如何产生的？为什么实际晶体一般都显示不出各向异性？

2-8 金属的晶体结构由面心立方转变为体心立方时，其体积变化如何？为什么？

2-9 实际金属晶体中存在那些晶体缺陷，对金属性能有什么影响？

2-10 固溶体可分为几种类型？形成固溶体后对合金的性能有何影响？为什么？

2-11 金属间化合物有几种类型？它们在钢中起什么作用？

2-12 简述固溶体和金属间化合物在晶体结构与机械性能方面的区别。

第3章 金属与合金的结晶

把液体形成固体的过程叫凝固(solidification)。凝固后的固体是晶体,这种凝固过程称为结晶(crystallization)。固态金属一般处于晶体状态,因此金属从液态转变为固态(晶态)的过程称为结晶过程。通常把金属从液态转变为固体晶态的过程称为一次结晶,而把金属从一种固体晶态转变为另一种固体晶态的过程称为二次结晶或重结晶。

合金的结晶比纯金属复杂,不同组元的合金结晶过程不同,有的合金组元相同但因两组元的相对比例不同,其结晶过程也有较大差异,结晶所形成的组织直接影响合金的性能。研究金属与合金的结晶过程及其规律,控制结晶后的组织,对改善铸态性能具有重要意义。

3.1 纯金属的结晶

3.1.1 纯金属的冷却曲线和过冷现象

1.冷却曲线的绘制

纯金属有固定的熔点(或结晶温度),所以纯金属的结晶过程总是在一个恒定的温度下进行的。结晶温度可用热分析等多种实验方法来测定。热分析装置如图3-1所示。将纯金属加热熔化成液体,然后让液态金属缓慢冷却,并在冷却过程中,每隔一定时间测量一次温度,将记录下来的数据绘制在温度一时间坐标系中,这样便获得液体金属在结晶时的温度一时间曲线(称为冷却曲线),如图3-2所示。

由图3-2可见,随着冷却时间的增长,由于它的热量向外散失,液态金属温度将不断降低。当冷却到某一温度时,释放的结晶潜热补偿了外界散失的热量,温度并不随时间的增长而下降,在曲线上出现一个平台(水平线段),这个平台所对应的温度就是纯金属的结晶温度。直到金属结晶终了后,其温度又继续下降。

2.结晶时的过冷现象与过冷度

纯金属液体在无限缓慢的冷却(即平衡)条件下结晶的温度,称为理论结晶温度,用 T_0 表示。但实际生产中,金属结晶时的冷却速度都较快,此时液态金属将在理论结晶温度以下某一温度 T_n 才开始结晶,如图3-3a所示。我们把金属的实际结晶温度 T_n 低于理论结晶温度 T_0 的现象称为过冷现象。理论结晶温度与实际结晶温度的差值 $\triangle T$($\triangle T=T_0-T_n$)称为过冷度(degree of supercooling)。

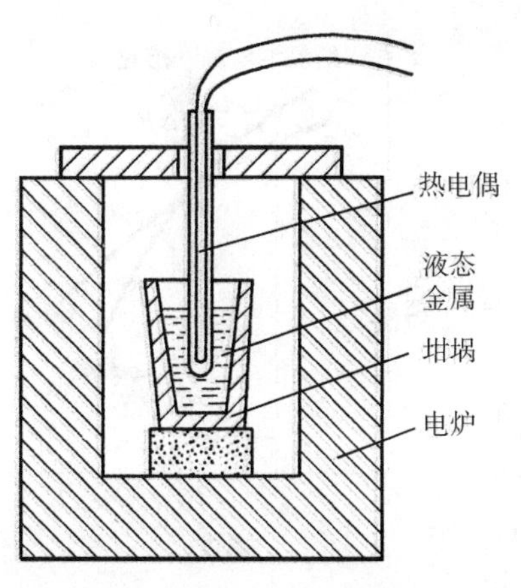

图 3-1　热分析装置示意图

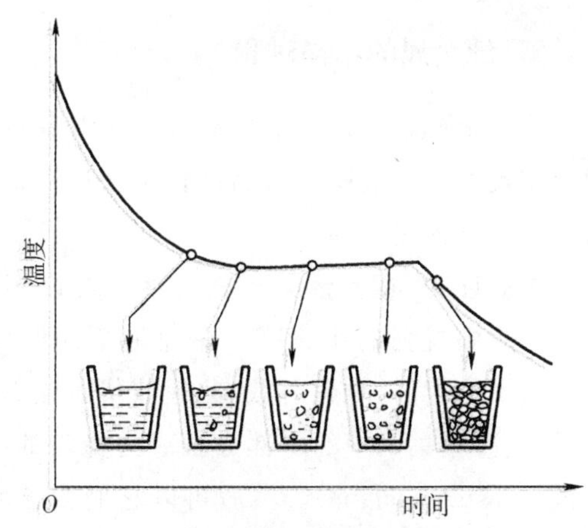

图 3-2　纯金属冷却曲线的绘制

实践证明，金属总是在一定的过冷度下结晶的，过冷是结晶的必要条件。过冷度的大小与冷却速度有关，结晶时冷却速度越大，过冷度也就越大，金属的实际结晶温度越低，如图 3-3b 所示，$v_1<v_2<v_3$，$\triangle T_1<\triangle T_2<\triangle T_3$。

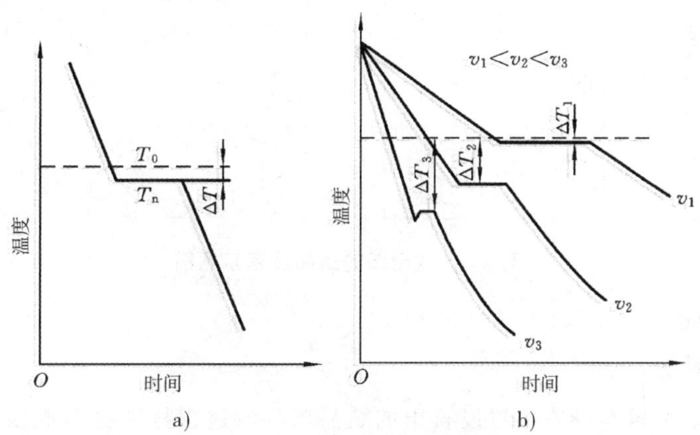

图 3-3　纯金属的冷却曲线

3. 结晶时的能量条件

热力学定律指出，在等压条件下，自然界的一切自发过程都朝着系统自由能降低的方向进行。自由能 F 是物质中能够自动向外界释放出的多余的或能够对外做功的能量。同一物质的液体和固体在不同温度下自由能的变化如图 3-4 所示。一般情况下，金属在聚集状态的自由能随温度的提高而降低。由于液态金属中原子排列的规则性比固态金属中的差，所以液态金属和固态金属的自由能随温度变化的情况不同。从图 3-4 中看出，液态的自由能比固态降低得更快，因此它们必然要相交。交点 T_0 即为理论结晶温度。在交点所对应的温度 T_0 时，液态和固态的自由能相等，液态和固态处于动平衡状态，可长期共存。高于 T_0 温度时，液态比固态的自由能低，金属将熔化为液态；低于 T_0 温度时，金属结晶为固态。

3.1.2 纯金属的结晶过程

液态金属结晶是由不断形成晶核和晶核不断长大的过程来实现的。纯金属的结晶过程是在冷却曲线上平台所经历的时间段内完成的。

实验证明，液态金属中总是存在着许多类似于晶体中原子有规则排列的小集团。在理论结晶温度以上，这些小集团是不稳定的，时聚时散，此起彼伏。当低于理论结晶温度时，这些小集团中的一部分就成为稳定的结晶核心，称为晶核（crystal nucleus）。然后再以它们为核心不断地长大，在这些晶体长大的同时，又出现新的晶核并逐渐长大，直至液体金属全部消失、晶体彼此相互接触为止。因此，一般金属是由许多晶核长成的外形不规则的晶粒所组成的多晶体，如图 3-5 所示。

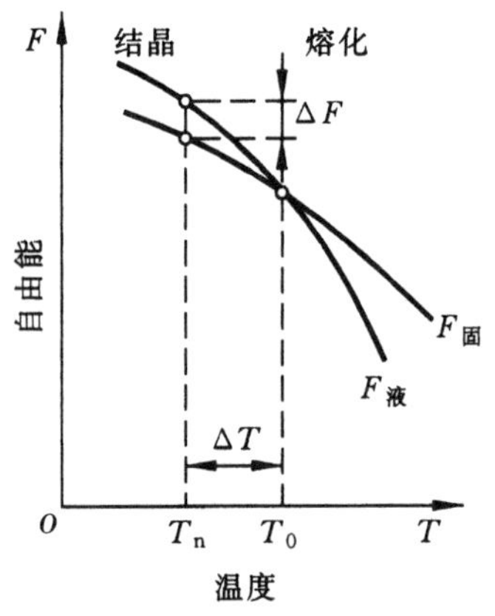

图 3-4　金属在聚集状态时自由能与温度的关系曲线

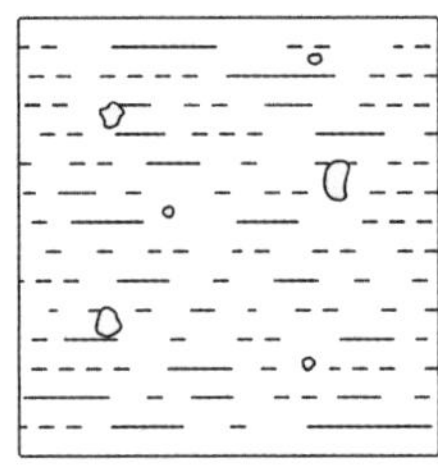
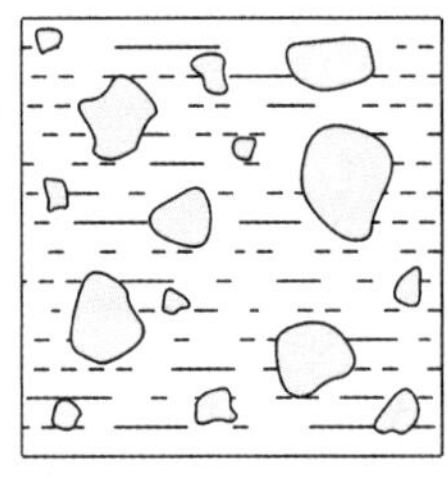
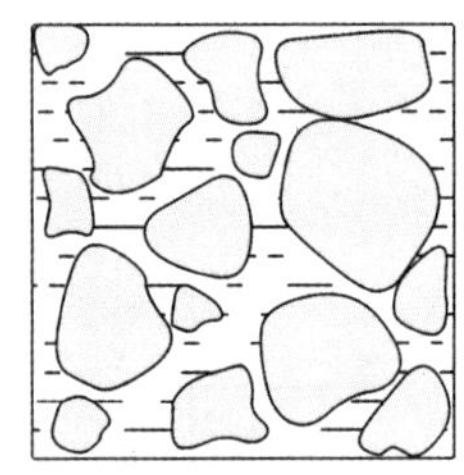
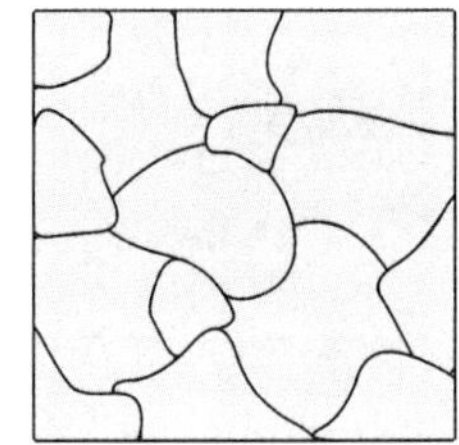

图 3-5　纯金属的结晶过程示意图

1. 晶核的形成

（1）自发形核

从液体内部由金属本身原子自发长出的结晶核心的过程称为自发形核。在液态下，金属中存在有大量尺寸不同的短程有序的原子集团。在高于结晶温度时，它们是不稳定的，但是，当温度降低到结晶温度以下，并且过冷度达到一定的大小之后，液体进行结晶的条件具备了，液体中那些超过一定大小（大于临界晶核尺寸）的短程有序原子集团开始变得稳定，不再消失，而成为结晶核心。

（2）非自发形核

把依附于杂质微粒而生成晶核的过程称为非自发形核（也称异质形核）。实际金属往往是不纯净的，液体中总是存在固态杂质微粒，这些微粒能促进晶核在其表面上的形成。

自发形核和非自发形核往往同时存在，在实际金属中，非自发形核比自发形核来得容易，往往起优先和主导作用。

2. 晶体的长大

晶体的长大过程就是液体中原子迁移到固体表面，使液—固界面向液体中推移的过程。

结晶过程中，晶核各部位的长大速度不同，晶核的棱角处散热条件好，故以较快速度生成晶体的主干(也称一次晶轴)。在主干长大过程中，又不断生出分枝(二次、三次晶轴)，此形态如同树枝，故称枝晶(dendrite)，如图 3-6 所示。

图 3-6　树枝状晶体长大过程示意图

若金属的纯度很高，结晶时又能不断补充供结晶收缩所需的液体，则结晶后将看不到树枝状晶体的痕迹，而只能看到多边形晶粒。若金属结晶时的收缩得不到充分的液体补充，则树枝间将留下空隙，此时就能明显看到树枝状晶体的形态。在铸锭的表面或缩孔处，经常可以看到这种未被完全填满的枝晶结构。晶体的长大有平面长大和树枝状长大两种方式。

平面长大是在冷却速度较小的情况下进行的，较纯金属晶体主要以其表面向前平行推移的方式长大。晶体的长大服从表面能最小的原则，这种长大方式在实际金属的结晶中较为少见。

树枝状长大是当冷却速度较大，特别是存在有杂质时，晶体与液体界面的温度会高于近处液体的温度，形成负温度梯度，这时金属晶体往往以树枝状的形式长大。多晶体金属的每个晶粒一般都是由一个晶核以树枝状长大的方式形成的，得到树枝晶结构。

3.1.3　金属结晶后的晶粒大小与控制

1. 晶粒度(grain size)概念

金属结晶后，其晶粒大小用单位面积或单位体积内的晶粒数目或晶粒平均直径(即晶粒度)来定量表示。GB/T6394-2002 规定了金属组织的平均晶粒度表示及评定方法。评定方法有比较法、面积法和截点法。常用比较法，即用标准晶粒度等级图确定晶粒大小。标准晶粒度共分 8 级，1 级最粗，8 级最细。在放大 100 倍显微镜下与标准图对照来评级。

实验表明，晶粒大小对金属的力学性能、物理性能和化学性能均有很大的影响。一般情况下，金属结晶后金属晶粒数目越多，晶粒越细小，金属的强度、塑性和韧性越高。

高温下工作的材料，晶粒过大和过小都不好。有些情况下希望晶粒越大越好，如制造电动机和变压器的硅钢片。

2. 影响晶粒度的因素

结晶过程由晶核的形成和晶核不断长大两个基本过程组成，结晶后晶粒大小取决于形核的数目和长大的速度。形核率(N)是指单位时间内、单位体积中所产生的晶核数目。长大速度(G)是指晶核向周围长大的平均线速度。凡能促进形核率、抑制长大速度的因素，都能细化晶粒；其比值 N/G 越大，晶粒越细小。反之，将使晶粒粗大。

3. 控制晶粒度的方法

工业生产中，为了细化铸件的晶粒，以改善其性能，常采用以下方法：

(1)控制过冷度　在一般液态金属可以达到的过冷范围内结晶时，形核率 N 和长大速率 G 都随过冷度△T 的增加而增大，如图 3-7 所示。由图可见，在液态金属能达到的过冷范围内，形核率 N 的增长比长大速率 G 的增长要快。因此，过冷度△T 越大，N/G 的比值也越大，单位体积中晶粒数目越多，故晶粒细化。

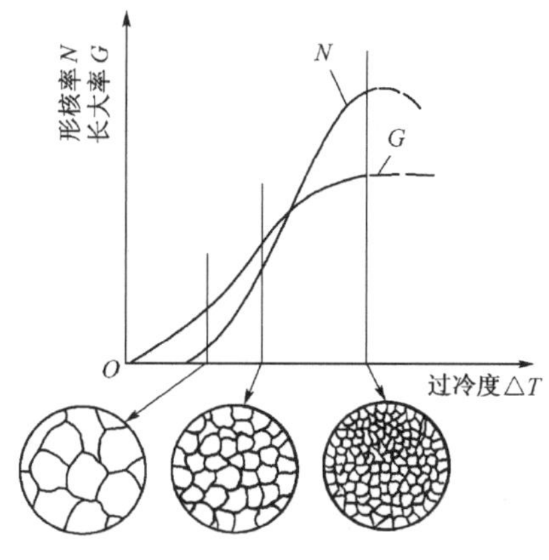

图 3-7　形核率 N 和长大速率 G 与过冷度△T 的关系

对于大铸锭或大铸件，要获得大的过冷度不容易办到，更不易使整个体积均匀冷却，而且冷却速度过大，往往导致铸件开裂而报废。因此，生产中还常采用其他方法来细化晶粒。

(2)变质处理　变质处理又叫孕育处理(inoculation)，就是在液态金属中加入能成为异质形核的物质，促进形核，使形核率 N 增加，或长大速率 G 降低，达到细化晶粒的目的。加入的物质叫变质剂。如铸铁熔液中加入硅铁、硅钙合金；铝一硅合金熔液中加入钠盐等，都是典型的变质处理。

(3)附加振动　金属结晶时，采用机械振动、电磁振动、超声波振动等措施，一方面能促进形核，另一方面能造成枝晶破碎，碎晶块又可成为新的晶核，增加了形核率，从而使晶粒细化。

3.1.4　铸锭的组织

金属的结晶过程主要受过冷度和难熔杂质的影响，而过冷度又取决于结晶时的冷却速度。因此，凡影响冷却速度的因素，如浇注温度、浇注方式、铸型材料及铸件大小等均影响金属结晶后晶粒的大小、形态和分布。图 3-8 为钢锭剖面组织示意图，其组织由三层不同的晶粒组成。

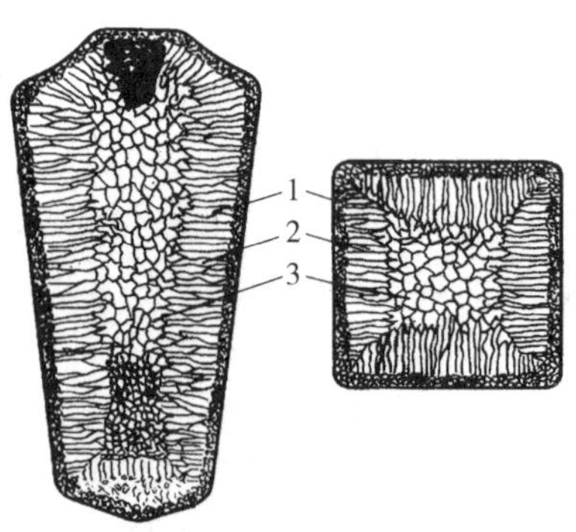

图 3-8　铸锭组织示意图

1. 表层细晶粒区；2. 柱状晶粒区

3. 中心粗大等轴晶粒区

1. 表层细晶粒区

液态金属浇入铸锭模后，与温度较低模壁接触的金属液产生强烈冷却，过冷度很大，形核率高，在铸锭表层形成细小、致密、均匀的等轴细晶粒。

2. 柱状晶粒区

在细晶粒区形成的同时，模壁温度升高，液态金属冷却速度变慢，过冷度减小，形核率下降。又因垂直于模壁方向散热最快，而且在其他方向上晶粒间相互抵触，长大受限，从而形成柱状晶粒。

3. 中心粗大等轴晶粒区

随着柱状晶粒成长到一定程度，铸锭中心剩余的液态金属内部温差减小，散热方向性已不明显，趋于均匀冷却状态。又由于中心处过冷度小，形核率下降，晶核等速长大，所以形成较粗大的等轴晶粒。

由上述可知，钢锭组织是不均匀的。从表层到心部依次由细小的等轴细晶粒、柱状晶粒和粗大的等轴晶粒所组成。改变凝固条件可以改变这三层晶区的相对大小和晶粒的粗细，甚至获得只有两层或单独一个晶区所组成的铸锭。

铸锭表层细晶粒区的组织致密，力学性能好。但该区很薄，故对铸锭性能影响不大。柱状晶粒区的组织比中心等轴晶粒区致密，但晶粒间常存有非金属夹杂物和低熔点杂质而形成脆弱面，在轧制或锻造时，易产生开裂。因此，对塑性差，熔点高的金属，不希望产生柱状晶粒区。但由于柱状晶粒沿长度方向的力学性能较好，因此对塑性好的有色金属及其合金或承受单向载荷的零件，如汽轮机叶片等，常采用顺序凝固法而获得柱状组织。中心粗大等轴晶粒无脆弱面，但组织疏松，杂质较多，力学性能较低。

在铸锭中，除组织不均匀外，还存在成分偏析、气孔、缩孔、缩松、夹杂、裂纹等缺陷。这些缺陷也会影响铸锭或铸件的质量和性能。

3.1.5 金属的同素异构转变

大多数金属结晶终了后，在继续冷却过程中，其晶体结构不再发生变化。但某些金属在固态下，因所处温度不同，而具有不同的晶格形式。金属在固态下随温度的改变，由一种晶格变为另一种晶格的现象，称为金属的同素异构转变(allotropic transformation)。例如，铁有体心立方晶格的 α-Fe 和面心立方晶格的 γ-Fe；钴有密排六方晶格的 α-Co 和面心立方晶格的 β-Co。在常温下的同素异构体一般用希腊字母 α 表示，较高温度下的同素异构体依次用 β、γ、δ 等表示。图 3-9 为纯铁的冷却曲线。由图可见，液态纯铁在 1538℃时，结晶成具有体心立方晶格的 δ-Fe，继续冷却到 1394℃时发生同素异构转变，由体心立方晶格的 δ-Fe 转变为面心立方晶格的 γ-Fe，再继续冷却到 912℃时，又发生同素异构转变，由面心立方晶格的 γ-Fe 转变为体心立方晶格的 α-Fe。如再继续冷却时，晶格的类型不再发生变化。正是由于纯铁能够发生同素异构转变，生产中，才有可能对钢和铸铁进行各种热处理，以改变其组织与性能。

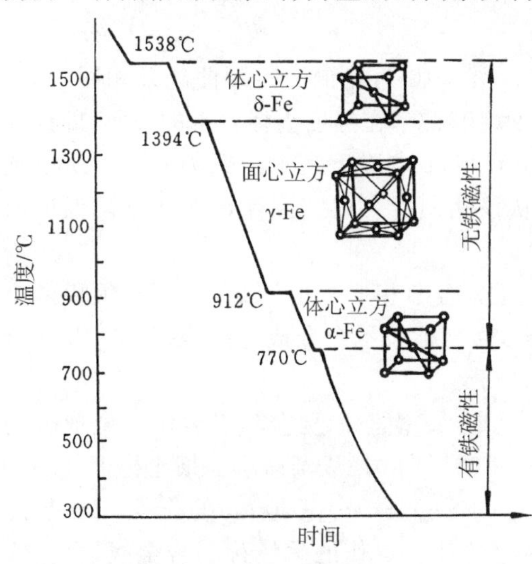

图 3-9 纯铁的冷却曲线

在纯铁的冷却曲线上可以看到，在 770℃时，冷却曲线上还有一个平台，但该温度下，纯铁的晶格没有发生变化，因此它不属于同素异构转变。实验表明，在 770℃以上，纯铁将失去铁磁性；在 770℃以下，纯铁将具有铁磁性。因此，770℃时的转变称为磁性转变。由于磁性转变时晶格不发生改变，所以就没有形核和晶核长大的过程。

由于纯金属的种类有限，提炼困难，力学性能较低，无法满足人们对金属材料提出的多品种和高性能的要求。工业生产中通过配制各种不同成分的合金，改变材料的结构、组织和性能，来满足人们对金属材料的要求。

3.2 合金的结晶

合金的结晶过程也是在过冷条件下形成晶核与晶核长大的过程，它和纯金属遵循着相同的结晶基本规律。但由于合金成分中包含有两个以上的组元，其结晶过程比纯金属要复杂得多。为了研究合金结晶过程的特点、相和组织的情况以及合金组织的变化规律，必须应用合金相图这一重要工具。相图有二元相图、三元相图和多元相图，作为相图基础且应用最广的是二元相图。

3.2.1 二元合金相图的基本知识

相图(phase diagram)是表示在平衡状态下，合金的组成相(或组织状态)与温度、成分之间关系的图解，又称平衡图或状态图。

应用相图，可以了解合金系中不同成分合金在不同温度时的组成相(或组织状态)以及相的成分和相的相对量，还可了解合金在缓慢加热和冷却过程中的相变规律。所以相图已成为研究合金组织形成和变化规律的有效工具。在生产实践中，合金相图可作为制订冶炼、铸造、锻压、焊接、热处理工艺的重要依据。

1. 二元合金相图的表示方法

纯金属的冷却过程可利用冷却曲线来研究。图 3-10 为纯铜的冷却曲线及相图，其中纵坐标表示温度，1 点为纯铜冷却曲线上的结晶温度(1083℃)在温度坐标轴上的投影，即纯铜的相变温度(称为相变点)。1 点以上表示纯铜处于液相；1 点以下表示纯铜为固相。所以纯金属的相图，只用一条温度纵坐标轴线就能表示，从该相图上可以查到纯金属在不同温度时的组织状态。

由于二元合金在结晶过程中除温度变化外，还有合金相成分的变化，因而必须用两个坐标轴来表示二元合金相图。常用纵坐标表示温度，横坐标表示合金成分。现以 Cu-Ni 合金相图为例来说明二元合金相图的表示方法，如图 3-11 所示。

图 3-11 中，纵坐标表示温度，横坐标表示合金成分。横坐标从左到右表示合金成分的变化，即 w_{Ni} 由 0%向 100%逐渐增大；而 Cu 相应由 100%向 0%逐渐减小。横坐标上任何一点都代表一种成分的合金。例如，C 点代表 w_{Ni}(40%)＋ w_{Cu}(60%)的合金；D 点代表 w_{Ni}(60%)＋ w_{Cu}(40%)的合金。通过成分坐标上的任一点作的垂线称为合金线，合金线上不同的点表示该成分合金在该点温度下的相组成。因此，相图上任意一点都代表某一成分的合金在某一温度时的相组成(或显微组织)。例如，M 点表示 w_{Ni}(20%)＋ w_{Cu}(80%)的合金在 950℃时，其组织为单相 α 固溶体。

2. 二元合金相图的建立

二元合金相图是以试验数据为依据，在以温度为纵坐标，合金成分或组元为横坐标的坐

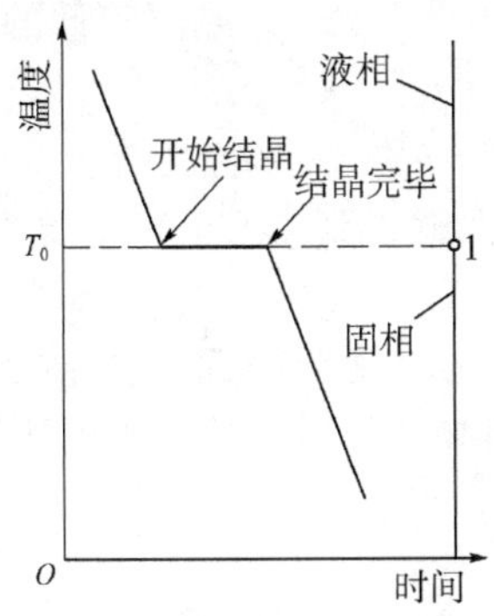

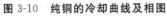

图 3-10 纯铜的冷却曲线及相图

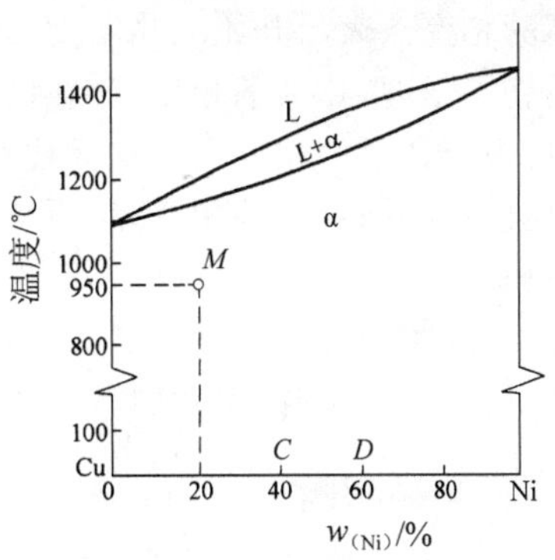

图 3-11 Cu-Ni 合金相图

标图中绘制的。试验方法有热分析法、热膨胀法、金相分析法、磁性法、电阻法、X 射线晶体结构分析法等，常用热分析法。下面以 Cu-Ni 二元合金为例，介绍应用热分析法测定其相变点及绘制相图的方法。

(1)配制一系列成分不同的 Cu-Ni 合金。如：①w_{Cu}=100%；②w_{Cu}(80%)+ w_{Ni}(20%)；③w_{Cu}(60%)+w_{Ni}(40%)；④w_{Cu}(40%)+ w_{Ni}(60%)；⑤w_{Cu}(20%)+ w_{Ni}(80%)；⑥w_{Ni}=100%。

试验时，配制的合金组数愈多，试验数据间的间隔愈小，测绘出来的合金相图就愈精确。

(2)用热分析法测出所配制的各合金的冷却曲线，如图 3-12a 所示。

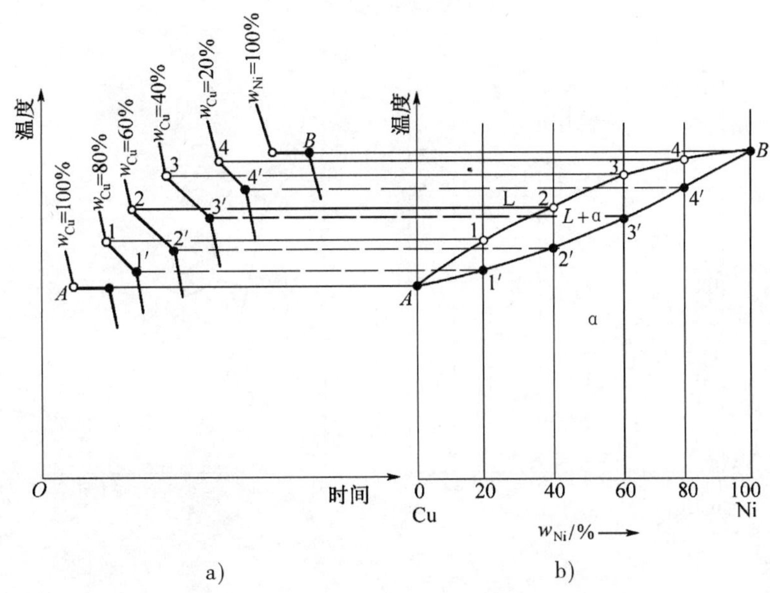

图 3-12 用热分析法测定 Cu-Ni 合金相图

(3)找出图中各冷却曲线上的相变点。由 Cu-Ni 合金系的冷却曲线可见，纯铜及纯镍的冷却曲线都有一个平台，说明纯金属的结晶过程是在恒温下进行的，故只有一个相变点。其他四个合金的冷却曲线均不出现平台，但有两个转折点，即有两个相变点。冷却曲线上的转折点是由于合金在结晶(即相变，包括固态相变)时有结晶潜热放出，抵消了部分或全部散热的缘故，结晶完后，温度又以较快速度下降。实验表明，合金都是在一定温度范围内结晶的。

温度较高的相变点表示开始结晶温度，称为上相变点，在图上用“○”表示；温度较低的相变点表示结晶终了温度，称为下相变点，在图上用“•”表示。

(4)将各个合金的相变点分别标注在温度-成分坐标图中相应的合金线上。

(5)连接各相同意义的相变点，所得的线称为相界线。这样就得到了 Cu-Ni 合金相图，如图 3-12b 所示。

目前，通过实验已测定了许多二元合金相图，其形式大多比较复杂，然而，复杂的相图可以看成是由若干基本的简单相图所组成的。其中，匀晶相图和共晶相图是最基本的相图。

3.2.2 二元匀晶相图

合金两组元在液态和固态以任何比例均能无限互溶所构成的相图，称为二元匀晶相图(uniform grain phase diagram)。Cu-Ni、Fe-Cr、Au-Ag 等合金都可形成匀晶相图。现以 Cu-Ni 合金相图为例来分析匀晶相图。

1. 相图中的点、线和相区

图 3-13a 为 Cu-Ni 合金相图。图中 A 点(t_A=1083℃)为纯铜的熔点(或结晶温度)；B 点(t_B=1455℃)为纯镍的熔点(或结晶温度)。1 点为纯组元铜，2 点为纯组元镍，由 1 点向右至 2 点，镍的含量由 0%逐渐增加至 100%，铜的含量由 100%逐渐减少至 0%。Aa_1B 线为液相线，表示各种成分的 Cu-Ni 合金在冷却过程中开始结晶或在加热过程中熔化终了的温度；Ab_3B 线为固相线，表示各种成分的 Cu-Ni 合金在冷却过程中结晶终了或加热过程中开始熔化的温度。

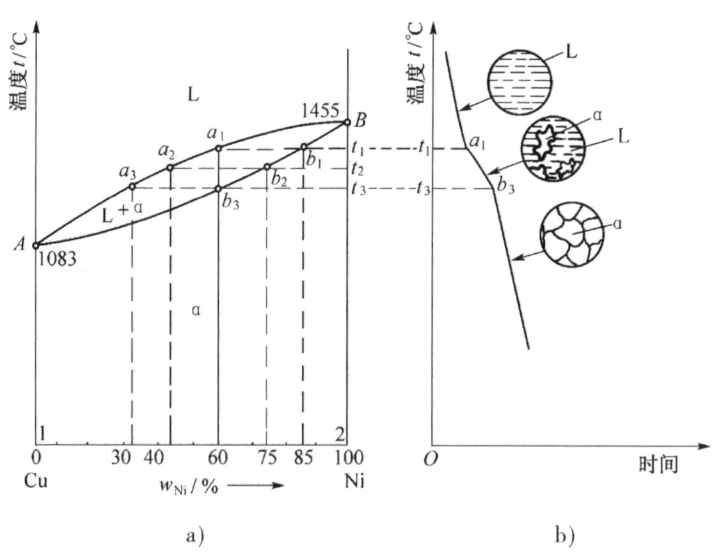

图 3-13 Cu-Ni 合金相图及结晶过程分析

液相线与固相线把整个相图分为三个不同相区。液相线以上为液相区(用 L 表示)，合金处于液态；固相线以下为固相区(用 α 表示)，合金全部形成均匀的单相固溶体，合金为固态；液相线与固相线之间为液相与固相共存(L+α)的两相区。

2. 结晶过程

由于 Cu、Ni 两组元能以任何比例形成单相 α 固溶体。因此,任何成分的 Cu-Ni 合金的冷却过程都相似。现以 $w_{Ni}=60\%$的 Cu-Ni 合金为例分析其冷却过程。

作 $w_{Ni}=60\%$的 Cu-Ni 合金的合金线与液、固相线分别交于 a_1、b_3 点,当液态合金缓冷到 t_1 温度时,开始从液相中结晶出 α 相,随温度继续下降,α 相的量不断增多,剩余液相的量不断减少。缓冷至 t_3 温度时,液相消失,结晶结束,全部转变为 α 相。温度继续下降,合金组织不再发生变化。该合金的冷却过程可用冷却曲线和冷却过程示意图表示,如图 3-13b。

合金结晶过程中,液相和固相的成分通过原子扩散在不断变化。液相 L 成分沿液相线由 a_1 点变至 a_3 点,固相 α 成分沿固相线由 b_1 点变至 b_3 点。在 t_1 温度时,液、固两相的成分分别为 a_1、b_1 点在横坐标上的投影,此时 α 相成分为 $w_{Ni}=85\%$;温度降为 t_2 时,液、固两相的成分分别为 a_2、b_2 点在横坐标上的投影,此时 α 相成分为 $w_{Ni}=75\%$,与 α 相平衡共存的剩余液相成分为 $w_{Ni}\approx45\%$;温度降至 t_3 结晶终了时,获得与原合金成分相同的 α 固溶体。成分为 $w_{Ni}=60\%$。当然,上述变化只限于冷速无限缓慢,原子扩散得以充分进行的平衡条件。

由此可见,固溶体合金的结晶过程与纯金属不同之处是,合金在一定温度范围内结晶,随着温度降低,固相的量不断增多,液相的量不断减少,同时固相的成分不断沿固相线变化,液相的成分不断沿液相线变化。

3. 杠杆定律

合金结晶过程中,合金中各个相的成分及其相对量都在不断地变化。不同条件下相的成分及其相对量,可通过杠杆定律求得。

(1)两平衡相及其成分的确定

如图 3-14a 所示,例如,要确定成分为 $w_{Ni}=b\%$的 Cu-Ni 合金,在 t 温度下是由哪两个相组成以及各相的成分时,先作过 b 成分点的纵向垂线(即 b 合金线),再作 t 温度水平线,该水平线两端所接触的两个单相区中相 L 和 α ,就是该合金在 t 温度时共存的两个相。水平线两端与液相线及固相线的交点 a、c 在成分坐标上的投影,分别表示 t 温度下液相和固相的成分,即液相 L 的成分为 $w_{Ni(L)}=a\%$,固相 α 的成分为 $w_{Ni(\alpha)}=c\%$。

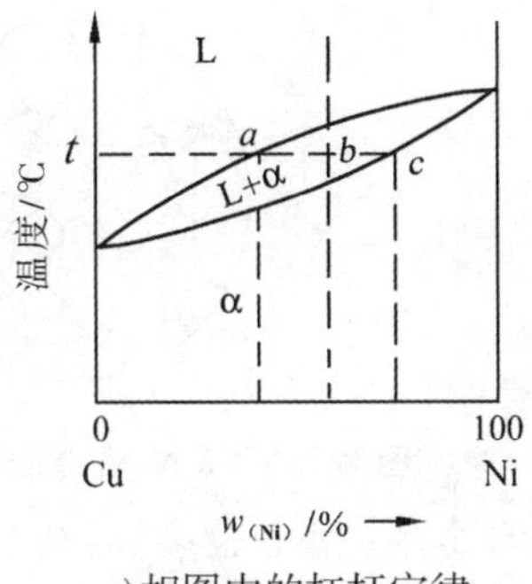

a)相图中的杠杆定律

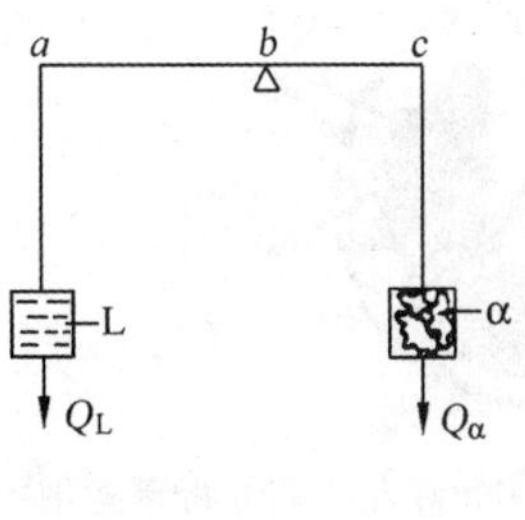

b)杠杆定律的力学比喻

图 3-14 杠杆定律示意图

(2)两平衡相相对质量的确定

设合金的总质量为$Q_{合金}$,其中 Ni 质量分数为$b(w_{Ni}=b\%)$,在t温度时,L 相中的 Ni 质量分数为a,α 相中的 Ni 质量分数为c;合金中液相质量为Q_L,固相质量为Q_α。则合金中含 Ni 的总质量等于 L 相中含 Ni 的质量与 α 相中含 Ni 的质量之和,即

$$Q_{合金}\cdot b=Q_L\cdot a+Q_\alpha\cdot c$$

因为 $Q_{合金}=Q_L+Q_\alpha$

所以

$$(Q_L+Q_\alpha)\cdot b=Q_L\cdot a+Q_\alpha\cdot c$$

化简后得

$$\frac{Q_L}{Q_\alpha}=\frac{c-b}{b-a}$$

c-b 为线段bc的长度;b-a 为线段ab的长度。

故得

$$\frac{Q_L}{Q_\alpha}=\frac{bc}{ab}$$

或

$$Q_L\cdot ab=Q_\alpha\cdot bc \tag{3-1}$$

由式(3-1)还可求出合金中液、固两相的相对质量分数(简称相对质量)的表达式:

$$液相\ w_L=\frac{Q_L}{Q_{合金}}=\frac{bc}{ac}\times100\% \tag{3-2}$$

$$固相\ w_\alpha=\frac{Q_\alpha}{Q_{合金}}=\frac{ab}{ac}\times100\% \tag{3-3}$$

由于式(3-1)与力学中的杠杆定律相似,故称为杠杆定律。其中杠杆的支点为合金的原始成分(即合金线b),杠杆两端点a、c表示该温度下两相的成分,杠杆的全长表示合金的质量,两相的质量与杠杆臂长成反比(见图 3-14b)。

其他类型的二元合金相图也同样可用杠杆定律来确定两相区中两相的成分及相对质量,对于单相区,由于相的成分及质量就是合金的成分及质量,故没有应用的必要。

必须指出,杠杆定律只适用于相图中的两相区,并且只能在平衡状态下使用。

4. 枝晶偏析

固溶体结晶时成分是变化的,只有在极其缓慢冷却时,原子扩散才能充分进行,而形成成分均匀的固溶体。如果冷却速度较快,原子扩散就不充分,则形成成分不均匀的固溶体。

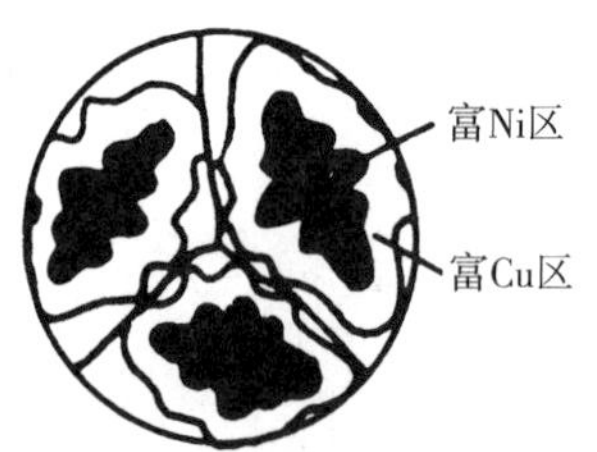

图 3-15 铸态 Cu-Ni 合金枝晶偏析示意图

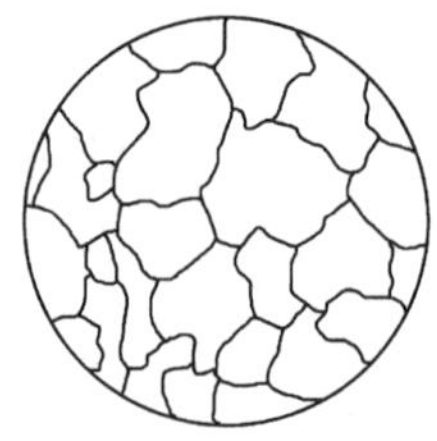

图 3-16 Cu-Ni 合金固溶体的显微组织

先结晶的树枝晶轴含高熔点组元(如 Cu-Ni 合金中的 Ni)较多,后结晶的树枝晶枝干含低熔点组元(如 Cu-Ni 合金中的 Cu)较多。结果造成在一个晶粒之内化学成分的分布不均,这种现象称为枝晶偏析。图 3-15 是 Cu-Ni 合金的枝晶偏析的示意图。

枝晶偏析对材料的机械性能、抗腐蚀性能、工艺性能都不利。生产上为了消除其影响,常

把合金加热到高温(低于固相线100℃左右),并进行长时间保温,使原子充分扩散,获得成分均匀的固溶体,这种处理称为扩散退火。如图3-16所示,Cu-Ni合金经均匀化退火后,可获得成分均匀的α固溶体的显微组织。

3.2.3 二元共晶相图

合金的两组元在液态下无限互溶,在固态下有限互溶并发生共晶转变所形成的相图称为共晶相图(eutectic phase diagram)。如Pb-Sn、Pb-Sb、Al-Si、Ag-Cu等合金都可形成共晶相图。下面以Pb-Sn合金相图为例分析共晶相图。

1. 相图中的点、线和相区

如图3-17 Pb-Sn合金相图。图中A点(327.5℃)是纯铅的熔点,B点(232℃)是纯锡的熔点,C点(183℃,$w_{Sn}=61.9\%$)为共晶点。ACB线为液相线,液相线以上合金均为液相;$AECFB$线为固相线,固相线以下合金均为固相。α和β是Pb-Sn合金在固态时的两个基本组成相,α是锡溶于铅中所形成的固溶体,β是铅溶于锡中所形成的固液体。E点(183℃,$w_{Sn}=19.2\%$)和F点(183℃,$w_{Pb}=2.5\%$)分别为锡溶于铅中和铅溶于锡中的最大溶解度。由于在固态下铅与锡的相互溶解度随温度的降低而逐渐减小,所以ED线和FG线分别表示锡在铅中和铅在锡中的溶解度曲线,也称固溶线。D和G点分别为室温时锡溶于铅中和铅溶于锡中的溶解度。

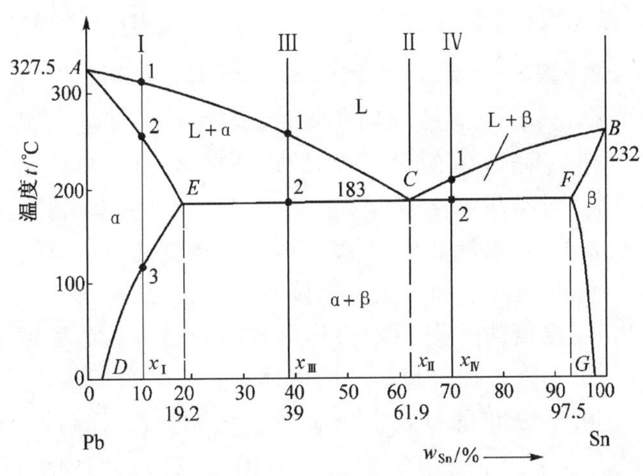

图3-17 Pb-Sn合金相图

相图中包含有三个单相区:液相区(L)、α相区和β相区。三个两相区:L+α、L+β和α+β相区。一个三相(L+α+β)共存的水平线ECF。

成分相当于C点的液相(L_C)在冷却到ECF线所对应的温度时,将同时结晶出成分为E点的α固溶体(α_E)和成分为F点的β固溶体(β_F),其反应式为:

$$L_C \xrightleftharpoons{183℃} (\alpha_E+\beta_F) \tag{3-4}$$

这种由一定成分的液相,在一定温度下,同时结晶出成分不同的两种固相的过程,称为共晶反应(eutectic reaction)或共晶转变。所生成的两相混合物称为共晶组织或共晶体。

C点称为共晶点,C点所对应的温度称为共晶温度,其成分称为共晶成分。通过C点的

水平的固相线 ECE 称为共晶线,液相冷却到共晶线时,都要发生如式(3-4)所示的共晶转变。

C 点成分的合金称为共晶合金(eutectic alloy);$E\sim C$ 点之间合金均称为亚共晶合金(hypoeutectic alloy);$C\sim F$ 点之间合金均称为过共晶合金(hypereutectic alloy)。

2. 合金的结晶过程

以图 3-17 中所给出的四个典型合金为例,分析其结晶过程和显微组织。

(1)合金 Ⅰ($D\sim E$ 点间的合金)　图 3-18a 为这类合金的冷却曲线及结晶过程示意图。

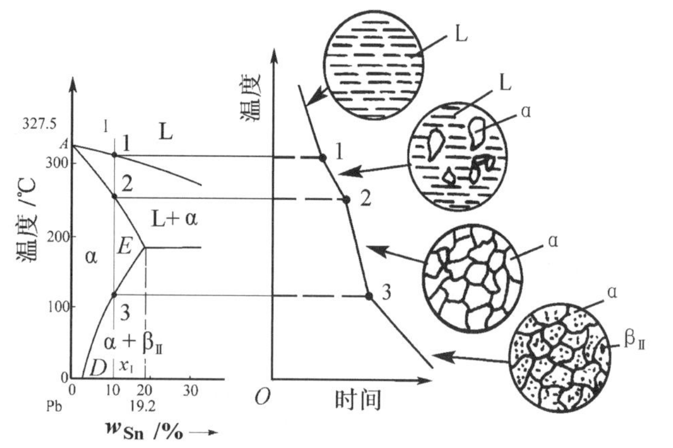

a) 相图、冷却曲线及结晶过程示意图

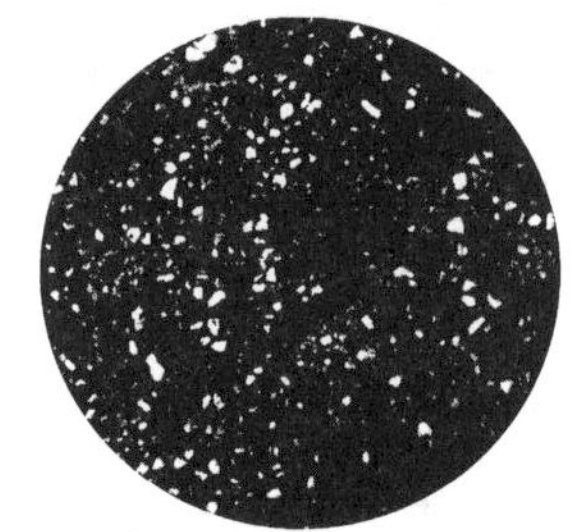

b) w_{Si}<D 点成分的 Pb-Sn 合金显微组织

图 3-18　合金 Ⅰ 的冷却曲线及结晶过程示意图

合金 Ⅰ($w_{Sn}=10\%$),当合金液缓冷到 1 点时,从液相中开始结晶出锡溶于铅中的 α 固溶体。随温度的下降,α 固溶体的量不断增多,其成分沿 AE 线变化;液相量不断减少,成分沿 AC 线变化。当冷却到 2 点时,合金全部结晶为 α 固溶体。这一过程实际上是匀晶结晶过程。在 2~3 点温度之间,α 固溶体不发生变化。当冷却到与 ED 线相交的 3 点时,锡在铅中的溶解度达到饱和。温度下降到 3 点以下时,多余的锡以 β 固溶体的形式从 α 固溶体中析出,随温度的下降,β 固溶体的量不断增多。为了区别于从液相中直接结晶出的 β 固溶体(初生 β 相),把这种从 α 固溶体中析出的 β 固溶体称为二次 β 相(或次生 β 相),用 $\beta_{Ⅱ}$ 表示。在 $\beta_{Ⅱ}$ 析出的过程中,α 固溶体的成分沿 ED 线变化,$\beta_{Ⅱ}$ 固溶体的成分则沿 FG 线变化。合金 Ⅰ 的室温组织为 $\alpha+\beta_{Ⅱ}$(图 3-18b)。图中黑色基体为 α 固溶体,白色颗粒为 $\beta_{Ⅱ}$ 固溶体。

合金 Ⅰ($w_{Sn}=10\%$)在室温时的 α 与 $\beta_{Ⅱ}$ 的相对质量 w_α、$w_{\beta Ⅱ}$,可以用杠杆定律计算

$$w_\alpha=\frac{x_{Ⅰ}G}{DG}\times100\%,\quad w_{\beta_{Ⅱ}}=\frac{Dx_{Ⅰ}}{DG}\times100\%$$

成分在 D 点与 E 点间的所有合金,其结晶过程与合金 Ⅰ 相似,室温下显微组织都由 $\alpha+\beta_{Ⅱ}$ 组成。只是两相的相对量不同,合金成分越靠近 E 点,室温时 $\beta_{Ⅱ}$ 量越多。

图 3-17 中成分位于 F 点和 G 点间的合金,其结晶过程与合金 Ⅰ 基本相似,不同的是从液相中先结晶出 Pb 溶于 Sn 中的 β 固溶体,当温度降到合金线与 FG 固溶线的交点时,开始从 β 中析出 $\alpha_{Ⅱ}$,所以室温组织为 $\beta+\alpha_{Ⅱ}$。

(2)合金Ⅱ(C 点的合金)　图 3-17 中 C 点($w_{Sn}=61.9\%$)是共晶点，成分为 C 点的合金也称为共晶合金，其冷却曲线及结晶过程如图 3-19 所示。

当合金由液态缓慢冷却到 C 点(183℃)时发生共晶反应。由图 3-17 可知，C 点是两段液相线 AC 和 BC 的交点，从相图 $AECA$ 区看，应从成分为 C 点的合金液 L_C 中结晶出成分为 E 点的固相 α_E，从 $BCFB$ 区看，应从合金液 L_C 中结晶出成分为 F 点的固相 β_F，也就是应从液相 L_C 中同时结晶出 α_E 和 β_F 两种固相组成的两相组织(即共晶体)。由于在一恒温下同时结晶出的两种固相得不到充分长大，故组织中的两种固相都较细小，且呈层片状交替分布。在 C 点温度以下，液相完全消失，共晶转变结束。继续冷却时，固溶体溶解度随温度的降低而减少，共晶组织中的 α_E 和 β_F 固溶体将分别沿着 ED 和 FG 固溶线发生变化，析出 $\beta_{\text{Ⅱ}}$ 和 $\alpha_{\text{Ⅱ}}$。由于从共晶体中析出的二次相 $\beta_{\text{Ⅱ}}$ 和 $\alpha_{\text{Ⅱ}}$ 数量较少，且 $\beta_{\text{Ⅱ}}$ 和 $\alpha_{\text{Ⅱ}}$ 常与共晶体中的同类相混在一起，在显微镜下难以辨别，故可忽略不计。共晶合金的室温组织为($\alpha+\beta$)，其显微组织如图 3-20 所示。图中黑色为 α 固溶体，白色为 β 固溶体，呈交替分布。

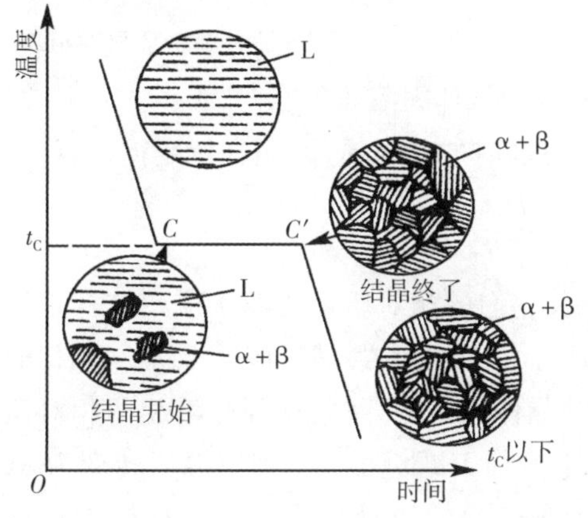

图 3-19　合金Ⅱ的冷却曲线及结晶过程示意图

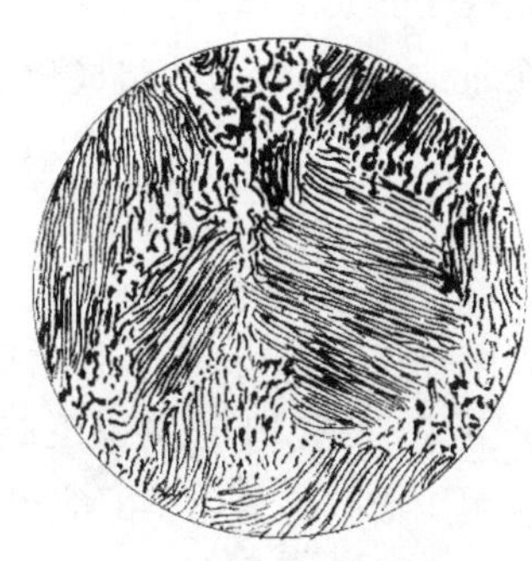

图 3-20　Pb-Sn 共晶合金显微组织示意图

合金Ⅱ共晶转变获得的共晶组织(共晶体)中的 α_E 和 β_F 的相对质量，可用杠杆定律计算

$$w_{\alpha_E}=\frac{CF}{EF}\times 100\% \qquad w_{\beta_F}=\frac{CE}{EF}\times 100\%$$

(3)合金Ⅲ($E\sim C$ 点间的合金)　成分在 E 点与 C 点之间的合金，称为亚共晶合金。以合金Ⅲ($w_{Sn}=39\%$)为例进行分析，其冷却曲线及结晶过程如图 3-21 所示。

合金由液态缓慢冷却到 1 点时，从液相中开始结晶出 α 固溶体。随温度下降，α 固溶体量不断增多，成分沿 AE 线变化；液相量不断减少，成分沿 AC 线变化。当温度降至 2 点(183℃)时，α 固溶体达到 E 点成分，而剩余的液相达到 C 点的共晶成分，剩余的液相将发生共晶转变，此转变一直进行到剩余液相全部转变成共晶组织为止。此时，合金由初生相 α 固溶体和共晶体($\alpha_E+\beta_F$)所组成。当合金冷却到 2 点以下温度时，由于固溶体溶解度的降低，从 α 固溶体(包括初生的 α 固溶体和共晶组织中的 α 固溶体)中会不断析出 $\beta_{\text{Ⅱ}}$ 固溶体，而从 β 固溶体(共晶组织中的 β)中不断析出 $\alpha_{\text{Ⅱ}}$ 固溶体，直到室温为止。在显微镜下，除了在初生的 α 固溶体中可观察到 $\beta_{\text{Ⅱ}}$ 固溶体外，共晶体中析出的二次相很难辨认。所以，亚共晶合金Ⅲ的室温组织为 $\alpha+\beta_{\text{Ⅱ}}+(\alpha+\beta)$。其显微组织如图 3-22，图中黑色树枝状为初晶 α 固溶体，黑白相间

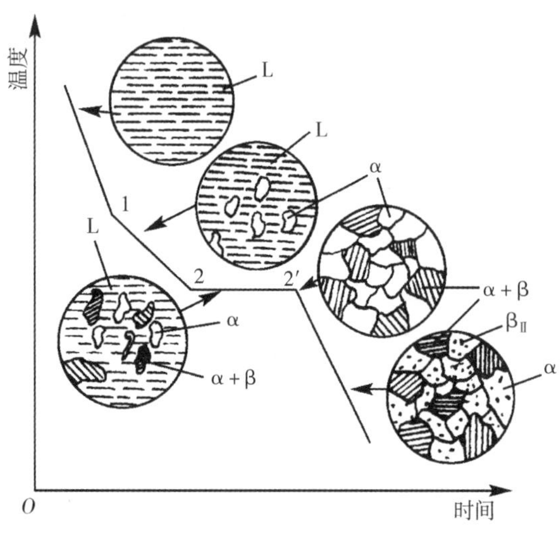

图 3-21　合金Ⅲ的冷却曲线及结晶过程示意图

图 3-22　Pb-Sn 亚共晶合金显微组织

分布的是(α+β)共晶体，初晶 α 固溶体内的白色小颗粒是 β_{II} 固溶体。

合金Ⅲ($w_{Sn}=39\%$)的组成相为 α 和 β，它们在室温时的相对质量，用杠杆定律计算：

$$w_{\alpha}=\frac{x_{\mathrm{III}}G}{DG}\times 100\% \qquad w_{\beta}=\frac{Dx_{\mathrm{III}}}{DG}\times 100\%$$

合金Ⅲ的组织组成物为：α、β_{II} 和共晶体(α+β)。它们的相对质量要两次应用杠杆定律求得。根据结晶过程分析，先求合金在刚冷到 2 点温度而尚未发生共晶反应时 α_E 和 L_C 相的相对质量。其中，液相 L_C 在共晶反应后全部转变为共晶体(α+β)，因此这部分液相的相对质量就是室温组织中共晶体(α+β)的相对质量。初生 α_E 冷却不断析出 β_{II}，到室温后转变为 α(即 α_D)和 β_{II}。按照杠杆定律，可求出 α_D、β_{II} 各占 $\alpha_E(\alpha_D+\beta_{\mathrm{II}})$ 的质量分数(注意，杠杆支点在 E 点)，再乘以初生 α_E 在合金中的相对质量，求得 α(即 α_D)、β_{II} 占合金的相对质量。

因此，得到合金Ⅲ在室温下的三种组织组成物的相对质量为：

$$w_{\alpha}=w_{\alpha_D}=\frac{EG}{DG}\times\frac{x_{\mathrm{III}}C}{EC}\times 100\%$$

$$w_{\beta_{\mathrm{II}}}=\frac{DE}{DG}\times\frac{x_{\mathrm{III}}C}{EC}\times 100\%$$

$$w_{(\alpha+\beta)}=\frac{Ex_{\mathrm{III}}}{EC}\times 100\%$$

所有成分在 $E\sim C$ 点之间的亚共晶合金，结晶过程均与合金Ⅲ相似。室温组织都为 $\alpha+\beta_{\mathrm{II}}+(\alpha+\beta)$，只是成分不同，各相的相对量不同，合金成分越接近 C 点，初生相 α 量越少，而共晶体(α+β)量越多。

(4)合金Ⅳ($C\sim F$ 点间的合金)　成分在 C 点与 F 点之间的合金称为过共晶合金。以合金Ⅳ($w_{Sn}=70\%$)为例，冷却曲线及结晶过程如图 3-23 所示。

过共晶合金的结晶过程与亚共晶合金类似，只是由液相析出的初生相为 β 固溶体，共晶转变结束至室温从 β 固溶体中析出的是 α_{II} 固溶体，所以室温组织为 $\beta+\alpha_{\mathrm{II}}+(\alpha+\beta)$，其显微

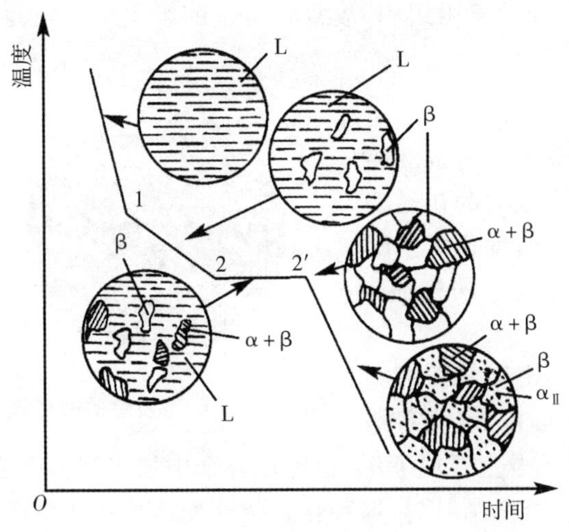

图 3-23 合金Ⅳ的冷却曲线及结晶过程示意图

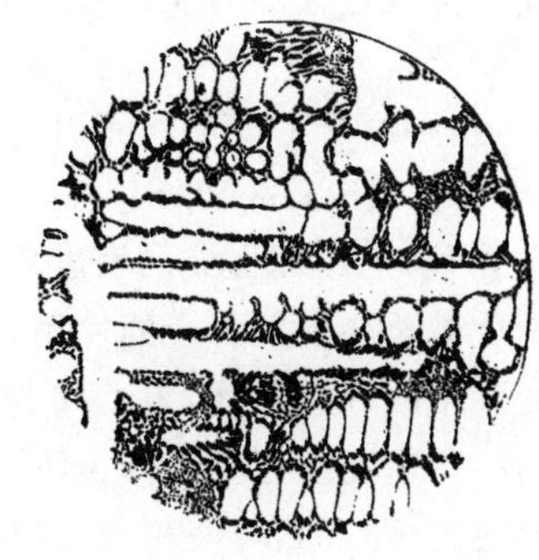

图 3-24 Pb-Sn 过共晶合金显微组织

组织如图 3-24，图中卵形白亮色为初生 β 固溶体，黑白相间分布的是共晶体(α+β)，初生 β 固溶体内的黑色小颗粒为次生 α_{II} 固溶体。

凡成分在 $C \sim F$ 点之间的过共晶合金，其结晶过程均与合金Ⅳ相似。室温组织都是由 β $+\alpha_{II}+(\alpha+\beta)$ 所组成。只是各相的相对量不同，越接近共晶成分，初生相 β 量越少，共晶体(α+β)量越多。

3. 合金的相组分与组织组分

根据上面分析，可以看到 Pb-Sn 合金结晶所得的组织中仅出现 α、β 两个相。因此 α、β 相称为合金的相组分(常称相组成物)。图 3-25 中各相区就是以合金的相组分填写的。

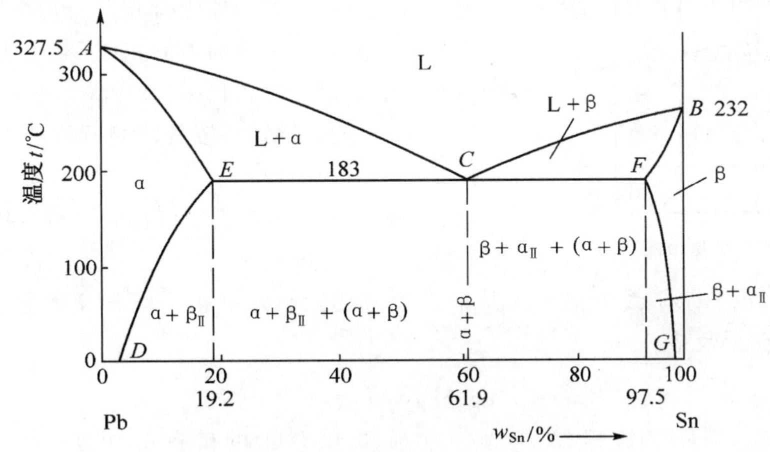

图 3-25 按组织组分填写的 Pb-Sn 合金相图

由于不同成分的合金，结晶条件不同，各组成相将以不同的形状、数量、大小相互组合，因而在显微镜下可观察到不同的组织。若把合金结晶后组织直接填写在相图中(如图 3-25)，即获得用组织组分(常称组织组成物)填写的 Pb-Sn 合金相图。图中 α、α_{II}、β、β_{II} 及共晶体(α+β)各具有一定的组织特征，并在显微镜下可以明显区分，故它们也都是该合金的组织组分。

在进行金相分析时，主要用组织组分来表示合金的显微组织，故常将合金的组织组分填写于相图中。

4. 密度偏析

亚共晶或过共晶合金结晶时，若初晶的密度与剩余液相的密度相差很大，则密度小的初晶将上浮（或密度大的初晶将下沉）。这种由于密度不同而引起的偏析，称为密度偏析。图3-26为$w_{Sb}=15\%$的Pb-Sb合金组织中，密度较小的初晶α（含Sb量高）上浮而形成的密度偏析。

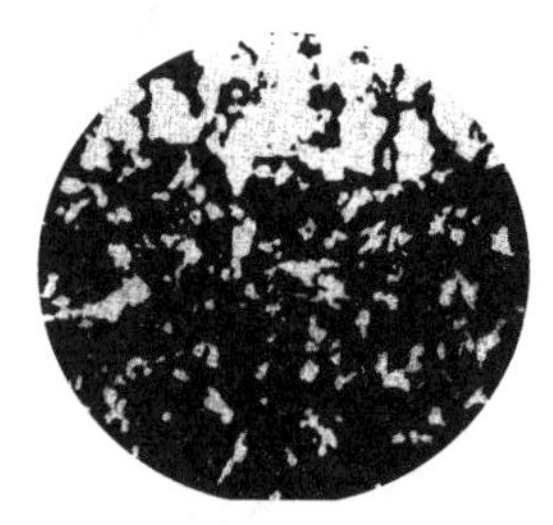

图3-26　Pb-Sb合金的密度偏析

密度偏析会降低合金的使用与加工性能。密度偏析不能用热处理来减轻或消除，为了减少或避免密度偏析，可提高结晶时的冷却速度或搅拌液体金属，使偏析相来不及上浮或下沉；也可在合金中加入某种元素，使其形成高熔点的、与液相密度相近的化合物，合金结晶时，这种化合物首先结晶成针状或树枝状的骨架悬浮于液相中，从而阻止了随后结晶的偏析相上浮或下沉。例如，在锡基滑动轴承合金中加入铜，使其先形成Cu_6Sn_5骨架，阻止密度较小的β相上浮，以减少合金的密度偏析。

3.2.4　其他相图简介

1. 包晶相图（peritectic phase diagram）

当两组元在液态时无限互溶，在固态时形成有限固溶体而且发生包晶反应时，其所构成的相图称为二元包晶相图。如Fe-C、Cu-Zn、Cu-Sn等合金相图中，均包括这类相图。现以Fe-C相图中的包晶反应部分为例来说明。

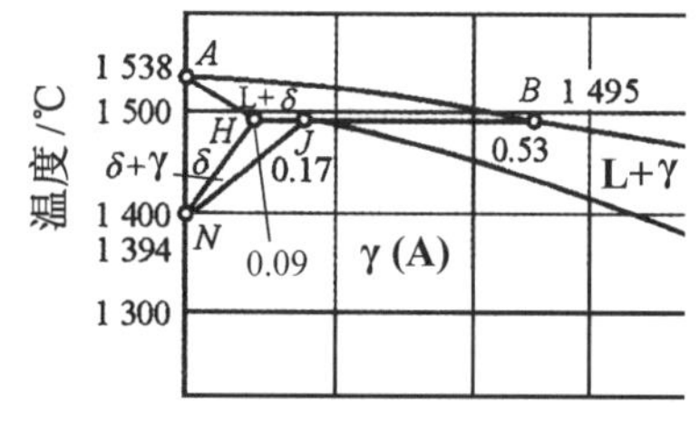

图3-27　包晶相图

图3-27为Fe-C相图左上部包晶反应部分，如图可见这种包晶相图由三个局部的匀晶相图（其中包括一个固相转变为另一个固相的匀晶相图）和一条水平线（包晶线）组成。匀晶部分与前述相同，按其两侧所给的单相区即可进行分析。

包晶水平线上发生的反应（包晶反应）与共晶水平线上发生的共晶反应完全不同。共晶反应是由液相中同时结晶出两种固相，而包晶水平线上的反应特征是合金线能与包晶水平线相交的合金，于此温度（1495℃）发生包晶反应：

$$L_B + \delta_H \xrightleftharpoons{1495℃} \gamma_J$$

即成分为B(0.53%C)的液相L_B与成分为H(0.09%C)的初晶δ_H相互作用，形成成分为J(0.17%C)的γ_J固溶体的反应称为包晶反应（peritectic reaction）。它也在恒温下进行，其中J点为包晶点，成分为J点的合金液体在冷到J点时，L相与δ相正好在此全部消耗完，形成100%的J点成分的γ相。

包晶反应的结晶过程如图3-28所示，反应产物γ是在液相L与固相δ的交界面上形核、长大，先形成一层γ相外壳。此时三相共存，而且新相γ对外不断消耗液相，向液相中长大，

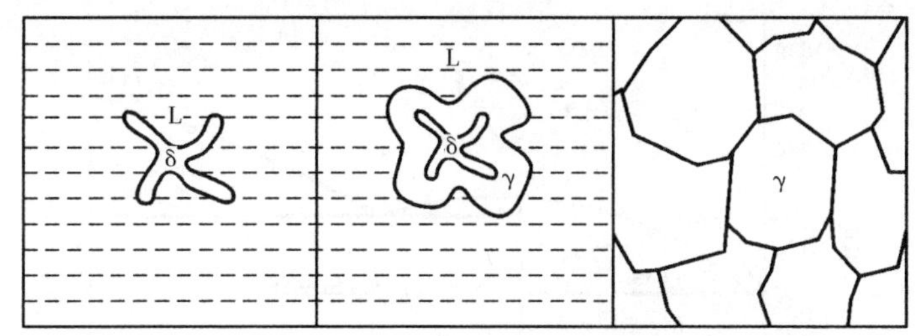

图 3-28 包晶反应过程示意图

对内不断"吃掉"δ 相，向内扩张，直到液相和固相任一方或双方消耗完，包晶反应才结束。由于是一相包着另一相进行反应，则称为包晶反应。

2. 共析相图(eutectoid phase diagram)

图 3-29 是具有共析反应的相图，下部共析反应相图与共晶相图很相似，但不同点在于水平线上的共析反应，不是自液相中而是自 γ 固相中同时析出 α 和 β 两种不同的新相，即由一种固相转变成完全不同的两种相互关联的固相，此两相混合物称为共析体，这一反应称为共析反应(eutectoid reaction)或共析转变。*PSK* 水平线称为共析线。发生共析反应的成分称为共析成分。共析反应所在温度称为共析温度。

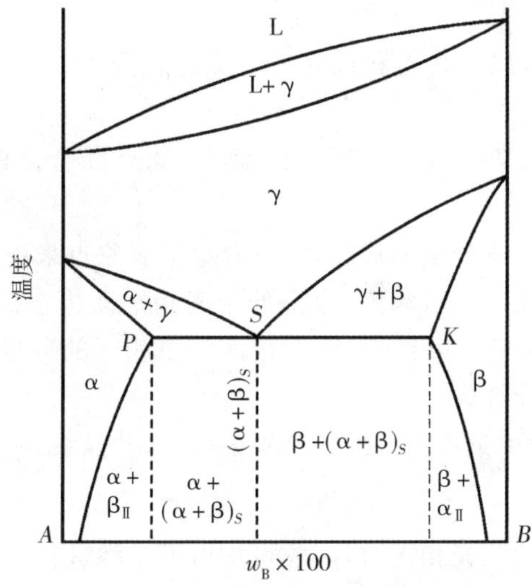

图 3-29 具有共析反应的二元合金相图

由于共析转变是固态转变，它是固态下由一相向二相的转变，它们之间有相结构的变化。它除具有液态结晶规律外，还有固态转变的一些特点：

(1)固态转变由于原子移动、扩散困难，原子不易重新排列组成新的晶体，若转变必须增加转变的动力，因此，固态转变过冷度较大。

(2)固态转变因为过冷度大，形核概率增加，而且新相晶核多数在晶粒边界上形成，因此，晶粒越细，转变越快。因此，共析转变产物比共晶转变产物更细密。

(3)固态转变时由于新旧相的晶体结构和它们的晶格常数有可能不同，因此常有体积和比容的不同，所以，固态转变经常有较大的内应力存在。

3. 形成稳定化合物的二元合金相图

化合物有稳定化合物和不稳定化合物两大类。所谓稳定化合物是指：在熔化前，既不分解也不发生任何化学反应的化合物。如 Mg 和 Si 即可形成分子式为 Mg_2Si 的稳定化合物，Mg-Si 相图就是形成稳定化合物的二元合金相图(如图 3-30)。这类相图的主要特点是在相图中有一条代表稳定化合物的垂直线，以垂直线的垂足代表稳定化合物的成分，垂直线的顶点代表它的熔点。可见，若把稳定化合物 Mg_2Si 视为一个组元，即可认为这个相图由左、右两个简单共晶相图(Mg-Mg_2Si 和 Mg_2Si-Si)所组成，因此可分别对它们进行研究，使问题简化。

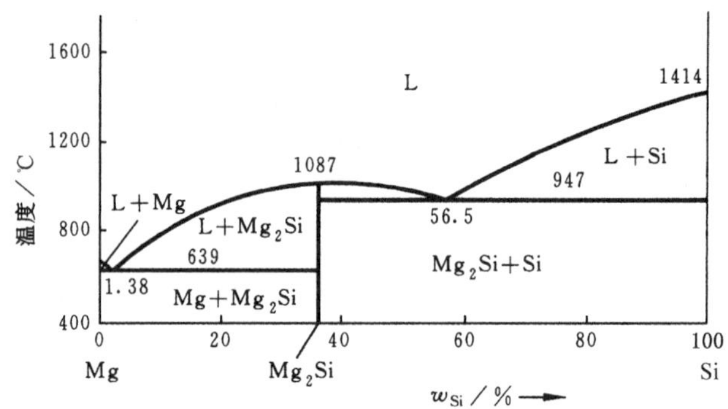

图 3-30 形成稳定化合物的二元合金相图

3.2.5 二元相图的分析步骤

1.二元合金相图特征

二元合金相图的类型很多,但基本类型还是匀晶、共晶和包晶三大类。在分析二元合金相图时,应注意以下特征:

(1)相图中每一点都代表某一成分的合金在某一温度下所处的状态,此点称合金的表象点。

(2)在单相区,合金由单相组成,相的成分即等于合金的成分,它由合金的表象点来决定。

(3)在两个单相区之间必定存在着一个两相区。在两相区,合金处于两相平衡状态,两个平衡相的成分可由通过合金表象点的水平线与两相区边界线(即两相区与单相区的分界线)的交点来决定,两相的相对质量可运用杠杆定律计算。

(4)在二元合金相图中,三相平衡共存表现为一条水平线即三相平衡线(如共晶线)。

2.二元合金相图分析步骤

二元相图因不同合金而异,在分析比较复杂的二元相图时,一般可按以下步骤进行:

(1)先分清图中包括哪些基本类型的相图。涉及哪种,就按该类型相图进行分析。

(2)如有稳定化合物存在,则以化合物为界,分成几个区域分别进行分析。

(3)在二元相图中,相邻相区的相数差为一(点接触情况例外)。两相区的相一定是两侧单相区中相的组合。

(4)找出三相共存水平线,根据与水平线相邻的相区,确定相变特点及转变反应式,明确发生的转变。这是分析复杂相图的关键。

分析具体合金的结晶过程和组织时,在单相区,相的成分与该合金相同;在两相区,不同温度下的各相成分,均沿其相界线变化;三相平衡时,三个相的成分是固定的,但其相对量不断变化。

3.2.6 合金性能与相图间的关系

合金的性能一般取决于合金的化学成分与组织,但某些工艺性能(如铸造性能)还与合金的结晶特点有关。而相图既可表明合金成分与组织间的关系,又可表明合金的结晶特点。因此合金相图与合金性能间存在着一定联系。掌握了相图与性能的联系规律，就可大致判断不同成分合金的性能特点，并可作为选用和配制合金、制订热加工工艺的依据。

1. 合金使用性能与相图的关系

(1)单相固溶体合金

匀晶相图是形成单相固溶体合金的相图。溶质原子溶入溶剂后，要产生晶格畸变，从而引起合金的固溶强化，并使合金中自由电子的运动阻力增加，故固溶体合金的强度和电阻都高于作为溶剂的纯金属。随着溶质溶入量的增加，晶格畸变的增大，致使固溶体合金的强度、硬度和电阻与合金成分间呈曲线关系变化，如图 3-31a 所示。固溶强化是提高合金强度的主要途径之一，在金属材料生产中获得广泛的应用。例如，低碳钢中加入合金元素硅、锰等，就是利用固溶强化来提高钢的强度。另外，由于固溶体合金的电阻较高，电阻温度系数较小，因而常用作电阻合金材料。

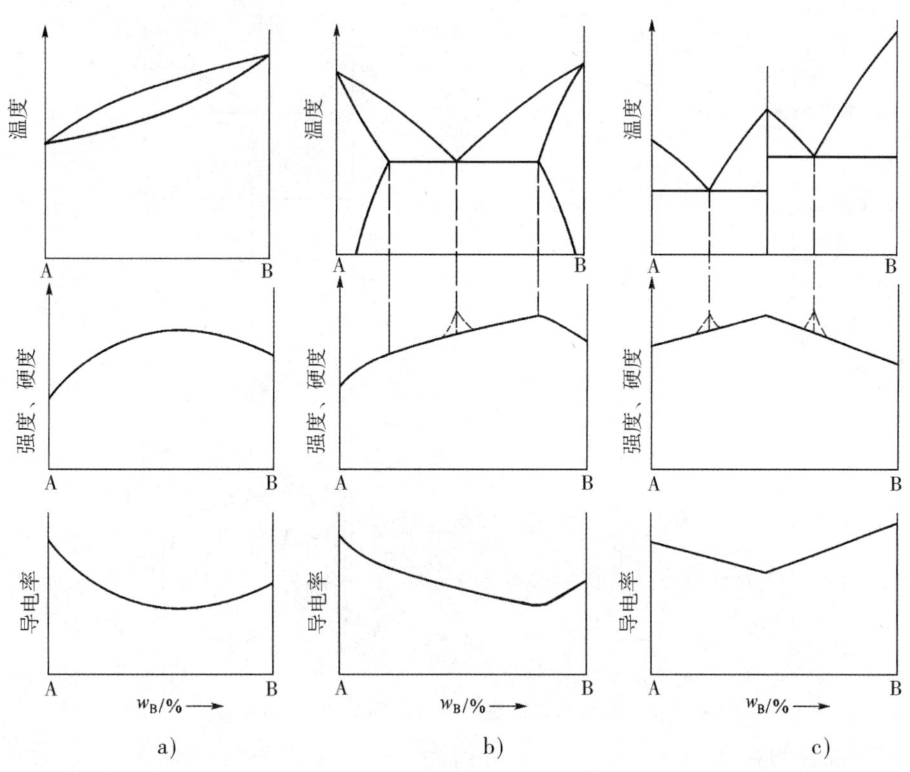

图 3-31 合金的强度、硬度和电阻与相图间的关系(示意图)

(2)两相混合物合金

共晶相图中，结晶后形成两相组织的合金称为两相混合物合金。由图 3-31b 可见，形成两相混合物合金的力学性能与物理性能处在两相性能之间，并与合金成分呈直线关系。但合金性能还与两相的细密程度有关，尤其是对组织敏感的合金性能(如强度、硬度等)，其影响更为明显。例如，共晶合金由于形成了细密共晶体，故其力学性能将偏离直线关系而出现峰值，如图 3-31b 中虚线所示。

形成化合物时，则在化合物成分处出现力学性能的最大或最小值，如图 3-31c。

2.合金工艺性能与相图的关系

(1)单相固溶体合金

固溶体合金的铸造性能与合金成分间的关系，如图 3-32a 所示。合金相图中的液相线与固相线之间的垂直距离与水平距离越大，合金的铸造性能越差。这是因为液相线与固相线的水平距离越大，结晶出的固相与剩余液相的成分差别越大，产生的偏析越严重；液相线与固相线之间的垂直距离越大，则结晶时液、固两相共存的时间越长，形成树枝状晶体的倾向就越大，这种细长易断的树枝状晶体阻碍液体在铸型内流动，致使合金的流动性变差；合金流动性差时，由于枝晶相互交错所形成的许多封闭微区不易得到外界液体的补充，故易产生分散缩孔，使铸件组织疏松，性能变差。

由于固溶体合金的塑性较好，故具有较好的压力加工性能。但切削加工时不易断屑和排屑，使工件表面粗糙度增加，故切削加工性能较差。

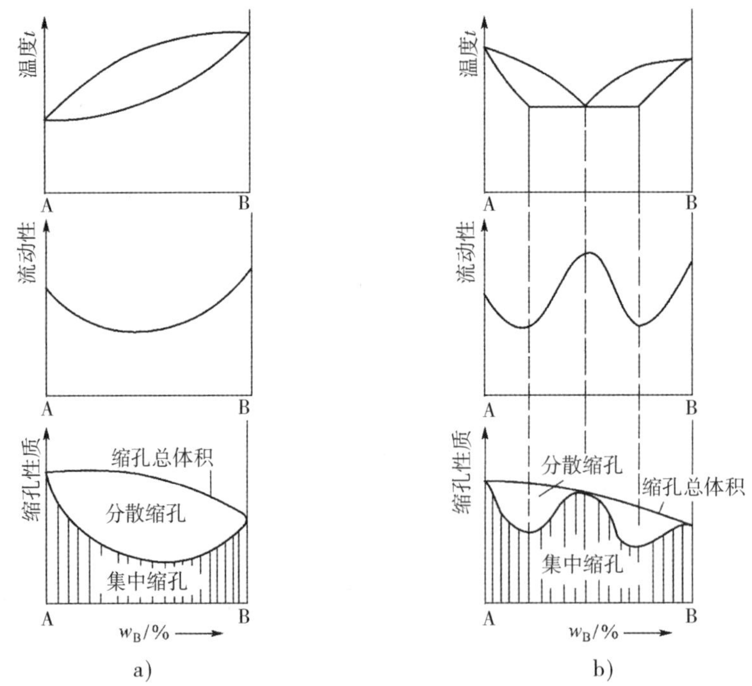

图 3-32　合金的铸造性能与相图间的关系(示意图)

(2)两相混合物合金

两相混合物合金的铸造性能与合金成分间的关系，如图 3-32b 所示。由图可见，合金的铸造性能也取决于合金结晶区间的大小，因此，就铸造性能来说，共晶合金最好，因为它在恒温下进行结晶，同时熔点又最低，流动性较好，在结晶时易形成集中缩孔，铸件的致密性好。故在其他条件许可的情况下，铸造用金属材料应尽可能选用共晶成分附近的合金。

两相混合物合金的压力加工性能与合金组织中硬脆的化合物相含量有关，一般都比固溶体合金要差。但若组织中硬脆相含量不多，其可加工性就比固溶体合金好。

本章小结

1. 主要内容

纯金属冷却曲线的绘制及过冷现象；纯金属的结晶过程；晶粒大小对金属力学性能的影响和控制晶粒大小的措施；铸锭的组织特点；金属结晶过程中的同素异构转变。

匀晶相图的建立过程；相图中的点、线和相区；不同成分合金的结晶过程；杠杆定律的应用；结晶过程中的偏析。

共晶相图的特征及其中的点、线和相区；典型成分合金的结晶过程及组织特征；利用杠杆定律进行组织及相相对量的计算；结晶过程中的偏析现象。包晶相图、共析相图和形成稳定化合物的二元合金相图。

二元相图的分析步骤；合金性能与相图间的关系。

2. 学习重点

(1)纯金属的结晶。

(2)二元合金匀晶相图的建立与结晶过程分析。

(3)二元合金共晶相图的结晶过程分析。

(4)杠杆定律的应用。

习题与思考题

3-1　名词解释

过冷度；结晶；自发形核；非自发形核；晶核形核率 N；生长速率 G；同素异构转变；变质处理；相图；机械混合物；枝晶偏析；比重偏析；共晶反应；包晶反应；共析反应。

3-2　金属结晶的基本规律是什么？晶核的形成率和成长率受到哪些因素的影响？

3-3　在铸造生产中，采用哪些措施控制晶粒大小？如果其他条件相同，试比较在下列铸造条件下，铸件晶粒的大小。

(1)金属模浇注和砂模浇注；

(2)高温浇注与低温浇注；

(3)浇注时采用震动与不采用震动。

3-4　下列说法是否正确？为什么？

(1)凡是由液体凝固成固体的过程都叫结晶；

(2)金属结晶时冷却速度越快，晶粒越细小；

(3)薄壁铸件的晶粒比厚壁铸件的晶粒细小。

3-5　已知组元 A(熔点 700℃)与 B(熔点 600℃)在液态无限互溶；在固态 400℃时 A 溶于 B 中的最大溶解度为 20%，室温时为 10%，而 B 却不溶于 A；在 400℃时，含 30%B 的液态合金发生共晶反应。要求：

(1)绘制 A B 合金相图，并标注各区域的相组成物和组织组成物；

(2)分析 15%A、50%A、80%A 合金的结晶过程，并确定室温下相组成物及组织组成物的含量；

(3)绘制出合金的结构性能与相图的关系曲线。

3-6　在图3-33所示的A-B二元合金相图中：

(1)标出①～④空白区域中的相；

(2)简述Z合金的缓慢冷却过程及室温下的显微组织。

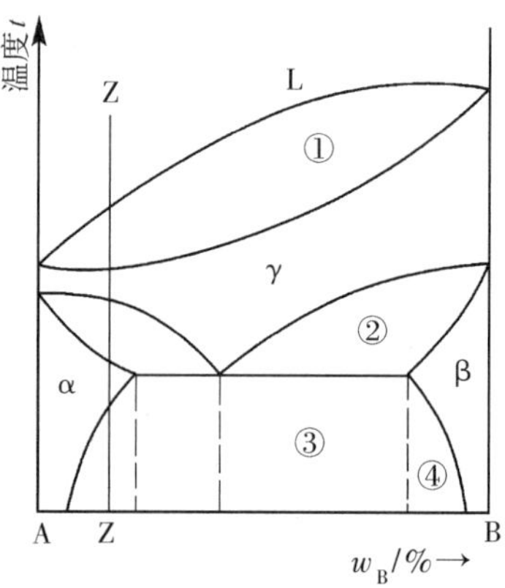

图3-33　题3-6图

3-7　为什么铸造合金常选用接近共晶成分的合金？为什么要进行压力加工的合金常选用单相固溶体成分的合金？

3-8　为什么铸件的加工余量过大，反而会使加工后的铸件强度降低？

第 4 章 铁碳合金相图

碳钢和铸铁是工业中应用范围最广的金属材料，都是以铁和碳为基本组元的合金，常称之为铁碳合金。其成分不同，则组织和性能不相同，因而它们在实际工程上的应用也不一样。

铁碳合金相图(iron-carbon phase diagram)是研究碳钢和铸铁成分、温度、组织和性能之间关系的简明示意图，是研究铁碳合金的工具，也是制订各种热加工工艺的依据。

4.1 铁碳合金中的相与基本组织

铁碳合金中，碳可溶入 Fe 中形成固溶体，当碳含量超过溶解度以后，剩余的碳还可和 Fe 化合形成多种金属化合物，例如 Fe_3C、Fe_2C 和 FeC 等。而化合物可以作为一个独立的组元，因此整个 Fe-C 相图包括 Fe-Fe_3C、Fe_3C-Fe_2C、Fe_2C-FeC 等一系列二元相图，如图 4-1 所示。由于含碳量超过 6.69%(Fe_3C)时的铁碳合金脆性极大，没有使用价值，具有实际使用意义的只有 Fe-Fe_3C 部分，所以在铁碳合金相图中只需研究 Fe-Fe_3C 部分(图 4-1 中阴影部分)。因此，一般所说的铁碳合金相图，实际上是铁一渗碳体(Fe-Fe_3C)相图，如图 4-2 所示。

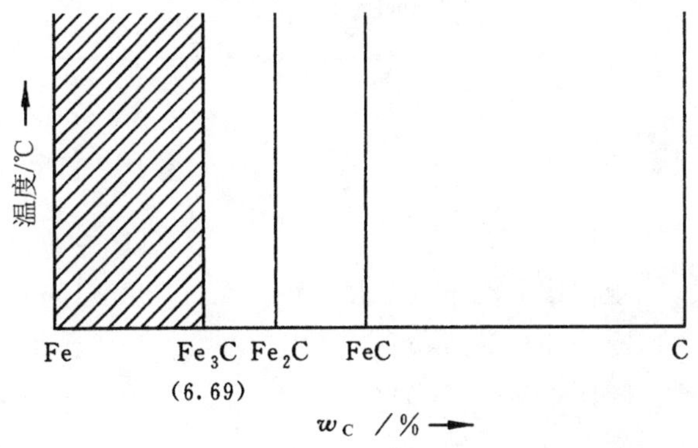

图 4-1 Fe-C 相图组成

4.1.1 工业纯铁

一般来说纯铁不会是纯净的，其中总会有杂质。工业纯铁中常含有 0.10%～0.20%的杂质。这些杂质有碳、硅、锰、硫、磷、氮、氧等，其中碳占 0.006%～0.02%。

纯铁的熔点为 1538℃，室温下的密度为 7.87g/cm^3。纯铁具有同素异构转变，即在固态下加热或冷却时，其内部结构发生变化，从一种晶格转变为另一种晶格，如图 3-9 所示。

纯铁的机械性能因纯度和晶粒大小的不同而有差别，晶粒愈细，强度愈高。其室温下机械性能大致为：

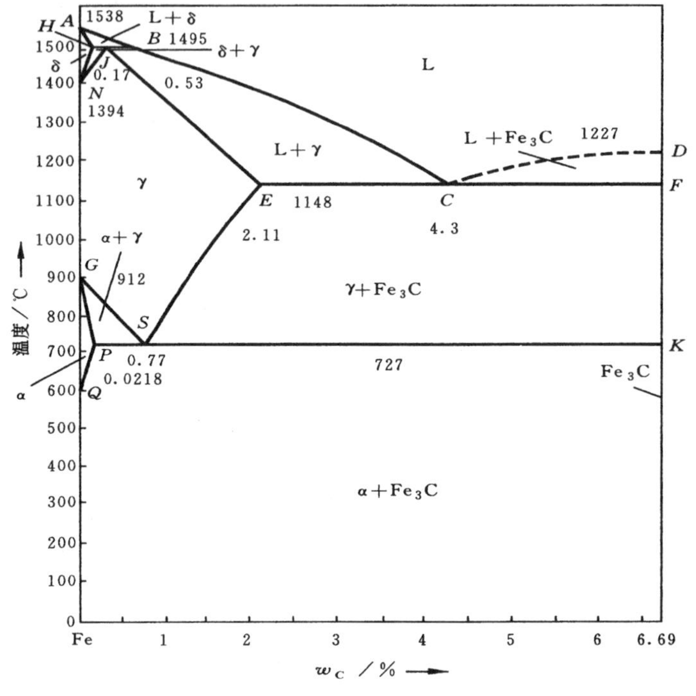

图 4-2　Fe-Fe_3C 相图

抗拉强度 $R_m(\sigma_b)$	176～274MPa
规定残余延伸强度 $R_{r0.2}(\sigma_{0.2})$	98～166MPa
断后伸长率 $A(\delta)$	30%～50%
断面收缩率 $Z(\psi)$	70%～80%
硬度	50～80HBW

工业纯铁具有良好的塑性，但强度低，具有铁磁性，所以除在电机工业中用作铁芯材料外，在一般的机器制造中很少应用。工业上得到广泛应用的是铁和碳所组成的合金。

4.1.2　铁碳合金的相结构

铁碳合金中，因铁和碳在固态下相互作用不同，其相结构不同，可形成固溶体（铁素体、奥氏体）和金属化合物（渗碳体）。

1. 铁素体

碳溶于 α-Fe 中的间隙固溶体称为铁素体（ferrite），以符号 F 或 α 表示。纯铁在 912℃以下为具有体心立方晶格的 α-Fe。由于 α-Fe 的晶格间隙很小，在 20℃时体心立方的 α-Fe 的致密度为 0.68，孔隙多而分散，但孔隙直径较小，难以容纳碳原子，但由于实际晶体中存在空位及位错等缺陷，从而也可溶解微量的碳，在 727℃时溶碳量最大（$w_C=0.0218\%$），随着温度下降溶碳量逐渐减小，室温下的溶碳量仅为 0.0008%。因此，其室温时的力学性能几乎与纯铁相同。铁素体的强度、硬度不高，但塑性和韧性好。

抗拉强度 R_m	180～280MPa

规定残余延伸强度 $R_{r0.2}$	100～170MPa
断后伸长率 A	30%～50%
断面收缩率 Z	70%～80%
冲击吸收能量 KU_2	128～160J
硬度	50～80HBW

铁素体的显微组织与纯铁相同，呈明亮的多边形晶粒组织，铁素体的晶胞模型与显微组织如图 4-3 所示。有时由于各晶粒位向不同，受腐蚀程度略有差异，因而稍显明暗不同。

δ 相又称高温铁素体，是碳在 δ-Fe 中的间隙固溶体，呈体心立方晶格，在 1394℃以上存在，在 1495℃时溶碳量最大，碳的质量分数为 0.09%。

2. 奥氏体

碳溶于 γ-Fe 中的间隙固溶体称为奥氏体(austenite)，以符号 A 或 γ 表示。由于 γ-Fe 是面心立方晶格，它的致密度 0.74，虽然高于体心立方晶格的 α-Fe，但由于其晶格间隙较 α-Fe 大，故溶碳能力也较大。在 1148℃时溶碳量最大(w_C=2.11%)，随着温度下降，溶碳量逐渐减少，在 727℃时的溶碳量为 0.77%。

奥氏体的力学性能与其溶碳量及晶粒大小有关，一般情况下奥氏体的硬度为 170～220HBW，伸长率 A 为 40%～50%，因此，奥氏体的硬度较低而塑性很高，易于锻压成形。

Fe-Fe_3C 相图中，奥氏体存在于 727～1495℃的高温范围内。高温下奥氏体的晶胞模型与显微组织如图 4-4 所示，其晶粒也呈多边形，但晶界较平直。

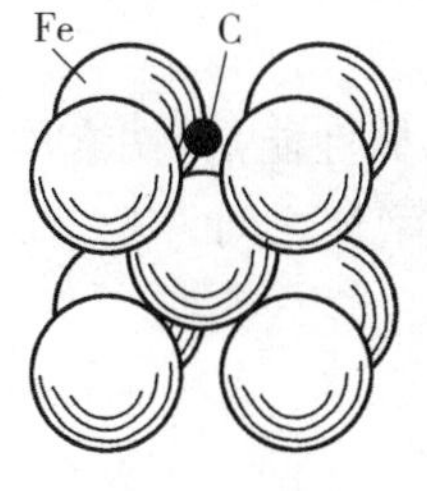

a）晶胞模型

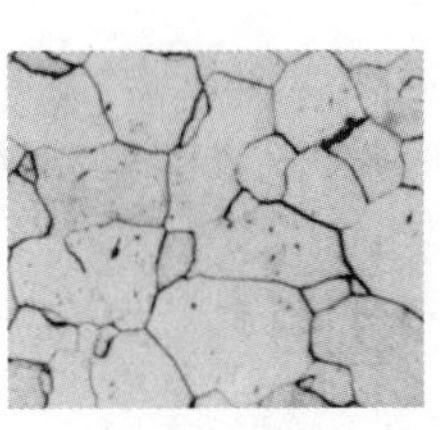
b）显微组织

图 4-3　铁素体的晶胞模型与显微组织

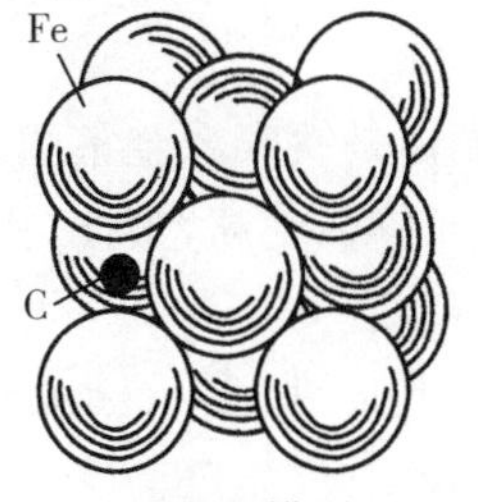

a）晶胞模型

b）显微组织

图 4-4　奥氏体的晶胞模型与显微组织

3. 渗碳体

渗碳体(cementite)是 Fe 和 C 所形成的金属化合物。其分子式为 Fe_3C，它是一种具有复杂晶格的间隙化合物。渗碳体的碳量 w_C=6.69%；熔点为 1227℃；不发生同素异构转变；但有磁性转变，它在 230℃以下具有弱铁磁性，而在 230℃以上则失去铁磁性；硬度很高(950～1050HV)，而塑性和韧性几乎为零，脆性极大。渗碳体中碳原子能被氮等小尺寸原子置换，而铁原子则可被其他金属原子(如 Cr、Mn 等)置换。这种以渗碳体为溶剂的化合物称为合金渗碳体，如$(Fe,Mn)_3C$、$(Fe,Cr)_3C$ 等。

渗碳体在钢和铸铁中与其他相共存时呈片状、球状、网状或板状。渗碳体是碳钢中主要的强化相，它的形态、大小、数量和分布对钢的性能有很大影响。同时，渗碳体是亚稳定化合物，在一定条件下会发生分解，形成游离碳，如铸铁中的石墨。$Fe_3C \rightarrow 3Fe + C$(石墨)，这一反应对于铸铁具有重要意义。

4.1.3 铁碳合金中的基本组织

在金相显微镜下观察到的材料各相数量、大小、分布、形态的微观形貌称为显微组织（简称组织）。材料的组织取决于其成分及工艺过程。铁碳合金中的组织有单相组织和多相组织。

1. 单相组织

合金在固态下由一个固相组成时为单相，其组织为单相组织。铁碳合金中的单相组织有：单相铁素体、单相奥氏体、渗碳体等。

2. 多相组织

合金在固态下由两个及两个以上固相组成时为多相，其组织为多相组织。铁碳合金中的多相组织有珠光体和莱氏体等。

（1）珠光体（pearlite）　是铁素体与渗碳体的机械混合物，用符号P表示，其中碳的含量为0.77%，性能介于铁素体和渗碳体之间，硬度约为180HBW，抗拉强度为770 MPa，伸长率A为25%～35%。珠光体的显微组织如图4-7a所示。当显微镜的放大倍数较高时，能清楚地看到铁素体和渗碳体呈片层状交替排列，如图4-7b所示，图中渗碳体为黑色条状边缘围着的白色窄条，白色基体为铁素体。

（2）莱氏体（ledeburite）　碳含量为4.3%的液态铁碳合金冷却到1148℃时，由液态中同时结晶出的奥氏体和渗碳体所组成的机械混合物（共晶体）称为莱氏体，用符号L_d表示，也称高温莱氏体。在727℃以下由珠光体和渗碳体组成的机械混合物称为变态莱氏体，用L_d'表示，也称低温莱氏体。

铁素体、渗碳体和珠光体是铁碳合金室温下的基本组织组成物，其机械性能是，铁素体的塑性和韧性好，硬度低，珠光体强度高，塑性、韧性和硬度介于渗碳体和铁素体之间。

4.2 $Fe\text{-}Fe_3C$相图

铁碳合金相图是表示在极缓慢冷却（或加热）条件下，不同成分的铁碳合金在不同的温度下所具有的组织或状态的一种图形。从中可以了解到碳钢和铸铁的成分（含碳量）、组织和性能之间的关系，它不仅是我们选择材料和制订有关热加工工艺的依据，而且是钢和铸铁热处理的理论基础。

4.2.1 $Fe\text{-}Fe_3C$相图分析

由于纯铁具有同素异构转变，并且α-Fe与γ-Fe的溶碳能力又各不相同，所以图4-2所示的$Fe\text{-}Fe_3C$相图就显得比较复杂。图中左上角（包晶转变）部分由于实用意义不大，为便于分析和研究，可予以省略简化。简化后的$Fe\text{-}Fe_3C$相图如图4-5所示。为了便于分析，可将图4-5分成上、下两部分来进行分析。

1. 上半部分图形

相图上半部分图形——由液态变为固态的一次结晶（912℃以上部分），属于二元共晶相图类型。γ-Fe与Fe_3C为该图的两个组元。

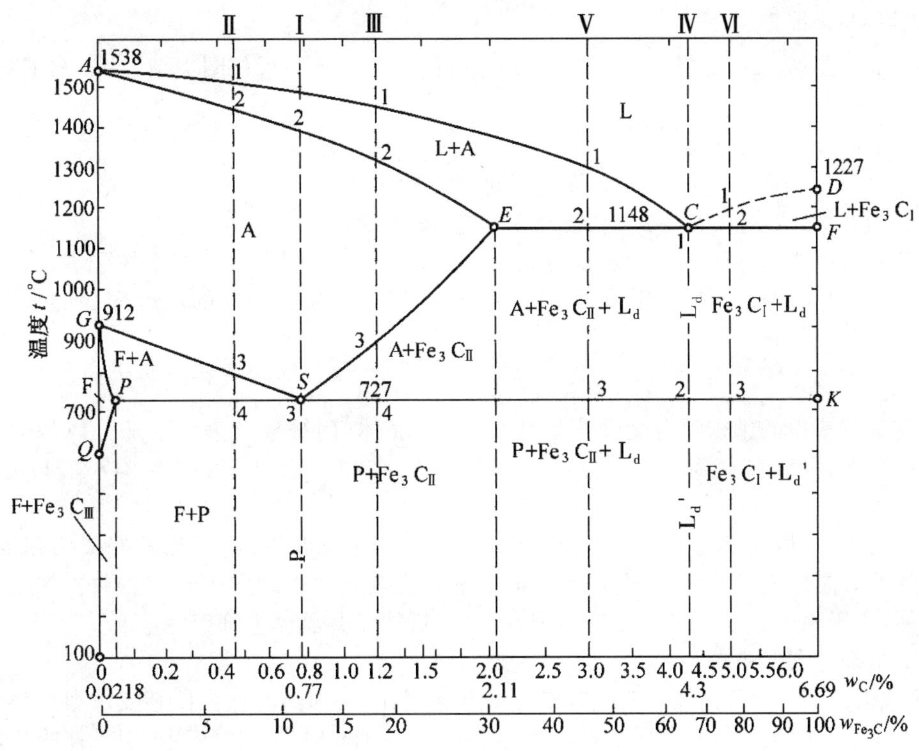

图 4-5 简化后标注组织的 Fe-Fe_3C 相图

(1)上半部分图形中的各点

A 点为纯铁的熔点 1538℃,*D* 点为渗碳体的熔点 1227℃,*E* 点为在 1148℃时碳在 γ-Fe 中最大溶解度($w_C=2.11\%$)。

C 点为共晶点。处于 *C* 点的液态合金将发生共晶转变,液相在恒温(1148℃)下,同时结晶出奥氏体和渗碳体所组成的混合物(共晶体)。其表达式如下:

$$L_C \xrightarrow{1148℃} A_E + Fe_3C$$

共晶转变后所获得的共晶体(A_E+Fe_3C)称为莱氏体,用符号 L_d 表示,也称高温莱氏体。

(2)上半部分图形中的各线

AC 线和 *CD* 线为液相线。液态合金冷却到 *AC* 线温度时,开始结晶出奥氏体;液态合金冷却到 *CD* 线温度时,开始结晶出渗碳体。*AE* 线和 *ECF* 线为固相线。*AE* 线为奥氏体结晶终了线,*ECF* 线是共晶线,液态合金冷却到共晶线温度(1148℃)时,将发生共晶转变而生成莱氏体。

ES 线为碳在奥氏体中固溶线。碳在奥氏体中的最大溶解度是 *E* 点,随着温度下降,溶解度减小,到 727℃,奥氏体中溶碳量仅为 $w_C=0.77\%$。因此,凡是 $w_C>0.77\%$的铁碳合金,由 1148℃冷却到 727 ℃的过程中,过量的碳将以渗碳体形式从奥氏体中析出。为了与自液态合金中直接结晶出的一次渗碳体($Fe_3C_Ⅰ$)区别,通常将奥氏体中析出的渗碳体称为二次渗碳体($Fe_3C_Ⅱ$)。

根据上述点、线的分析,再运用已学过的二元共晶相图的基本知识,就很容易得出该图形中各个区域的组织。

2. 下半部分图形

下半部分图形——相变完全是在固态下进行的，为二元共析相图类型，α-Fe 与 Fe_3C 为该图的两个组元。

1)下半部分图形中的各点

G 点为 α-Fe↔γ-Fe 的同素异构转变温度。

P 点为在 727℃时碳在 α-Fe 中最大溶解度($w_C=0.0218\%$)。

S 点为共析点。处于此点的奥氏体将在恒温(727℃)下同时析出铁素体和渗碳体的细密混合物，这种由一定成分的固相，在一定温度下，同时析出成分不同的两种固相的转变，称为共析转变。其表达式如下：

$$A_s \xrightleftharpoons{727℃} F_P + Fe_3C$$

共析转变后所获得的细密混合物($F+Fe_3C$)称为珠光体，用符号 P 表示。珠光体的性能介于两组成相性能之间，其值为 $R_m=750\sim900$MPa，$A=20\%\sim25\%$，$KU_2=24\sim32$J，硬度 180～280HBW。

应当指出，共析转变与共晶转变很相似，它们都是在恒温下，由一相转变成两相混合物，所不同的是共晶转变是从液相发生转变，而共析转变则是从固相发生转变。共析转变产物称为共析体，由于原子在固态下扩散较困难，所以共析体比共晶体更细密。

2)下半部分图形中的各线

GS 线为冷却时由奥氏体转变成铁素体的开始线，或为加热时铁素体转变成奥氏体的终了线；*GP* 线为冷却时奥氏体转变成铁素体的终了线，或为加热时铁素体转变成奥氏体的开始线。

PSK 线称为共析线。奥氏体冷却到共析温度(727℃)时，将发生共析转变而生成珠光体。在 727℃以下的莱氏体则是珠光体与渗碳体组成的混合物，称为变态莱氏体，用 L_d' 表示，也称低温莱氏体。由于变态莱氏体中含有大量渗碳体，故它是一种硬脆组织，其硬度值约为 560HBW，伸长率 δ≈0%。

PQ 线为碳在铁素体中的固溶线，碳在铁素体中的最大溶解度是 *P* 点，随着温度下降，溶解度逐渐减小，室温时，铁素体中溶碳量几乎为零($w_C=0.0008\%$)。因此，由 727℃冷却到室温的过程中，铁素体中过剩的碳将以渗碳体的形式析出。把铁素体中析出的渗碳体称为三次渗碳体($Fe_3C_{Ⅲ}$)。

根据上述点、线的分析，再结合上半部分图形分析所得的各区域组织，就很容易得出该图形中各区域的组织，如图 4-5 所示。

3. Fe-Fe_3C 相图中各点、线含义的小结

根据上述分析的结果，现把 Fe-Fe_3C 相图中主要特征点和特性线分别列表归纳小结。表 4-1 为 Fe-Fe_3C 相图中各特性点的温度、成分及其含义。表 4-2 为 Fe-Fe_3C 相图中各特性线及其含义。

表 4-1 Fe-Fe_3C 相图中各特性点的温度、成分及含义

特征点	温度/℃	w_C/%	含义
A	1538	0	纯铁的熔点
B	1495	0.53	包晶转变时液态合金的成分
C	1148	4.30	共晶点 $L_C \leftrightarrow A_E + Fe_3C$
D	1227	6.69	渗碳体的熔点

续表

特征点	温度/℃	w_C/%	含义
E	1148	2.11	碳在 γ-Fe 中的最大溶解度
F	1148	6.69	渗碳体的成分
G	912	0	α-Fe↔γ-Fe 同素异构转变点(A_3)
H	1495	0.09	碳在 δ-Fe 中的最大溶解度
J	1495	0.17	包晶点 $L_B+\delta_H \leftrightarrow A_J$
K	727	6.69	渗碳体的成分
N	1394	0	γ-Fe↔δ-Fe 同素异构转变点(A_4)
P	727	0.0218	碳在 α-Fe 中的最大溶解度
S	727	0.77	共析点(A_1)$A_S \leftrightarrow F_P+Fe_3C$
Q	600	0.0057	600℃时碳在 α-Fe 中的溶解度
	室温	0.0008	

4. Fe-Fe_3C 相图中铁碳合金的分类

Fe-Fe_3C 相图中不同成分的铁碳合金，具有不同的组织和性能，根据相图中 P 点和 E 点，可将铁碳合金分为工业纯铁、钢和白口铸铁三大类。

(1)工业纯铁　成分为 P 点以左($w_C<0.0218\%$)的铁碳合金。

(2)钢　成分为 P 点至 E 点间($w_C=0.0218\%\sim2.11\%$)的铁碳合金，其特点是高温固态组织为塑性很好的奥氏体，因而可进行热压力加工。根据相图中 S 点，钢又可分为三类：

表 4-2　Fe-Fe_3C 相图中各特性线及含义

特性线	名称	含义
$ABCD$	液相线	在 $ABCD$ 线以上合金为液体
$AHJECF$	固相线	在 $AHJECF$ 线以下合金为固体
HN	δ→γ(A)开始线	合金冷却时 δ 向 γ(A)转变的(开始线)，或加热时 γ 向 δ 转变的(终了线)
JN	δ→γ(A)终了线	合金冷却时 δ 向 γ 转变的(终了线)，或加热时 γ 向 δ 转变的(开始线)
GS	γ→α 开始线	合金冷却时 γ(A)析出 α(F)的开始线或加热时 α 向 γ 转变的终了线
GP	γ→α 终了线	合金冷却时 γ 向 α 转变的终了线或加热时 α 向 γ 转变的开始线
ES	固溶线(A_{cm} 线)	碳在 γ 固溶体中的溶解度线，降温将由 γ 中析出渗碳体(Fe_3C_{II})
PQ	固溶线	碳在 α 固溶体中的溶解度线，降温将由 α 中析出渗碳体(Fe_3C_{III})
HJB	**包晶线**	包晶转变或包晶反应 $L_B+\delta_H \xleftarrow{1495℃} \gamma_J$，在 $w_C=0.09\%\sim0.53\%$ 的合金中产生，其反应产物为奥氏体
ECF	**共晶线**	共晶转变 $L_C \xleftarrow{1148℃} \gamma_E+Fe_3C$，在 $w_C=2.11\%\sim6.69\%$ 的合金中产生，其反应产生奥氏体和渗碳体的混合物，称为莱氏体(L_d)
PSK	**共析线(A_1 线)**	共析转变 $\gamma_S \xleftarrow{727℃} \alpha_P+Fe_3C$，在 $w_C=0.0218\%\sim6.69\%$ 的合金中产生，其反应产物为铁素体和渗碳体的混合物(P)

1）共析钢　成分为 S 点（$w_C=0.77\%$）的合金，室温组织为珠光体。

2）亚共析钢　成分为 S 点以左（$w_C=0.0218\%\sim0.77\%$）的合金，室温组织是铁素体+珠光体。

3）过共析钢　成分为 S 点以右（$w_C=0.77\%\sim2.11\%$）的合金，室温组织是珠光体+二次渗碳体。

（3）白口铸铁　成分为 E 点以右（$w_C=2.11\%\sim6.69\%$）的铁碳合金，其特点是液态结晶时都有共晶转变，因而与钢相比有较好的铸造性能。但高温组织中硬脆的渗碳体量很多，故不能进行热压力加工。根据相图中 C 点，白口铸铁又可分为以下三类：

1）共晶白口铸铁　成分为 C 点（$w_C=4.3\%$）的合金，室温组织为变态莱氏体。

2）亚共晶白口铸铁　成分为 C 点以左（$w_C=2.11\%\sim4.3\%$）的合金，室温组织为变态莱氏体+珠光体+二次渗碳体。

3）过共晶白口铸铁　成分为 C 点以右（$w_C=4.3\%\sim6.69\%$）的合金，室温组织为变态莱氏体+一次渗碳体。

4.2.2　典型铁碳合金的结晶过程及其组织

为了进一步认识 Fe-Fe_3C 相图，现以上述几种典型铁碳合金为例，分析其结晶过程和在室温下的显微组织。

1. 合金Ⅰ（共析钢）

图 4-5 中合金Ⅰ为共析钢（eutectoid steel）。图 4-6 为共析钢结晶过程示意图。

共析钢在 1 点到 2 点之间，其分析方法与匀晶相图完全相同。当液态合金冷却到与液相线 AC 相交于 1 点的温度时，从液相中开始结晶出奥氏体。随着温度下降，奥氏体量不断地增加，其成分沿固相线 AE 改变，而剩余液相就逐渐减少，其成分沿液相线 AC 改变。到 2 点温度时，液相全部结晶成与原合金成分相同的奥氏体。从 2 点到 3 点温度范围内，合金的组织不变，待冷却到 3 点时，将发生共析转变形成珠光体，即 $A_S \xrightleftharpoons{727℃} F_P+Fe_3C$。当温度继续下降时，铁素体的溶碳量沿固溶线 PQ 变化，因此析出三次渗碳体（$Fe_3C_{Ⅲ}$）。三次渗碳体数量极少，常与共析渗碳体（共析转变时形成的渗碳体）连在一起，不易分辨，可忽略不计，故共析钢的室温组织为珠光体（$F+Fe_3C$），它是铁素体与渗碳体的层状细密混合物，其显微组织如图 4-7 所示。

共析钢在 3 点共析转变完成时，珠光体中铁素体与渗碳体的相对量可由杠杆定律求出：

$$F_P=\frac{SK}{PK}=\frac{6.69-0.77}{6.69-0.0218}\times100\%=88.8\%$$

$$Fe_3C=\frac{PS}{PK}=\frac{0.77-0.0218}{6.69-0.0218}\times100\%=11.2\%$$

或　$Fe_3C=(1-F_P)\times100\%=11.2\%$

由于珠光体中渗碳体数量较铁素体少，因此层状珠光体中渗碳体的层片较铁素体的层片薄。在显微镜的放大倍数较低且分辨能力小于渗碳体层片厚度时，由于渗碳体的边缘线无法分辨，结果只能看到白色基底的铁素体和黑色线条的渗碳体，如图 4-7a 所示。当显微镜的放大倍数足够大、分辨率较高时，可看到渗碳体是有黑色边缘围着的白色窄条，如图 4-7b 所示。

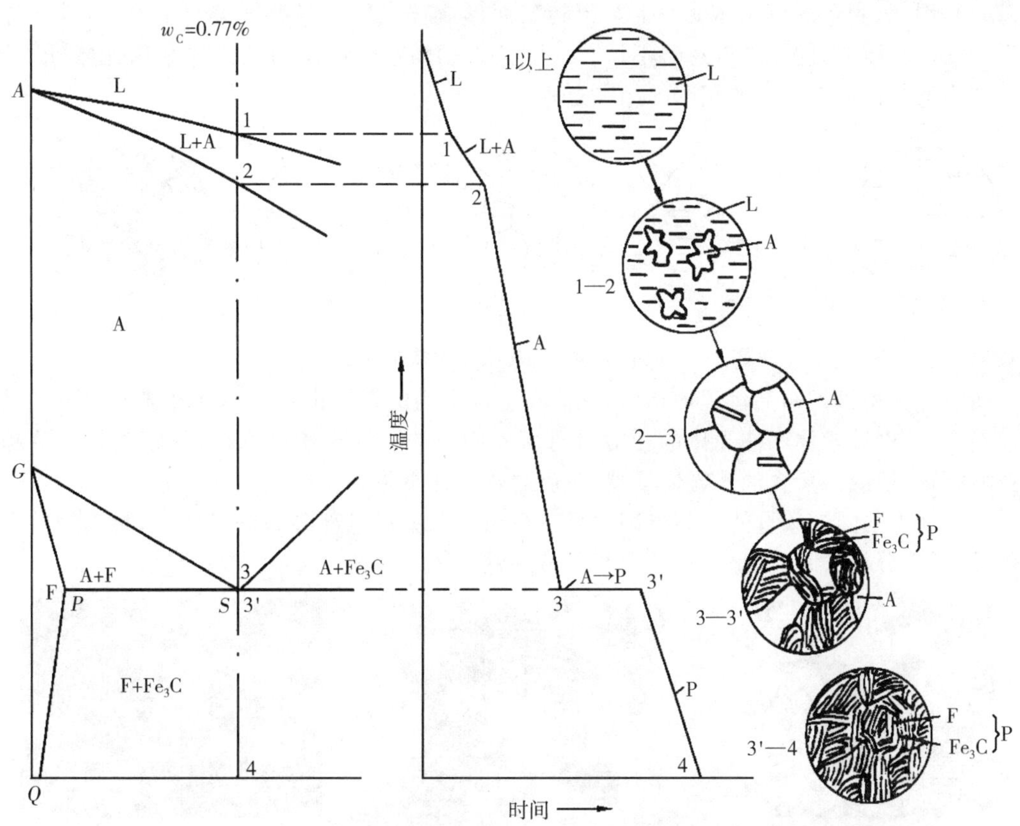

图 4-6 共析钢冷却曲线和结晶过程示意图

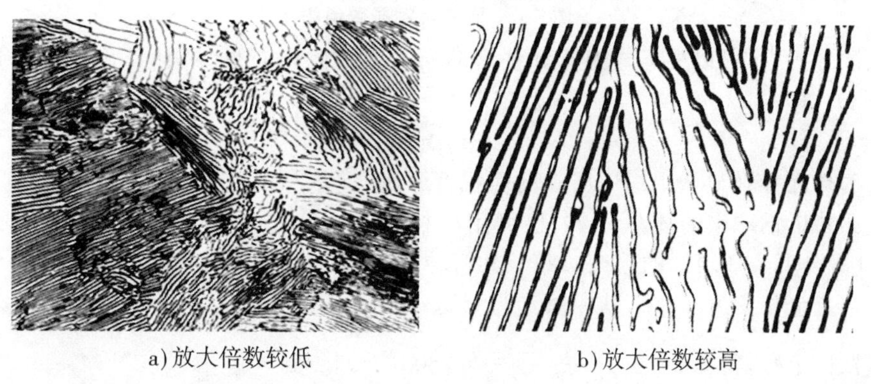

a) 放大倍数较低 b) 放大倍数较高

图 4-7 共析钢显微组织

2. 合金Ⅱ(亚共析钢)

图 4-5 中合金Ⅱ为亚共析钢(hypoeutectoid steel)。亚共析钢在 1 点到 3 点温度间的结晶过程与共析钢相似(简化包晶转变)。待合金冷却到与 *GS* 线相交于 3 点温度时,奥氏体开始转变成铁素体,称为先析铁素体。随着温度的下降,铁素体量不断地增加,其成分沿 *GP* 线改变,而奥氏体量就逐渐减少,其成分沿 *GS* 线改变。待冷却到与共析线 *PSK* 相交的 4 点的温度时,铁素体中含碳量为 $w_C=0.0218\%$,而剩余奥氏体的含碳量正好为共析成分($w_C=$

0.77%），因此，剩余的奥氏体就发生共析转变而形成珠光体。当温度继续下降时，铁素体中析出的三次渗碳体，同样可以忽略不计。故亚共析钢的室温组织为铁素体和珠光体(F+P)。图 4-8 为亚共析钢按简化的相图的结晶过程示意图。

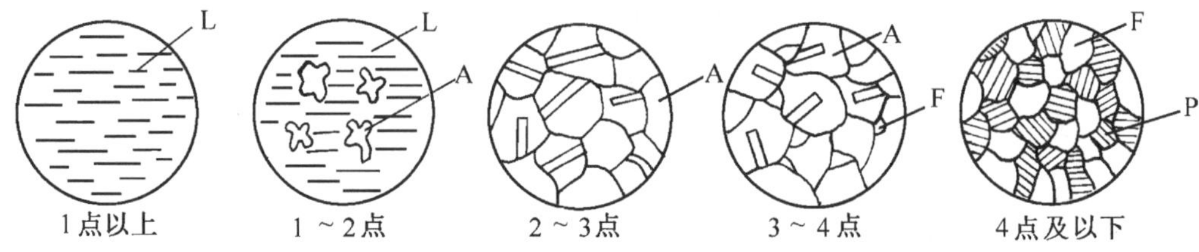

图 4-8　亚共析钢以简化相图的结晶过程示意图

所有亚共析钢的结晶过程均相似，它们在室温下的组织都由铁素体和珠光体组成。其差别仅在于：其中铁素体和珠光体的相对量有所不同。按杠杆定律可算得，凡距共析成分越近的亚共析钢，组织中所含的珠光体量越多；反之铁素体量越多。

图 4-9 为不同含碳量的亚共析钢的显微组织。图中黑色部分为珠光体，这是因为放大倍数较低，无法分辨层片，故呈黑色。白亮部分为铁素体。

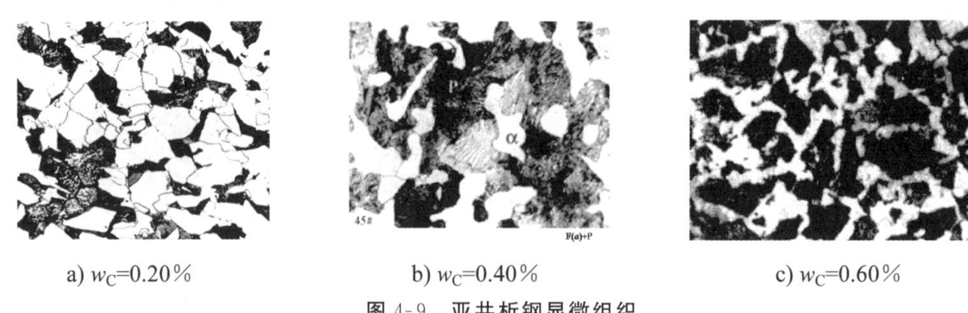

a) w_C=0.20%　　b) w_C=0.40%　　c) w_C=0.60%

图 4-9　亚共析钢显微组织

在显微分析中，可以根据珠光体和铁素体所占面积的相对量，来估算出亚共析钢中碳的质量分数 w_C，即

$$w_C = w_P \times 0.77\% \tag{4-1}$$

式中，w_P 为珠光体在显微组织中所占的面积百分比。

根据亚共析钢中碳的质量分数，也可用杠杆定律计算其组织中珠光体和铁素体的相对量。例：计算含 C 量 0.4%的碳钢，727℃共析转变完成时，相和组织的相对量。

解：(1)合金相为 F、Fe_3C，其相对量为 w_F，w_{Fe_3C}

根据杠杆定律，得 $w_F = \dfrac{6.69-0.4}{6.69-0.0218} \times 100\% = 94.3\%$

$$w_{Fe_3C} = (1-94.3\%) \times 100\% = 5.7\%$$

(2)组织为 F、P，其相对量为 w_F，w_P

根据杠杆定律，得 $w_F = \dfrac{0.77-0.4}{0.77-0.0218} \times 100\% = 49.5\%$

$$w_P = (1-49.5\%) \times 100\% = 50.5\%$$

3. 合金Ⅲ(过共析钢)

图 4-5 中合金Ⅲ为过共析钢(hypereutectoid steel)。图 4-10 为过共析钢结晶过程示意图。

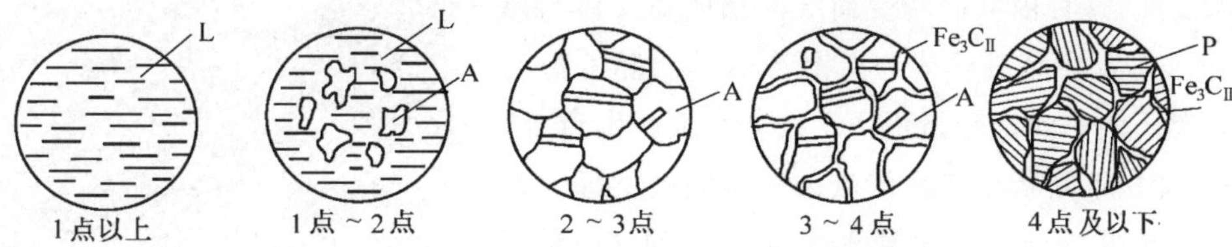

图 4-10 过共析钢结晶过程示意图

过共析钢在 1 点到 3 点温度间的结晶过程与共析钢相同。待合金冷却到与 ES 线相交于 3 点温度时，奥氏体中溶碳量达到饱和而开始析出二次渗碳体，二次渗碳体沿着奥氏体晶界析出而呈网状分布，这种二次渗碳体又称为先析渗碳体。随着温度的下降，析出的二次渗碳体量不断增加，剩余奥氏体中溶碳量沿 ES 线变化而逐渐减少。待冷却至与共析线 PSK 相交于 4 点的温度时，剩余奥氏体的含碳量正好为共析成分（$w_C=0.77\%$），因此发生共析转变而形成珠光体。温度再继续下降时，合金组织基本不变，室温组织为渗碳体网和珠光体，如图 4-11 所示。

a) 用 4%硝酸酒精溶液浸蚀

b) 用碱性苦味酸钠溶液浸蚀

图 4-11 过共析钢显微组织

所有过共析钢的结晶过程均相似，它们在室温组织中，二次渗碳体的含量随钢中含碳量的增加而增加，当 $w_C=2.11\%$时，二次渗碳体量达到最多，其值可由杠杆定律求得：

$$w_{Fe_3C_{II\,最多}}=\frac{2.11-0.77}{6.69-0.77}\times 100\%=22.6\%$$

4. 合金Ⅳ（共晶白口铸铁）

图 4-5 中合金Ⅳ为共晶白口铸铁（eutectic white cast iron）。图 4-12 为共晶白口铸铁结晶过程示意图。

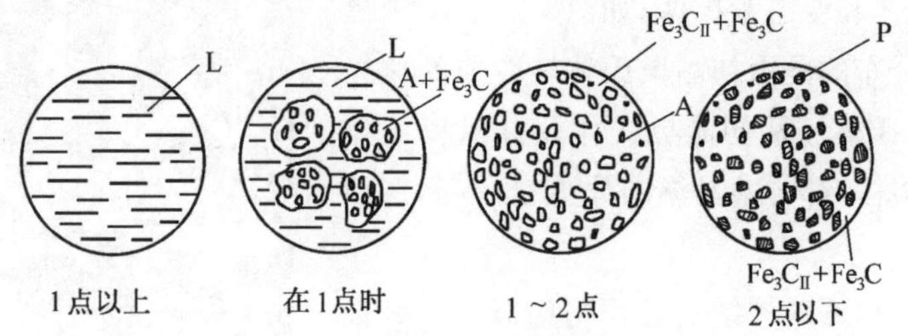

图 4-12 共晶白口铸铁结晶过程示意图

当共晶白口铸铁冷却到 1 点（共晶点）时，将发生共晶转变 $L_C \xrightleftharpoons{1148℃} A_E+Fe_3C$，而形成莱氏体($L_d$)。这种由共晶转变而结晶出的奥氏体与渗碳体，分别称为共晶奥氏体与共晶渗碳体。随着温度的下降，奥氏体中的溶碳量沿 ES 线变化而不断降低，故从奥氏体中不断析出二次渗碳体。当温度下降到与共析线 PSK 相交于2点的温度时，奥氏体的含碳量正好是 $w_C=0.77\%$，发生共析转变，奥氏体转变成珠光体。因此，共晶白口铸铁的显微组织是由珠光体、二次渗碳体和共晶渗碳体组成的，即变态莱氏体(L_d')，如图4-13所示。图中黑色部分为珠光体，白色基体为渗碳体(其中二次渗碳体和共晶渗碳体连在一起而难以分辨)。

图 4-13　共晶白口铸铁显微组织

5. 合金 V(亚共晶白口铸铁)

图4-5中合金 V 为亚共晶白口铸铁(hypoeutectic white cast iron)。图4-14为亚共晶白口铸铁结晶过程示意图。

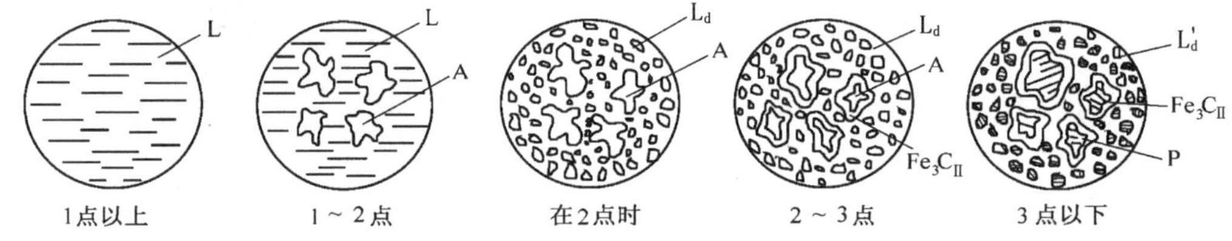

图 4-14　亚共晶白口铸铁结晶过程示意图

当亚共晶白口铸铁冷却到与液相线 AC 相交于1点的温度时，液相中开始结晶出初晶奥氏体。随着温度的下降，奥氏体量不断增加，其成分沿固相线 AE 改变，而剩余液相量逐渐减少，其成分沿液相线 AC 改变。当冷却到与共晶线 ECF 相交于2点温度(1148℃)时，初晶奥氏体的含碳量 $w_C=2.11\%$，液相的含碳量正好是共晶成分($w_C=4.3\%$)，因此，剩余液相发生共晶转变而形成莱氏体。在2点到3点间冷却时，初晶奥氏体与共晶奥氏体中，均不断析出二次渗碳体，并在3点(727℃)时，这两种奥氏体的含碳量正好是 $w_C=0.77\%$，故发生共析转变而形成珠光体。故亚共晶白口铸铁的室温组织为珠光体、二次渗碳体和变态莱氏体，如图4-15。图中黑色块状或树枝状分布的是由初晶奥氏体转变成的珠光体，基体是变态莱氏体。从初晶奥氏体及共晶奥氏体中析出的二次渗碳体，都与共晶渗碳体连在一起，在显微镜下无法分辨。

图 4-15　亚共晶白口铸铁显微组织

所有亚共晶白口铸铁的结晶过程均相似。只是合金成分越接近共晶成分，室温组织中变态莱氏体量越多；反之，由初晶奥氏体转变成的珠光体量越多。

6. 合金Ⅵ(过共晶白口铸铁)

图 4-15 中合金Ⅵ为过共晶白口铸铁(hypereutectic white cast iron)。图 4-16 为过共晶白口铸铁结晶过程示意图。当过共晶白口铸铁冷却到与液相线 *CD* 相交于 1 点的温度时,液相中开始结晶出一次渗碳体。随着温度的下降,一次渗碳体量不断增加,剩余液相量逐渐减少,其成分沿液相线 *CD* 线改变。当冷却到与共晶线 *ECF* 相交于 2 点的温度(1148℃)时,液相的含碳量正好为共晶成分($w_C=4.3\%$),因此,剩余的液相发生共晶转变而形成莱氏体。在 2 点到 3 点间冷却时,奥氏体中同样要析出二次渗碳体,并在 3 点的温度(727℃)时,奥氏体发生共析转变而形成珠光体。故过共晶白口铸铁的室温组织为一次渗碳体和变态莱氏体,如图 4-17 所示。图中亮白色板条状的为一次渗碳体,基体为变态莱氏体。

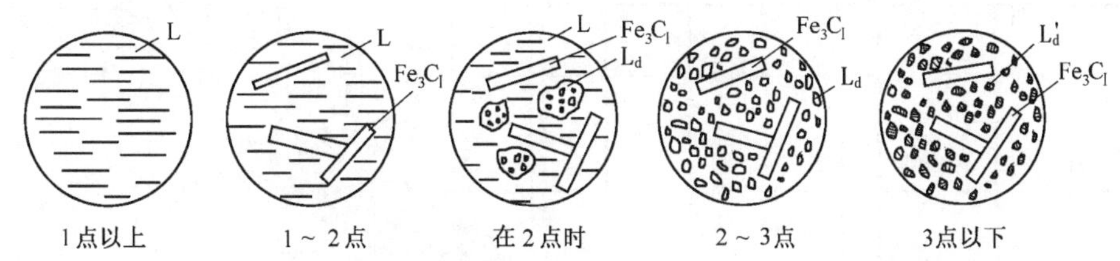

图 4-16 过共晶白口铸铁结晶过程示意图

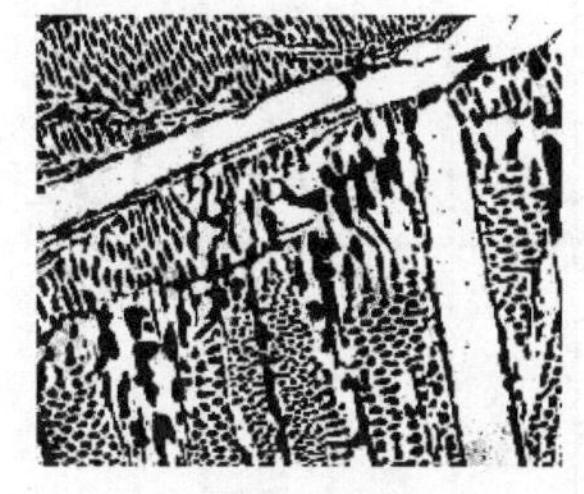

图 4-17 过共晶白口铸铁显微组织

所有过共晶白口铸铁的结晶过程均相似。只是合金成分越接近共晶成分,室温组织中变态莱氏体量越多;反之,一次渗碳体量就越多。

若将上述各类铁碳合金结晶过程中的组织变化填入相图中,则得到以组织组分填写的 $Fe\text{-}Fe_3C$ 相图,如图 4-18 所示。

4.3 铁碳合金的成分、组织、性能间的关系

4.3.1 含碳量与平衡组织间的关系

综上所述,铁碳合金在室温下的组织均由铁素体和渗碳体两相组成。铁素体是软韧相,而渗碳体是硬脆相。随含碳量的增加,铁素体量相对减少,而渗碳体量相对增多,并且渗碳体的形状和分布也发生变化,因而形成不同的组织。室温时,随含碳量的增加,铁碳合金的组织变化如下:

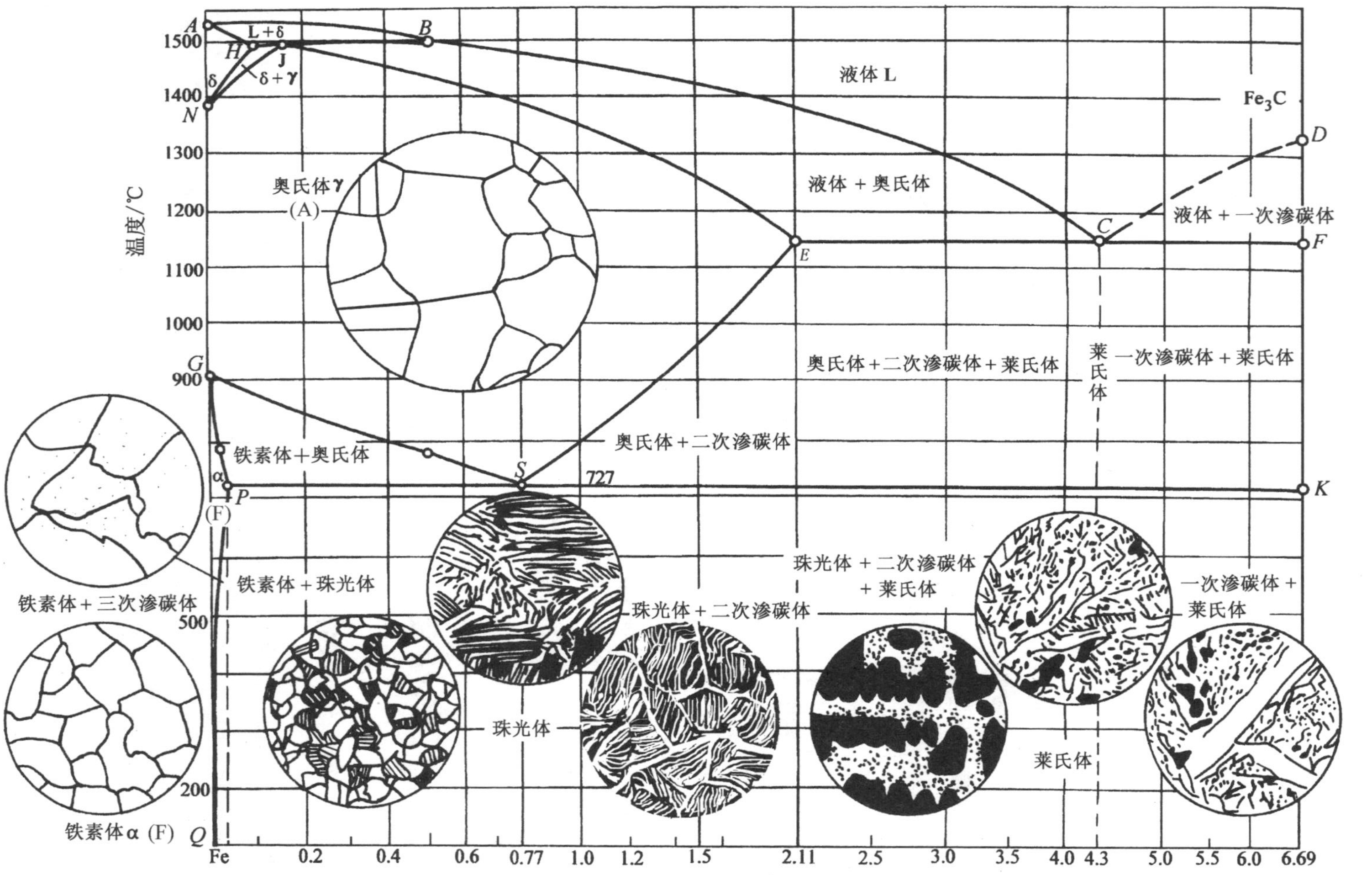

图4-18 以组织组分填写的$Fe-Fe_3C$相图

$F \rightarrow F+P \rightarrow P \rightarrow P+Fe_3C_{II} \rightarrow P+Fe_3C_{II}+L_d' \rightarrow L_d' \rightarrow L_d'+Fe_3C_I \rightarrow Fe_3C$

室温时含碳量与铁碳合金的相和组织组分的定量关系，如图 4-19 所示。

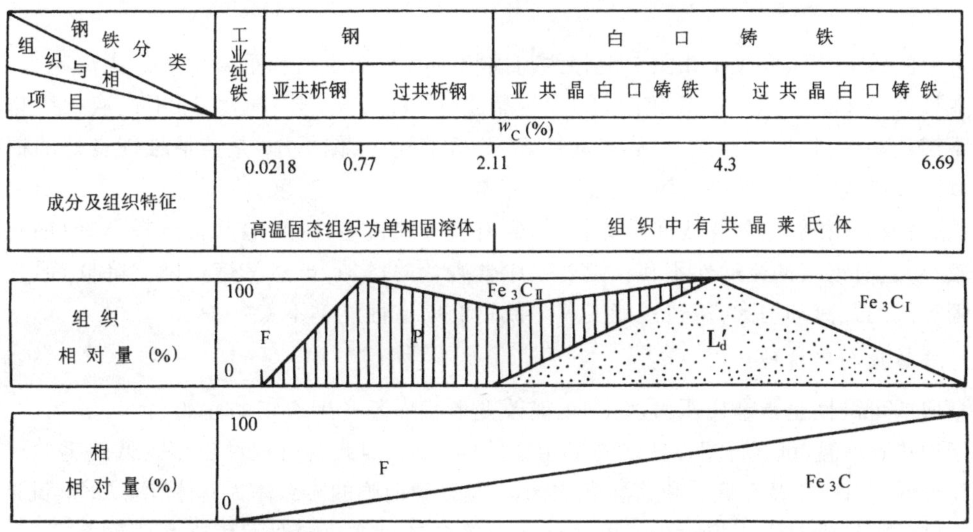

图 4-19 铁碳合金中含碳量与相及组织组分间的关系

4.3.2 含碳量与力学性能间的关系

在铁碳合金中，一般认为渗碳体是一种强化相。当它与铁素体构成层状珠光体时，可提高合金的强度和硬度，故合金中珠光体量越多，其强度、硬度越高，而塑性、韧性却相应降低。但过共析钢中，渗碳体明显地以网状分布在晶界上，尤其是作为基体或以条片状分布在莱氏体基体上时，将使合金的塑性和韧性大大下降，以致合金强度也随之降低，这是导致高碳钢和白口铸铁高脆性的主要原因。图 4-20 为含碳量对碳钢力学性能的影响。

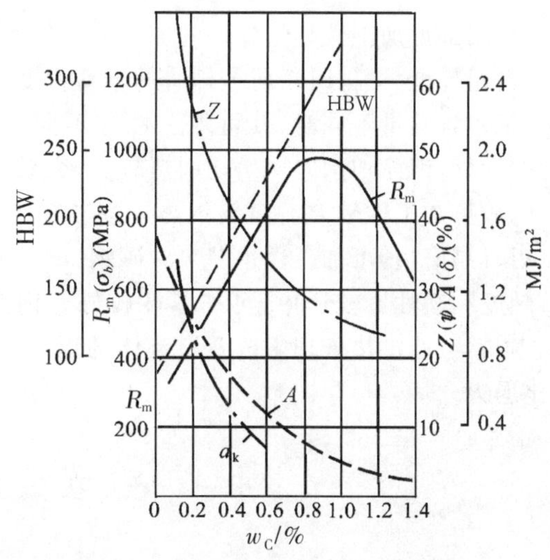

图 4-20 含碳量对碳钢力学性能的影响

由图可见，当钢中 $w_C < 0.9\%$ 时，随着钢中含碳量的增加，钢的强度、硬度呈直线上升，而塑性、韧性不断降低；当钢中 $w_C > 0.9\%$ 时，因渗碳体网的存在，不仅使钢的塑性、韧性进一步降低，而且强度也明显下降。为了保证工业上使用的钢具有足够的强度，并具有一定的塑性和韧性，钢中碳的质量分数一般都不超过 1.4%。$w_C > 2.11\%$ 的白口铸铁，由于组织中存在大量的渗碳体，使性能特别硬脆，难以切削加工，因此在一般机械制造工业中应用较少。

4.3.3 含碳量与工艺性能间的关系

1. 铸造性能

合金的铸造性能取决于相图中液相线与固相线的水平距离和垂直距离。距离越大，合金的铸造性能越差。由 $Fe\text{-}Fe_3C$ 相图可见，共晶成分（$w_C=4.3\%$）的铸铁，不仅液相线与固相线的距离最小，而且熔点亦最低，故流动性好、分散缩孔少、偏析小，是铸造性能良好的铁碳合金。偏离共晶成分远的铸铁，其铸造性能则变差。

低碳钢的液相线与固相线间距离较小，则有较好的铸造性能，但其熔点较高，使钢液的过热度较小，这对钢液的流动性不利。随着钢中含碳量的增加，虽然其熔点随之降低，但其液相线与固相线的距离却增大，铸造性能变差。故钢的铸造性能都不太好。

2. 可锻性和焊接性

金属的可锻性是指金属压力加工时，能改变形状而不产生裂纹的性能。

钢加热到高温，可获得塑性良好的单相奥氏体组织，因此其可锻性良好。低碳钢的可锻性优于高碳钢。白口铸铁在低温和高温下，组织都是以硬而脆的渗碳体为基体，所以不能锻造。

金属的焊接性是以焊接接头的可靠性和出现焊缝裂纹倾向性为其技术判断指标。

在铁碳合金中，钢都可以进行焊接，但钢中含碳量越高，其焊接性越差，故焊接用钢主要是低碳钢和低碳合金钢。铸铁的焊接性差，故焊接主要用于铸铁件的修复和焊补。

3. 可加工性

金属的可加工性是指其切削加工成工件的难易程度。一般用切削抗力大小、加工后工件的表面粗糙度、加工时断屑与排屑的难易程度及对刃具磨损程度来衡量可加工性。

钢中含碳量不同时，其可加工性亦不同。低碳钢（$w_C\leqslant0.25\%$）中有大量铁素体，硬度低，塑性好，因而切削时产生切削热较大，容易粘刀，而且不易断屑和排屑，影响工件的表面粗糙度，故可加工性较差。高碳钢（$w_C>0.60\%$）中渗碳体较多，当渗碳体呈层状或网状分布时，刃具易磨损，可加工性也差。中碳钢（$w_C=0.25\%\sim0.60\%$）中铁素体与渗碳体的比例适当，硬度和塑性比较适中，可加工性较好。钢的硬度一般在 160～230HBW 时，可加工性最好。碳钢可通过热处理来改变渗碳体的形态与分布，从而改善其可加工性，如对过共析钢的球化退火。

4.4 铁碳合金相图的应用

4.4.1 在选材方面的应用

$Fe\text{-}Fe_3C$ 相图所表明的成分、组织与性能之间的关系，为合理选用钢铁材料提供了依据。例如，要求塑性、韧性好的各种型材和建筑用钢，应选用含碳量低的钢；承受冲击载荷，并要求较高强度、塑性和韧性的机械零件，应选用含碳量为 0.25%～0.55%的钢；要求硬度高、耐磨性好的各种工具，应选用含碳量大于 0.55%的钢；形状复杂、不受冲击、要求耐磨的铸件（如冷轧辊、拉丝模、犁铧和球磨机的铁球等），应选用白口铸铁。

4.4.2 在铸造方面的应用

根据合金在铸造时对流动性的要求，主要以熔点低和结晶温度区间较小为好的原则，在相图上可选择合金的成分和合金的浇注温度。根据 $Fe\text{-}Fe_3C$ 相图可确定合金的浇注温度，浇注温度一般在液相线以上 50～100℃。由相图可知，共晶成分（碳量为 4.3%）的合金熔点最低，结晶温度范围最小，故流动性好、分散缩孔少、偏析小，因而铸造性能最好。所以，在铸造生产中，共晶成分附近的铸铁得到了广泛的应用。常用铸钢的含碳量规定在 $w_C=0.15\%\sim0.6\%$，在此范围的钢，其结晶温度范围较小，铸造性能较好。

4.4.3 在锻造和焊接方面的应用

碳钢在室温时是由铁素体和渗碳体组成的复相组织，塑性较差，变形困难，但将其加热到单相奥氏体状态时，可获得良好的塑性，易于锻造成形。含碳量越低，其锻造性能越好。因此，钢的锻造和热轧一般都选择在单相的 γ 固溶体区域。钢的锻造和热轧的开始温度常选择在固相线以下 100～200℃温度范围内，多数在 1150～1250℃范围内，不能过高，否则钢材会过于氧化或过烧（晶界出现溶化）。而锻轧的终了温度常选在 750～850℃范围内，不能过低，否则会因钢材塑性差而导致钢材开裂；也不能过高，否则锻轧后再结晶可引起 γ 固溶体的晶粒粗大，使钢材性能变坏。一般是亚共析钢取接近上限温度，而过共析钢取接近下限温度。而白口铸铁无论是在低温还是高温，组织中均有大量硬而脆的渗碳体，故不能锻造。

铁碳合金的焊接性与含碳量有关，随含碳量增加，组织中渗碳体量增加，钢的脆性增加，塑性下降，导致钢的冷裂倾向增加，焊接性下降。含碳量越高，铁碳合金的焊接性越差。

4.4.4 在热处理方面的应用

由于铁碳合金在加热或冷却过程中都有相的变化，故钢和铸铁可通过不同的热处理（如退火、正火、淬火、回火及化学热处理等）来改善性能。根据 $Fe\text{-}Fe_3C$ 相图可确定各种热处理的加热温度，将在第六章中介绍。

在使用 $Fe\text{-}Fe_3C$ 相图时，应注意以下几个问题：

$Fe\text{-}Fe_3C$ 相图反映的是在极缓慢加热或冷却的平衡条件下，铁碳合金的相状态，而实际生产中的加热或冷却速度较快，此时，就不能用 $Fe\text{-}Fe_3C$ 相图直接分析问题。

$Fe\text{-}Fe_3C$ 相图只能给出平衡条件下的相、相的成分和各相的相对量，不能给出相的形状、大小和分布。

$Fe\text{-}Fe_3C$ 相图只反映铁碳二元合金中相的平衡状态，而实际生产中使用的钢和铸铁，除了铁和碳以外，往往含有或有意加入了其他元素，当其他元素的含量较高时，相图也将发生变化。

本章小结

1. 主要内容

铁碳合金中的相与基本组织。铁碳合金的相结构主要包括铁素体、奥氏体和渗碳体；基本组织包括单项组织(单相铁素体、单相奥氏体、渗碳体)和多相组织(珠光体、高温莱氏体、低温莱氏体)。

Fe—Fe3C 相图的基本知识。简化后的 Fe—Fe3C 相图可分为上下两部分,上半部分属二元共晶相图,下半部分属二元共析相图。上半部分的特征点包括 A、D、E、C;特征线包括 AC、CD、AE、ECF 和 ES。下半部分的特征点包括 G、P、S 和 Q;特征线包括 GS、GP、PSK、PQ。

根据 Fe—Fe3C 相图对铁碳合金分类。包括工业纯铁、钢(共析钢、亚共析钢和过共析钢)和白口铸铁(共晶白口铸铁、亚共晶白口铸铁和过共晶白口铸铁)。

典型铁碳合金的结晶过程及其组织分析,包括工业纯铁、共析钢、亚共析钢、过共析钢、共晶白口铸铁、亚共晶白口铸铁、过共晶白口铸铁。

碳含量与平衡组织、力学性能以及工艺性能间的关系。铁碳合金相图在选材、铸造、锻造及热处理等方面的应用。

2. 学习重点

(1)通过图 4—5、表 4—1 和表 4—2 分析铁碳合金相图及相图中的基本相、组织及其特性点、线。

(2)绘制简化后的 Fe—Fe3C 相图。

(3)工业纯铁、共析钢、亚共析钢、过共析钢、共晶白口铸铁、亚共晶白口铸铁和过共晶白口铸铁 7 种典型合金的结晶过程,绘制 7 种典型合金的室温组织,并运用杠杆定律计算相与组织的相对量。

(4)通过图 4—18 和图 4—19 分析碳含量与平衡组织间的关系。

(5)通过图 4—20 分析含碳量与力学性能间的关系。

习题与思考题

4-1　名词解释

铁素体;奥氏体;渗碳体;珠光体;莱氏体

4-2　简述 $Fe\text{-}Fe_3C$ 相图中的三个基本反应:包晶反应、共晶反应及共析反应,写出反应式,注明含碳量和温度。

4-3　画出 $Fe\text{-}Fe_3C$ 相图,并进行以下分析:

(1)标注出相图中各区域的组织组成物和相组成物;

(2)分别分析 20 钢、45 钢、65 钢、T8 钢、T10 钢、T12 钢的结晶过程及其在室温下组织组成物与相组成物的相对量。

4-4　现有两种铁碳合金(退火状态);其中一种合金的显微组织为珠光体占 80%,铁素体占 20%;另一种合金的显微组织为珠光体占 94%,二次渗碳体占 6%,问这两种合金各属于哪一类合金?其含碳量各为多少?

4-5　亚共析钢、共析钢和过共析钢的组织有何特点和异同点?

4-6　随着钢中含碳量的增加,钢的力学性能如何变化?为什么?

4-7　同样形状和大小的三块铁碳合金,其成分分别为 $w_C=0.2\%$、$w_C=0.65\%$、$w_C=4.0\%$,用什么方法可迅速将它们区分开来?

第 5 章 金属的塑性变形及再结晶

金属受力时，其原子的相对位置发生改变，宏观上表现为形状和尺寸的变化，称为变形。金属变形包括弹性变形和塑性变形。外力去除后可完全恢复的变形称为弹性变形，不可恢复的变形称为塑性变形。生产中利用金属的塑性，使金属产生塑性变形而获得一定的形状和尺寸的各种制品。金属在变形中还会引起金属内部组织与结构变化，温度对变形的影响明显，不同温度下的组织与性能不同。因此，研究金属的塑性变形过程及其机理，冷、热变形对金属组织与性能的影响，对提高产品质量和合理使用金属材料都具有重要意义。

5.1 金属塑性变形的实质

工程上所使用的金属材料几乎都是多晶体。多晶体的变形与其各个晶粒的变形行为密切相关。为了便于研究，先通过单晶体的塑性变形来了解金属塑性变形的基本规律。

5.1.1 单晶体的塑性变形

单晶体受拉时，外力 F 作用在滑移面上的应力 f 可分解为正应力 σ 和切应力 τ，如图 5-1。正应力只使晶体产生弹性伸长，并在超过原子间结合力时将晶体拉断。切应力则使晶体产生弹性歪扭，并在超过滑移抗力时引起滑移面两侧的晶体发生相对滑移。

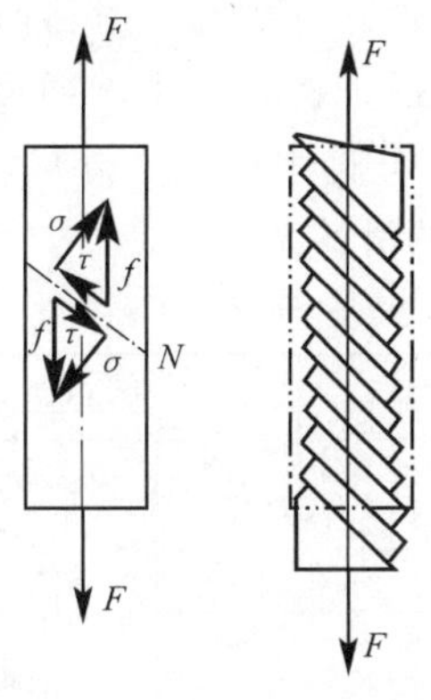

图 5-1 单晶体拉伸变形

图 5-2 所示，单晶体在切应力 τ 作用下产生滑移的变形过程。单晶体在不受外力时，原子处于平衡位置(如图 5-2a)。当切应力较小时，晶格发生弹性歪扭(如图 5-2b)，若此时去除外力，则切应力消失，晶格歪扭也随之消失，晶体恢复到原始状态。但当切应力增大到超过了受剪晶面的滑移抗力时，则晶面两侧的两部分晶体将产生相对滑移(如图 5-2c)。滑移的距离必然是原子间距的整数倍。因此，滑移后原子可在新位置上重新处于平衡状态。这时，即使除去外力，使晶格弹性歪扭消失，但处于新的平衡位置上原子已不能回到原始位置。这样就产生了塑性变形(如图 5-2d)。单晶体塑性变形的基本方式是滑移(slip)和孪生(twinning)。

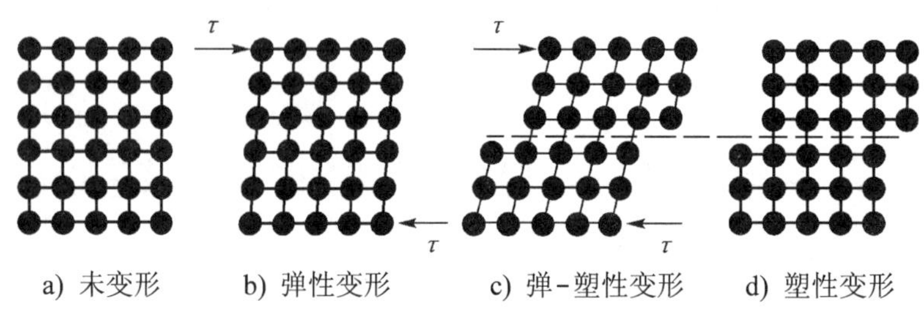

a) 未变形　b) 弹性变形　c) 弹-塑性变形　d) 塑性变形

图 5-2　单晶体在切应力作用下的变形示意图

1. 滑移

(1)滑移及特点

滑移是指在切应力作用下，晶体的一部分相对于另一部分沿一定晶面(滑移面)上的一定方向(滑移方向)发生相对的滑动。它是金属塑性变形的主要方式。其主要特点有：

1)滑移只能在切应力作用下发生。产生滑移的最小切应力称为临界切应力。不同金属的滑移临界切应力大小不同。钨、钼、铁的滑移临界切应力比铜、铝的要大。

2)滑移常沿原子密度最大的晶面和晶向发生。原子密度最大的晶面或晶向之间的距离最大，原子间结合力最弱，产生滑移所需要的切应力最小，如图 5-3 所示。由一个滑移面和该面上的一个滑移方向组成一个滑移系。如面心立方晶格中，(110) 和 [111] 即组成一个滑移系。表 5-1 为三种常见的晶格的滑移系。

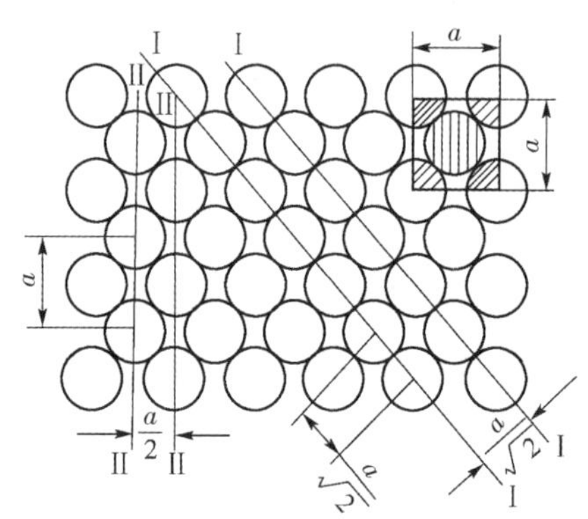

图 5-3　滑移面示意图

表 5-1　三种常见的晶格的滑移系

晶格	体心立方晶格	面心立方晶格	密排六方晶格
滑移面	{110} ×6	{111} ×4	底面 ×1
滑移方向	<111> ×2	<110> ×3	底面对角线 ×3
滑移系	6×2=12	4×3=12	1×3=3

滑移系越多，金属发生滑移的可能性越大，塑性就越好。其中，滑移方向对滑移所起的作用比滑移面大，所以面心立方晶格金属比体心立方晶格金属的塑性更好。

3)滑移时晶体的一部分相对于另一部分沿滑移方向位移的距离为原子间距的整数倍，滑移的结果会在金属表面造成台阶。每一个滑移台阶对应着一条滑移线，滑移线只有在电子显微镜下才能看见。许多条滑移线组成一条滑移带。如图 5-4 所示。

4)滑移的同时伴随着晶体的转动。单向拉伸时的转动有两种情况：一是滑移面向外力轴方向转动；另一种是滑移方向在滑移面上向最大切应力方向转动。图 5-1 的拉伸中，与拉力成 45°角的截面上的切应力最大。因此，与拉力成 45°角位向的滑移系最有利于滑移。但由于滑移过程中晶体的转动，使原来有利于滑移位向的滑移系逐渐转到不利于滑移位向而停止滑移，但原来处于不利于滑移位向的滑移系，则逐渐转到有利于滑移的位向而参与滑移。这样，不同位向的滑移系交替进行滑移，结果使晶体均匀地变形。但在实际拉伸过程中，晶体两端有夹头固定，只有试样的中间部分才能转动，故靠近两端部分因受夹头限制而产生不均匀变形。

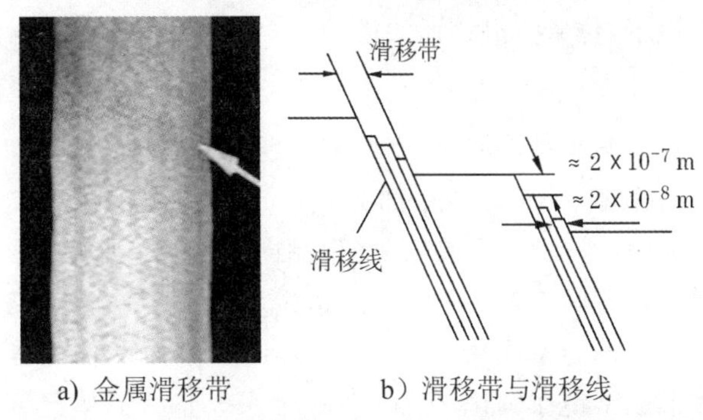

图 5-4 金属形后的滑移带与滑移线示意图

(2)滑移机理

如果将滑移设想为晶体的一部分沿着滑移面相对于另一部分作刚性整体滑动，那么计算得到的理论临界切应力值比实际测得的临界切应力值要大几百倍到几千倍。这说明了刚性滑移与实际情况不符。

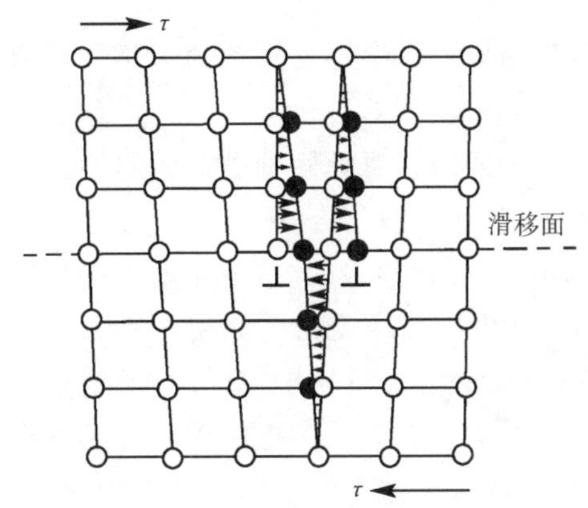

图 5-5 位错运动时的原子位移

大量科学研究证明，滑移是通过位错在滑移面上的运动来实现的。由于实际晶体中存在位错，滑移不是按刚性滑移进行的，而是按图 5-5 所示的位错移动来实现的。即具有位错的晶体，在切应力作用下，位错线上面的两列原子向右作微量移动到“●”位置，位错线下面的一列原子向左作微量移动到“●”位置，这样就使位错在滑移面上向右移动一个原子间距。在切应力作用下，位错继续向右移动到晶体表面上，就形成了一个原子间距的滑移量，结果晶体就产生了一定量的塑性变形，如图 5-6 所示。

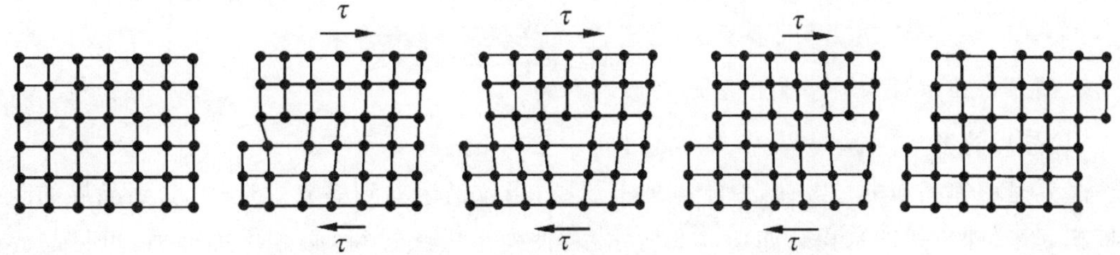

图 5-6 晶体中通过位错运动而造成滑移的示意图

当晶体通过位错运动的方式而产生滑移时，只是在位错中心附近的极少数原子作微量(远小于一个原子间距)的位移，即位错中心上面两个半原子面上的原子向右作微量的位移，位错中心下面一个半原子面上的原子向左作微量的位移。它所需的切应力远远小于刚性滑动所需的切应力,这就是位错的易动性。与实测值基本相符。因此,滑移实质上是在切应力作用下,位错沿滑移面的运动。

2. 孪生

孪生是晶体的另一种塑性变形方式。它是在切应力作用下,晶体的一部分相对于另一部分以一定的晶面(孪晶面)及晶向(孪生晶向)产生的剪切变形(切变)。图 5-7 表示单晶体孪生示意图。产生切变的部分称为孪生带。这种变形,使孪生面两侧的晶体形成了镜面(即孪生面)对称关系。整个晶体经变形后只有孪生带中的晶格位向发生了变化,而孪生带两边外侧晶体的晶格位向没发生变化,但相距一定距离。

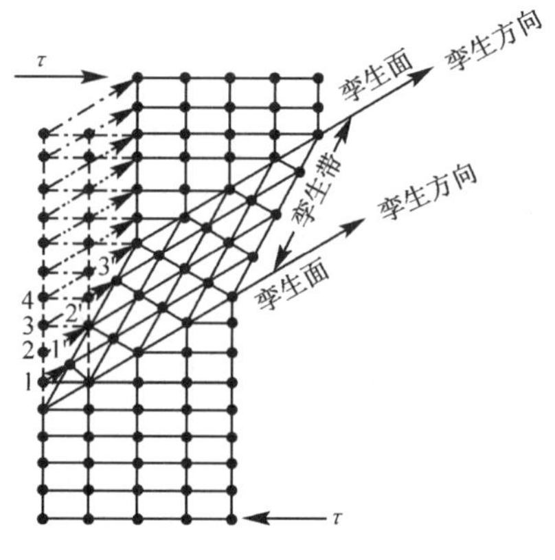

图 5-7 单晶体孪生示意图

孪生与滑移变形的主要区别是:

(1)孪生通过晶格切变使晶格位向改变,使变形部分与未变形部分呈镜面对称。而滑移不引起晶格位向的变化。

(2)孪生时,相邻原子面的相对位移量小于一个原子间距,而滑移时滑移面两侧晶体的相对位移量是原子间距的整数倍。

(3)由于孪生变形是在较大的原子范围内进行的,且变形速度极快,故孪生所需的切应力要比滑移大得多。因此,只有当滑移很难进行时,晶体才发生孪生变形。如密排六方晶格金属的滑移系少,故常以孪生方式变形。体心立方晶格金属的滑移系较多,只有在低温或受到冲击时才发生孪生变形。面心立方晶格金属一般不发生孪生变形。但在面心立方晶格金属的组织中常发现有孪晶存在,这是由于相变过程中原子重新排列时发生错排而产生的,称为退火孪晶。

5.1.2 多晶体的塑性变形

实际使用的金属材料一般是多晶体。多晶体中,由于晶界的存在以及各晶粒位向不同,各晶粒在外力作用下所受的应力状态和大小不同。因此,多晶体的塑性变形比单晶体复杂得多。

1. 晶界和晶粒位向对多晶体塑性变形的影响

(1)晶界的影响

晶界是相邻晶粒的过渡区,原子排列不规则,当位错运动到晶界附近时,受到晶界的阻碍而堆积起来(即位错的塞积),如图 5-8 所示,若使变形继续进行,必须增加外力,可见晶界使金属的塑性变形抗力提高。由两个晶粒组成的金属试样的拉伸试验表明,试样往往呈竹节状,晶界处较粗,如图 5-9 所示,这说明晶界的变形抗力大,变形较小。

(2)晶粒位向的影响

由于各相邻晶粒之间存在位向差,当一个晶粒发生塑性变形时,周围的晶粒如不发生塑

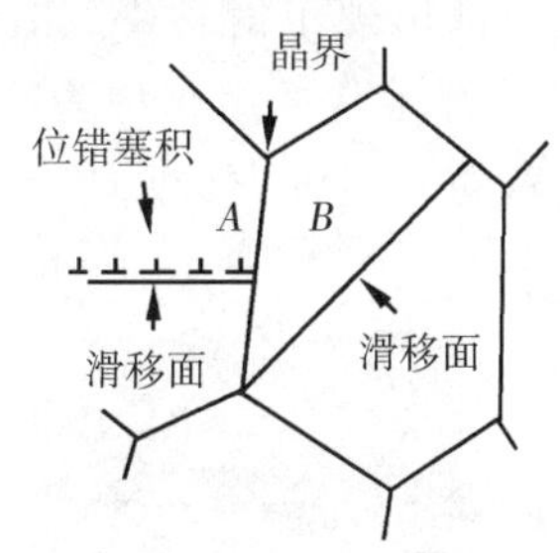

图 5-8 位错在晶界处的塞积示意图

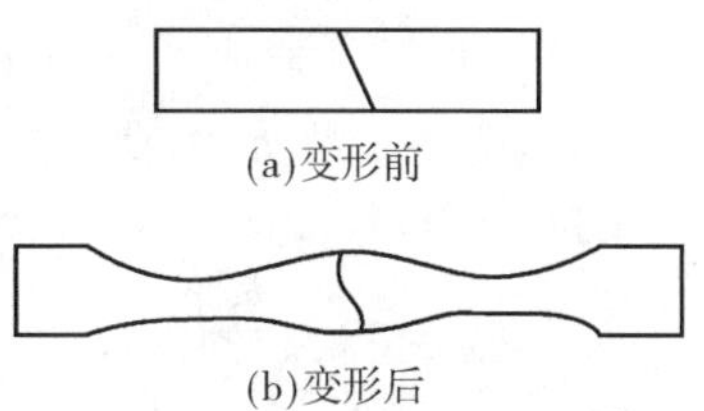

图 5-9 两个晶粒试样拉伸时变形示意图

性变形，则必须以弹性变形来与之协调，这种弹性变形便成为塑性变形晶粒的变形阻力。由于晶粒间的这种相互约束也使多晶体金属的塑性变形抗力提高。因此，多晶体的塑性变形抗力要比同类金属的单晶体高得多。

2. 晶粒大小对金属力学性能的影响

由此可见，多晶体的塑性变形抗力不仅与原子间结合力有关，而且还与晶粒大小有关。因为晶粒越细，在晶体的单位体积中的晶界越多，不同位向的晶粒也越多，因而塑性变形抗力也就越大。细晶粒的多晶体金属不但强度较高，而且塑性及韧性也较好。因为晶粒越细，在一定体积的晶体内晶粒数目越多，则在同样变形条件下，变形量被分散在更多的晶粒内进行，使各晶粒的变形比较均匀而不致产生过分的应力集中。同时，晶粒越细，晶界就越多，越曲折，故越不利于裂纹的传播，从而使其在断裂前能承受较大的塑性变形，表现出具有较高的塑性和韧性。

通过细化晶粒来同时提高金属的强度、硬度、塑性和韧性的方法称为细晶强化。细晶强化能使金属材料综合力学性能提高，是金属强韧化的重要手段之一，生产中应用广泛。

3. 多晶体金属的塑性变形的过程

多晶体变形中，当滑移面和滑移方向都与外力呈 45°角时（称为软位向），切应力分量最大。因此，在多晶体中最先发生滑移的将是滑移系与外力的夹角等于或接近于 45°的晶粒。这些晶粒滑移的结果在晶界附近造成了位错的塞积，当塞积位错前端的应力集中达到一定程度时，加之相邻晶粒转动，使相邻晶粒中原来处于不利位向（称为硬位向）滑移系上的位错开始运动，从而使滑移由一批晶粒传递到另一批晶粒。当有大量晶粒产生滑移后，金属便显示出明显的塑性变形。

5.2 冷塑性变形对金属组织与性能的影响

5.2.1 冷塑性变形对金属组织的影响

1. 形成纤维组织

金属在外力作用下发生塑性变形时，随着外形的变化，金属内部的晶粒形状也由原来等轴晶粒（如图 5-10a）变为沿变形方向延伸的晶粒，同时晶粒内部出现了滑移带（如图 5-10b）。当变形度很大时，可观察到晶粒被显著伸长成纤维状。这种呈纤维状的组织称为冷加工纤维组织，如图 5-10c 所示。形成纤维组织后，金属性能具有明显的方向性，其纵向（沿纤维的方向）的强度和塑性高于横向（垂直纤维的方向）。

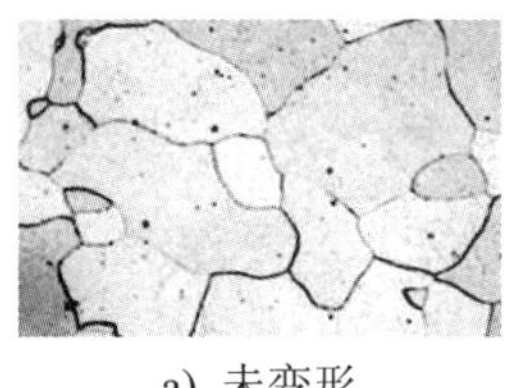

a) 未变形

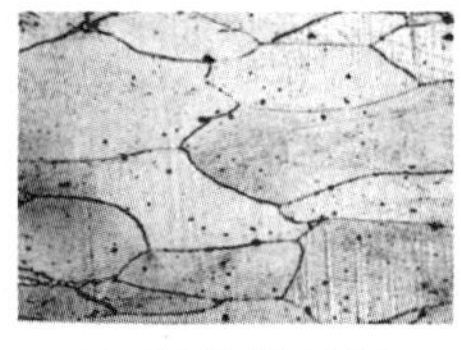

b) 变形度 40%

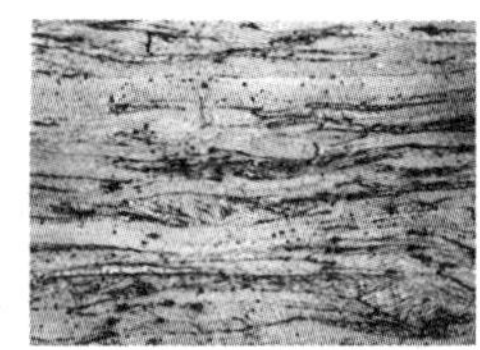

c) 变形度 70%

图 5-10　工业纯铁不同冷变形度时及显微组织

2. 亚组织的细化

塑性变形时，在晶粒形状变化的同时，晶粒内部存在的亚组织也会细化，使晶粒破碎为亚晶粒，形成变形亚组织。由于亚晶界是一系列刃型位错所组成的小角度晶界，随着塑性变形程度的增大，变形亚组织将逐渐增多并细化，使亚晶界显著增多。亚晶界愈多，位错密度越大。这种在亚晶界处大量堆积的位错，以及它们之间的相互干扰作用，会阻止位错的运动，使滑移发生困难，增加了金属塑性变形抗力。因此，冷塑性变形后，亚组织细化和位错密度的增加是产生加工硬化的主要原因。变形度越大，亚组织细化程度和位错密度也越高，故加工硬化现象就越显著。

3. 产生形变织构

金属塑性变形时，由于晶体在滑移过程中要按一定方向转动，当变形量很大时，原来位向不相同的各个晶粒会取得接近于一致的方向，这种现象称为择优取向。具有择优取向的结构称为形变织构。

形变织构会使金属性能呈现明显的各向异性，这在多数情况下是不利的。如具有形变织构的金属板拉延成筒形工件时，由于材料的各向异性，导致变形不均匀，使筒形工件四周边缘不整齐，即产生了所谓“制耳”现象，如图 5-11 所示。但织构在某些场合下却是有利的。如：制作变压器铁芯的硅钢片，其晶格为体心立方，沿[001]晶向最易磁化，如果能采用具有[001]织构的硅钢片制作，并在工作时使[001]晶向平行于磁场方向，则可使变压器铁芯的磁导率明显增加，磁滞损耗降低，从而提高变压器的效率。

a）无织构

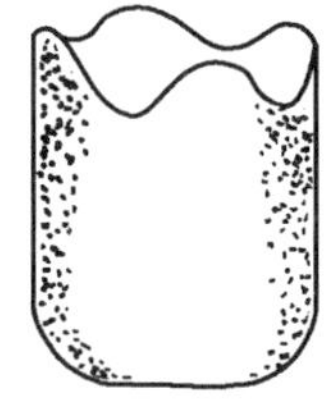

b）制耳现象

图 5-11　制耳现象

5.2.2 冷塑性变形对金属性能的影响

1. 产生冷变形强化（加工硬化）

图 5-12 为工业纯铁力学性能与冷变形度的关系。由图可见，金属材料经冷塑性变形后，

强度及硬度显著提高，而塑性则很快下降。变形度越大，性能的变化也越大。由于塑性变形的变形度增加，使金属的强度、硬度提高，而塑性下降的现象称为加工硬化。

加工硬化现象在工程上具有重要的实用意义。首先可利用加工硬化来强化金属，提高金属强度、硬度和耐磨性。特别是对不能用热处理强化的材料（如纯金属、某些铜合金、铬镍不锈钢和高锰钢等），加工硬化更是唯一有效的强化方法。出厂的"硬"或"半硬"等供应状态的某些金属材料，就是经过冷轧或冷拉等方法，使之产生加工硬化的产品。

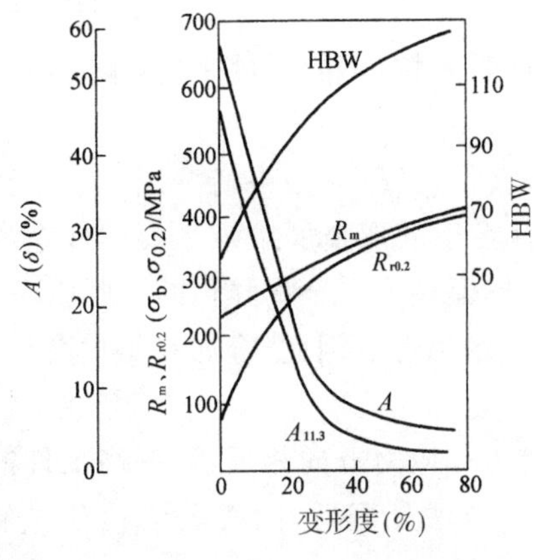

图 5-12 工业纯铁冷变形度对力学性能的影响

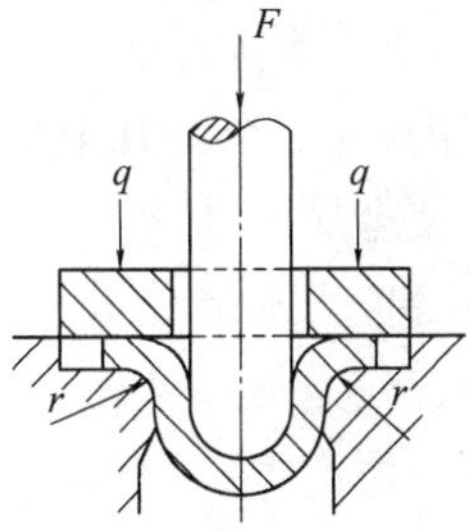

图 5-13 拉延时金属的变形

此外，加工硬化也是工件能够用塑性变形方法成形的重要因素。如：金属在拉延过程中（如图 5-13），由于相应于凹模 r 处金属塑性变形最大，故首先在该处产生加工硬化，使随后的变形就能够转移到其他部位，有利于塑性变形均匀地分布于整个工件，从而得到壁厚均匀的制品。

加工硬化还可以在一定程度上提高构件在使用过程中的安全性。因为构件在使用过程中，往往不可避免地会在某些部位（如孔、键槽、螺纹以及截面过渡处）出现应力集中和过载荷现象。在这种情况下，由于金属能加工硬化，使局部过载部位在产生少量塑性变形后，提高了屈服强度并与所承受的应力达到了平衡，变形就不会继续发展，从而在一定程度上提高了构件的安全性。

加工硬化也有其不利的一面。由于它使金属塑性降低，给进一步冷塑性变形带来困难，并使压力加工时能量消耗增大。为了使金属材料能继续变形，必须进行中间热处理来消除加工硬化现象。这就增加了生产成本，降低了生产率。

塑性变形除了影响力学性能外，也会使金属的某些物理性能、化学性能发生变化。如，使金属电阻增加、耐蚀性降低等。

冷塑性变形引起金属性能变化的原因，是由于它使金属内部组织结构发生了变化。

2. 产生内应力

金属材料在塑性变形过程中，由于其内部变形的不均匀性，导致在变形后金属材料内仍残存应力，称为残余应力（或称内应力）。它是一种弹性应力，在金属材料中处于自相平衡的状态。金属塑性变形时，外力所做的功约 90%以上以热的形式散失掉，只有不到 10%的功转变为内应力残留于金属中。

按照残余应力作用的范围，可分为第一类内应力（宏观残余应力）、第二类内应力（微观残余应力）、第三类内应力（晶格畸变应力）。

（1）第一类内应力　平衡于金属表面与心部之间，是由于金属表面与心部变形不均匀造成的，又称宏观内应力。当宏观残余应力与工作应力方向一致时，会明显地降低工件的承载能力。另外，在工件加工或使用中，由于打破了残余应力原先处于自相平衡的状态，从而引起工件形状与尺寸的变化。

（2）第二类内应力　平衡于晶粒之间或晶粒内（亚晶粒）不同区域之间，也是由于这些部位之间变形不均匀造成的，又称为微观内应力。

（3）第三类内应力　是由晶格缺陷引起的畸变应力，又称为晶格畸变应力。它在部分原子范围内（几百个到几千个原子）相互平衡。它是存在于变形金属中最主要的残余应力。晶格畸变使金属的强度和硬度升高，塑性和耐蚀性降低，是使变形金属强化的主要原因。

残余应力可造成零件的变形和开裂，降低金属的耐蚀性。因此，金属在塑性变形后，通常要进行去应力退火处理，消除或降低残余内应力。

但在生产中，常有意控制残余应力分布，使其与工作应力方向相反，以提高工件的力学性能。如工件经表面淬火、化学热处理、喷丸或滚压等方法处理后，因其表层具有残余的压应力，使其疲劳强度显著提高。

5.3　冷变形金属在加热时的变化

经过冷塑性变形后的金属，不仅发生了组织和性能的变化，还产生了残余应力。所以，变形后的金属内部能量较高而处于不稳定状态，它具有自发地恢复到原来稳定状态的趋势。但在室温下由于原子活动能力弱，这种不稳定状态不会发生明显变化。若进行加热，则因原子活动能力增强，可使金属较快地恢复到变形前的稳定状态。冷变形金属在加热时组织和性能的变化，如图5-14所示。

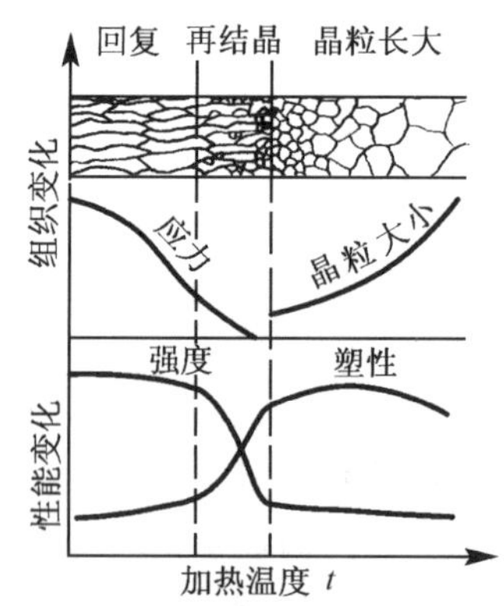

图5-14　冷变形金属在加热时组织和性能的变化

5.3.1　回复

当加热温度较低［为(0.25～0.3)$T_{熔点}$，K］时，原子活动能力较弱，冷变形金属的显微组织无明显变化，力学性能的变化也不大，但残余应力显著降低，物理和化学性能部分地恢复到变形前的情况，这一阶段称为回复。

由于回复加热温度不高，晶格中的原子仅能作短距离扩散，偏离晶格结点的原子回复到结点位置，空位与位错发生交互作用而消失。总之，点缺陷明显减少，晶格畸变减轻，故残余应力显著下降。但因亚组织的尺寸未明显改变，位错密度未显著减少，即造成加工硬化的主要原因尚未消除，因而力学性能在回复阶段变化不大。

生产中，利用回复现象将冷变形金属低温加热，既稳定组织又保留了加工硬化，这种方法称为去应力退火。如，用冷拉钢丝卷制弹簧，在成形后进行 250～300℃的低温处理，以消除内应力使其定型。又如，黄铜弹壳经拉延后进行 280℃左右的去应力退火，以消除残余应力，避免变形和应力腐蚀开裂。

5.3.2 再结晶

1. 再结晶过程及对金属组织、性能的影响

当继续升温时，由于原子扩散能力增大，其显微组织便发生明显的变化，使破碎的、被拉长或压扁而呈纤维状的晶粒又变为等轴晶粒，同时也使加工硬化与残余应力完全消除。这一过程称为再结晶。

再结晶也是通过形核与长大的方式进行的。常在变形金属中晶格畸变严重、能量较高的区域优先形核，然后通过原子扩散和晶界迁移，逐渐向周围长大而形成新的等轴晶粒，直到金属内部全部由新的等轴晶粒取代变形晶粒，完成再结晶过程。

2. 再结晶温度

变形后的金属发生再结晶不是一个恒温过程，而是在一定温度范围内进行的过程。一般所说的再结晶温度是指再结晶开始的温度(发生再结晶所需的最低温度 $T_{再}$)。再结晶温度受以下因素的影响：

(1)金属的预先变形度　预先变形度越大，金属的组织越不稳定，再结晶的倾向就越大，因此，再结晶开始温度越低，当预先变形度达到一定量后(70%以上)，再结晶温度将趋于某一个最低值(如图 5-15 所示)。这一最低的再结晶温度，就是通常指的再结晶温度。实验证明，纯金属再结晶温度($T_{再}$)与其熔点($T_{熔}$)间的关系，可用下式表示：

$$T_{再} \approx (0.35 \sim 0.45) T_{熔} \quad 5\text{-}1$$

式中，温度的单位为绝对温度(K)。

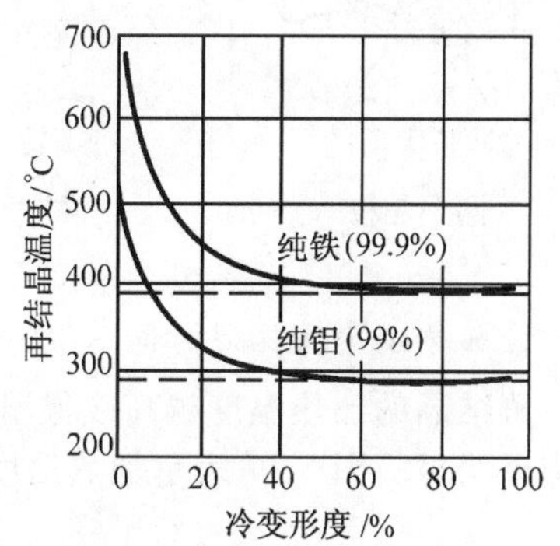

图 5-15 金属再结晶温度与预先变形度的关系

(2)金属的纯度　金属中的微量杂质和合金元素(尤其是高熔点的元素)会阻碍原子扩散和晶界迁移，从而显著提高再结晶的温度。

(3)再结晶加热的速度和加热时间　由于再结晶是一个扩散的过程，提高加热速度会使再结晶推迟到较高温度发生。而加热保温时间越长，原子扩散越充分，再结晶温度便越低。

在生产中，把冷变形金属加热到再结晶温度以上，使其发生再结晶，以消除加工硬化的热处理称为再结晶退火。考虑到影响再结晶温度的因素较多并希望缩短退火周期，一般将再结晶退火温度定在比最低再结晶温度高 100～200℃的温度。表 5-2 为常用金属材料的再结晶退火与去应力退火的加热温度。

表 5-2　常用金属材料的再结晶退火和去应力退火温度

金属材料		去应力退火温度/ ℃	再结晶退火温度/ ℃
钢	碳素结构钢及合金结构钢	500～650	680～720
	碳素弹簧钢	280～300	—
铝及其合金	工业纯铝	≈100	350～420
	普通硬铝合金	≈100	350～370
铜合金(黄铜)		270～300	600～700

5.3.3　再结晶后的晶粒大小

冷变形金属再结晶后一般得到细小均匀的等轴晶粒，但如继续升高温度或延长保温时间，则再结晶后形成的新晶粒又会逐渐长大(这称再结晶后的晶粒长大)，使金属的力学性能下降。晶粒的长大，实质上是一个晶粒的边界向另一个晶粒迁移的过程，将另一晶粒中的晶格位向逐步地改变为与这个晶粒的晶格位向相同，于是另一晶粒便逐渐地被这一晶粒“吞并”而成为一个粗大晶粒，如图 5-16 所示。再结晶退火后的晶粒大小主要与加热温度、保温时间和退火前的变形度有关。

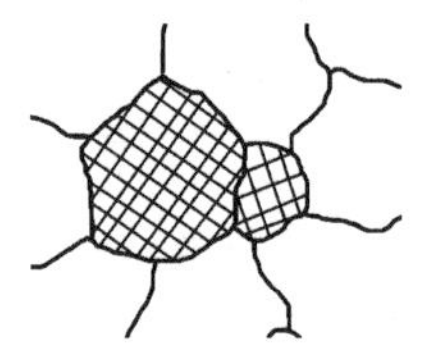

a）长大前的两个晶粒

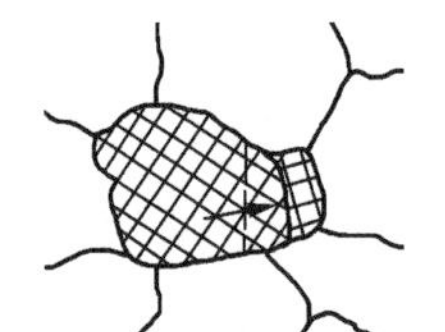

b）晶界移动，晶格位向转向，晶界面积减小

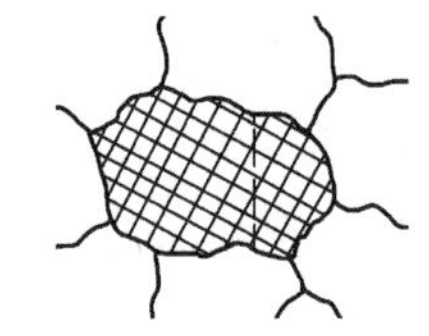

c）一晶粒“吞并”另一晶粒成为一个大晶粒

图 5-16　晶粒长大示意图

1. 加热温度和保温时间

再结晶的加热温度越高或保温时间越长，则再结晶后的晶粒越粗大。特别是加热温度的影响更明显。图 5-17 表示加热温度对晶粒大小的影响。

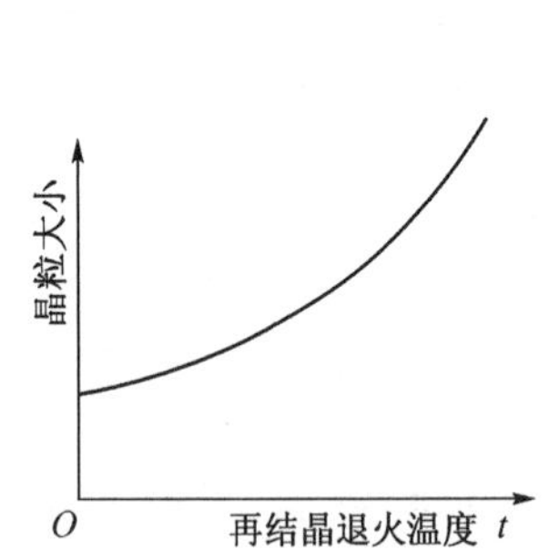

图 5-17　再结晶退火温度对晶粒大小的影响

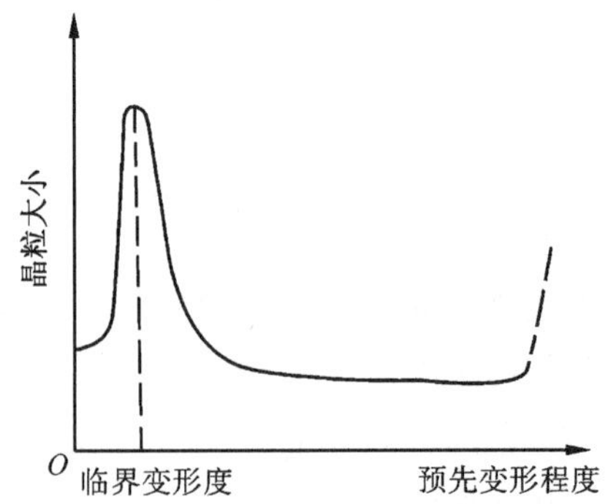

图 5-18　再结晶退火后的晶粒度与预先变形程度的关系

2. 冷变形度的影响

在其他条件相同时，再结晶后晶粒大小与冷变形度之间的关系如图 5-18 所示。当变形度很小时，由于晶格畸变很小，不足以引起再结晶，故晶粒保持原来大小。当变形度达到一定值（一般为 2%～10%）时，由于金属变形度不大而且不均匀，再结晶时形核数目少，这就有利于晶粒的吞并，而获得的晶粒特别粗大。这种获得异常粗大晶粒的变形度称为临界变形度。生产中应尽量避开临界变形度。当变形度超过临界变形度后，随变形度的增加，各晶粒变形越趋于均匀，再结晶时形核率增大，再结晶后的晶粒也越细越均匀。对于某些金属（如 Fe）当变形量特别大（>90%）时，再结晶后的晶粒又重新出现粗化现象，一般认为这与金属中形成织构有关。

5.4 金属的热塑性变形（热变形加工）

5.4.1 热变形加工的概念

目前变形加工有冷、热之分。从金属学的观点来看，热变形加工与冷变形加工的区别，是以金属再结晶温度为界限的。凡是在再结晶温度以下进行的塑性变形加工称为冷变形加工。在再结晶温度以上进行的塑性变形则称为热变形加工。由此可见，冷变形加工与热变形加工并不是以具体的加工温度的高低来区分的。例如，钨的最低再结晶温度约为 1200℃，故钨即使在稍低于 1200℃的高温下进行变形仍属于冷变形加工；锡的最低再结晶温度约为－7℃，故锡即使在室温下进行变形仍属于热变形加工。

冷变形加工时，必然产生加工硬化。而热加工时产生的加工硬化会很快地被再结晶软化所消除，因而热加工不会带来强化效果。

5.4.2 热变形加工对金属组织与性能的影响

热变形加工虽然不会引起加工硬化，但也能使金属的组织与性能发生显著变化。

1. 消除铸态金属的某些缺陷，改善铸态组织

通过热变形加工，可焊合金属铸锭中的气孔和疏松，使金属材料致密度提高；在温度和压力作用下，原子扩散速度加快，可消除部分偏析；将使粗大的树枝晶和柱状晶破碎，变为细小均匀的等轴晶粒；改善夹杂物、碳化物的形态、大小与分布，提高力学性能。经热塑性变形后，钢的强度、塑性、冲击韧性均较铸态高。故工程上受力复杂、载荷较大的工件（如齿轮、轴、刃具、模具等）大多数要通过热变形加工来制造。

2. 形成热变形纤维组织（流线）

热变形加工时，铸态金属中的粗大枝晶偏析及各种夹杂物沿变形方向拉长，分布逐渐与变形方向一致，形成彼此平行的宏观条纹，称为流线，由这种流线所体现的组织称为纤维组织。纤维组织会使金属材料的力学性能呈现各向异性。沿纤维方向（纵向）比垂直于纤维方向（横向）的强度、塑性与韧性高。表 5-3 为 45 碳钢的力学性能与纤维方向的关系。

表 5-3　45 钢(轧制空冷状态)的力学性能与纤维方向的关系

取样方向	力学性能				
	R_m/MPa	R_{eL}/MPa	A /%	Z /%	KU_2/J
纵向	715	470	1705	62.8	49.6
横向	675	440	10	31	24

因此,热变形加工时,应力求使工件具有合理的流线分布,以保证零件的使用性能。一般情况下,应使流线与工件工作时所受到的最大拉应力方向平行;与切应力或冲击力方向相垂直;尽量使流线能沿工件外形轮廓连续分布。为了使流线沿工件外形轮廓连续分布并适应工件工作时的受力情况,生产中广泛采用模型锻造方法制造齿轮及中小型曲轴,用局部镦粗法制造螺栓。图 5-19 表示用上述加工方法获得的工件与用轧制型材直接进行切削加工获得的工件中流线的比较。显然锻造毛坯的流线分布是较合理的。

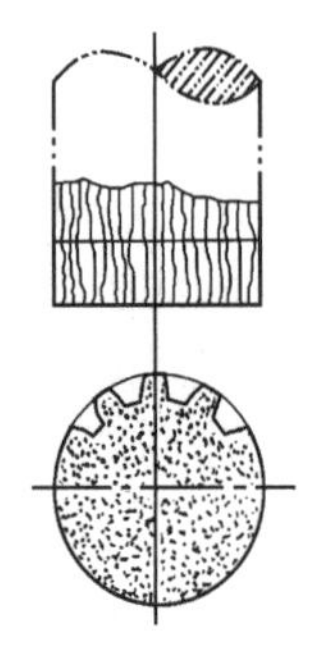

a）棒材直接加工齿轮

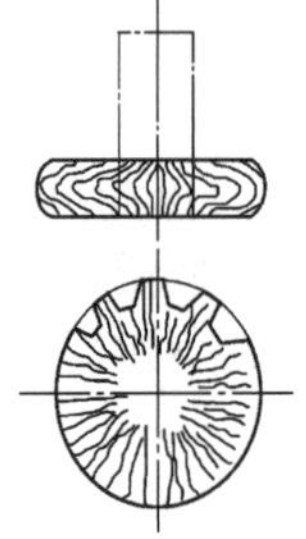

b）锻造齿轮毛坯

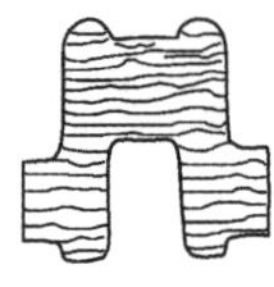

c）型材直接加工曲轴

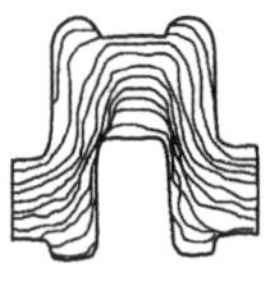

d）锻造曲轴毛坯

图 5-19　工件中流线分布示意图

3. 形成带状组织

亚共析钢经热变形加工后,铁素体与珠光体沿变形方向呈带状或层状分布,如图 5-20 所示,这种组织称为带状组织。这是由于枝晶偏析或夹杂物在压力加工过程中被拉长,先析铁素体往往在被拉长的杂质上优先析出,形成铁素体带,而铁素体带两侧的富碳奥氏体则随后转变为珠光体带,从而形成了带状组织。

高碳钢中碳化物往往也呈带状分布(即碳化物带)而形成带状组织。有碳化物带的钢制刀具或轴承零件,在淬火时容易变形或开裂,并使组织和硬度不均匀,使用时容易崩刃或碎裂。

图 5-20　亚共析钢的带状组织

带状组织也会使钢的力学性能呈现方向性,特别是横向的塑性和韧性明显降低。轻微的带状组织可通过多次正火或高温扩散退火加正火来消除。高碳钢中的碳化物带则用锻造的方法予以消除。

热变形加工和冷变形加工在生产中都有一定的适用范围。热变形加工可用较小的变形能量获得较大的变形量,但是,由于加工在高温下进行,金属表面易受到氧化,产品的表面粗糙度值和尺寸精度较低，因此，热加工主要用于截面尺寸较大、变形度较大或材料在室温下硬度较高、脆性较大的金属制品或零件毛坯加工。冷变形加工则宜用于截面尺寸较小、材料塑性较好、加工精度较高和表面粗糙度值较低的金属制品或需要加工硬化的零件加工。

本章小结

1. 主要内容

金属塑性变形的实质。单晶体金属塑性变形的基本方式是滑移和孪生。滑移是金属的主要塑性变形形式，它是通过滑移面上的位错运动来实现的。实际金属大多为多晶体，多晶体中每个晶粒的变形基本方式与单晶体相同。由于多晶体材料中，各个晶粒位向不同，且存在许多晶界，因此变形抗力增大。晶粒越细，单位体积中的晶界越多，不同位向的晶粒也越多，变形抗力也就越大，因此，细晶粒的多晶体金属不但强度较高，而且塑性及韧性也较好。

金属冷塑变形时组织与性能的变化。冷塑变形时会造成晶格畸变、晶粒变形和破碎，出现亚结构，甚至形成纤维组织。当变形量很大时还会产生形变织构现象。当外力去除后，金属内部还存在残余应力。塑性变形使位错密度增加，从而使金属的强度、硬度增加，而塑性和韧性下降，即产生加工硬化。并且，物理、化学性能也随之发生改变，比如电阻增大、耐蚀性降低等。

冷变形金属在加热时的变化。金属经冷塑性变形后，组织处于不稳定状态，有自发恢复到变形前稳定组织状态的倾向。但在常温下，原子的扩散能力小，这种不稳定状态可维持相当长的时间。而加热则使原子扩散能力增加，金属将依次发生回复、再结晶和晶粒长大三个阶段。再结晶后，破碎的、被拉长或压扁而呈纤维状的晶粒又变为等轴晶粒，加工硬化与残余应力完全消除。再结晶的开始温度主要取决于变形程度，变形度越大，再结晶温度越低。再结晶后晶粒的大小与加热温度和预先变形度有关，一般来说，加热温度越低或预先变形度越大，再结晶后的晶粒就越细。

金属的热塑性变形。金属的冷加工和热加工是以再结晶温度为界限的。凡是在金属再结晶温度以上进行的加工称为热加工；而在再结晶温度以下进行的加工称为冷加工。热塑变形中，塑性变形和再结晶同步进行，不会产生加工硬化和残余应力。

2. 学习重点

(1)金属变形的基本方式和冷变形对组织与性能的影响。

(2)形变金属在退火过程中的变化。

(3)金属的热变形组织及应用。

习题与思考题

5-1　名词解释

滑移；孪生；热加工；冷加工；加工硬化；变形织构

5-2　什么是金属的塑性变形？塑性变形方式有哪些？

5-3　金属经冷塑性变形后，组织和性能发生什么变化？

5-4 产生加工硬化的原因是什么? 加工硬化在金属加工中有什么利弊?

5-5 为什么室温下钢的晶粒越细,强度、硬度越高,塑性、韧性也越好?

5-6 什么是回复? 在回复过程中金属的组织和性能有何变化?

5-7 什么是再结晶? 在再结晶过程中金属的组织和性能有何变化?

5-8 从金属学观点如何划分热变形加工和冷变形加工?

5-9 与冷加工比较,热加工给金属件带来的益处有哪些?

5-10 用下述三种方法制成齿轮,哪种方法较为理想? 为什么?

(1)用厚钢板切出圆饼再加工成齿轮;(2)由粗钢棒切下圆饼再加工成齿轮;(3)由圆棒锻成圆饼再加工成齿轮。

5-11 假定有一铸造黄铜件,在其表面上打了数码,然后将数码锉掉,你怎样辨认这个原先打上的数码? 如果数码是在铸模中铸出的,一旦被锉掉,能否辨认出来? 为什么?

5-12 有一块低碳钢钢板,被炮弹射穿一孔,试问孔周围金属的组织和性能有何变化? 为什么?

5-13 试比较流纹与形变织构的区别,并分析产生的原因及对材料性能的影响?

5-14 某厂用冷拉钢丝绳吊运出炉热处理工件去淬火,钢丝绳承载能力远超过工件的重量,但在工件运送过程中钢丝绳发生断裂,试分析其原因。

5-15 已知金属W、Fe和Sn的熔点分别为3380℃、1538℃和232℃,试分析说明W和Fe在1100℃下的加工及Sn在室温(20℃)下的加工各为何种加工?

5-16 在室温下对铅板进行弯折,愈弯愈硬,而稍隔一段时间后再进行弯折,铅板又像最初一样柔软,这是什么原因?

5-17 何谓临界变形度? 为什么实际生产中要避免在这一范围内进行变形加工?

第6章 钢的热处理及表面处理

从前面几章的讨论我们知道，钢的性能取决于它们的化学成分、结构和组织，调整钢的化学成分和对钢实施热处理都能改善钢的性能。

本章主要讨论在不改变化学成分的条件下，用热处理的方法改变钢的结构和组织，提高钢的性能，满足工程上对钢的各种要求。

6.1 概述

热处理(heat treatment)是将固态的钢通过加热、保温和冷却的方式来改变其组织结构以获得所需要性能的一种工艺。它是一种非常重要的金属加工工艺，如今在机械制造中应用广泛。工件经过热处理，其材料的内部潜力得到充分的发挥，材料的工艺性能也大幅度改善，性能也在很大程度上得到提高，扩大了使用范围，延长了使用寿命，经济效益很明显。现在，在机床制造上，约有65%的零件需要经过热处理；在汽车、拖拉机上，约有80%的零件都必须经过热处理。各种刀具、模具和滚动轴承等几乎100%都必须经过热处理。各种加工工件表面的硬化和内应力，也可以通过热处理来进行消除。

热处理的工艺方法很多，根据其加热和冷却方法的不同，大致可以分为如下三类：

(1)整体热处理　是对工件整体进行穿透加热的热处理，包括退火、正火、淬火、回火等。

(2)表面热处理　是对工件表层进行加热的热处理，改变表层组织和性能，包括感应淬火、火焰淬火等。

(3)化学热处理　是改变工件表层化学成分、组织和性能的热处理，包括渗碳、渗氮和氮碳共渗等。

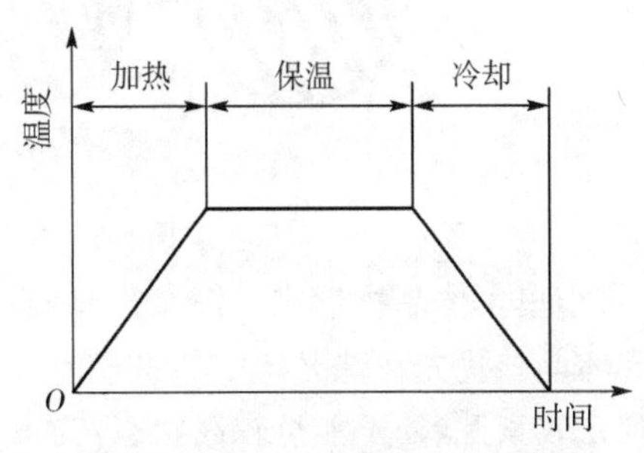

图6-1　热处理工艺曲线示意图

尽管热处理的方式很多，但各种热处理过程都是由加热、保温和冷却三个基本阶段组成的。可用温度、时间为坐标的热处理工艺曲线来表示，如图6-1所示。

6.2 钢在加热时的转变

将钢加热到临界点以上是热处理的第一道工序，其目的是为了得到奥氏体组织，该过程称为钢的奥氏体化。此时形成的奥氏体的质量，对冷却转变过程、组织及性能都有极大影响。

在 $Fe\text{-}Fe_3C$ 相图中，A_1、A_3、A_{cm} 线是钢在加热和冷却时的相变温度线，因此线上的这些点都是平衡条件下的相变点。但在实际生产中，加热和冷却时的组织转变温度与 A_1、A_3、A_{cm} 是有一定偏离的，如图 6-2 所示。钢在实际加热时的相变温度分别用 Ac_1、Ac_3、Ac_{cm} 表示；冷却时的相变温度则分别用 Ar_1、Ar_3、Ar_{cm} 表示。这些相变温度受钢的化学成分、加热(冷却)速度等因素的影响，并非固定不变的。

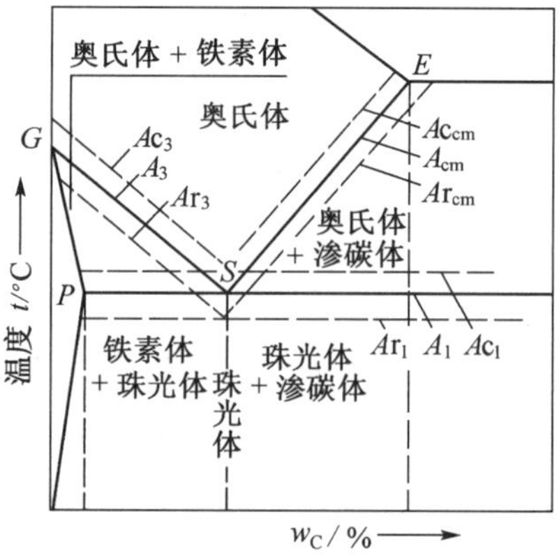

图 6-2　钢的相变点在 $Fe\text{-}Fe_3C$ 相图上的位置

6.2.1　钢的奥氏体化

将钢加热到 Ac_1、Ac_3 以上温度，以得到全部或部分奥氏体组织的过程，称为奥氏体化。

1. 奥氏体的形成

钢的奥氏体化过程也是一个形核和长大的过程。以共析钢为例，共析钢在 A_1 点以下是珠光体组织，珠光体组织中铁素体具有体心立方晶格，渗碳体具有复杂晶格；当加热到 Ac_1 点以上时，珠光体转变为具有面心立方晶格的奥氏体。因此，珠光体向奥氏体转变必须进行晶格改组和铁、碳原子的扩散，其转变过程遵循形核和长大的过程。奥氏体形成可归纳为以下几个阶段，如图 6-3 所示。

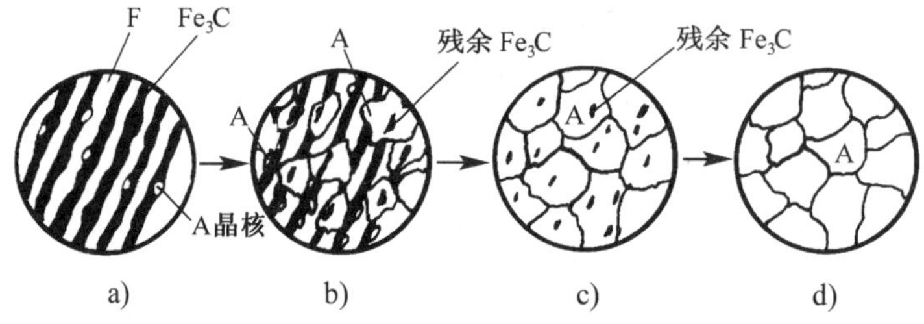

图 6-3　共析钢奥氏体形成过程示意图

(1)奥氏体晶核形成　钢在临界温度以上，珠光体是不稳定的，有转变为奥氏体的倾向。奥氏体晶核优先在珠光体中的铁素体和渗碳体相界面上形成，如图 6-3a 所示。这是由于原子排列比较紊乱，处于能量较高状态，为奥氏体形核提供了条件。

(2)奥氏体晶核长大　奥氏体晶核形成以后，便通过铁、碳原子的扩散，使其相邻铁素体的体心立方晶格改组为奥氏体的面心立方晶格，同时与其相邻的渗碳体不断溶入奥氏体中，使奥氏体晶核逐渐长大，与此同时又有新的奥氏体晶核形成并长大，如图 6-3b 所示。直至铁素体全部转变为奥氏体。

(3)残余渗碳体的溶解　在奥氏体的形成过程中，铁素体比渗碳体先消失，因此在奥氏体形成之后，还残存着未溶解的渗碳体，如图 6-3c 所示。这部分渗碳体随着时间的延长，将逐步溶入奥氏体中，直至渗碳体全部消失。

(4)奥氏体均匀化 当残余渗碳体全部溶解之后,奥氏体中的碳含量是不均匀的。在原来渗碳体处含碳量较高,而在原来铁素体处含碳量较低。如果持续加热,通过碳的扩散,可得到含碳量均匀的奥氏体,如图6-3d所示。

亚共析钢和过共析钢的奥氏体化过程与共析钢基本相同,但由于先析铁素体或二次渗碳体的存在,为了全部获得奥氏体组织,必须相应加热到 Ac_3 或 Ac_{cm} 以上的温度,使它们转变为奥氏体。

2. 影响奥氏体形成的因素

(1)加热温度 加热温度越高,铁、碳原子扩散速度越快,且铁的晶格改组也越快,因而加速奥氏体的形成。

(2)加热速度 加热速度越快,转变开始温度越高,转变终了温度也越高,完成转变所需的时间越短,即奥氏体转变速度越快。

(3)化学成分 随着钢中含碳量增加,铁素体和渗碳体相的界面总量增多,有利于奥氏体的形成。在钢中加入合金元素并不改变奥氏体形成的基本过程,但显著影响奥氏体的形成速度,因为合金钢的奥氏体均匀化,不仅要有碳的均匀化,而且要有合金元素的均匀化,但是合金元素的扩散要比碳的扩散困难得多,因此要获得均匀的奥氏体,合金钢的加热和保温时间要比碳钢更长。

(4)原始组织 若钢的成分相同,其原始组织越细、相的界面越多,奥氏体的形成速度就越快。例如,相同成分的钢,由于细片状珠光体比粗片状珠光体的相界面积大,故细片状珠光体的奥氏体形成速度快。

6.2.2 奥氏体晶粒长大及其控制

1. 奥氏体晶粒度(grain size)的概念

奥氏体晶粒大小将直接影响钢冷却后的组织和性能。奥氏体晶粒细时,退火后得到的组织也细,则钢的强度、塑性和韧性也好。奥氏体晶粒细,淬火后得到的马氏体也细小,韧性也能得到改善。

奥氏体晶粒大小是用奥氏体晶粒度来衡量的。它是指将钢加热到相变点(亚共析钢 Ac_3、过共析钢 Ac_1 或 Ac_{cm})以上某一温度,并保温给定时间所得到的奥氏体晶粒大小。根据奥氏体形成过程和晶粒长大的情况,奥氏体有以下三种不同概念的晶粒度:

(1)起始晶粒度 是指珠光体刚刚全部转变为奥氏体时的晶粒的大小。此时晶粒细小均匀,但难以测定。

(2)实际晶粒度 在给定温度下保温时奥氏体的晶粒度称为实际晶粒度。它直接影响钢的力学性能。

(3)本质晶粒度 钢在加热时奥氏体晶粒的长大倾向称为本质晶粒度。通常将钢加热到(930±10)℃、保温8h、缓冷后所测得的晶粒大小作为衡量本质晶粒度的标准。若测得的晶粒细小,则该钢称为本质细晶粒钢,反之叫本质粗晶粒钢。本质细晶粒钢在930℃以下加热时晶粒长大的倾向小,适用于进行热处理的工件。本质粗晶粒钢进行热处理时,需严格控制加热温度。

生产中，用铝脱氧的钢为本质细晶粒钢。其原因是铝与钢中的氧、氮化合，形成极细的 Al_2O_3、AlN 化合物，这些微粒分布在奥氏体晶界上，能阻止奥氏体晶粒长大，但加热温度超过一定值时，这些极细的化合物会溶入奥氏体晶粒内，使奥氏体晶粒突然长大。用硅、锰脱氧的钢为本质粗晶粒钢，如沸腾钢。

GB/T6394-2002 规定了金属组织的平均晶粒度表示及评定方法。单位面积上晶粒的个数 N 与显微晶粒度级别数 G 有如下关系：

$$N=2^{G-1} \tag{6-1}$$

式中：N 为 100 倍显微镜下 645.16mm^2 面积上晶粒的个数；G 为显微晶粒度级别数。

用标准晶粒度等级图由比较的方法来确定钢的奥氏体晶粒大小，标准晶粒度等级分为 8 级，奥氏体晶粒度为 1～4 级的钢为本质粗晶粒钢；5～8 级的钢为本质细晶粒钢。

2. 奥氏体晶粒长大及控制

珠光体向奥氏体转变后获得的是细小的奥氏体晶粒，随温度升高和保温时间的延长会出现奥氏体晶粒长大的现象。因为晶界处于相对不稳定的状态，它有使合金系统自由能降低和稳定状态变化的趋势，使晶界相对面积减少，必然引起奥氏体晶粒长大，而且是自发的过程，它是通过晶界上的原子移动和扩散的方式来实现的。等温时，奥氏体晶粒在驱动力推动下的长大叫正常长大，长大速率与驱动力和晶界迁移率成正比。当温度足够高时，少数第二相颗粒溶解，晶界脱钉使晶粒吞并周围晶粒而急剧长大的现象称为异常长大。

影响奥氏体晶粒大小的因素有加热温度、保温时间、加热速度、化学成分和原始组织等。初始形成的奥氏体晶粒非常细小，保持细小的奥氏体晶粒可使冷却后的组织继承其细小晶粒，这不仅强度高，且塑性和韧性都较好。如果加热温度过高或保温时间过长，将会引起奥氏体的晶粒急剧长大。因此，应根据铁碳合金状态图及钢的含碳量，合理选定钢的加热温度和保温时间，以形成晶粒细小、成分均匀的奥氏体。防止奥氏体晶粒长大的措施：

(1)控制加热工艺过程，奥氏体化温度不要过高，保温时间不要太长；

(2)钢用铝脱氧，或加入碳、氮化物形成元素，形成钉扎奥氏体晶界的微粒；

(3)快速加热，短时保温；

(4)加入某些元素，如稀土，降低奥氏体晶界能，减小晶界移动驱动力，可细化晶粒；

(5)采用细小的原始组织。

6.3 钢在冷却时的转变

钢的常温性能不仅与加热时获得的奥氏体晶粒大小、化学成分及均匀程度有关，而且与对奥氏体的冷却方式有关。因此，冷却是热处理时最重要的工序，冷却过程和条件决定着钢的结构、组织和性能。

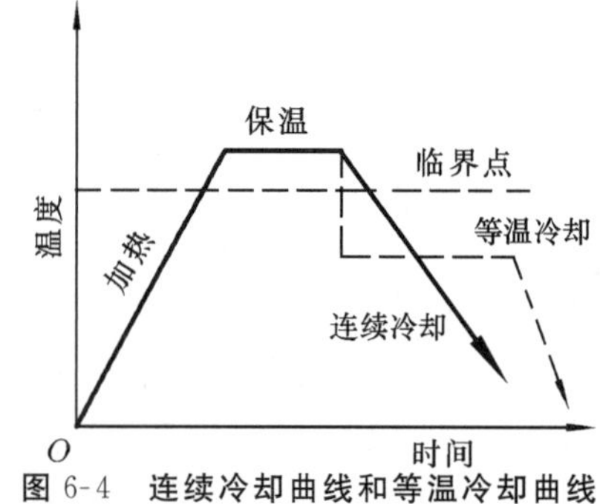

图 6-4 连续冷却曲线和等温冷却曲线

钢的热处理冷却方式通常有两种：一种是等温冷却，它是将加热至奥氏体化后的钢迅速冷却到临界点以下的一定温度进行保温，使其在该温度下恒温转变，这种转变称为等温冷却转变；另一种是连续冷却，它是将加热至奥氏体化后的钢以一定的速度冷却到 A_1 以下，使其在连续冷却条件下进行转变，这种转变称为连续冷却转变，如图 6-4 所示。

钢奥氏体化后，从高温过冷至 A_1 以下，奥氏体不立即转变，但处于热力学不稳定状态，把这种存在于 A_1 以下暂不发生转变的不稳定奥氏体称为过冷奥氏体(supercooled austenite)。

6.3.1 过冷奥氏体的等温转变

1. 过冷奥氏体的等温转变图

过冷奥氏体的等温转变图是表示奥氏体急剧冷却到临界点 A_1 以下，在不同温度下的保温过程中，其转变量与转变时间的关系曲线图，也称 TTT(Time Temperature Transformation)曲线，因其形状与字母 C 相似，故又称 C 曲线。它综合反映了过冷奥氏体在不同温度下等温转变开始和终了的时间及转变产物之间的关系。

(1)过冷奥氏体等温转变曲线的建立

等温转变曲线可利用热分析法、金相法等方法建立。现以共析钢为例来说明过冷奥氏体等温转变曲线图的建立。

首先将共析钢制成若干小圆形薄片试样，加热至奥氏体化后，分别迅速放入 A_1 点以下不同温度的恒温盐浴槽中进行等温转变；分别测出在各温度下，过冷奥氏体转变开始时间、终止时间以及转变产物量；将其画在温度—时间坐标图上，并把各转变开始点和终止点分别用光滑曲线连起来，便得到共析钢过冷奥氏体等温转变图，如图 6-5 所示。

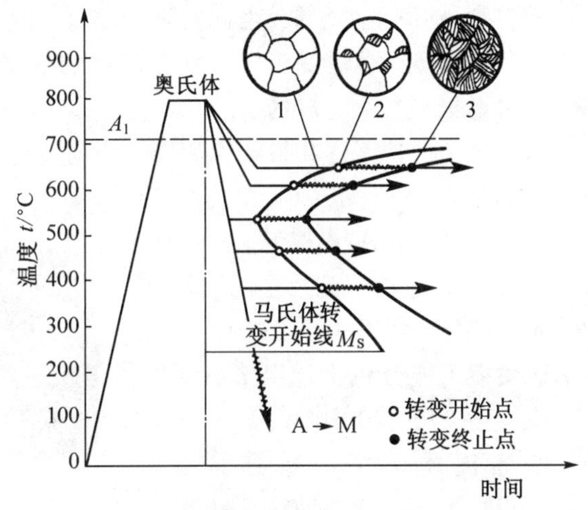

图 6-5 共析钢 C 曲线的建立

(2)过冷奥氏体等温转变曲线图分析

图 6-6 为共析钢的 C 曲线。在 A_1 线以上，奥氏体稳定，不会发生转变；而在 A_1 以下，转变开始线以左的区域为不稳定的过冷奥氏体区；转变终了线以右的区域为过冷奥氏体转变产物区。C 曲线还可反映出不同等温温度时过冷奥氏体与部分转变产物的孕育期变化。孕育期随转变温度的降低，先是逐渐缩短，而后又逐渐增加，在曲线拐弯处(或称"鼻尖")550℃左右孕育期最短，此时过冷奥氏体最不稳定，转变速度最快。这是由于过冷奥氏体转变速度同时受原子扩散速度和转变自由能差所制约，为两方面综合作用的结果。一旦过冷奥氏体全部转变为 C 曲线图中相应温度产物区域的组织，则该组织将保持至室温而不发生改变。

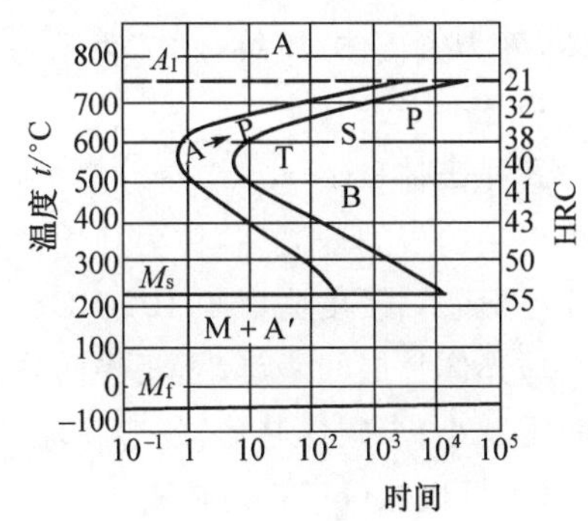

图 6-6 共析钢的 C 曲线

图中，M_s 线表示钢经奥氏体化后，以大于或等于马氏体临界冷却速度冷却时奥氏体开始向马氏体转变的温度（共析钢约为 230℃），称为钢的马氏体转变开始点。M_f 线表示过冷奥氏体停止向马氏体转变的温度，称为钢的马氏体转变终止点，一般在室温以下。M_s 与 M_f 线之间为马氏体与过冷奥氏体共存区。

因此，在三个不同的温度区，共析钢的过冷奥氏体可发生三种不同的转变：

①A_1 至 C 曲线鼻尖区间的高温转变，其转变产物为珠光体，故又称珠光体转变；

②C 曲线鼻尖至 M_s 区间的中温转变，其转变产物为贝氏体，故又称贝氏体转变；

③在 M_s 线以下区间的低温转变，其转变产物为马氏体，故又称马氏体转变。

2. 过冷奥氏体转变产物的组织和性能

(1)珠光体(pearlite)转变

过冷奥氏体在 A_1 至 550℃之间转变产物为珠光体组织。其转变是扩散型转变，它的形成伴随着铁、碳原子的扩散（由此而形成高碳的渗碳体和低碳的铁素体）和晶格的重构（由面心立方晶格的奥氏体转变为体心立方晶格的铁素体和复杂晶格的渗碳体）；转变过程是在固态下通过形核和长大完成的。

珠光体中的铁素体和渗碳体片层间距与过冷度大小有关。根据片层的厚薄不同，这类组织又可细分为：

①珠光体：在 A_1～650℃范围内，由于过冷度较小，故得到片层间距较大的珠光体，用符号“P”表示，在 500 倍的光学显微镜下能分辨出片层形态如图 6-7。硬度为 170～200HBW。

a）光学显微组织

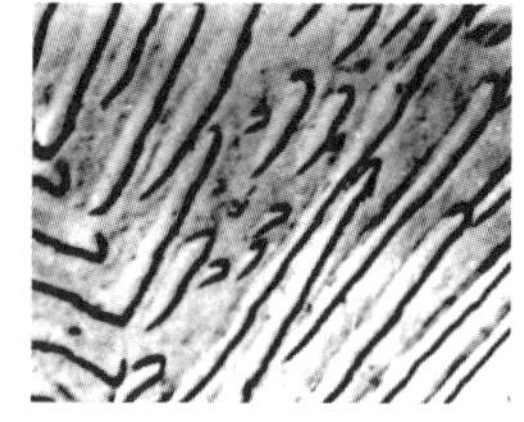

b）电子显微组织

图 6-7 珠光体显微组织

②索氏体(sorbite)：在 650～600℃范围内，因过冷度增大，转变速度加快，故得到片层间距较小的细珠光体，称为索氏体，用符号“S”表示，只有在 800～1000 倍光学显微镜下才能分辨出片层形态。硬度为 25～35HRC。

③托氏体(troostite)：在 600～550℃范围内，因过冷度更大，转变速度更快，故得到片层间距更小的极细珠光体，称为托氏体，用符号“T”表示，只有在几千倍的电子显微镜下才能分辨片层形态。硬度为 35～40HRC。

珠光体片层间距越小，相界面越多，塑性变形抗力越大，故强度、硬度越高。此外，由于片层间距越小，渗碳体越薄，越容易随铁素体一起变形而不脆断，因而塑性、韧性也有所提高。

(2)贝氏体(bainite)转变

转变温度为 550℃～M_s 时的转变产物为贝氏体。它是由过饱和 α 固溶体和碳化物组成的复相组织，由于转变时过冷度较大，只有碳原子扩散，铁原子不扩散，因此其转变方式是半扩散型相变。根据贝氏体的组织形态不同又分为上贝氏体($B_{上}$)和下贝氏体($B_{下}$)。

①上贝氏体(upper bainite)　形成温度为 550～350℃。在光学显微镜下，上贝氏体呈羽毛状，在电子显微镜下观察发现，不连续的、短杆状的渗碳体分布于自奥氏体晶界向晶内生长

的平行的铁素体条之间，形成过程如图 6-8a。

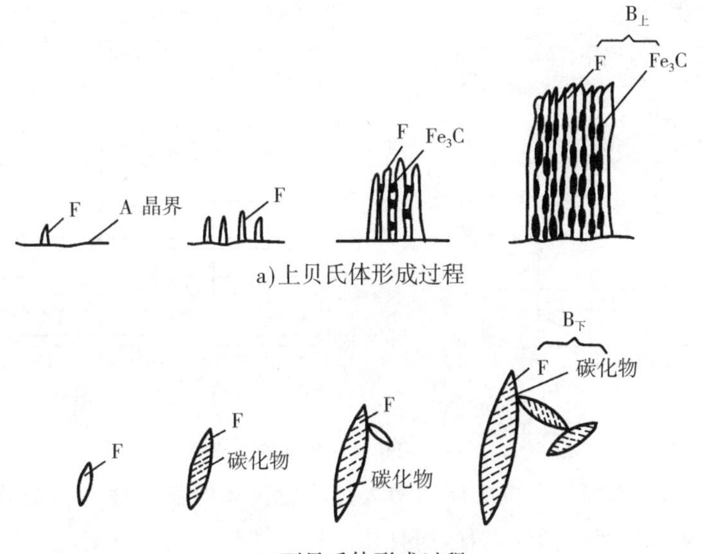

b)下贝氏体形成过程

图 6-8 贝氏体形成过程示意图

②下贝氏体(lower bainite) 形成温度为 350℃～M_s。在光学显微镜下，下贝氏体呈竹叶状，而在电子显微镜下可以看出，碳化物以小片状分布于铁素体针内，并与铁素体的长轴方向呈 55°～65°夹角。形成过程如图 6-8b。

贝氏体的力学性能主要取决于其组织形态。$B_上$ 中铁素体片较宽，由于羽毛状 Fe_3C 存在，且分布不均匀，所以它的脆性较大，强度较低，基本上无实用价值。$B_下$ 中的铁素体针细小，渗碳体弥散度大，分布更均匀，铁素体有一定过饱和度，因此它除有较高的强度和硬度外，还有良好的塑性和韧性，即具有较优良的综合力学性能。生产上采用等温淬火工艺，以获得下贝氏体组织来强化钢。

过冷奥氏体在 M_s 点以下转变为马氏体组织，由于这种转变通常是在连续冷却过程中进行的，因此，将在过冷奥氏体连续冷却转变中介绍。

3. 影响 C 曲线的因素

影响过冷奥氏体等温转变曲线的因素主要是奥氏体的成分和奥氏体化条件。

(1)含碳量

图 6-9 为亚共析钢和过共析钢的 C 曲线。奥氏体含碳量不同，C 曲线形状不同。过冷奥氏体转变为珠光体之前，亚共析钢先有铁素体析出，过共析钢先有渗碳体析出。因此，分别在 C 曲线左上部多了一条铁素体析出线或渗碳体析出线。奥氏体含碳量不同，C 曲线位置不同。随着奥氏体含碳量的增加，奥氏体的稳定性增大，C 曲线向右移动。但奥氏体中的含碳量并不等于钢中的含碳量，钢中的含碳量较大时，未溶解渗碳体量增多，反而可以促进转变的生核，促进奥氏体的转变，而使 C 曲线左移，共析钢 C 曲线最靠右。

(2)合金元素

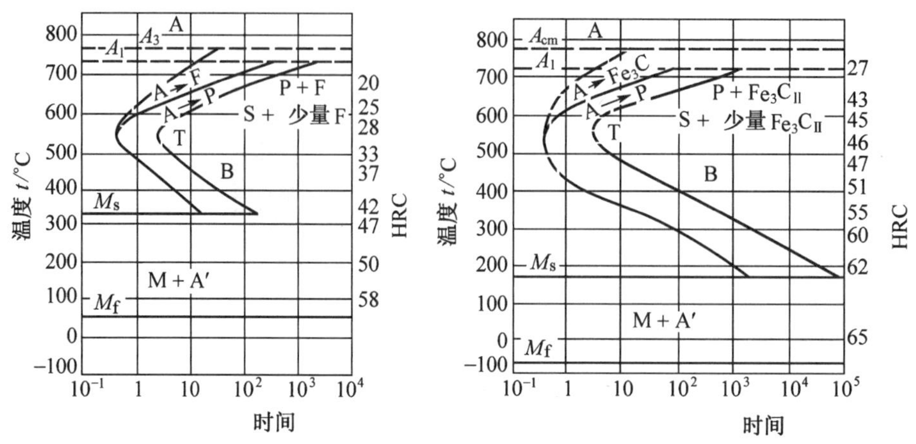

图 6-9　亚共析钢和过共析钢的 C 曲线

合金元素除钴以外，都能溶入奥氏体而增大过冷奥氏体的稳定性，使 C 曲线右移。其中一些碳化物形成元素不仅使 C 曲线右移，而且还使 C 曲线形状发生改变。

(3)奥氏体化条件

奥氏体化条件主要是加热温度和保温时间。加热温度越高，保温时间越长，奥氏体成分越均匀，晶粒也越粗大，晶界面积越少，使过冷奥氏体稳定性提高，C 曲线右移。

6.3.2　过冷奥氏体的连续冷却转变

1. 过冷奥氏体连续冷却转变曲线

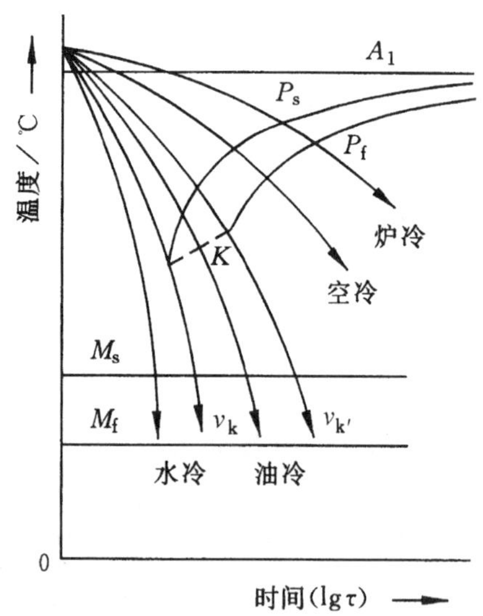

图 6-10　共析钢连续冷却转变曲线

在实际生产中，多数情况下的奥氏体转变都是在连续冷却过程中进行的。因此，分析过冷奥氏体连续冷却曲线具有重要的意义。

图 6-10 是共析钢的连续冷却转变曲线(continuous cooling transformation curve)，又称 CCT 曲线。图中，连续冷却转变曲线只有 C 曲线的上半部分，没有下半部分，即连续冷却转变时一般不形成贝氏体组织，且较 C 曲线向右下方移一些。

图中 P_s 线为过冷奥氏体向珠光体转变开始线；P_f 线为过冷奥氏体向珠光体转变终止线；K 线为过冷奥氏体向珠光体转变终止线，它表示当冷却速度与 K 线相交时，过冷奥氏体不再向珠光体转变，一直保留到 M_s 点下转变为马氏体。与连续冷却转变曲线相切的冷却速度线 v_K 称为上临界冷却速度，它是获得全部马氏体组织的最小冷却速度。v'_K 称为下临界冷却速度，它是获得全部珠光体的最大冷却速度。

2. C 曲线在连续冷却转变中的应用

由于连续冷却转变曲线测定比较困难，而目前 C 曲线的资料又比较多。因此，生产中常用 C 曲线来定性地、近似地分析同一种钢在连续冷却时的转变过程。

以共析钢为例，将连续冷却速度线画在 C 曲线图上，根据与 C 曲线相交的位置，可估计出连续冷却转变的产物，如图 6-11 所示。图中 v_1 相当于随炉冷却的速度，根据它与 C 曲线相交的位置，可估计出连续冷却后转变为珠光体，硬度为 170～220HBW；v_2 相当于空冷的冷却速度，可估计出转变产物为索氏体，硬度为 25～35HRC；v_4 相当于油冷的冷却速度，它只与 C 曲线转变开始线相交于 550℃左右处，未与转变终了线相交，并通过 M_s 点，这表明只有一部分过冷奥氏体转变为托氏体，剩余的过冷奥氏体到 M_s 点以下转变为马氏体，最后得到托氏体和马氏体及残余奥氏体的复相组织，硬度为 45～55HRC；v_5 相当于在水中冷却的冷却速度，它不与 C 曲线相交，直接通过 M_s 点，转变为马氏体，得到马氏体和残余奥氏体，硬度为 55～65HRC。

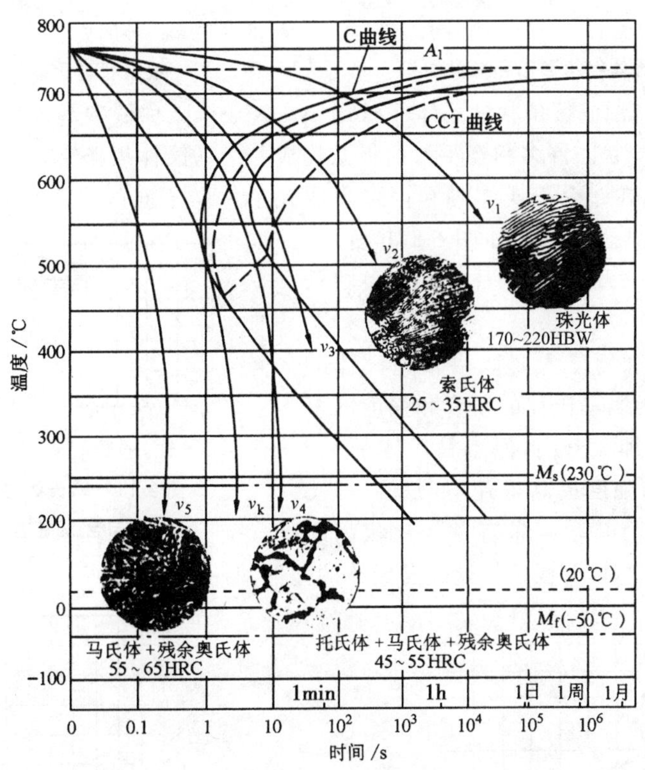

图 6-11 共析钢 C 曲线在连续冷却中的应用

6.3.3 马氏体转变

当冷却速度大于 v_K 时，奥氏体很快被过冷到 M_s 点以下，发生马氏体转变。由于过冷度很大，铁、碳原子均不能进行扩散，只有依靠铁原子的移动来完成 γ-Fe 向 α-Fe 的晶格改组，但原来固溶体溶于奥氏体中的碳仍全部保留在 α-Fe 中，这种由过冷奥氏体直接转变为碳在 α-

Fe 中的过饱和固溶体，称为马氏体（martensite），用符号“M”表示。

马氏体组织形态有片状和板条状两种。其组织形态主要取决于奥氏体的含碳量，奥氏体中 $w_C>1.0\%$ 时，形成片状马氏体（lamellar martensite），又称高碳马氏体，高碳马氏体的立体形态为双凸透镜形的片状，观察金相组织，其断面呈针状。一个奥氏体晶粒内，先形成的马氏体片状较为粗大，往往贯穿整个奥氏体晶粒，而后形成的马氏体不能穿越先形成的马氏体。因此，形成的马氏体尺寸越小，整个组织由长短不一的马氏体片组成，如图 6-12a 所示。片状马氏体显微组织如图 6-12b 所示。

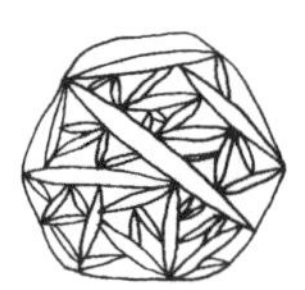

a) 片状马氏体的形态

b) 显微组织

图 6-12　片状马氏体组织形态和显微组织

a) 板条状马氏体的形态　　b) 显微组织

图 6-13　板条状马氏体组织形态和显微组织

$w_C<0.25\%$ 时，形成板条状马氏体（lath martensite），又称低碳马氏体，低碳马氏体的立体形态为细长的扁棒状。许多相互平行的板条构成一个马氏体板条束，在光学显微镜下为一束束的细条状组织，在一个奥氏体晶粒内可形成几个位向不同的马氏体板条束，如图 6-13a 所示。板条马氏体显微镜组织如图 6-13b 所示。若 w_C 介于 0.25%～1.0%，则为片状和板条状马氏体的混合组织。

马氏体的强度和硬度主要取决于马氏体的含量。如图 6-14 所示，马氏体的硬度和强度随着马氏体含碳量的增加而升高，但当马氏体的 $w_C>0.60\%$ 后，硬度和强度提高得并不明显。马氏体的塑性和韧性也与其含碳量有关。片状高碳马氏体的塑性和韧性差，而板条状低碳马氏体的塑性和韧性较好。

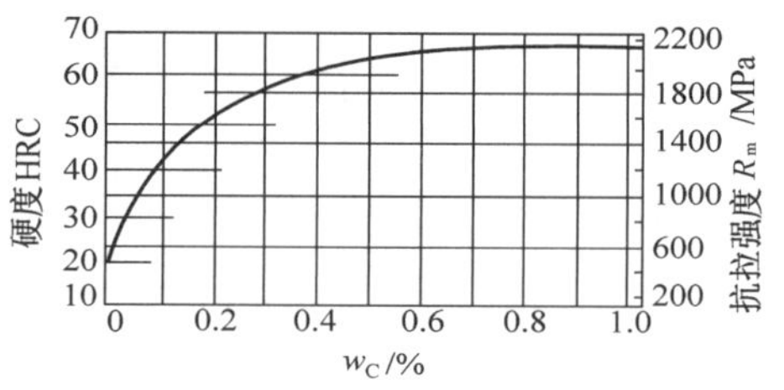

图 6-14　马氏体硬度和强度与含量的关系

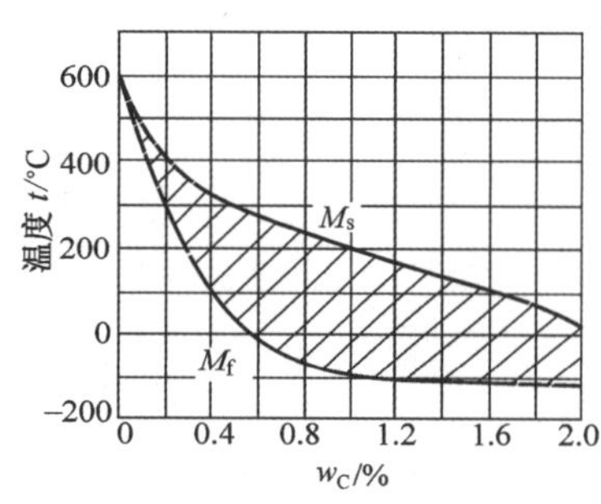

图 6-15　A 含碳量对 M_s 点和 M_f 点的影响

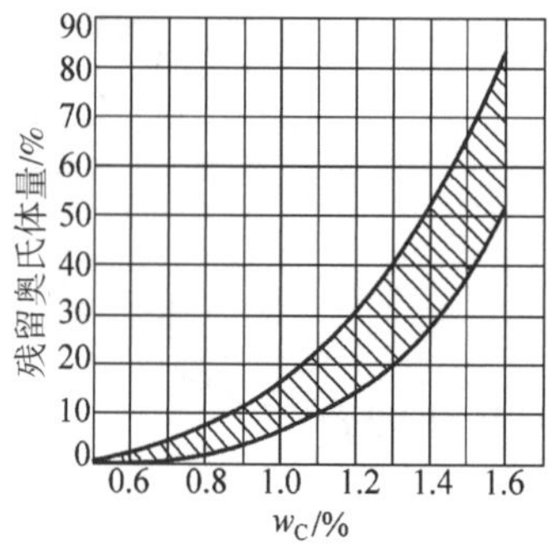

图 6-16　A 含碳量对残余奥氏体量的影响

钢的组织不同，其比体积（单位质量的体积，俗称比容）也不同，马氏体的比体积最大，奥氏体最小，珠光体介于两者之间。因此，淬火时钢的体积要膨胀，产生应力，易导致钢件变形与开裂。

过冷奥氏体向马氏体的转变是无扩散型相变，转变速度极快；马氏体在 M_s 点和 M_f 点温度范围内的连续冷却过程中不断形成，若在 M_s 点与 M_f 点之间的某一温度保持恒温，马氏体量不会明显增多，即马氏体的形核数取决于温度，与时间无关；M_s 点和 M_f 点的位置与冷却速度无关，主要取决于奥氏体的含碳量，含碳量越高，M_s 点和 M_f 点越低，如图 6-15 所示。当奥氏体的 $w_C > 0.50\%$ 时，M_f 点降至室温以下。因此，淬火到室温不能得到 100% 的马氏体，而保留了一定数量的奥氏体，即残余奥氏体（residual austenite）。残余奥氏体量随奥氏体含碳量的增加而增多，如图 6-16 所示。

残余奥氏体的存在不仅降低了淬火钢的硬度和耐磨性，而且在零件使用过程中，残余奥氏体会继续转变为马氏体，使零件尺寸发生变化，尺寸精度降低。因此，对某些高精度零件淬火至室温后，又随即放入零摄氏度以下的介质中冷却，以尽量减少残余奥氏体量，此处理称为冷处理。

6.4 钢的退火与正火

机械零件的一般加工工艺路线为：毛坯（铸、锻）→预备热处理→机加工→最终热处理。退火与正火工艺主要用于预备热处理，只有当工件性能要求不高时才作为最终热处理。

6.4.1 退火

将钢加热至适当温度保温，然后缓慢冷却（一般为随炉冷却），以获得接近平衡组织的珠光体组织的热处理工艺称为退火（annealing）。

退火的主要目的在于调整和改善钢的机械性能和工艺性能，减少钢的化学成分及组织的不均匀性，消除或减少内应力，为后续热处理作组织准备。

根据热处理的目的和要求不同，钢的退火可分为完全退火、等温退火、球化退火、均匀化退火和去应力退火等。

(1)完全退火　又称重结晶退火，一般简称退火，是指将钢件加热到 $Ac_3+(30\sim50)$℃，保温一定时间后缓慢冷却，待相变完成后出炉空冷的退火工艺。

完全退火主要用于亚共析钢的铸件、锻件、热轧型材料和焊接件等。完全退火可降低钢的硬度，以利于切削加工；消除残留应力，以防变形和开裂；细化晶粒，改善组织，以提高力学性能和改善工艺性能，为最终热处理做好准备。

(2)等温退火　钢的完全退火比较费时，为缩短完全退火时间，生产中常采用等温退火工艺，即将钢件加热到 Ac_3（或 Ac_1）以上，保温适当时间后，较快冷却到珠光体转变温度区间的适当温度并等温使奥氏体转变为珠光体类型组织，然后在空气中冷却的退火工艺。

等温退火与完全退火目的相同，但转变较易控制，所用时间比完全退火缩短约 1/3，获得均匀的组织和性能。完全退火与等温退火比较如图 6-17 所示。

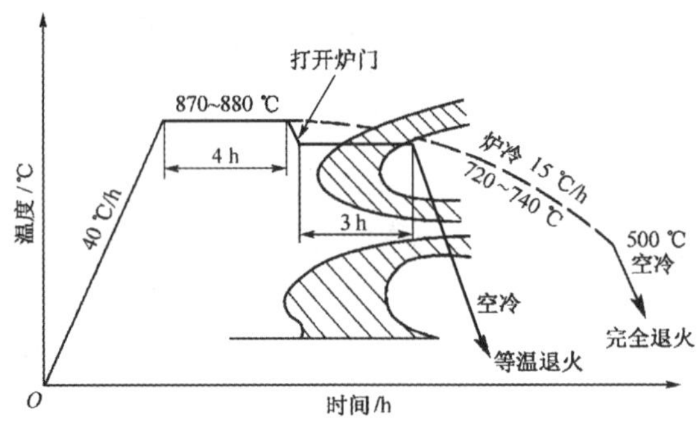

图 6-17　高速钢完全退火与等温退火工艺曲线

(3)球化退火　是指将共析钢或过共析钢加热到 Ac_1 以上 20～30℃,保温一段时间,然后缓慢冷却到略低于 Ar_1 的温度,并停留一段时间,使组织转变完成,得到在铁素体基体上均匀分布的球状或颗粒状碳化物的组织,如图 6-18 所示。球化退火主要用于共析钢和过共析钢,目的在于降低硬度,改善切削加工性能,并为后续热处理做准备。

球化退火的组织为铁素体基体上分布着的颗粒状渗碳体,称为球状珠光体,如图 6-19。用 $P_{球}$ 表示。对于有网状二次渗碳体的过共析钢,在球化退火前应先进行正火,以消除网状渗碳体。

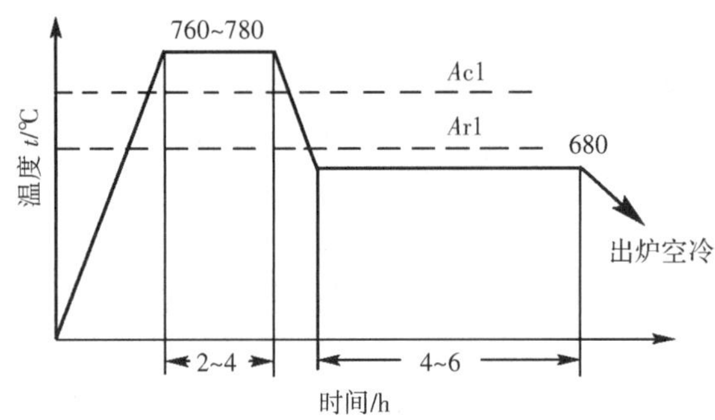

图 6-18　钢球化退火工艺曲线

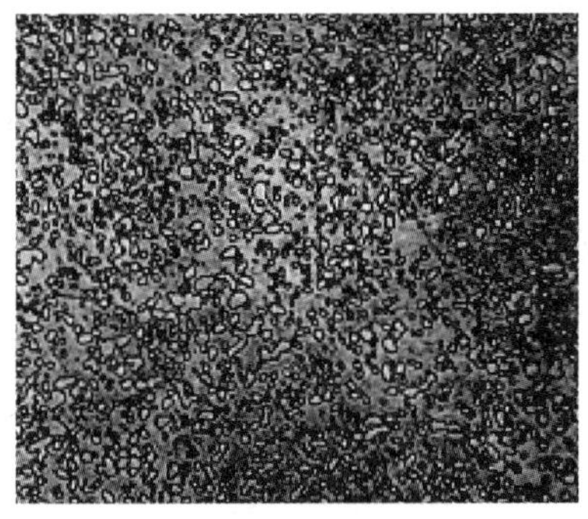

图 6-19　球状珠光体显微组织

(4)均匀化退火　又称扩散退火,是指将钢加热至其熔点以下 100～200℃保温 10～15h 后缓慢冷却的热处理工艺。其目的是减少钢锭、铸钢件或锻坯的化学成分偏析和组织不均匀性。均匀化退火后,钢的晶粒过分粗大,因此还要进行完全退火或正火处理。均匀化退火时间长,耗费能量大,成本高。

(5)去应力退火　为消除铸造、锻造、焊接和机加工、冷变形等冷热加工在工件中造成的残余内应力而进行的退火,称为去应力退火。去应力退火是将钢件加热到 500～600℃,保温后,随炉冷却至 300～200℃再出炉空冷。由于加热温度低于 A_1,因此在退火过程中不发生相变。去应力退火后,应缓慢冷却,以免产生新的应力。

6.4.2 正火

1. 钢的正火

正火(normalizing)是将钢加热到 Ac_3(亚共析钢)或 Ac_{cm}(过共析钢)以上 30～50℃,保温一定时间后在空气中冷却,得到珠光体型组织的热处理工艺。由于正火的冷却速度比较快,得到的组织是较细小的珠光体,能细化晶粒、改善组织、消除应力,防止变形和开裂。

正火的一般作用及工序地位在于以下几方面:①作为预备热处理,能适当提高低、中碳钢的硬度,改善其切削性能;能部分消除过共析钢中的网状渗碳体,为球化退火做组织准备。②正火可细化晶粒,使组织均匀化,消除内应力,在一定程度上有提高韧性及硬度的效果,故也可作为对力学性能要求不太高的普通结构件的最终热处理工序。图 6-20 是几种退火与正火的加热温度范围及热处理工艺曲线。

2. 退火与正火的选择

正火与退火的相同之处是对同种类型钢进行热处理后得到近似相同的组织,只是正火的冷却速度快些,转变温度低些,获得的组织更细小。对它们进行选择可以参照如下原则。

正火——对于低碳钢,为改善切削加工性能和零件形状简单时,一般选用正火处理。

退火——对于中、高碳钢,为改善切削加工性能和零件形状复杂时,可选用退火处理。

在生产上,因正火比退火的生产周期短,可节省时间、操作简便、生产率高、成本低,所以在一般情况下尽量用正火代替退火。

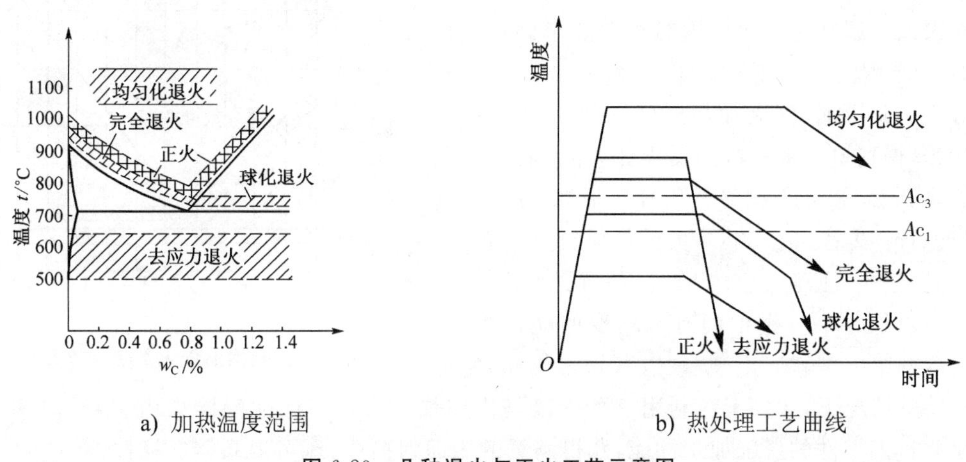

a) 加热温度范围　　b) 热处理工艺曲线

图 6-20 几种退火与正火工艺示意图

3. 退火、正火常见缺陷

退火和正火可以改善钢件的性能,但退火和正火由于加热或冷却不当,会出现一些与预期目的相反的组织,造成缺陷,一般常见的缺陷有:

(1)过烧　由于加热温度过高,出现晶界氧化,甚至晶界局部熔化,造成工件的报废。

(2)黑脆　碳素工具钢或低合金工具钢在退火后,有时发现硬度虽然很低,但脆性却很大,一折即断,断口呈灰黑色,所以叫“黑脆”。主要是因为退火温度过高,保温时间过长,冷却缓慢,使部分 Fe_3C 转变成石墨所致。

(3)网状组织　网状组织主要是由于加热温度过高，冷却速度过慢所引起的。因为网状铁素体或渗碳体会降低钢的力学性能，特别是网状渗碳体，在后续淬火加热时难以消除，因此必须严格控制。

(4)球化不均匀　钢件在球化退火后所得的碳化物球化不均匀组织，二次渗碳体呈粗大块状分布，形成原因是球化退火前没有消除网状渗碳体，在球化退火时集聚而成。消除办法是进行正火和重新球化退火。

(5)硬度过高　中高碳钢退火的重要目的之一是降低硬度，便于切削加工。因而对退火后的硬度有一定要求。如果退火时加热温度过高，冷却速度较快，特别是对合金元素含量较高，过冷奥氏体稳定的钢，就会出现索氏体、托氏体甚至马氏体而硬度过高。解决办法是重新进行退火处理。

6.5　钢的淬火

钢的淬火(quenching)是热处理工艺中最重要，也是用途最广泛的工序。淬火是指将钢加热到临界点 Ac_1 或 Ac_3 以上，保温并随之以大于临界冷却速度(v_K)冷却，以得到马氏体或下贝氏体组织的热处理工艺。其目的是提高钢的强度和硬度，经适当回火后，可改善钢的性能。

6.5.1　淬火加热温度

淬火加热温度主要根据钢的相变点来确定。如图 6-21 为碳钢的淬火加热温度范围。

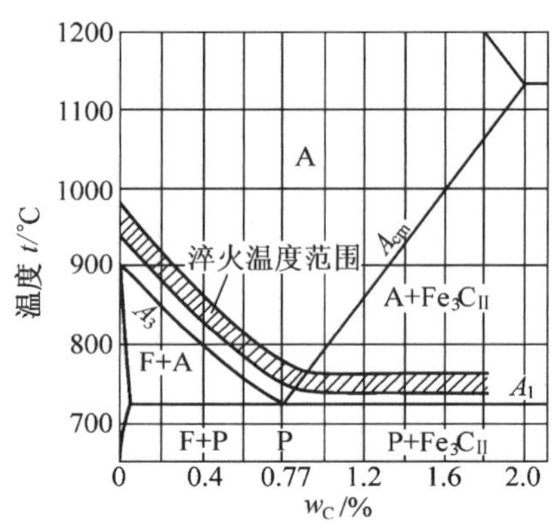

图 6-21　碳钢的淬火加热温度范围

对于亚共析钢，淬火加热温度一般在 Ac_3 以上 30～50℃，得到单一细晶粒的奥氏体，淬火后为均匀细小的马氏体和少量残留奥氏体。若加热温度太高，超过 Ac_3 以上 30～50℃，奥氏体晶粒易变粗大，钢的性能变差，且淬火应力增大，易导致变形和开裂；若温度低于 Ac_3，钢中尚有未转变的铁素体，这样淬火后的组织中就会出现“软点”(铁素体相)。但在某些特殊情况下，却要有意利用这种低碳马氏体加铁素体中的亚温淬火组织，以改善某些低碳亚共析钢零件的切削加工性能，获得满意的表面粗糙度，还可提高钢的韧性。

对于共析钢和过共析钢，淬火加热温度为 Ac_1 以上 30～50℃，淬火后得到细小的马氏体和少量残留奥氏体(共析钢)，或细小的马氏体、少量渗碳体和残留奥氏体(过共析钢)。由于渗碳体的存在，钢的硬度和耐磨性提高。若加热温度在 A_{cm} 以上，由于渗碳体全部都溶于奥氏体中，奥氏体含碳量提高，M_s 点降低，淬火后残余奥氏体量增多，钢的硬度和耐磨性降低。此外，因温度高，奥氏体晶粒粗化，淬火后得到粗大的马氏体，脆性增大。若加热温度低于 Ac_1 点，组织没发生相变，达不到淬火目的。

对于合金钢，因合金元素的作用，淬火加热温度比碳钢高，一般为临界点以上

50～100℃。

淬火加热时间对奥氏体均匀化和晶粒大小也有重要影响。加热时间包括升温和保温时间。一般从工件装炉后上升到淬火温度所需时间为升温时间，保温时间是指从到达淬火温度开始至完成奥氏体均匀化所需的时间。实际生产中常用以下公式来确定保温时间 t，即

$$t = akD \tag{6-2}$$

式中：a 为加热系数，与钢种及加热介质有关；k 为与装炉量有关的系数，$k=1\sim4$；D 为工件有效厚度，一般指尺寸较小部位。有关系数及有效厚度可查《热处理手册》。

6.5.2 淬火介质

淬火冷却目的是得到马氏体，其冷却速度必须大于 v_K，要快冷就不可避免地在工件内产生较大的内应力，使工件变形或者开裂。内应力的产生主要来源于冷却时的热胀冷缩而引起的热应力和过冷奥氏体向马氏体转变时比容的差异而引起的组织应力。要解决这方面的问题，一方面应选择比较理想的淬火介质，另一方面宜采用合理的淬火方法。

理想淬火介质与C曲线的关系如图6-22所示。在650℃以上保证过冷奥氏体不转变为珠光体型组织的前提下，应尽量减慢冷却速度以减小热应力作用；在C曲线"鼻尖"处应尽快冷却，以保证过冷奥氏体不在此处转变；当避开"鼻尖"后，又应缓慢冷却，因为此后发生马氏体转变时，将产生较大的相变应力。

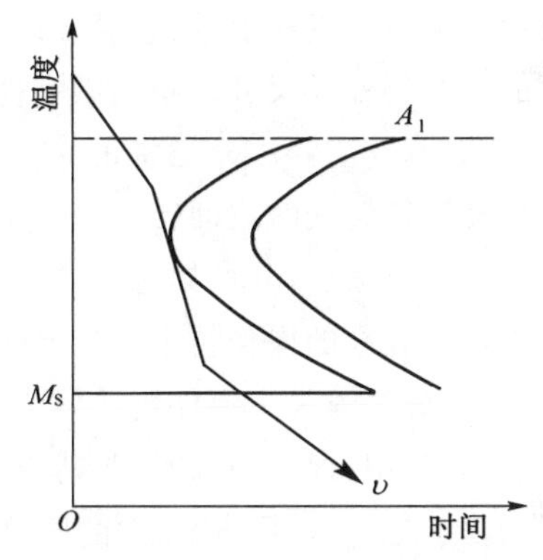

图6-22 钢的理想淬火冷却速度

生产中，常用的冷却介质有水、盐水、油等。

(1)水 水在650～550℃范围内冷却能力较大，是冷却介质中最常用的，但要注意的是，水温应低于40℃，否则冷却能力下降。主要用于形状简单和大截面碳钢零件的淬火。

(2)盐水 盐水的冷却能力比水更强，尤其在650～550℃的范围内具有很大的冷却能力。当工件用盐水淬火时，由于盐晶体在工件表面的析出和爆裂，不仅有效地破坏包围在工件表面的蒸汽膜，使冷却速度加快，而且能破坏在淬火加热时所形成的附在工件表面上的氧化铁皮，使它剥落下来。但盐水在300～200℃温度范围内时，其冷却能力仍然很强，对减少变形不利，因此只能用于形状简单、截面尺寸较大的碳钢工件。

(3)油 常用的有机油、变压器油、柴油、菜籽油等。油在300～200℃范围内的冷却速度比水小，有利于减小工件变形和开裂，但油在650～400℃范围内冷却速度比水还小，不利于工件淬硬，因此只适用于合金钢的淬火，使用时油温应低于80℃。

(4)其他介质。为减小工件变形、开裂倾向，还可以用碱浴、熔盐等淬火介质，其冷却能力介于水和油之间，主要用于形状复杂、尺寸较小、变形要求严格的工具钢的分级淬火和等温淬火。此外，还有一些使用效果较好的新型淬火介质，如过饱和硝盐水溶液、氯化锌－碱水溶液、水玻璃淬火介质及以聚乙烯醇为主的合成淬火介质等。

6.5.3 淬火方法

由于淬火介质没有一种能完全满足淬火质量的要求，所以在热处理工艺上要在选择合适的淬火介质的同时，选择适当的淬火方法，以保证在获得所要求的淬火组织和性能条件下，尽量减少淬火应力，减小工件变形和开裂倾向。常用的淬火方法有单介质淬火、双介质淬火、分级淬火、等温淬火和冷处理等，各种操作方法的冷却曲线如图 6-23 所示。

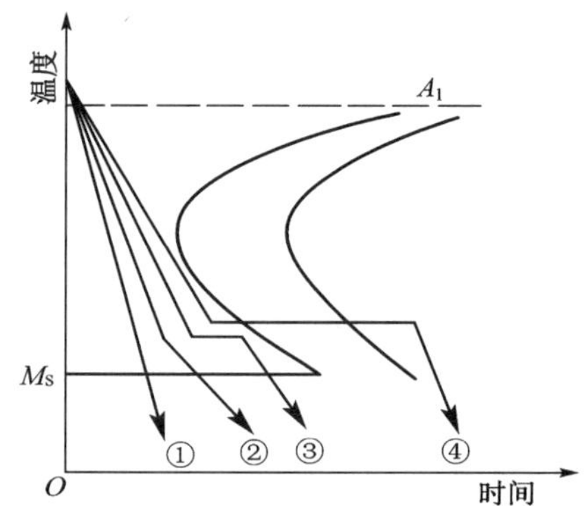

图 6-23　不同淬火方法示意图

(1)单介质淬火　将加热好的工件放入一种冷却介质中一直连续冷却至室温的操作方法称为单介质淬火，如图 6-23 中的曲线①所示。例如，碳钢在水中冷却、合金钢在油中冷却等均属单液淬火法。这种淬火方法操作简单，容易实现机械化、自动化。一般淬透性小的钢件在水中淬火，淬透性大的合金钢件及尺寸较小的碳钢件在油中淬火。

(2)双介质淬火　是将钢件加热到奥氏体化后，先浸入冷却能力强的介质中，在组织即将发生马氏体转变时立即转入冷却能力弱的介质中冷却的淬火工艺，如图 6-23 中的曲线②所示。此种方法操作时，如能控制好工件在水中停留的时间，就可有效地防止淬火变形和开裂，但要求有较高的操作技术。主要用于形状复杂的高碳钢件和尺寸较大的合金钢件。

(3)分级淬火　钢件奥氏体化后，随之浸入温度稍高或稍低于钢的 M_s 点的液态介质(盐浴和碱浴)中，保持适当时间，待钢件的内、外层都达到介质温度后取出空冷，以获得马氏体组织的淬火工艺，如图 6-23 中的曲线③所示。此方法可减少应力和变形，主要用于尺寸小，形状复杂的合金钢零件。

(4)等温淬火　是指将奥氏体化后的工件淬入稍高于 M_s 温度的熔盐中等温，使其发生下贝氏体转变后再空冷的工艺，如图 6-23 的曲线④所示。等温淬火的目的是为了获得强度和韧性都较好的下贝氏体组织。它适用于形状复杂、尺寸要求高、变形很小的工具和零件，如模具、刀具、齿轮等。因为要保持盐浴槽的恒温，等温淬火也只能用于尺寸较小、批量少的工件。

(5)局部淬火　有些工件按其工作条件如果只是局部要求高硬度，则可进行局部加热淬火，以避免工件其他部分产生变形和裂纹，如卡规工作部位的局部淬火。

(6)冷处理　为了尽量减少钢中残余奥氏体以获得最大数量的马氏体，可进行冷处理，即把淬冷至室温的钢继续冷却到－70～－80℃(也可冷到更低的温度)，保持一段时间，使残余奥氏体在继续冷却过程中转变为马氏体。这样可以提高钢的硬度和耐磨性，并稳定钢件尺寸。

6.6 钢的淬透性

6.6.1 淬透性的概念

钢的淬透性(hardenability)是指奥氏体化后的钢在淬火时获得马氏体的能力,是钢的一种固有属性。其大小用钢在一定条件下淬火获得的有效淬硬深度表示。一般规定,由钢的表面至内部马氏体组织占50%处的距离为有效淬硬深度。

淬透性和淬硬性是两个不同的概念。淬硬性(hardening capacity)是指钢在淬火时的硬化能力,以钢在理想条件下,进行淬火硬化所能达到的最高硬度来表示。淬火后硬度值越高,淬硬性越好。淬硬性主要取决于马氏体的含碳量。合金元素含量对淬硬性没有显著影响,但对淬透性却有很大影响,所以淬透性好的钢,其淬硬性不一定高。

6.6.2 淬透性对钢热处理后力学性能的影响

钢的淬透性是选材和制订热处理工艺规程时的主要依据。钢的淬透性好坏对热处理后的力学性能影响很大。例如,当工件整个截面被淬透时,回火后表面和心部组织、性能均匀一致,如图6-24a所示。否则,工件表面和心部组织不同,回火后整个表面上硬度虽然近似一致,但未淬透部分的屈服强度和韧性却显著降低,如图6-24b所示。

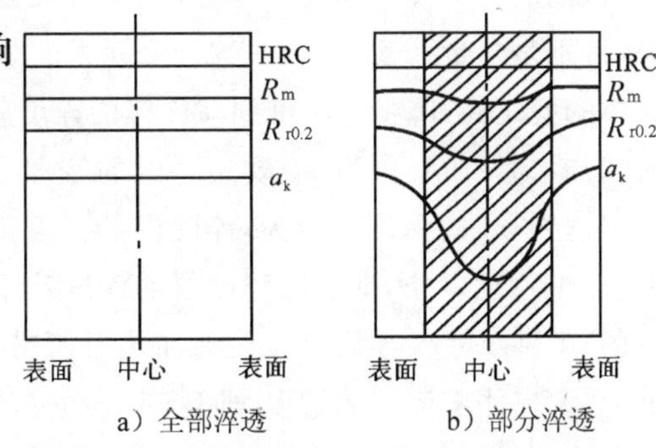

图6-24 淬透性对钢调质后力学性能的影响

机械制造中许多大截面、形状复杂的工件和在动载荷下工件的重要零件,以及承受轴向拉伸和压缩的连杆、螺栓、拉杆、锻模等,常要求表面和心部的力学性能一致,故应选用淬透性好的钢;对于承受弯曲、扭转应力(如轴类)以及表面要求耐磨并承受冲击力的模具(如冷镦凸模等),因应力主要集中在工件表层,因此不要求全部淬透,可选用淬透性较低的钢;受交变应力和振动的弹簧,为避免因心部未淬透,工作时易产生塑性变形而失效,应选用淬透性好的钢;焊件一般不选用淬透性好的钢,否则易在焊缝和热影响区出现淬火组织,造成焊件变形和开裂。

6.6.3 影响淬透性及淬硬深度的因素

1.影响淬透性的因素

淬透性是钢的本质属性,与钢材外部条件(如形状、尺寸、表面积及冷却介质等)无关,但却与其临界冷却速度密切相关,临界冷却速度越小的钢,其淬透性越好。临界冷却速度取决于C曲线的位置,C曲线越靠右,临界冷却速度越小。因此,凡是影响临界冷却速度 v_K 的因素(如化学成分、淬火温度和保温时间)均影响淬透性。

(1)化学成分　化学成分是影响淬透性的主要因素。亚共析钢随含碳量的增加,其淬透性提高;而过共析钢在正常淬火加热温度范围内,随钢中含碳量的增加,其淬透性降低。除Co以外,凡溶入奥氏体的合金元素都使C曲线右移,临界冷却速度减小,钢的淬透性提高。

(2)淬火温度和保温时间　加热温度的升高和保温时间的延长,均可适当地提高钢的淬透性,但这样会引起晶粒粗大,故一般不采用此法来提高钢的淬透性。

2.影响淬硬层深度的因素

在设计和使用金属材料零件时,要确切了解它所能达到的最高强度和机械零件各断面上性能的变化,即需要准确了解工件能够被淬透的淬硬层深度。只有这样才能准确选择金属材料和它的热处理工艺,在设计时选用的数据才能有充分依据。绝不能把机械零件的局部性能作为整体性能的依据和标准来使用,即要把零件的性能进行准确的分析。因此,必须深入了解影响实际淬硬层深度的因素。它主要取决于以下几种因素:

(1)钢的淬透性　淬透性越好,实际淬硬层深度越深。因为淬透性主要与钢的化学成分有关,特别是合金元素,绝大多数合金元素的加入或溶入奥氏体后都使C曲线右移,增加过冷奥氏体的稳定性,降低v_K,得到马氏体的深度就大,即使钢的实际淬硬层深度增加。

(2)冷却介质　因为v_K要用一定的冷却介质才能达到,冷却介质的冷却能力越大,使零件能够达到v_K的深度就越大,淬硬层的深度就深;而用冷却能力小的介质进行冷却时,工件达到v_K的深度就小,即实际淬硬层的深度就小。

(3)工件尺寸　零件尺寸大则加热后所带的热量就多,由于每种冷却介质的冷却能力是一定的,大尺寸零件的热量多,使达到v_K的深度浅,所得的实际淬硬层深度就小;小尺寸零件的实际淬硬层深度就大。这种随工件尺寸变化而影响热处理强化效果的现象称为尺寸效应,在设计和使用工件时要给予充分注意。

6.6.4　淬透性的测定与表示方法

目前常用的淬透性测定方法有末端淬火试验法(end quenching test)和临界直径测定法等。末端淬火试验法于1937年由W. E. Jominy最先提出,因其能较完整地反映钢的淬透性特点,故应用最广。

1.淬透性的末端淬火试验方法

GB/T255-2006规定了末端淬火试验方法,如图6-25所示。将ϕ25mm×100mm的标准试样经加热奥氏体化后对末端喷水冷却(水柱的自由喷出高度为65mm)。试样上距末端越远的部分,冷却速度越低,因而硬度也相应地逐渐下降。端淬试样冷却后,沿其长度方向磨出一条狭长平面,在此平面上,自水冷端1.5mm开始,每隔一定距离测一次硬度。将硬度随距水冷端的变化绘成曲线,称为淬透性曲线。图6-25b是45钢和40Cr钢的淬透性曲线。由图可见,随着至冷水端距离增大,45钢的硬度比40Cr下降得快,表明40Cr钢的淬透性比45钢大。图6-21c是钢的半马氏体区硬度与钢的含碳量的关系。配合运用图6-25c和图6-25b,就可以找出相应的钢半马氏体区至冷水端的距离。该距离越大,钢的淬透性越大。

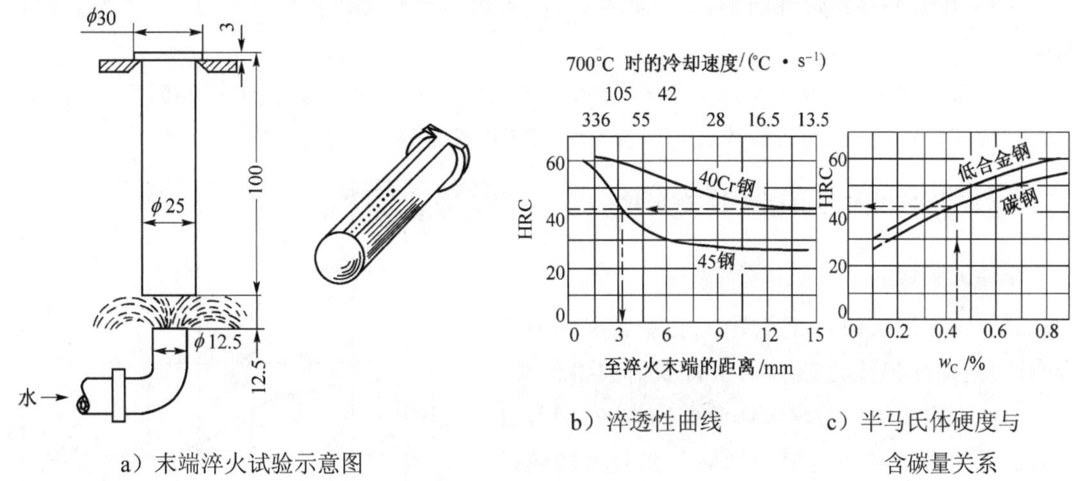

a）末端淬火试验示意图　b）淬透性曲线　c）半马氏体硬度与含碳量关系

图 6-25 末端淬火法

不同距离处测得的硬度值可用“淬透性指数”J××－d 表示。其中J是Jominy的大写字头，表示末端淬透性；××表示洛氏硬度数值（HRC值）；d 表示距淬火端面的距离（mm）。例如：J35-15表示距淬火端面15mm处的硬度值为35HRC。

2.规定淬透性

可按下列方法规定淬透性：(1)用J××－d_1/d_2 表示，如J45-6/18表示在距淬火端6～18mm之间硬度值达到45HRC。(2)用J××/××－d 表示，如J35/48-15表示在距淬火端15mm处的硬度值在35～48HRC。(3)用JHV××/××－d 表示，如JHV340/490-15表示在距淬火端15mm处的硬度值在340～490HV。

临界直径测定法是钢经加热奥氏体化后，在某种介质中淬火，心部得到全部M或50%M组织时的最大直径，以 D_C 表示。同一介质中淬火，D_C 越大，钢的淬透性越好。

6.7 钢的回火

回火(tempering)是指将淬火后的钢加热到 Ac_1 以下某一温度，保温后冷却到室温的热处理工艺。

6.7.1 回火目的

(1)减少或消除淬火内应力，降低脆性，防止工件变形或开裂。

(2)获得工艺所要求的力学性能。钢淬火后硬度高，脆性大，通过适当回火可获得所需要的硬度和韧性。

(3)稳定工件尺寸。淬火后马氏体和残余奥氏体都是非平衡组织，有自发向铁素体和渗碳体转变的倾向。回火可使马氏体和残余奥氏体转变为平衡或接近平衡的组织，防止使用时变形。

(4)对于某些高淬透性的钢，空冷即可淬火，采用回火软化既可降低硬度，又能缩短软化周期。

对于未经淬火的钢，回火是没有意义的，而淬火钢不经回火一般也不能直接使用。因此，回火一般在淬火后随即进行，淬火与回火常作为零件的最终热处理工艺。

6.7.2 淬火钢回火的组织与性能变化

1.淬火钢回火后的组织转变

淬火钢在回火时的组织转变主要发生在加热阶段，因而加热温度是影响组织转变的关键因素。钢件在淬火后的组织为马氏体和奥氏体，它们有自发向铁素体和渗碳体转变的倾向。在回火加热过程中，随着温度的升高，淬火钢的组织大致发生以下四个阶段的变化，如图6-26所示。

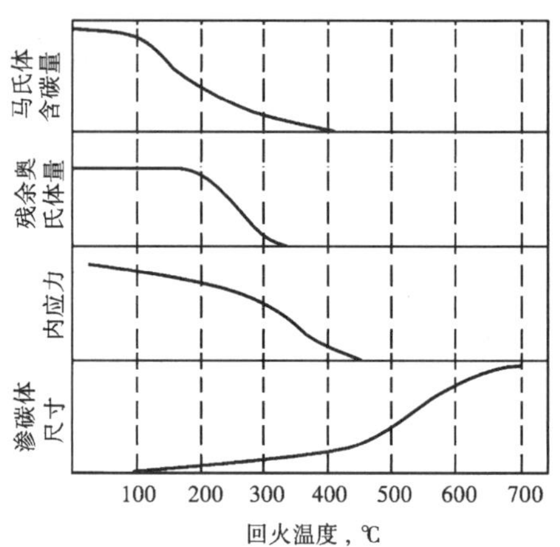

图6-26　淬火钢回火时的转变

(1)马氏体的分解　淬火钢在200℃以下加热时，马氏体中开始析出极细小的ε-Fe_xC($x\approx2.4$)，使马氏体的过饱和度降低，正方度(c/α)也随之降低，内应力得以部分消除，但析出的过渡相碳化物ε-Fe_xC与马氏体保持一定的共格关系。回火过程中这种由极细的ε碳化物与低饱和度的α固溶体构成的基本组织称为回火马氏体，其光学显微组织如图6-27所示。

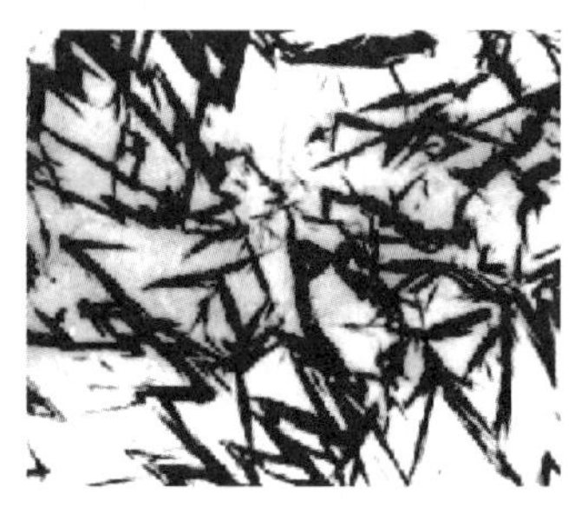

图6-27　回火马氏体

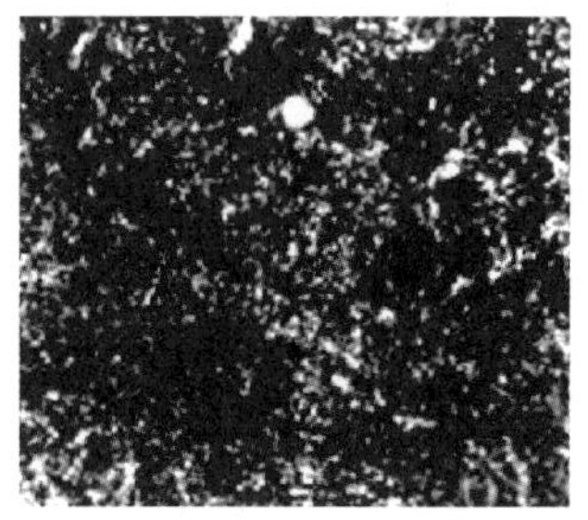

图6-28　回火托氏体

图6-29　回火索氏体

(2)残余奥氏体的分解　残余奥氏体的分解主要发生在200～300℃，由于马氏体的分解，正方度下降，减轻了对残余奥氏体的压力，因而残余奥氏体分解为ε碳化物和过饱和α相，其组织与同温度下马氏体的回火产物一样，同样是回火马氏体。

(3)回火托氏体的形成　当温度高于250℃后，因碳原子的扩散能力增大，过饱和α固溶体逐渐转变成铁素体。在300～500℃回火得到铁素体基体与大量弥散分布的极细颗粒状Fe_3C形成的混合物，称为回火托氏体，其光学显微组织如图6-28所示。

(4)回火索氏体　在400℃以上温度时，渗碳体聚集长大形成较大颗粒的渗碳体。同时在450℃以上，铁素体开始发生再结晶，由针片状转变为多边形。这种由颗粒状渗碳体与多边形铁素体组成的组织称作回火索氏体，其光学显微组织如图6-29所示。

2. 淬火钢回火后的性能变化

由于淬火钢在不同温度下回火得到不同的回火组织，因而其力学性能也不同。图6-30为淬火钢在不同回火温度下的性能变化情况。

由图可知，在200℃以下，由于马氏体中大量ε碳化物弥散析出，使钢的硬度并不下降，对于高碳钢，甚至略有升高。

在200～300℃时，由于高碳钢中的残余奥氏体转变为回火马氏体，硬度会再次提高，而对于低、中碳钢，由于残余奥氏体量很少，则硬度缓慢下降。

300℃以上，由于渗碳体粗化及马氏体转变为铁素体，使得钢的硬度呈直线下降。

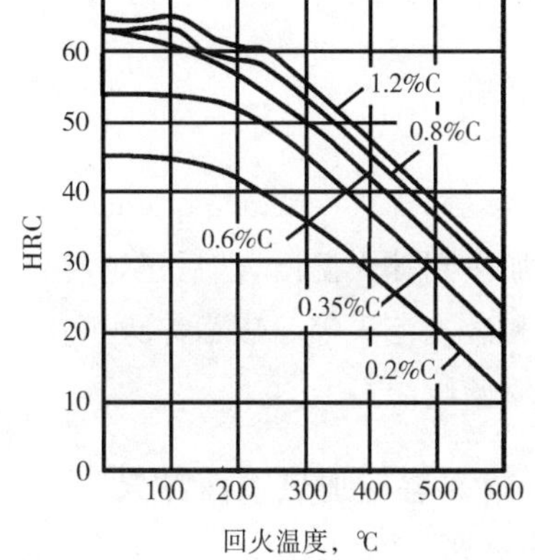

图6-30 淬火钢的硬度与回火温度的关系

6.7.3 回火的种类及应用

淬火钢回火后的组织性能取决于回火温度，根据回火温度范围，可将回火分为三类：

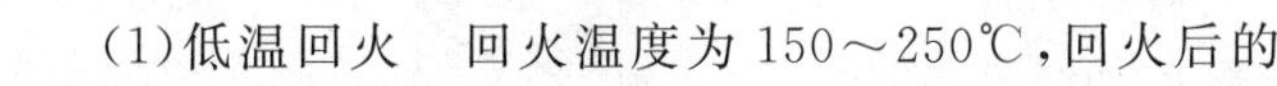

(1)低温回火　回火温度为150～250℃，回火后的组织为回火马氏体，其目的在于部分消除淬火应力和脆性，提高韧性和塑性，但仍保持淬火后的高硬度和高耐磨性。低温回火多用于高碳工具钢、模具钢、滚动轴承钢和表面淬火及渗碳淬火工件。

(2)中温回火　回火温度为350~500℃，回火后的组织为回火托氏体。回火后可得到高的弹性极限和屈服强度及一定的韧性。硬度一般为35～45HRC。主要用于各种弹簧的回火处理。

(3)高温回火　回火温度为500～650℃。回火后的组织为回火索氏体。硬度为25～35HRC。这种组织具有良好的综合力学性能，即在保持较高的强度同时，具有良好的塑性和韧性。习惯将淬火加高温回火得到回火索氏体的热处理称为调质处理，简称调质。调质广泛用于各种重要的结构零件，如轴、齿轮、连杆等。

6.7.4 回火脆性

随回火温度的升高，淬火钢的冲击韧度变化规律如图6-31所示，即在250～400℃和450～650℃两个区间冲击韧度明显降低。这种现象称为钢的回火脆性，前者称为低温回火脆性，后者称为高温回火脆性。

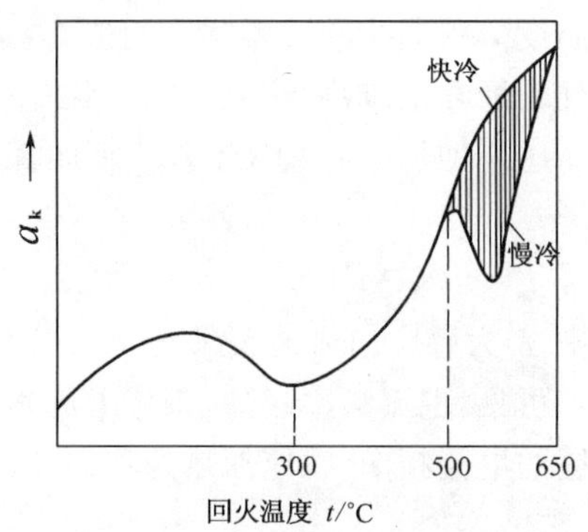

图6-31 冲击韧度和回火温度的关系

(1)低温回火脆性　这类回火脆性亦称第一类回火脆性。这类回火脆性是不可逆的，只要在此温度范围内回火就会出现脆性，目前尚无有效的消除办法。因而在回火时应避开这一温度范围。

(2)高温回火脆性　这类回火脆性也称第二类回火脆性，主要出现在某些合金结构钢中，如含 Ni、Cr、Mn、Si 等元素的调质钢中。这类回火脆性的特点是回火后快冷不产生脆性，而慢冷则会产生脆性。

6.8　钢的表面淬火

表面淬火(surface quenching)是指仅对工件表层进行淬火的工艺，具体做法是将工件快速加热到淬火温度，然后迅速冷却使表层获得淬火马氏体组织。一般包括感应淬火、火焰淬火和激光淬火等。表面淬火可使工件表层得到硬度很高的淬火马氏体，而心部仍为韧性良好的原始组织。

6.8.1　感应加热表面淬火

1. 感应加热表面淬火的原理和工艺

感应加热表面淬火是利用感应电流通过工件所产生的热效应，使工件表面、局部或整体加热并进行快速冷却的淬火工艺，如图 6-32 所示。当感应线圈通入交流电时，感应线圈内的工件在交变磁场的作用下产生与感应线圈内电流频率相同、方向相反的感应电流。这个电流沿工件表面形成封闭回路，称为涡流。此涡流将电能转化为热能，使工件加热。涡流在被加热工件中的分布由表面至心部呈指数规律衰减。涡流在工件内分布不均匀，主要集中于工件的表层面，工件心部几乎没有电流通过，这种现象称为集肤效应。感应加热就是利用集肤效应，依靠电流热效应把工件表面迅速加热到淬火温度。感应线圈用紫铜管制造，内通冷却水。当工件表面在感应线圈内加热到相变温度时，立即喷水冷却，实现表面淬火。

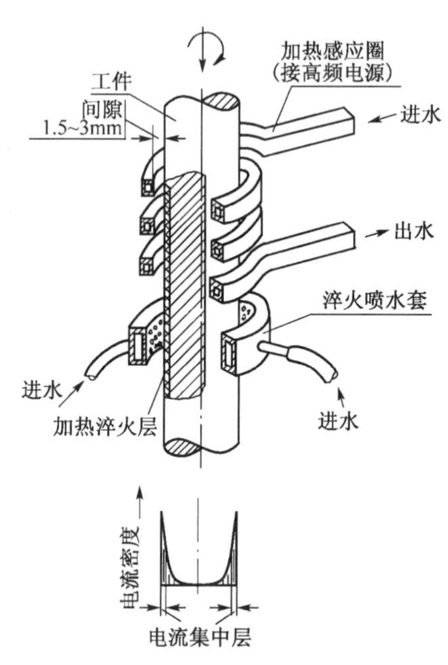

图 6-32　感应加热表面淬火示意图

感应加热电流透入工件表面的深度与感应电流的频率有关，如下式所示

$$\delta = \frac{500 \sim 600}{\sqrt{f}} \tag{6-3}$$

式中，δ 为感应加热透入深度(mm)；f 为交变电流频率(Hz)。

可见，电流频率越高，感应电流透入深度越浅。根据零件尺寸及硬化层深度的要求选择不同的电流频率，感应加热的种类、有效淬硬深度、主要特征和应用范围见表 6-1。

表 6-1 感应加热的种类、有效淬硬深度、主要特征和应用范围

种类	常用频率/kHz	有效淬硬深度/mm	主要特征及应用范围
高频感应淬火	200～300	0.5～2.0	适用于中小模数的齿轮和中小尺寸的轴类零件
中频感应淬火	2.5～8	2～10	适用于大中模数的齿轮和较大尺寸的轴类零件
工频感应加热	0.05	10～15	适用于较大直径零件的穿透加热及大直径零件，如轧辊、火车车轮等的表面淬火

2. 感应加热的特点

(1)加热速度快，一般只需要几秒钟至几十秒钟就能达到淬火温度。过热度大，珠光体向奥氏体转变时间极短，晶粒不易长大，淬火后组织为细隐针马氏体。表面硬度高，比普通淬火高 2～3HRC，且脆性较低。

(2)工件淬火后表层强度高，马氏体转变时产生体积膨胀，会在工件表层产生很大的残余压应力，因此工件具有较高的疲劳强度。

(3)因加热速度快，保温时间极短，工件不易氧化和脱碳，故工件变形小，表面质量好。

(4)生产效率高，加热温度和淬硬层深度容易控制，便于实现机械化和自动化。

感应淬火也有其缺点：设备较贵，不宜单件和小批量生产，形状复杂零件的感应器不易制造。

6.8.2 火焰加热表面淬火

火焰加热表面淬火是指利用氧—乙炔(或其他可燃气)火焰对零件表面进行加热，随之淬火冷却的工艺，如图 6-33 所示。火焰加热表面淬火工件的材料，多用中碳钢如 45 钢以及中碳合金结构钢如 45Cr 等。如果材料的含碳量太低，则淬火后硬度较低；碳和合金元素含量过高，则易淬裂。火焰加热表面淬火法还可用于对铸铁件，如灰铸铁进行表面淬火。其淬硬层深度一般为 2～8mm，若要获得更深的淬硬层，往往会引起工件表面严重的过热，且易产生淬火裂纹。适用于单件、小批量生产和大型零件的表面淬火。

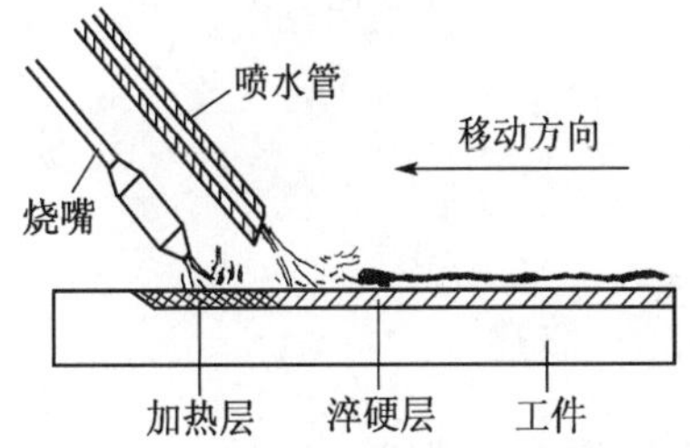

图 6-33 火焰加热表面淬火示意图

6.8.3 电接触加热表面淬火

电接触加热的原理如图 6-34 所示。当电源经调压器降压后，电流通过压紧在工件表面的滚轮与工件形成回路，利用滚轮与工件之间的高接触电阻实现快速加热，滚轮移去后即进行自激冷淬火。

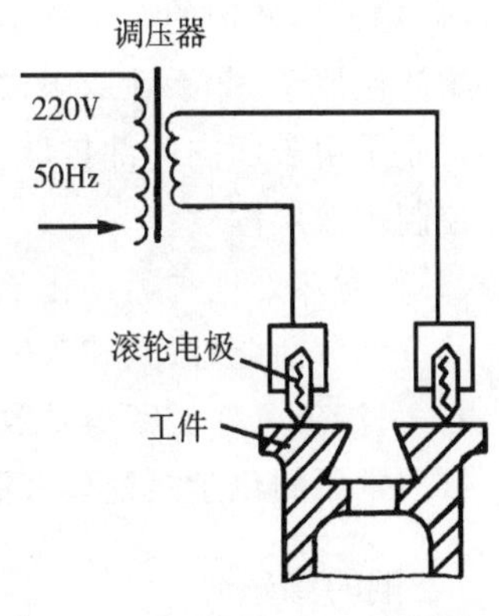

图 6-34 电接触加热原理

电接触加热表面淬火可显著提高工件表面的耐磨性、抗擦伤能力，而且其设备及工艺费用很低，工件变形小，工艺简单，不需要回火。目前已用于机

床导轨、气缸套等。缺点是硬化层薄(0.15～0.35mm),形状复杂的工件不宜采用。

6.8.4 激光加热表面淬火

激光加热表面淬火是利用激光将材料表面加热到相变点以上温度,随着材料自身冷却,奥氏体转变为马氏体,从而使材料表面硬化的淬火技术,原理如图 6-35 所示。

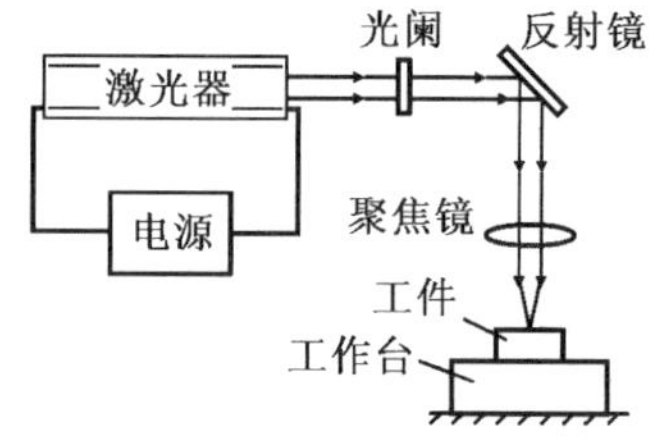

图 6-35 激光加热表面淬火原理

激光淬火的功率密度高,冷却速度快,不需要水或油等冷却介质,是清洁、快速的淬火工艺。与感应淬火、火焰淬火工艺相比,激光淬火淬硬层均匀,硬度高(一般比常规淬火高 6～10HRC),工件变形小,加热层深度和加热轨迹容易控制,易于实现自动化,不需要像感应淬火那样根据不同的零件尺寸设计相应的感应线圈,因此在很多工业领域中正逐步取代感应淬火和化学热处理等传统工艺。尤其重要的是激光淬火前后工件的变形几乎可以忽略,因此特别适合高精度要求的零件表面处理。

激光淬硬层的深度依照零件成分、尺寸与形状以及激光工艺参数的不同,一般在 0.3～2.0mm 范围。对大型齿轮的齿面、大型轴类零件的轴颈进行淬火,表面粗糙度基本不变,不需要后续机械加工就可以满足实际工况的需求。

激光淬火技术可对各种导轨、大型齿轮、轴颈、气缸内壁、模具、减振器、摩擦轮、轧辊、滚轮零件进行表面强化。适用材料为中、高碳钢和铸铁。

6.9 钢的化学热处理

6.9.1 概述

化学热处理(chemical heat treatment)是指将工件置于特定的化学介质中加热保温,使介质中一种或几种元素的原子渗入工件表层,进而改变其性能的热处理工艺。

(1)化学热处理的三个基本过程 ①加热时化学介质中的化合物发生分解并释放出待渗元素的活性原子;②活性原子被钢件表面吸收和溶解并与钢中某些元素形成化合物;③溶入的元素原子由表面向内部扩散,形成一定的扩散层。在一定的保温温度下,通过控制保温时间可控制扩散层深度。

(2)化学热处理种类 化学热处理的种类很多,如渗碳和碳氮共渗可提高钢表面硬度、耐磨性及抗疲劳性能;渗氮和渗硼可显著提高表面耐磨性和耐腐蚀性;渗铝可提高钢的高温抗氧化能力;渗硫可降低摩擦系数,提高耐磨性;渗硅可提高钢件在酸性介质中的耐腐蚀性性能等。目前常用的化学热处理有渗碳、渗氮、碳氮共渗等。

6.9.2 钢的渗碳

渗碳(carburizing)是指向钢的表面渗入碳原子的过程。渗碳的最终目的是为提高工件表层硬度、耐磨性和抗疲劳性,并使心部具有良好的塑性和韧性。它主要用于对耐磨性要求比较高、同时承受较大冲击载荷的零件，如齿轮、套筒及摩擦片等。

1. 渗碳方法

渗碳方法主要有固定渗碳、气体渗碳两种。

(1)固体渗碳法

固体渗碳法是指将工件埋入以木炭为主的渗剂中，装箱密封后在高温下加热至900～950℃保温、渗碳的一种方法，如图6-36所示。木炭颗粒渗碳剂(如$BaCO_3$或Na_2CO_3)作用下，发生以下反应

$$2C+O_2 \rightarrow 2CO$$

$$BaCO_3+C \rightarrow 2CO+BaO$$

$$2CO \rightarrow [C]+CO_2$$

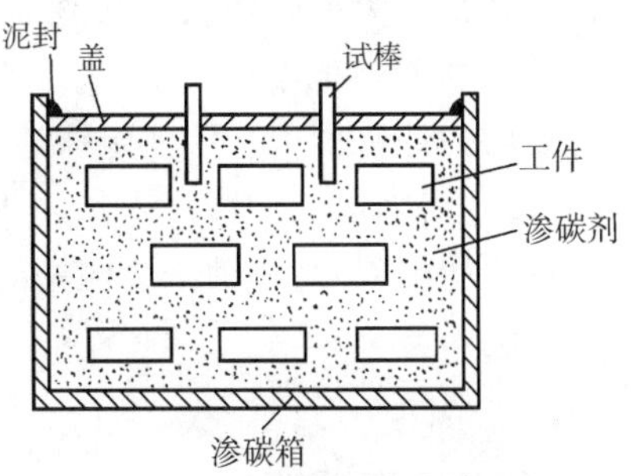

图6-36　固体渗碳装箱示意图

生产的活性碳原子[C]被钢件表面吸收达到渗碳效果。

固体渗碳的优点是操作简单，设备费用低，大小零件都可用。缺点是渗速慢，效率低，劳动条件差，不宜直接淬火。

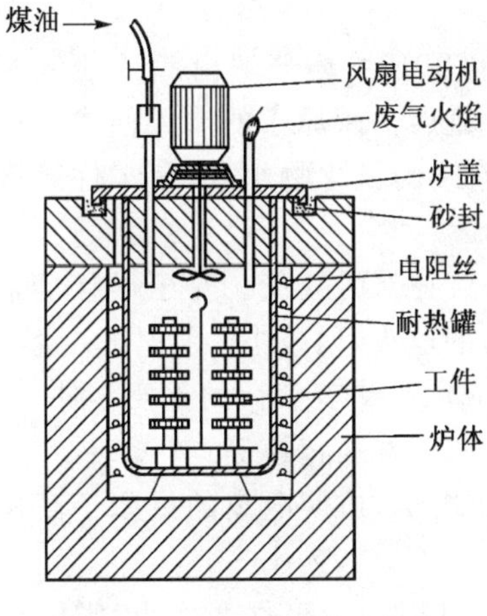

(2)气体渗碳法

气体渗碳法是指将工件放入密封的渗碳炉内，加热到900～950℃，向炉内滴入有机液体(如煤油、甲醇、丙酮等)使之分解，如图6-37所示。在高温下发生下列反应生成活性碳原子

$$CH_4 \rightarrow [C]+2H_2$$

$$2CO \rightarrow [C]+CO_2$$

$$CO+H_2 \rightarrow [C]+H_2O$$

生成的活性碳原子[C]渗入钢件表面，由于高温奥氏体溶碳能力强，[C]向内部扩散形成渗碳层。

气体渗碳法的优点是生产效率高，渗层质量好，劳动条件好，便于直接淬火。缺点是渗层含碳量不宜控制，耗电量大。

图6-37　气体渗碳法示意图

2. 渗碳后的热处理

低碳钢和低碳合金钢($w_C=0.1\%\sim0.25\%$)工件渗碳后，其表面的含碳量为0.85%～1.05%，而且由表面向内部含碳量逐渐降低。渗碳缓冷后的渗碳层含碳量太少，表面耐磨性差，抗疲劳性能也差，而含碳量太多，渗碳层变脆，易脱落。因此，工件渗碳后必须进行淬火加低温回火(160～200℃)处理才能使用。常用的淬火方法有以下3种。

(1)直接淬火法　是指将工件自渗碳温度预冷到略高于心部Ar_3温度后直接淬火。这种方法工艺简单，效率高，成本低，减少了工件脱碳和变形。但由于渗碳温度高，加热时间长，奥氏体晶粒粗大，淬火后残余奥氏体量较多，使工件性能下降，仅适用于本质细晶粒钢或耐磨性和承载要求低的零件。

(2)一次淬火法　是指将工件渗碳缓冷后重新加热淬火的方法。对于要求心部有较高强度和较好韧性的零件,淬火温度应略高于心部的 Ac_3,这样可以细化晶粒,心部不出现游离铁素体,表层不出现网状渗碳体。经低温回火后,表层组织为回火马氏体+少量残余奥氏体;心部在淬透情况下为低碳回火马氏体。对于要求表层有较高耐磨性的工件,淬火温度应选在 Ac_1 与 Ac_3 之间。低温回火后,表层组织为回火马氏体+颗粒状渗碳体+少量残余奥氏体;心部淬透时为低碳回火马氏体+铁素体。

(3)二次淬火法　一次淬火是为了改善心部组织和消除网状二次渗碳体,二次淬火是为细化工件表层组织,获得细小马氏体和均匀分布的粒状二次渗碳体,加热温度为 Ac_1 以上,二次淬火法工艺复杂,生产周期长,成本高,工件易变形,只适于表面耐磨性和心部韧性要求高的零件或本质粗晶粒钢。

6.9.3　钢的渗氮(氮化)

渗氮(nitriding)是指在一定温度的介质中使氮原子渗入工件表层的化学热处理工艺,其目的是提高表面硬度、耐磨性、疲劳强度、耐热性和耐腐蚀性。

1.渗氮方法

常用的渗氮方法有气体渗氮和离子渗氮。

(1)气体渗氮　是目前运用最广泛的渗氮方法,它是利用氨加热分解出的活性氮原子($2NH_3 \rightarrow 3H_2 + 2[N]$)被钢的表层吸收并向内扩散,形成渗氮层。氮原子的渗入使渗氮层内形成残留压应力,可提高疲劳强度;渗氮层表面由致密的、连续的氮化物组成,使工件具有很高的耐腐蚀性;渗氮温度低,工件变形小。

渗氮前零件须经调质处理,获得回火索氏体组织,以提高心部的性能。对于形状复杂或精度要求较高的零件,在渗氮前精加工后还要进行消除应力的退火,以减小渗氮时的变形。

气体渗氮主要用于耐磨性和精度要求很高的精密零件或承受交变载荷的重要零件,以及要求耐热、耐腐蚀、耐磨的零件,如镗床主轴、高速精密齿轮、阀门和压铸模等。

(2)离子渗氮　其基本原理是在低真空中的直流电场作用下,迫使电离的氮原子高速冲击作为阴极的工件,并使其渗入工件表面。

离子渗氮的特点是渗氮速度快,时间短;渗氮层质量好,脆性小,工件变形小;省电无公害,操作条件好;对材料适应性强,如碳钢、合金钢、铸铁等均可进行离子渗氮。但对形状复杂或截面相差悬殊的零件,渗氮后很难同时达到相同的硬度和渗氮层深度,设备复杂、操作要求严格。

2.渗氮的特点及应用

与渗碳相比,渗氮的特点是:

①渗氮件表面硬度高,耐磨性好,具有较高的热硬性。

②渗氮件疲劳强度高。这是由于渗氮后表层体积增大,产生压应力。

③渗氮件变形小。这是由于渗氮温度低,而且渗氮后不再进行热处理。

④渗氮件耐腐蚀性好。这是由于渗氮后表层形成一层致密的化学稳定性高的ε相。

由于渗氮工艺复杂,成本高,渗氮层薄,因此主要用于耐磨性及精度均要求很高的零件,或用于要求耐热、耐磨及耐腐蚀的零件。

6.9.4 钢的碳氮共渗

碳氮共渗(carbonitriding)是指同时向工件表面渗入碳原子和氮原子的化学热处理工艺，也称之为氰化。其主要目的是提高工件表面的硬度和耐磨性。主要有液体氰化和气体氰化两种。液体氰化有毒，很少应用。气体氰化又分为高温和低温两种。

低温气体氰化又称气体软氮化，其实质就是渗氮为主的化学热处理工艺。其共渗温度为540～570℃，但比一般其他渗氮处理时间短，一般为 2～4h，软氮化层较薄，仅为 0.01～0.02mm。

高温气体氰化是向井式气体渗碳炉中同时滴入煤油和通入氨气，在共渗温度下(820～860℃)，煤油与氨气以及渗氮气体中的 CH_4、CO 与氨气发生反应：

$$NH_3 + CO \rightarrow HCN + H_2O$$

$$NH_3 + CH_4 \rightarrow HCN + 3H_2$$

$$2HCN \rightarrow H_2 + 2[C] + 2[N]$$

提供活性碳原子、氮原子。

碳氮共渗后要进行淬火、低温回火。共渗层表面组织为回火马氏体、粒状碳氮化合物和少量残余奥氏体。渗层深度一般为 0.3～0.8mm。气体碳氮共渗用钢大多数为低碳或中碳的碳钢及合金。

高温气体渗氮共渗与渗碳相比，具有温度低、时间短、变形小、硬度高、耐磨性好、生产效率高等优点。主要用于机床和汽车上的各种齿轮、蜗轮、蜗杆和活塞销等零件。

为便于了解表面淬火、渗碳、渗氮及碳氮共渗这四种化学热处理工艺的特点和性能，现对它们进行比较，如表 6-2。

表 6-2 表面淬火、渗碳、渗氮及碳氮共渗化学热处理工艺比较

工艺方法	表面淬火	渗碳	渗氮	碳氮共渗
工艺过程	表面加热＋低温回火	渗碳＋淬火＋低温回火	渗氮	渗氮共渗＋淬火＋低温回火
生产周期	很短，几秒钟到几分钟	长，3～9h	很长，20～50h	短，1～2h
硬化层深度/mm	0.5～7	0.5～2	0.3～0.5	0.2～0.5
硬度/HRC	58～63	58～63	65～70(1000～1100HV)	58～63
耐磨性	较好	良好	最好	良好
疲劳强度	良好	较好	最好	良好
耐腐蚀性	一般	一般	最好	较好
热处理后变形	较小	较大	最小	较小
应用举例	机床齿轮、曲轴	汽车齿轮、爪形离合器	油泵齿轮、制动器凸轮	精密机床主轴、丝杠

6.10 热处理新技术和新工艺

6.10.1 可控气氛热处理

为了使工件表面不发生氧化脱碳现象或对工件进行化学热处理，向炉内通入可进行控制成分的气氛，称之为可控气氛热处理。其作用是实现无氧化无脱碳热处理，提高热处理质量，可进行渗碳、脱碳等热处理工艺操作。可控气氛热处理炉应具有炉膛密封良好、炉内保持正压、炉内气氛均匀、装设安全装置、炉内构件抗气氛侵蚀等特点。

可控气氛热处理具有防止工件氧化脱碳；进行渗碳等化学热处理；对已脱碳的工件，可使表面复碳；可进行穿透渗碳；便于实现机械化、自动化等优点。

6.10.2 真空热处理

真空热处理是指热处理工艺的全部或部分在真空状态下进行的工艺技术。其所包含的技术要点有真空高压冷淬火技术、真空高压冷等温淬火、真空渗氮技术、真空清洗与干燥技术等。

零件经真空热处理后，变形小、质量高，且工艺本身操作灵活，无公害。因此真空热处理不仅是某些特殊合金热处理的必要手段，而且在一般工程用钢的热处理中也获得应用，特别是工具、模具和精密耦件等，经真空热处理后使用寿命较一般热处理有较大的提高。例如某些模具经真空热处理后，其寿命比原来盐浴处理的高 40%～400%，而有许多工具的寿命可提高 3～4 倍。此外，真空加热炉可在较高温度下工作，且工件可以保持洁净的表面，因而能加速化学热处理的吸附和反应过程。因此，某些化学热处理，如渗碳、渗氮、渗硼，以及多元共渗都能得到更快、更好的效果。

6.10.3 激光热处理

激光热处理是向工件表面照射高能量密度的激光束，由于功率密度极高，工件传导散热无法及时将热量传走，工件被激光照射区迅速升温到奥氏体化温度以上，当激光加热结束，因为快速加热时工件基体大，体积中仍保持较低的温度，被加热区域可以通过工件本身的热传导迅速冷却，从而实现淬火等热处理效果。

激光热处理技术与其他热处理技术相比，具有以下特点：

①无须使用外加材料，仅改变被处理材料表面的组织结构。处理后的改性层具有足够的厚度，可根据需要调整深浅一般可达 0.1～0.8mm。

②处理层和基体结合强度高。激光表面处理的改性层和基体材料之间是致密的冶金结合，而且处理层表面是致密的冶金组织，具有较高的硬度和耐磨性。

③被处理件变形极小，由于激光功率密度高，与零件的作用时间很短（10^{-2}～10s），故零件的热变形区和整体变化都很小。故适合于高精度零件处理，作为材料和零件的最后处理工序。

④加工柔性好，适用面广。利用灵活的导光系统可随意将激光导向处理部分，从而可方便地处理深孔、内孔、盲孔和凹槽等，可进行选择性的局部处理。

由于激光热处理具有上述特性，因而其应用极为广泛，几乎一切金属表面热处理都可以应用。应用比较多的有汽车、冶金、石油、重型机械、农业机械等存在严重磨损的机器行业，以及航天、航空等高技术产品。如在汽车行业可用于缸体、缸套、曲轴、凸轮轴、阀座、摇臂、铝活塞环槽等的热处理。

6.10.4 复合热处理

复合热处理是将两种或两种以上的热处理工艺复合，或将热处理与其他加工工艺复合，这样就能得到参与组合的几种工艺的综合效果，使工件获得优良的性能，并节约能源，降低成本，提高生产效率。如渗氮与高频淬火的复合、淬火与渗硫的复合、渗硼与粉末冶金烧结工艺的复合等。锻造余热淬火和控制轧制就属于复合热处理，它们分别是锻造与热处理的复合、轧制与热处理的复合。还有一些新的复合表面处理技术，如激光加热与化学气相沉积(CVD)、离子注入与物理气相沉积(PVD)、物理化学气相沉积(PCVD)等，均具有显著的表面改性效果，在国内外的应用也日益增多。

需要指出的是，复合热处理并不是几种单一热处理工艺的简单叠加，而是要根据工件使用性能的要求和每一种热处理工艺的特点将它们有机地组合在一起，以达到取长补短、相得益彰的目的。例如，由于各种热处理工艺的处理温度不同，就需要考虑参加组合的热处理工艺的先后顺序，避免后道工序对前道工序的抵消作用。

热处理对于充分发挥金属材料的性能潜力，提高产品的内在质量、节约材料、减少能耗、延长产品的使用寿命、提高经济效益都具有十分重要的意义。

6.10.5 节能热处理

节能热处理，顾名思义，就是在进行各种热处理工艺时节能。其目的是节约资源，保护环境，实现持续发展，提高效益。

热处理节能，可通过以下途径：

①通过有效的技术和管理可使热处理能源获得最大程度的节约。

②热处理加热设备应连续使用和在接近满负荷条件下工作。

③减少加热设备的热损失，提高热效率。

④回收利用燃烧废热、废气。

⑤燃料在尽可能合理的条件下得到充分燃烧。

⑥采用节能的热处理工艺。

⑦企业设专人管理能源，并建立完善的管理制度。

热处理常见的危险因素有：易燃物质、易爆物质、毒性物质、高压电、炽热物体及腐蚀性物体、致冷剂、坠落物体或进出物等。

热处理生产常见的有害因素有：热辐射、电磁辐射、噪声、粉尘和有害气体等。

6.11　钢铁材料的表面处理

6.11.1　电镀与化学镀

1.电镀

(1)电镀的概念和基本原理

电镀(electroplating)是将被镀金属工件作为阴极，外加直流电，使金属盐溶液的阳离子在工件表面上沉积形成电镀层。因此电镀实质上是一种电解过程，且阴极上析出物质的质量与电流强度、时间成正比。如图6-38所示，为工件镀铜原理图。

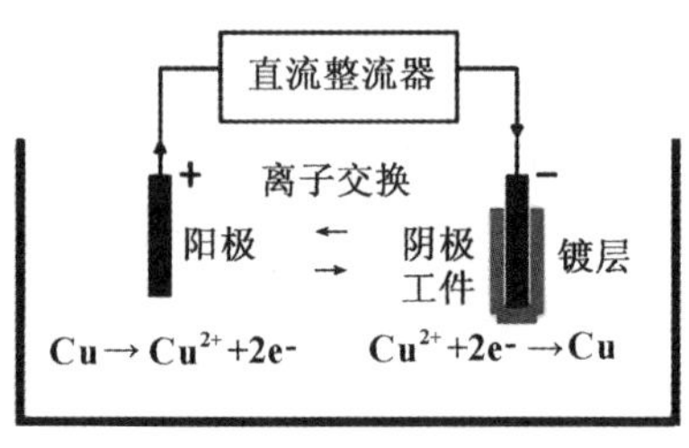

图6-38　电镀原理

电镀的目的是为了改善材料外观，提高材料的各种物理化学性能，赋予材料表面特殊的耐蚀性、耐磨性、装饰性、焊接性及电、磁、光学性能等，其镀层厚度一般为几微米到几十微米。

(2)镀层的分类

镀层种类很多，按使用性能可分为防护性镀层、防护一装饰性镀层、装饰性镀层、耐磨和减磨镀层、电性能镀层、磁性能镀层、可焊性镀层、耐热镀层、修复用镀层；

按镀层与基体金属之间的电化学性质可分为阳极性镀层和阴极性镀层；

按镀层的组合形式可分为单层镀层、多层金属镀层、复合镀层；

按镀层成分分类，可分为：单一金属镀层、合金镀层及复合镀层。

(3)影响电镀层质量的因素

①电镀层的质量体现于它的物理化学性能、力学性能、组织特征、表面特征、孔隙率、结合力和残余内应力等方面；

②除了镀层金属的本性外，还受到镀液、电镀规范、基体金属及前处理工艺等的影响。

电镀工艺设备较简单，操作条件易于控制，镀层材料广泛(如铬、镍、铜、铁、锌等)，成本较低，因而在工业中广泛应用，是材料表面处理的重要方法。

2.化学镀

(1)化学镀概述

化学镀(chemical plating)是指在没有外电流通过的情况下，利用化学方法使溶液中的金属离子还原为金属，并沉积在工件表面，形成镀层的一种表面加工方法。被镀件浸入镀液中，化学还原剂在溶液中提供电子使金属离子还原沉积在镀件表面，金属沉积一般按下式进行

$$M^{n+}+ne^{-}\rightarrow M$$

即溶液中存在 n 个正价电荷的金属离子M，当它接受 n 个电子转变为金属原子M，在适当条件下在工件表面形成镀层，其获得电子的方式是通过化学反应直接在溶液中产生的。完成过程有置换沉积、接触沉积和还原沉积三种方式。

①置换沉积　是利用被镀金属 M_1(如 Fe)比沉积金属 M_2(如 Cu)的电位更负，将沉积金属离子从溶液中置换在工件表面上，又称浸镀。当金属 M_1 完全被金属 M_2 覆盖时，则沉积停止，所以镀层很薄。铁浸镀铜，铜浸汞，铝镀锌就是这种置换沉积。浸镀不易获得实用性镀层，常作为其他镀种的辅助工艺。

②接触沉积　除了被镀金属 M_1 和沉积金属 M_2 外，还有第三种金属 M_3。在含有 M_2 离子的溶液中，将 M_1-M_3 两金属连接，电子从电位高的 M_3 流向电位低的 M_1，使 M_2 还原沉积在 M_1 上。当接触金属 M_1 也完全被 M_2 覆盖后，沉积停止。在没有自催化功能材料上化学镀镍时，常用接触沉积引发镍沉积起镀。

③还原沉积　是由还原剂被氧化而释放自由电子，把金属离子还原为金属原子的过程。其反应方程式为

$$R^{n+} \rightarrow 2e^- + R^{(n+2)+} \quad \text{还原剂氧化}$$

$$M^{n+} + ne^- \rightarrow M \quad \text{金属离子还原}$$

工程上所讲的化学镀也主要是指这种还原沉积化学镀。

(2)化学镀的条件

①镀液中还原剂的还原电位要显著低于沉积金属的电位，使金属有可能在基材上被还原而沉积出来。

②配好的镀液不产生自发分解，当与催化表面接触时，才发生金属沉积过程。

③调节溶液的 pH、温度时，可以控制金属的还原速率，从而调节镀覆速率。

④被还原析出的金属也具有催化活性，这样氧化还原沉积过程才能持续进行，镀层连续增厚。

⑤反应生成物不妨碍镀覆过程的正常进行，即溶液有足够的使用寿命。

(3)化学镀的特点

与电镀相比，化学镀有如下的特点：①镀覆过程不需外电源驱动；②均镀能力好，形状复杂，有内孔、内腔的镀件均可获得均匀的镀层；③孔隙率低；④镀液通过维护、调整可反复使用，但使用周期是有限的；⑤可在金属、非金属以及有机物上沉积镀层。

化学镀层一般具有良好的耐蚀性、耐磨性、钎焊性及其他特殊的电学或磁学等性能。不同成分的镀层，其性能变化很大，因此在电子、石油、化工、航空航天、核能、汽车、印刷、纺织、机械等工业中获得日益广泛的应用。

6.11.2　气相沉积技术

气相沉积技术是指将含有沉积元素的气相物质，通过物理或化学方法沉积在材料表面形成薄膜的一种新型镀膜技术。气相沉积具有如下特点：

①气相沉积都是在密封系统的真空条件下进行的，除常压化学气相沉积系统的压强约为一个大气压外，都是负压。沉积气氛在真空室内进行，原料转化率高，可以节约贵重材料资源。

②气相沉积可降低来自空气等的污染，所得沉积膜或材料纯度高。

③能在较低温度下制备高熔点物质。

④便于制备多层复合膜、层状复合材料和梯度材料。

气相沉积按其过程本质不同可分为化学气相沉积和物理气相沉积两类。

1.化学气相沉积(CVD)

化学气相沉积(chemical vapor deposition)是通过化学反应的方式,利用加热、等离子激励或光辐射等各种能源,在反应器内使气态或蒸汽状态的化学物质在气相或气固界面上经化学反应形成固态沉积物的技术。简单来说就是:两种或两种以上的气态原材料导入到一个反应室内,然后它们相互之间发生化学反应,形成一种新的材料,沉积到基片表面上。

为适应CVD技术的需要,选择原料、产物及反应类型等通常应满足以下几点基本要求:①反应剂在室温或不太高的温度下最好是气态或有较高的蒸气压而易于挥发成蒸汽的液态或固态物质,且有很高的纯度;②通过沉积反应易于生成所需要的材料沉积物,而其他副产物均易挥发而留在气相排出或易于分离;③反应易于控制。

化学沉积的特点:沉积物种类多,可沉积金属、半导体元素、碳化物、氮化物、硼化物等,并能在大范围内控制膜的组成及晶型;能均匀涂敷几何形状复杂的零件;沉积速度快,膜层致密,与基体结合牢固;易于实现大批量生产。缺点是加热温度较高,工件变形大,还易产生有毒气体。

2.物理气相沉积(PVD)

物理气相沉积(physical vapor deposition)是把固态或液态成膜材料通过某种物理方式(高温蒸发、溅射、等离子体、离子束、激光束、电弧等)产生气相原子、分子、离子(气态、等离子态),再经过输运在基体表面沉积,或与其他活性气体反应形成反应产物在基体上沉积为固相薄膜的一种镀膜技术。物理沉积技术主要包括真空蒸镀、溅射镀和离子镀。

(1)真空蒸镀

真空蒸发镀膜(真空蒸镀)简称蒸发镀,是在真空条件下用蒸发器加热待蒸发物质,使其气化并向基板输送,在基板上冷凝形成固态薄膜的过程。

真空蒸镀的基本过程:①加热蒸发过程,包括固相或液相转变为气相的相变过程(固相或液相→气相),每种物质在不同的温度有不同的饱和蒸气压。②气化原子或分子在蒸发源与基片之间的输运,即这些粒子在环境气氛中的飞行过程。此过程中与残余气体分子发生碰撞的次数决定于蒸发原子或分子的平均自由程以及蒸发源到基片之间的距离。③蒸发原子或分子在基片表团的沉积过程,即蒸气凝聚成核,核生长形成连续膜(气相→固相)的相变过程。

真空蒸镀的特点是设备、工艺及操作简单,但因气化粒子动能低,镀层与基体结合力较弱,镀层较疏松,因而镀层耐冲击、耐磨性不高。

(2)溅射镀

溅射镀是在真空下通过辉光放电来电离氩气,产生的氩离子在电场作用下加速轰击阴极,被溅射下来的粒子沉积到工件表面成膜的方法。入射离子轰击材料表面产生相互作用,结果会产生如图6-39所示的一系列物理化学现象,主要包括三类现象:①表面粒子:溅射原子或分子，二次电子发射，正负离子发射，溅射原子返回，吸附杂质(气体)原子或分解，光子辐射等。② 表面物化现象：加热、清洗、刻蚀、化学分解或反应。③材料表面层的现象：结构损伤(点缺陷、线缺陷)、热钉、碰撞级联、离子注入、扩散、非晶化和化合相。

溅射镀的优点是气化粒子动能大，适用材料广泛(包括基体材料和镀膜材料)，均镀能力好，但沉积速度慢、设备昂贵。

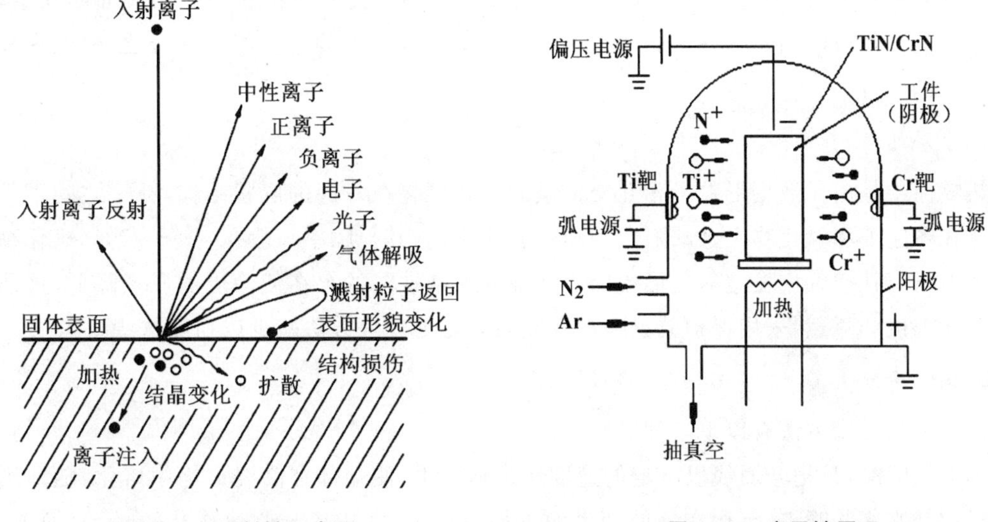

图 6-39　溅射镀示意图

图 6-40　离子镀原理

(3)离子镀

离子镀技术是结合了真空蒸镀与溅射镀两种薄膜沉积技术而发展起来的，是指在真空条件下，利用气体放电使工作气体或被蒸发物质(镀料)部分离化，在工作气体离子或被蒸发物质的离子轰击作用下，把蒸发物或其反应物沉积在被镀物体表面的一种镀膜技术，如图 6-40 所示。

离子镀的特点是镀层质量高、附着力强、均镀能力好、沉积速度快，但存在设备复杂、昂贵等特点。真空蒸镀、溅射镀、离子镀的比较，见表 6-3。

表 6-3　真空蒸镀、溅射镀、离子镀的比较

方法	优点	缺点
真空蒸镀	工艺简便，纯度高，通过掩膜易于形成所需要的图形	蒸镀化合物时由于热分解现象难以控制组分比，低蒸气压物质难以成膜
溅射镀	附着性好，易于保持化合物、合金的组分比	需要溅射靶，靶材需要精制，而且利用率低，不便于采用掩膜沉积
离子镀	附着性好，化合物、合金、非金属均可成膜	装置及操作均较复杂，不便于采用掩膜沉积

6.11.3 热喷涂

热喷涂技术是利用热源将喷涂材料加热至熔化或半熔化状态，并以一定的速度喷射沉积到经过预处理的工件表面形成涂层的一种工艺。热喷涂技术在普通材料的表面上，制造一个特殊的工作表面，使其达到：防腐、耐磨、减摩、抗高温、抗氧化、隔热、绝缘、导电、防微波辐射等一系列多种功能，使其达到节约材料，节约能源的目的，我们把特殊的工作表面叫涂层，把制造涂层的工作方法叫热喷涂。热喷涂技术是表面过程技术的重要组成部分之一，约占表面工程技术的三分之一。

1.涂层的结构

热喷涂层是由无数变形粒子相互交错呈波浪式堆叠在一起的层状结构，粒子之间不可避免地存在着空隙和氧化物夹杂缺陷。因喷涂方法不同，其孔隙率一般在4%～20%，氧化物夹杂是喷涂材料在空气中发生氧化形成的。孔隙和夹杂缺陷的存在使涂层的质量降低，可通过提高喷涂温度和喷速，采用保护气氛喷涂及喷后重熔处理等方法减少或消除这些缺陷。

2.热喷涂分类

常用的热喷涂方法有以下三种：

①火焰喷涂，是把金属线以一定的速度送进喷枪里，使端部在高温火焰中熔化，随即用压缩空气把其雾化并吹走，沉积在预处理过的工件表面上，多用氧－乙炔作热源，设备简单、操作方便、成本低廉，但涂层质量不太高。

②电弧喷涂，是在两根焊丝状的金属材料之间产生电弧，因电弧产生的热使金属焊丝逐渐熔化，熔化部分被压缩空气气流喷向基体表面而形成涂层。与火焰喷涂相比，涂层结合强度高、能量利用率高、孔隙率低。

③等离子喷涂，是一种利用等离子弧作为热源进行喷涂的方法，具有涂层质量优良、适应材料广泛等优点，但设备复杂。

3.热喷涂工艺

喷涂材料经过喷枪被加热、加速形成粒子流射到基体上，大致分成三个阶段：①喷涂材料被加热熔化；②熔化材料被雾化和喷射；③喷涂材料粒子的喷涂。

热喷涂工艺的过程一般为：表面预处理→预热→喷涂→喷后处理

表面预处理主要是在去油、除锈后，对表面进行喷砂粗化。预热主要用于火焰喷涂。喷后处理主要包括封孔、重熔等。

4.热喷涂技术的特点及应用

①用材范围广。由于热源的温度范围很宽，因而可喷涂的涂层材料几乎包括所有固态工程材料，如金属、合金、陶瓷、金属陶瓷、塑料以及由它们组成的复合物等。

②喷涂过程中基体表面受热的程度较小而且可以控制，因此可以在各种材料上进行喷涂（如金属、陶瓷、玻璃、纸张、塑料等），并且对基材的组织和性能几乎没有影响，工件变形也小。

③设备简单，操作灵活，既可对大型构件进行大面积喷涂，也可在指定的局部进行喷涂；既可在工厂室内进行喷涂也可在室外现场进行施工。

④喷涂操作的程序较少，施工时间较短，效率高，比较经济。

由于喷涂材料的种类很多，所获得的涂层性能差异很大，因此，热喷涂可应用于各种材料的表面保护、强化及修复，并可满足特殊功能的需要。

6.11.4 表面形变强化

将冷形变强化用于提高金属材料的表面性能，成为提高工件疲劳强度、延长使用寿命的重要工艺措施。目前常用的有喷丸、滚压和内孔挤压等表面形变强化工艺。以喷丸强化为例，它是将高速运动的弹丸流（$\phi0.2\sim\phi1.2$mm 的铸铁丸、钢丸或玻璃丸）连续向零件喷射，使表面层产生极为强烈的塑性变形与加工硬化，强化层内组织结构细密，又具有表面残余压应力，使零件具有高的疲劳强度，并可清除氧化皮。表面形变强化工艺已广泛用于弹簧、齿轮、链条、叶片、火车车轴、飞机零件等，特别适用于有缺口的零件、零件的截面变化处、圆角、沟槽及焊缝区等部位的强化。

6.12 热处理技术条件的标注及工序位置的安排

6.12.1 热处理技术条件的标注

设计人员应根据零件的工作条件，提出性能要求，再根据性能要求选择材料，提出最终热处理技术条件，其内容包括热处理方法以及需要达到的力学性能指标等，作为最终热处理生产及检验的依据。

力学性能指标一般只标出硬度值，并允许在一个范围波动，一般布氏硬度波动范围在30～40 单位；洛氏硬度在 5 个单位。例如，“调质 220～250HBW”或“淬火回火 40～45HRC”。

对于力学性能要求较高的重要件，如主轴、齿轮、曲轴、连杆等，还应标出强度、塑性和韧性指标。对于渗碳或渗氮件应标出渗碳或渗氮部位、渗层深度，渗碳淬火回火或渗氮后的硬度等。表面淬火零件应标明淬硬层深度、硬度及部位等。一般在图纸上既可直接用文字对热处理技术条件扼要说明，也可采用 GB/T12603-2005 规定的代号和技术条件来标注，其标记规定如下：

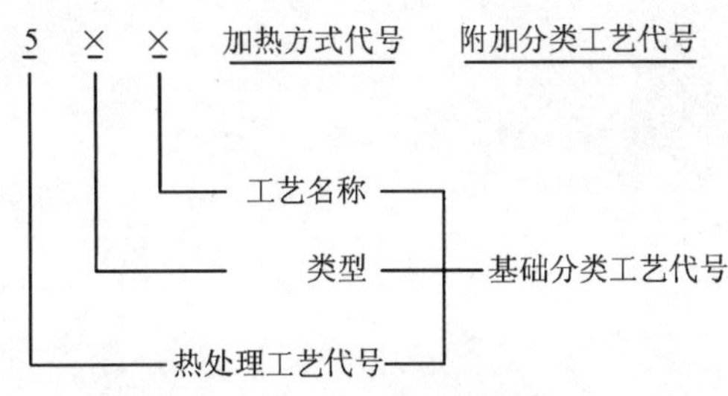

图 6-41 热处理工艺代号表示法

热处理工艺代号（表 6-4）中的基础分类工艺代号由三位数字组成，第一位数字 5 表示热处理工艺代号；第二、三位数字分别表示工艺类型、工艺名称的代号；加热方式代号采用两位数字；附加分类工艺代号中的退火工艺、淬火冷却介质和冷却方法代号采用英文字头，如图 6-41 所示。

6.12.2 热处理工序位置的安排

合理安排热处理工序位置，对保证零件质量和改善切削加工性能有重要意义。按目的和工序位置不同，热处理可分为预先热处理和最终热处理，其工序位置安排如下：

1. 预先热处理

预先热处理包括退火、正火、调质等。一般均安排在毛坯生产之后，切削加工之前，或粗加工之后，半精加工之前。

退火和正火是最常用的预先处理工艺，目的是消除坯件的某些缺陷，降低应力，细化组织，为淬火做组织准备。退火、正火的工序位置为：毛坯生产→退火（或正火）→粗加工

调质处理一般安排在粗加工后，目的是提高零件的综合力学性能。

调质件的工艺路线为：下料→锻造→正火（或退火）→粗加工（留余量）→调质→半精加工（或精加工）。

在实际生产中，灰铸铁件、铸钢件和某些无特殊要求的锻钢件，经退火、正火或调质后，已能满足使用性能要求，不再需要进行最终的热处理。

2. 最终热处理

最终热处理包括淬火、回火、渗碳、渗氮等。零件经最终热处理后硬度较高，除磨削外不宜再进行其他切削加工，因此工序位置一般安排在半精加工后，磨削加工前。

(1)整体淬火，其工艺路线为：下料→锻造→退火（正火）→粗加工、半精加工（留磨量）→淬火、回火→磨削。

(2)表面淬火，其工艺路线为：下料→锻造→退火（正火）→粗加工→调质→精加工→表面淬火→低温回火→磨削。

(3)渗碳件的工艺路线为：下料→锻造→正火→粗加工、半精加工（留防渗余量）→渗碳→精加工→淬火→低温回火→磨削。

(4)氮化件，对微变形并要求极高硬度时采用渗氮处理，其工艺路线为：下料→锻造→退火→粗加工→调质→半精加工→去应力退火→粗磨→渗氮→精磨。

表 6-4 热处理工艺代号

<table>
<tr><th>工艺总称(代号)</th><th>工艺类型(代号)</th><th>工艺名称(代号)</th><th>加热方式(代号)</th><th>淬火冷却介质和冷却方法(代号)</th><th>退火工艺(代号)</th></tr>
<tr><td rowspan="20">热处理(5)</td><td rowspan="8">整体热处理(1)</td><td>退火(1)</td><td rowspan="20">可控气氛(气体)(01)
真空(02)
盐浴(03)
感应(04)
火焰(05)
激光(06)
电子束(07)
等离子体(08)
固体装箱(09)
流态床(10)
电接触(11)</td><td rowspan="20">空气(A)
油(O)
水(W)
盐水(B)
有机聚合物水溶液(Po)
盐浴(H)
加压淬火(Pr)
双介质淬火(I)
分级淬火(M)
等温淬火(At)
形变淬火(Af)
气冷淬火(G)
冷处理(C)</td><td rowspan="20">去应力退火(St)
均匀化退火(H)
再结晶退火(R)
石墨化退火(G)
脱氢处理(D)
球化退火(Sp)
等温退火(I)
完全退火(F)
不完全退火(P)</td></tr>
<tr><td>正火(2)</td></tr>
<tr><td>淬火(3)</td></tr>
<tr><td>淬火和回火(4)</td></tr>
<tr><td>调质(5)</td></tr>
<tr><td>稳定化处理(6)</td></tr>
<tr><td>固溶处理、水韧处理(7)</td></tr>
<tr><td>固溶处理+时效(8)</td></tr>
<tr><td rowspan="5">表面热处理(2)</td><td>表面淬火和回火(1)</td></tr>
<tr><td>物理气相沉积(2)</td></tr>
<tr><td>化学气相沉积(3)</td></tr>
<tr><td>等离子体增强化学气相沉积(4)</td></tr>
<tr><td>离子注入(5)</td></tr>
<tr><td rowspan="7">化学热处理(3)</td><td>渗碳(1)</td></tr>
<tr><td>碳氮共渗(2)</td></tr>
<tr><td>渗氮(氮化)(3)</td></tr>
<tr><td>氮碳共渗(4)</td></tr>
<tr><td>渗其他非金属(5)</td></tr>
<tr><td>渗金属(6)</td></tr>
<tr><td>多元共渗(7)</td></tr>
</table>

本章小结

1. 主要内容

钢的热处理原理。主要包括钢在加热和冷却时的组织转变。加热时是奥氏体化的过程，包括奥氏体晶核的形成、长大、残余奥氏体溶解和奥氏体的均匀化以及影响奥氏体晶粒长大的因素。冷却时是过冷奥氏体的转变过程，包括等温转变(C 曲线)和连续转变(CCT 曲线)。转变产物的类型、数量和形态与转变温度、成分、具体热处理工艺及工件的形状、尺寸有关。

钢的普通热处理。是通过改变工件的组织，减小或消除各种缺陷来改善性能。包括退火、正火、淬火和回火。其中，退火与回火多用于预备热处理来改善毛坯零件的力学及切削工艺性能；淬火主要通过获得马氏体提高工件的硬度与耐磨性，淬火后，为了降低内应力，往往需要回火。淬火＋回火多用于中间或最终热处理。

钢的表面热处理。目的是通过改变表层金属的组织或化学成分来改变表层性能而心部仍保留韧性良好的原始组织，主要包括表面淬火、渗碳、渗氮和碳氮共渗。

2.学习重点

(1)通过图6—2、图6—3分析钢在加热时的组织转变、奥氏体晶粒长大及控制。

(2)通过图6—5分析共析钢C曲线的建立过程；通过图6—6分析共析钢等温转变过程及组织；影响C曲线的因素。

(3)通过图6—10分析共析钢连续转变曲线的特点；通过图6—11分析C曲线在共析钢连续冷却中的应用。

(4)马氏体的转变特点和形貌特征；通过图6—14、图6—15和图6—16分析含碳量对马氏体硬度、转变点和残余奥氏体的影响。

(5)退火与正火的目的及在机械加工路线中的位置；通过图6—20分析退火与正火的区别、工艺特点及选择。

(6)通过图6—21分析不同成分碳钢淬火加热温度的选择及加热后的组织特点。

(7)淬透性与淬硬性的区别；淬透性对钢热处理后力学性能的影响；淬透性与C曲线的关系。

(8)回火的目的及淬火钢回火过程中的组织转变；回火的种类及应用。

(9)钢表面淬火后的组织及性能特征。

(10)渗碳、渗氮及碳氮共渗的目的、应用与区别；渗碳后工件表面的组织及性能特点。

习题与思考题

6-1　何谓热处理？其主要环节是什么？

6-2　指出A_1、A_3、A_{cm}及Ac_1、Ac_3、Ac_{cm}和Ar_1、Ar_3、Ar_{cm}的意义。

6-3　何谓奥氏体的起始晶粒度、实际晶粒度和本质晶粒度？

6-4　共析钢加热向奥氏体转变分为哪几个阶段？说明亚共析钢和过共析钢向奥氏体转变时有何特点？

6-5　参考图6-6，图示解答T8钢在多数连续冷却条件（亦不排除少数等温条件）下，如何仅利用TTT图获得以下组织？并指出这些组织对应哪种热处理工艺方法。

(1)珠光体；(2)索氏体；(3)托氏体＋马氏体＋残余奥氏体；(4)下贝氏体；(5)下贝氏体＋马氏体＋残余奥氏体；(6)马氏体＋残余奥氏体。

6-6　何谓退火与正火？退火与正火的区别是什么？生产中如何选用退火和正火？

6-7　确定下列钢件的退火工艺，并说明其退火目的和退火后的组织。

(1)经冷轧后的15钢板；(2)ZG270-500的铸钢齿轮；(3)锻造过热的60钢坯；(4)具有片状珠光体的T12钢坯。

6-8　一批45钢试件(尺寸 ϕ15mm×10mm),因晶粒大小不均匀,需采用下列退火处理:(1)缓慢加热到700℃,保温后随炉冷至室温;(2)缓慢加热到840℃,保温后随炉冷至室温;(3)缓慢加热到1100℃,保温后随炉冷至室温。

①试问这三种工艺各得到何种组织?若想得到大小均匀的细小晶粒,哪种工艺比较合适?为什么?

②若三种热处理方式都采用在水中快速冷却,将获得什么组织?硬度随加热温度如何变化?为什么?

6-9　淬火的目的是什么?亚共析钢和过共析钢淬火的加热温度应如何选择?试从获得的组织和性能等方面加以说明。

6-10　将45钢和T12钢分别加热到700℃,770℃,840℃淬火,试问这些淬火温度是否正确?为什么45钢在770℃淬火后的硬度远低于T12钢在770℃淬火后的硬度?

6-11　钢的淬透性、淬硬性和淬硬层深度有何区别?影响淬透性和淬硬性因素有哪些?

6-12　指出下列钢件坯料按含碳量分类的名称、正火的主要目的、正火在加工工艺过程中的位置及正火后的组织:(1)20钢齿轮;(2)T12钢锉刀;(3)性能要求不高的45钢小轴;(4)以上的(1)、(2)、(3)可否改用等温退火?为什么?

6-13　用同一种钢制造尺寸不同的两个零件,试问:(1)它们的淬透性是否相同,为什么?(2)采用相同淬火工艺,两个零件的淬硬层深度是否相同,为什么?

6-14　将一批45钢制的螺栓中(要求头部热处理后硬度为43～48HRC)混入少量20钢和T12钢,若按45钢进行淬火、回火处理,试问能否达到要求?分别说明为什么?

6-15　现有三个形状、尺寸、材质(低碳钢)完全相同的齿轮,分别进行普通整体淬火、渗碳淬火和高频感应淬火,试用最简单的办法将它们区分开来。

6-16　为什么淬火后的钢一般都要进行回火?为什么淬火钢回火后的性能主要取决于回火温度,而不是取决于冷却速度?按回火温度不同,回火分为哪几种?指出各种温度回火后得到的组织、性能及应用范围。

6-17　试分析以下几种说法是否正确,为什么?

(1)过冷奥氏体的冷却速度越快,钢冷却后的硬度越高;

(2)钢经淬火后处于硬脆状态;

(3)钢中合金元素含量越多,淬火后硬度越高;

(4)共析钢经奥氏体化后,冷却所形成的组织主要取决于钢的加热温度。

6-18　甲、乙两厂同时生产一批45钢零件,硬度要求为220～250HBW。甲厂采用调质,乙厂采用正火,均可达到硬度要求,试分析甲、乙两厂产品的组织和性能差异。

6-19　45钢经调质后硬度为240HBW,若再进行200℃回火,是否可提高其硬度?为什么?若45钢经淬火、低温回火后硬度为57HRC,再进行560℃回火,是否可降低其硬度?为什么?

6-20　两个45钢制齿轮,一个在炉中加热(加热速度为0.3℃/s);另一个采用高频感应加热(加热速度为400℃/s)。试问两者淬火温度有何不同?淬火后组织和性能有何区别?

6-21　比较表面淬火与常用化学热处理方法渗碳、氮化的异同点,各自有何特征?

6-22　某柴油机凸轮轴,要求表面有高硬度(＞50HRC),心部有良好韧性(KU_2＞40J)。

原采用45钢调质后，再在凸轮表面进行高频淬火、低温回火。现拟改用20钢代替45钢，试问：(1)原45钢各热处理工序的作用；(2)改用20钢后，其热处理工序是否应进行修改？应采用何种热处理工艺最合适？

6-23 某厂用20钢制造齿轮，其加工路线为

下料→锻造→正火→粗加工、半精加工→渗碳→淬火、低温回火→磨削

试回答下列问题：(1)说明各热处理工序作用；(2)制订最终热处理工艺规范（温度、冷却介质）；(3)最终热处理后表面组织和性能。

6-24 钢铁材料的表面处理技术有哪些？各有什么特点？试比较各自的优缺点。

6-25 用T10钢制造形状简单的刀具，其加工路线为：锻造→热处理→切削加工→热处理→切削。试回答下列问题：

(1)各热处理工序的名称及其作用；

(2)制定最终热处理工艺规范（温度、冷却介质）；

(3)最终热处理后表面组织和性能。

6-26 简要说明热喷涂、气相沉积的基本原理、特点及应用。

6-27 热处理新工艺方法有哪些？各自有什么特点？

第 7 章 碳素钢与铸铁

钢是指以铁为主要元素，含碳量在 2.11%以下并含有其他元素的材料。GB/T13304—2008 规定，钢按化学成分可分为非合金钢(考虑到行业习惯，本书仍用碳素钢，简称碳钢)、低合金钢、合金钢三类。

铸铁是含碳量大于 2.11% 的铁碳合金，也是工程上常用的金属材料之一。

7.1 碳钢

钢是指以铁为主要元素，含碳量在 2.11%以下，并含有其他元素的材料。GB/T13304-2008 规定，钢按化学成分可分为非合金钢(考虑到行业习惯，本书仍用碳素钢，简称碳钢)、低合金钢、合金钢三类。

碳钢除铁、碳为主要成分外，还含有少量的锰、硅、硫、磷等常存元素。由于碳钢容易冶炼，价格低廉，性能可以满足一般工程机械、普通机械零件、工具及日常轻工业产品的使用要求，因此在工业上得到广泛的应用。我国碳钢产量约占钢产量的 80%。

7.1.1 常存元素和杂质对钢性能的影响

钢在冶炼过程中，由于炼钢原料的带入和工艺的需要，使钢中不可避免地存在少量的常存元素(硅、锰、硫、磷)和一些杂质(非金属杂质以及某些气体，如氮、氢、氧等)。它们对钢的性能有较大的影响。

1. 锰

锰来自炼钢原料(生铁和脱氧剂锰铁)。锰有较好的脱氧能力，可使钢中的 FeO 还原成铁，改善钢的性能；锰与硫能生成 MnS，以减轻硫的有害作用。锰在钢中是一种有益的元素。在室温下，锰能溶于铁素体，对钢有一定的强化作用。锰也能溶于渗碳体中，形成合金渗碳体。锰作为常存元素，少量存在(一般 $w_{Mn}<1\%$)时对钢的性能影响不显著。

2. 硅

硅也来自生铁和脱氧剂。硅能与钢液中的 FeO 生成炉渣，消除 FeO 对钢性能的影响。硅在钢中也是一种有益元素。在室温下，硅能溶于铁素体，对钢有一定的强化作用。但硅在钢中作为常存元素，少量存在(一般 $w_{Si}<0.5\%$)时对钢的性能影响也不显著。

3. 硫

硫是在炼钢时由矿石和燃料带入的。在固态下,硫在铁中的溶解度极小,主要以 FeS 的形式存在于钢中。由于 FeS 的塑性差,所以含硫量较多的钢脆性较大。更严重的是 FeS 与 Fe 可形成低熔点(985℃)的共晶体,分布在奥氏体的晶界上。当钢加热到约 1200℃进行压力加工时,晶界上的共晶体已熔化,晶粒间结合被破坏,使钢在加工过程中沿晶界开裂,这种现象称为热脆。

为了消除硫的有害作用,必须增加钢中含锰量。锰与硫先形成高熔点(1620℃)的 MnS,并呈粒状分布在晶粒内,在高温下具有一定塑性,从而避免了热脆。

通常情况下,硫是有害的元素,在钢中要严格限制硫的含量。如普通钢含硫量应小于 0.050%;优质钢含硫量应小于 0.035%;高级优质钢含硫量应小于 0.030%。但含硫量较多的钢,可形成较多的 MnS,在切削加工中,MnS 能起断屑作用,改善钢的可加工性,这是硫有利的一面。

4. 磷

磷是由矿石带入钢中的。一般情况下,钢中的磷能全部溶于铁素体中。磷有强烈的固溶强化作用,使钢的强度、硬度增加,但塑性、韧性则显著降低。这种现象在低温时更为严重,故称为冷脆。磷在结晶过程中,由于容易产生晶内偏析,使局部含磷量偏高,导致韧脆转变温度升高,从而发生冷脆。冷脆对在高寒地带和其他低温条件下工作的结构件具有严重的危害性。此外,磷的偏析还使钢在热轧后形成带状组织。

通常情况下,磷也是有害元素,在钢中也要严格控制磷的含量。在普通钢中磷含量应小于 0.045%;优质钢中磷含量应小于 0.035%;高级优质钢中磷含量应小于 0.030%。但含磷量较多时,由于脆性较大,对制造炮弹用钢以及改善钢的可加工性方面则是有利的。

5. 其他非金属夹杂物

在炼钢过程中,少量的炉渣、耐火材料及冶炼中反应产物可能进入钢液,形成非金属夹杂物,例如氧化物、硫化物、硅酸盐和氮化物等。它们都会降低钢的力学性能,特别是降低塑性、韧性及疲劳强度。严重时,还会使钢在热加工和热处理时产生裂纹,或使用中突然脆断。非金属夹杂物也促使钢形成热加工纤维组织与带状组织,使材料具有各向异性。严重时,横向塑性仅为纵向的一半,并使冲击韧性大为降低。因此,对重要用途的钢(如滚动轴承钢、弹簧钢等)要检查非金属夹杂物的数量、形状、大小与分布情况,并应按相应的等级标准进行评级检验。

此外,钢在整个冶炼过程中都与空气接触,钢液中总会吸收一些气体,如氮、氧、氢等。它们对钢的性能都会产生不良影响。

氮　当钢中溶入过量的氮,则在低温下,由于铁素体溶氮很少,过量的氮以 Fe_2N,Fe_4N 的形式析出,使钢的强度、硬度提高,而塑性、韧性下降,这种现象称为“时效脆化”。对于低碳钢,铁素体含量很多,塑性较好,但氮会引起“时效脆化”,使焊接或经冷变形的低碳钢,在一定时间后，a_k 值显著下降。有些船舶、桥梁和压力容器出现的突然破坏现象就可能是这个原因。在冶炼时控制钢中的含氮量，或在钢中加入铝、钛、钒，形成 AIN，TiN，VN，可以消除氮的“时效脆化”，这种处理方法称为“永韧处理”，或称固定氮处理。在实际生产中，对不明性能的钢板，制作受力结构、设备时，必须先做时效敏感性试验，检验钢板的“时效脆化”倾向后才能使用。

氧　在炼钢过程中形成 FeO，Al_2O_3，SiO_2，MnO 等，在钢中成为非金属夹杂物，使钢的性能变差。当材料受力时，在夹杂物与基体的交界处产生应力集中，成为破坏源，特别是对要求耐疲劳的零件(如轴承)影响更大。减少夹杂物是提高钢材抗疲劳性能的重要措施之一。

氢　氢常以原子态或分子态存在于钢中，造成“氢脆”和“白点”，白点是在钢材内部产生的微裂纹，一般也称“发裂”。由于钢在液态下吸收大量的氢，冷却后又来不及析出，就聚集在晶体的缺陷处，造成很大的应力，并与钢发生组织转变时的局部内应力相结合，致使钢材产生“发裂”。

7.1.2　碳素钢分类

钢的分类方法很多，常见的分类方法如下；

1.按用途分类

按用途可把钢分为结构钢、工具钢和特殊性能钢三大类。

(1)结构钢　①工程结构用钢，主要有碳素结构钢、低合金高强度结构钢等。②机械结构用钢，主要有优质碳素结构钢、合金结构钢、弹簧钢及滚动轴承钢等。

(2)工具钢　根据用途不同，可分为刃具钢、模具钢与量具钢。

(3)特殊性能钢　主要有不锈钢、耐热钢、耐磨钢、磁钢等。

2.按冶金质量分类

按钢的冶金质量和钢中有害元素磷、硫含量，可分为：

(1)普通质量碳钢　是指 S、P 含量较多的钢种。质量控制 $w_P \leqslant 0.035\% \sim 0.045\%$、$w_S \leqslant 0.035\% \sim 0.050\%$，有 A、B、C、D 四个等级。主要包括：一般用途碳素结构钢、碳素钢筋钢、铁道用一般碳素钢等。

(2)优质钢　是指除普通质量碳钢和特殊质量碳钢以外的碳钢，在生产过程中需要特别控制质量(例如控制晶粒度，降低硫、磷含量，改善表面质量等)，硫、磷含量 w_P、w_S 均 $\leqslant 0.035\%$。主要包括：机械结构用优质碳钢、工程结构用碳钢、冲压薄板的低碳结构钢、焊条用碳钢、非合金易切削结构钢、优质铸造碳钢等。

(3)高级优质钢(牌号后加“A”表示)　是指在生产过程中需要特别严格控制质量和性能(例如控制淬透性和纯洁度等)的碳钢。w_P、w_S 均 $\leqslant 0.030\%$，主要包括：保证淬透性碳钢、碳素弹簧钢、碳素工具钢、特殊易切削钢、特殊焊条用碳钢、铁道用特殊碳钢等。

(4)特级优质钢　w_P≤0.025%、w_S≤0.020%。

3.按化学成分分类

按含碳量又可分为低碳钢(low carbon steel)(w_C<0.25%)、中碳钢(medium carbon steel)(w_C=0.25%～0.6%)和高碳钢(high-carbon steel)(w_C>0.6%)。

钢厂在给钢的产品命名时，往往将用途、成分、质量这三种分类方法结合起来。如将钢称为优质碳素结构钢、碳素工具钢、高级优质合金结构钢、合金工具钢等。

7.1.3　碳素结构钢

1.普通碳素结构钢

凡用于制造各种机器零件以及各种工程结构(如屋架、桥梁、高压电线塔、钻井架、车辆构架、起重机械构架等)的钢都称为结构钢。

用作工程结构的钢称为工程结构用钢，它们大多数是普通质量的结构钢。因为其含硫、磷较优质钢多，且冶金质量也较优质钢差，故适于制造承受静载荷作用的工程结构件。这类结构钢冶炼比较简单，成本低，适应工程结构需大量消耗钢材的要求。这类钢一般不再进行热处理。

用作机械零件的钢称为机械结构用钢，它们大都是优质或高级优质的结构钢，以适应机械零件承受动载荷的要求。一般需经适当热处理，以发挥材料的潜力。

(1)普通碳素结构钢成分

普通碳素结构钢 w_C 在0.06%～0.38%范围内，钢中有害元素和非金属夹杂物较多，但性能上能满足一般工程结构和普通零件的要求，因而应用较广。

质量等级有A(w_S≤0.050%、w_P≤0.045%)、B(w_S≤0.045%、w_P≤0.045%)、C(w_S≤0.040%、w_P≤0.040%)、D(w_S≤0.035%、w_P≤0.035%)四种。

碳素结构钢通常轧制成钢板或各种型材(圆钢、方钢、工字钢、钢筋等)供应。碳素结构钢牌号、成分见表7-1。力学性能见表7-2。

(2)碳素结构钢牌号表示方法

牌号由代表屈服强度的字母(Q)、屈服强度数值、质量等级符号(A、B、C、D)及脱氧方法符号(F、Z、TZ)四个部分按顺序组成，如Q235-A・F。质量等级符号反映了碳素结构钢中有害元素(磷、硫)含量的多少，从A级到D级，钢中磷、硫含量依次减少。C、D级的碳素结构钢由于磷、硫含量低，质量好，可作重要焊接结构件。脱氧方法符号“F”、“Z”、“TZ”分别表示沸腾钢、镇静钢及特殊镇静钢。镇静钢和特殊镇静钢的牌号中脱氧方法符号可省略。碳素结构钢一般以热轧空冷状态供应。

表 7-1 碳素结构钢牌号、化学成分(摘自 GB/T700-2006)

牌号	统一数字代号	等级	厚度(或直径)/mm	脱氧方法	化学成分(质量分数)/%,不大于				
					C	Si	Mn	P	S
Q195	U11952	—	—	F、Z	0.12	0.30	0.50	0.035	0.040
Q215	U12152	A	—	F、Z	0.15	0.35	1.20	0.045	0.050
	U12155	B							0.045
Q235	U12352	A	—	F、Z	0.22	0.35	1.40	0.045	0.050
	U12355	B			0.20				0.045
	U12358	C		Z	0.17			0.040	0.040
	U12359	D		TZ				0.035	0.035
Q275	U12752	A	—	F、Z	0.24	0.35	1.50	0.045	0.050
	U12755	B	≤40	Z	0.21				0.045
			>40		0.22				
	U12758	C	—	Z	0.20			0.040	0.040
	U12759	D		TZ				0.035	0.035

表 7-2 碳素结构钢的力学性能(摘自 GB/T700-2006)

牌号	等级	下屈服强度/(N/mm²),不小于 厚度(或直径)/mm						抗拉强度/N/mm²	断后伸长率,不小于 厚度(或直径)/mm					冲击试验	
		≤16	>16~40	>40~60	>60~100	>100~150	>150~200		≤40	>40~60	>60~100	>100~150	>150~200	温度/℃	V型冲击功(纵向)/J
Q195	—	195	185	—	—	—	—	315~430	33	—	—	—	—	—	—
Q215	A	215	205	195	185	175	165	335~450	31	30	29	27	26	—	—
	B													+20	≥27
Q235	A	235	225	215	215	195	185	370~500	26	25	24	22	21	—	—
	B													+20	≥27
	C													0	
	D													-20	
Q275	A	275	265	255	245	225	215	410~540	22	21	20	18	17	—	—
	B													+20	≥27
	C													0	
	D													-20	

(3)常用碳素结构钢及用途

Q195 钢含碳量很低,强度不高,但具有良好的焊接性能和塑性、韧性,常用作铁钉、铁丝及各种薄板,如黑铁皮、白铁皮(镀锌薄钢板)和马口铁(镀锡薄钢板)。也可用来代替优质碳素结构钢 08 或 10 钢,制造冲压、焊接结构件。

Q215、Q235中的A级钢,一般用于不经锻压、热处理的工程结构件或普通零件(如制作机器中受力不大的铆钉、螺钉、螺母等),有时也可制造不重要的渗碳件。B级钢常用以制造稍为重要的机器零件和作船用钢板,并可代替相应含碳量的优质碳素结构钢。

Q275钢含碳量较高,强度较高,可代替30钢、40钢用于制造稍重要的某些零件(如齿轮、链轮等),以降低材料成本。

2.优质碳素结构钢

(1)优质碳素结构钢牌号

牌号:用两位数字表示。两位数字表示钢中平均碳质量分数的万倍。如45钢,表示平均含碳量为万分之四十五,即 $w_C=0.45\%$;08钢,表示钢中平均含碳量为万分之八,即 $w_C=0.08\%$。

优质碳素结构钢按含锰量不同,分为普通含锰量($w_{Mn}=0.25\%\sim0.8\%$)及较高含锰量($w_{Mn}=0.7\%\sim1.2\%$)两组。较高含锰量的,在其牌号数字后加"Mn"字。若是沸腾钢,则在牌号末尾加"F"字。优质碳素结构钢的牌号、成分和力学性能见GB/T 699-1999。

(2)常用优质碳素结构钢及用途

这类钢随牌号的数字增加,含碳量增加,组织中的珠光体量增加,铁素体量减少,因此钢的强度也随之增加,而塑性指标越来越低。常用优质碳素结构钢牌号、成分和性能见表7-3。

表 7-3 常用优质碳素结构钢牌号、主要成分和力学性能(摘自 GB/T 699-1999)

牌号	化学成分 / %						试样毛坯尺寸 /mm	推荐热处理 /℃			力学性能,不小于					HBW10/3000 不大于	
	C	Si	Mn	Cr	Ni	Cu		正火	淬火	回火	$R_m(\sigma_b)$ /MPa	$R_{eL}(\sigma_S)$ /MPa	$A(\delta_5)$ /%	$Z(\psi)$ /%	KU_2 /J	未热处理	退火
				不大于													
08F	0.05～0.11	≤0.03	0.25～0.50	0.10	0.30	0.25	25	930			295	175	35	60		131	
10F	0.07～0.13	≤0.07	0.25～0.50	0.15	0.30	0.25	25	930			315	185	33	55		137	
08	0.05～0.11	0.17～0.37	0.35～0.65	0.10	0.30	0.25	25	930			325	195	33	60		131	
10	0.07～0.13	0.17～0.37	0.35～0.65	0.15	0.30	0.25	25	930			335	205	31	55		137	
15	0.12～0.18	0.17～0.37	0.35～0.65	0.25	0.30	0.25	25	920			375	225	27	55		143	
20	0.17～0.23	0.17～0.37	0.35～0.65	0.25	0.30	0.25	25	910			410	245	25	55		156	
25	0.22～0.29	0.17～0.37	0.50～0.80	0.25	0.30	0.25	25	900	870	600	450	275	23	50	71	170	
30	0.27～0.34	0.17～0.37	0.50～0.80	0.25	0.30	0.25	25	880	860	600	490	295	21	50	63	179	
35	0.32～0.39	0.17～0.37	0.50～0.80	0.25	0.30	0.25	25	870	850	600	530	315	20	45	55	197	
40	0.37～0.44	0.17～0.37	0.50～0.80	0.25	0.30	0.25	25	860	840	600	570	335	19	45	47	217	187
45	0.42～0.50	0.17～0.37	0.50～0.80	0.25	0.30	0.25	25	850	840	600	600	355	16	40	39	229	197
50	0.47～0.55	0.17～0.37	0.50～0.80	0.25	0.30	0.25	25	830	830	600	630	375	14	40	31	241	207
55	0.52～0.60	0.17～0.37	0.50～0.80	0.25	0.30	0.25	25	820	820	600	645	380	13	35		255	217
60	0.57～0.65	0.17～0.37	0.50～0.80	0.25	0.30	0.25	25	810			675	400	12	35		255	229
65	0.62～0.70	0.17～0.37	0.50～0.80	0.25	0.30	0.25	25	810			695	410	10	30		255	229
70	0.67～0.75	0.17～0.37	0.50～0.80	0.25	0.30	0.25	25	790			715	420	9	30		269	229
15Mn	0.12～0.18	0.17～0.37	0.70～1.00	0.25	0.30	0.25	25	920			410	245	26	55		163	
30Mn	0.27～0.34	0.17～0.37	0.70～1.00	0.25	0.30	0.25	25	880	860	600	540	315	20	45	63	217	187
40Mn	0.37～0.44	0.17～0.37	0.70～1.00	0.25	0.30	0.25	25	860	840	600	590	355	17	45	47	229	207
45Mn	0.42～0.50	0.17～0.37	0.70～1.00	0.25	0.30	0.25	25	850	840	600	620	375	15	40	39	241	217
50Mn	0.48～0.56	0.17～0.37	0.70～1.00	0.25	0.30	0.25	25	830	830	600	645	390	13	40	31	255	217

注:优质钢 w_P、w_S 均≤0.035%;高级优质钢 w_P、w_S 均≤0.030%;特级优质钢 w_P≤0.025%、w_S≤0.020%。

08F 钢——属于低碳钢,由于含碳量低,其塑性好,作为沸腾钢,其成本又低,主要用于制造用量大的冷冲压零件,如制作汽车外壳,仪器、仪表外壳等。

10～25 钢——属于低碳钢,也有良好的冷冲压性和焊接性。常用来做冲压件和焊接件,也可以用来渗碳,经过渗碳和随后热处理,表面硬而耐磨,心部具有良好的韧性,从而可用于制造表面要求耐磨并能承受冲击载荷的零件,如齿轮、销轴等。

35～55 钢——属于中碳钢,这几种钢经调质处理后,可获得良好的综合力学性能,主要用于制造齿轮、轴类等零件。其中由于 45 钢的强度和塑性配合得好,因此成为机械制造业中应用最广泛的钢种。

60～85 钢——主要用于制造弹簧、钢丝绳等。

7.1.4 碳素工具钢

1. 分类

按质量等级碳素工具钢可分为:优质钢(简称为碳素工具钢)和高级优质钢两类。

按使用加工方法分为:压力加工用钢(UP);热压力加工用钢(UHP);冷压力加工用钢(UCP);切削加工用钢(UC)。

2. 牌号表示法

碳素工具钢(carbon tool steel)的牌号冠以“T”,其后数字表示平均碳质量分数的千倍。若为高级优质钢,则在数字后面再加“A”字。如“T8”钢,表示平均碳量 $w_C=0.8\%$ 的优质碳素工具钢;“T10A”钢,表示平均碳量 $w_C=1.0\%$ 的高级优质碳素工具钢。含锰量较高者,在牌号后标以“Mn”,如 T8Mn。

3. 碳素工具钢的牌号、成分及用途

碳素工具钢的 $w_C=0.65\%\sim1.35\%$,从而保证淬火后有足够高的硬度。各牌号的碳素工具钢淬火后硬度相近,但随着含碳量的增加,未溶渗碳体量增多,使钢的耐磨性增加,而韧性降低。碳素工具钢由于含碳量的不同,也在不同场合下使用。碳素工具钢的化学成分和性能见 GB/T1298-2008,常用碳素工具钢成分、性能和用途见表 7-4 。

T7、T8 用于制造承受一定冲击而要求韧性较高的刃具,如木工用斧、钳工錾子等,淬火、回火后硬度为 48～54HRC(工作部分)。

T9、T10、T11 钢用于制造冲击较小而要求高硬度与耐磨的刃具,如小钻头、丝锥、手锯条等,淬火、回火后硬度为 60～62HRC。

T12、T13 钢,硬度及耐磨性最高,但韧性最差,用于制造不承受冲击的刃具,如锉刀、铲刮刀等,淬火、回火后硬度为 62～65HRC。

高级优质的 T7A…T13A 与相应的优质碳素工具钢相比有较小的淬火开裂倾向,适于制造形状较复杂的刃具。

表 7-4　常用碳素工具钢的主要成分、性能(摘自 GB/T1298-2008)和用途

牌号	化学成分/%			交货状态 HBW,≤		试样淬火		用途
	C	Mn	Si	退火	退火后冷拉	淬火	HRC	
T7 T7A	0.65~0.74	≤0.40	≤0.35	187	241	800~820℃ 水	≥62	制造承受冲击、要求较高韧性的工具,如凿子、锤子、木工工具,石钻(软玉石用)等
T8	0.75~0.84					780~800℃ 水		制造承受冲击、要求足够韧性和较高硬度的工具,如简单冲头、金属用剪刀、木工工具等
T8Mn	0.80~0.90	0.40~0.60						
T10 T10A	0.95~1.04	≤0.40		197		760~780℃ 水		制造不受突然冲击、在刃口处要求有一定韧性的工具,如冲模、丝锥、板牙、手用锯条等
T12 T12A	1.15~1.24			207				制造不受突然冲击、要求较高硬度的工具,如钻头、丝锥、板牙、锉刀、刮刀等

注:优质钢 w_P≤0.035%、w_S≤0.030%;高级优质钢 w_P≤0.030%、w_S≤0.020%

7.1.5　铸造碳钢

在机械制造工业中,有些零件形状比较复杂,很难通过锻造或切削加工成形,并且受力较大,对于机械性能要求较高,采用铸铁不能满足要求,因此采用铸钢件。例如,大型水压机的气缸,上、下横梁和立柱,轧钢机的机架,汽车、拖拉机齿轮叉,气门摇臂等。

表 7-5　一般工程用铸造碳钢的牌号、化学成分、机械性能(GB/T11352-2009)及用途

牌号	化学成分/%						力学性能,≥					用途
	C	Si	Mn	S	P	残余元素总量	$R_{eL}(\sigma_S)$ /MPa	$R_m(\sigma_b)$ /MPa	$A(\delta_5)$ /%	KU_2/J (可选)		
ZG200-400	0.20	0.60	0.80	0.035	0.035	1.00	200	400	25	30	47	机座、变速器壳等
ZG230-450	0.30		0.90				230	450	22	25	35	砧座、锤轮、轴承盖
ZG270-500	0.40						270	500	18	22	27	飞轮、机架、蒸汽锤、水压机工作缸、横梁
ZG310-570	0.50						310	570	15	15	24	联轴器、气缸、齿轮
ZG340-640	0.60						340	640	10	10	16	起重运输机中齿轮、联轴器及重要机件

注:各牌号性能适用于厚度小于 100mm 的铸件。

国标 GB/T11352-2009 中列有铸造碳钢 5 种，代号用“ZG 数字-数字”表示，“ZG”表示铸和钢二字的汉语拼音字头，后面有两组数字，第一组数字代表最低屈服强度值(MPa)，第二组数字代表最低抗拉强度值(MPa)，如 ZG200-400、ZG310-570。一般工程用铸造碳钢的牌号、化学成分、机械性能(GB/T11352-2009)及用途见表 7-5。主要用于性能要求较高，形状复杂，无法锻造成形的零件。

7.2 铸铁概述

碳在铸铁中的存在形式对铸铁组织性能有很大影响。碳在铸铁中既可形成化合状态的渗碳体(Fe_3C)，也可形成游离状态的石墨(graphite)(G)。常用铸铁中碳主要是游离状态的石墨，而石墨形态不同可得到不同铸铁。灰铸铁应用非常广泛，但其抗拉强度不高，塑性韧性低，不能满足高强度、抗冲击的性能要求。而球墨铸铁、可锻铸铁中的石墨形态均不同于灰铸铁，强度、塑性、韧性均较高，合金铸铁是特别添加一些合金元素获得具有特殊性能的铸铁。

铸铁的生产设备和工艺简单，价格便宜，还具有许多优良的使用性能和工艺性能，所以应用非常广泛，可以用来制造各种机器零件，如机床的床身、床头箱；发动机的气缸体、缸套、活塞环、曲轴；轧机的轧辊及机器的底座等。

7.2.1 铸铁的石墨化

在铁碳合金中，碳可以三种形式存在。一是溶于 α-Fe 或 γ-Fe 中形成固溶体 F 或 A；二是形成化合物态的渗碳体(Fe_3C)；三是游离态石墨(G)。

石墨具有特殊的简单六方晶格(见图 7-1)，其底面原子呈六方网格排列，原子之间以共价键结合，间距小(1.42×10^{-10} m)，结合力很强；底面层之间以分子键结合，面间距较大(3.40×10^{-10} m)，结合力较弱，所以石墨强度、硬度和塑性都很差。

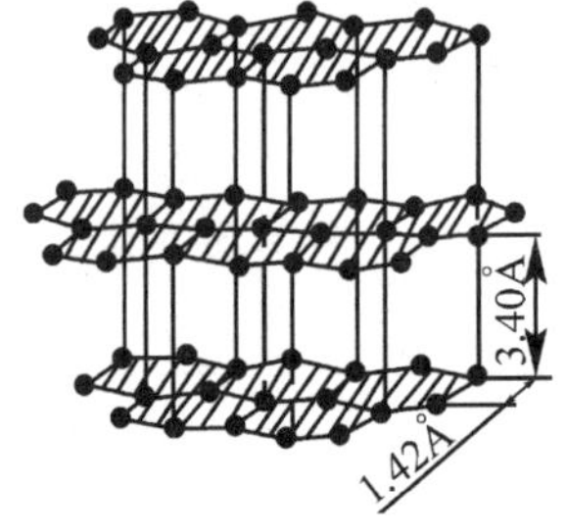

图 7-1 石墨的晶体结构

渗碳体为亚稳定相，在一定条件下能分解为铁和石墨($Fe_3C\rightarrow3Fe+C$)，石墨为稳定相。所以在不同情况下，铁碳合金可以有亚稳定平衡的 Fe-Fe_3C 相图和稳定平衡的 Fe-G 相图，即铁碳合金相图应该是复线相图(见图 7-2)。图中，实线表示 Fe-Fe_3C 相图；虚线表示 Fe-G 相图。铁碳合金究竟按哪种相图变化，决定于加热、冷却条件或获得的平衡性质(亚稳定平衡还是稳定平衡)。稳定平衡相图(Fe-G)的分析方法，与前面章节所述的亚稳定平衡相图(Fe-Fe_3C 相图)完全相同。

铸铁中碳原子析出并形成石墨的过程称为石墨化(graphitization)。石墨既可以从液体和奥氏体中析出，也可以通过渗碳体分解来获得。灰铸铁和球墨铸铁中的石墨主要从液体中析出；可锻铸铁中的石墨则完全由白口铸铁经长时间退火，由渗碳体分解得到。

按照 Fe-G 相图的结晶规律，铸铁的石墨化过程可分为三个阶段。

第一阶段：由铸铁(过共晶铸铁)液体结晶出一次石墨，或在 1154℃($E'C'F'$线)通过共晶反应形成共晶石墨，其反应式为：$L_{C'}\rightarrow A_{E'}+G_{(共晶)}$

第二阶段：在1154～738℃温度范围，奥氏体沿$E'S'$线析出二次石墨。

第三阶段：在738℃($P'S'K'$线)通过共析反应形成共析石墨，即：$A_{E'} \rightarrow F_{P'} + G_{(共析)}$。

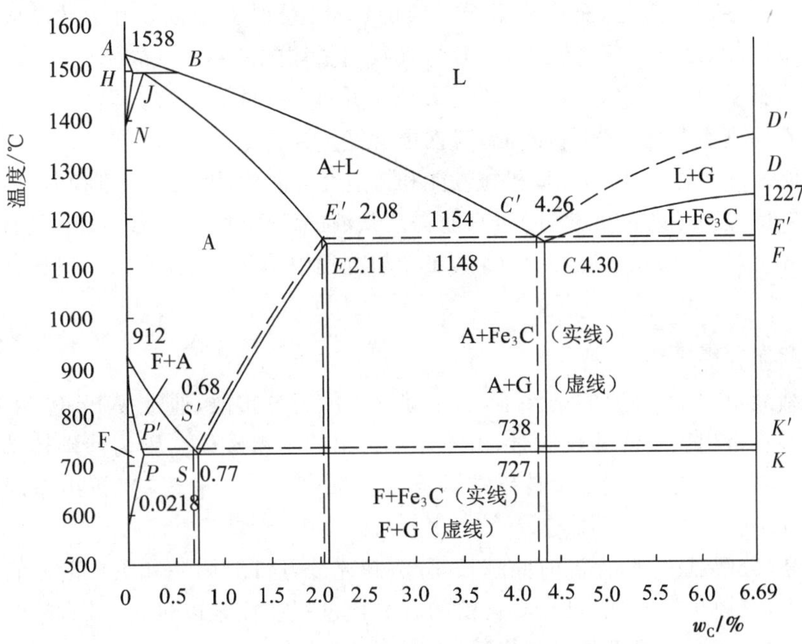

图7-2 铁碳合金复线相图

7.2.2 影响石墨化的主要因素

影响石墨化的主要因素是化学成分、温度及冷却速度，如图7-3所示。

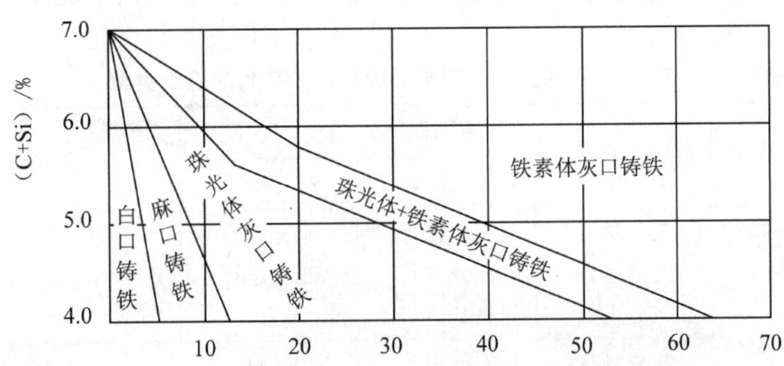

图7-3 铸铁化学成分和冷却速度对组织的影响

1. 化学成分

按对石墨化的作用，其元素可分为促进石墨化的元素(C、Si、Al、Cu、Ni、Co等)和阻碍石墨化的元素(Cr、W、Mo、V、Mn等)两大类。另外，杂质元素硫也是阻碍石墨化的元素。一般来说，碳化物形成元素阻碍石墨化，非碳化物形成元素促进石墨化，其中以碳和硅最强烈促进石墨化。实践表明，铸铁中硅的质量分数每增加1%，共晶点的碳质量分数相应降低0.33%。

为了综合考虑碳和硅的影响，通常把含硅量折合成相当的含碳量，并把这个碳的总量称为碳当量 w_{CE}，即 $w_{CE}=w_C+1/3w_{Si}$。生产中，调整碳、硅质量分数，是控制铸铁组织和性能的基本措施。碳不仅促进石墨化，而且还影响石墨的数量、大小及分布。由于共晶成分的铸铁具有最佳的铸造性能，因此在灰铸铁中，一般将其碳当量均配制到4%左右。

锰是阻止石墨化的元素。但锰与硫能形成硫化锰，减弱了硫对石墨化的阻止作用，结果又间接地起着促进石墨化的作用，因此，铸铁中含锰量要适当。

硫强烈促进铸铁的白口化，并使机械性能和铸造性能恶化，因此一般都控制在0.15%以下。

磷是微弱促进石墨化的元素，同时它能提高铁液的流动性，但形成的 Fe_3P 常以共晶体形式分布在晶界上，增加铸铁的脆性，使铸铁在冷却过程中易于开裂，所以一般铸铁中含磷量也应严格控制。

2. 温度和冷却速度

铸铁的结晶，在高温慢冷的条件下，由于碳原子能充分扩散，通常按 Fe-G 相图进行转变，碳以石墨的形式析出。当冷却较快时，由液体中析出的是渗碳体。因为渗碳体的碳质量分数(6.69%)比石墨(100%)更接近于铸铁的碳质量分数(2.5%～4.0%)，析出渗碳体所需的碳原子扩散量较小。

温度越高，分解越强烈，保温时间越长，分解越充分，所以，第一和第二阶段石墨化容易进行。在低温下，碳原子扩散能力较弱，铸铁的石墨化过程往往难以进行。因此在生产过程中，铸铁的缓慢冷却，或在高温下长时间保温，均有利于石墨化。

7.2.3 铸铁的组织特征和分类

1. 铸铁的组织特征

石墨化程度不同，所得到的铸铁类型和组织也不同，表7-6列出了经不同程度石墨化后所得到的组织和类型。

表7-6 铸铁经不同程度石墨化后所得到的组织类型

铸铁名称	石墨化程度			显微组织
	第一阶段	第二阶段	第三阶段	
灰口铸铁	充分进行 充分进行 充分进行	充分进行 充分进行 充分进行	充分进行 部分进行 不进行	F+G F+P+G P+G
麻口铸铁	部分进行	部分进行	不进行	L_d'+P+G
白口铸铁	不进行	不进行	不进行	L_d'+P+Fe_3C

常用各类铸铁的组织由两部分组成，一部分是石墨，另一部分是基体，基体可以是铁素体、珠光体或铁素体+珠光体，相当于钢的组织。所以，铸铁的组织可以看成是钢的基体上分布着石墨。

2. 铸铁分类

根据碳在铸铁中的存在形式(石墨化程度)，铸铁可分为：灰口铸铁、麻口铸铁、白口铸铁。

按铸铁的化学成分和性能不同，铸铁可分为普通铸铁和合金铸铁。

根据铸铁组织中的石墨形态不同(如图7-4)，灰口铸铁又可分为：灰铸铁(gray cast iron)(石墨呈片状)、可锻铸铁(malleable cast iron)(石墨呈团絮状)、球墨铸铁(spheroidal graphite cast iron)(石墨呈球状)、蠕墨铸铁(vermicular cast iron)(石墨呈蠕虫状)。

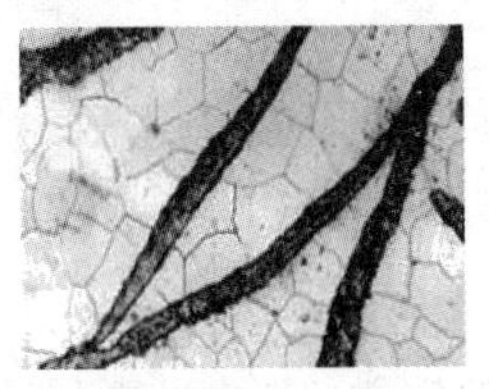

a）片状石墨（灰铸铁）

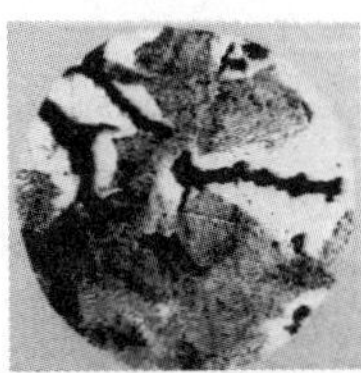

b）蠕虫状石墨（蠕墨铸铁）

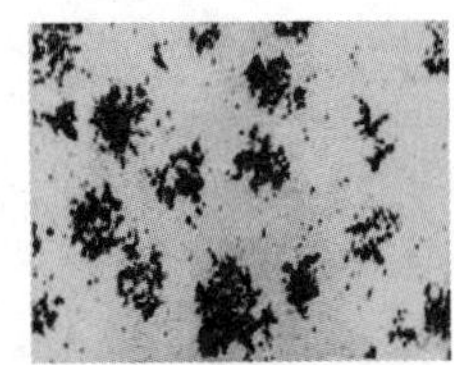

c）团絮状石墨（可锻铸铁）

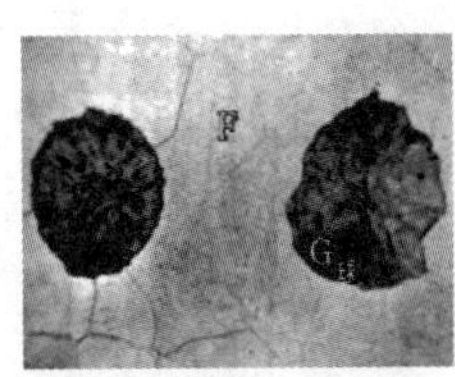

d）球状石墨（球墨铸铁）

图7-4 铸铁中石墨形态

7.2.4 普通铸铁的性能特点

一般铸铁的组织是基体上分布着石墨，因此，石墨形态、数量、大小和分布对性能有重要影响。

灰铸铁的抗拉强度和塑性都很低，这是石墨对基体的严重割裂所造成的。石墨强度、韧性极低，相当于钢基体上的裂纹或空洞，它减小基体的有效截面，并引起应力集中。石墨越多，越大，对基体的割裂作用越严重，其抗拉强度越低。

石墨形态对应力集中十分敏感，片状石墨引起严重应力集中，团絮状和球状石墨引起的应力集中较轻。受压应力时，因石墨片不引起大的局部压应力，铸铁的压缩强度不受影响。

孕育处理后，由于石墨片细化，石墨对基体的割裂作用减轻，铸铁的强度提高，但塑性无明显改善。

此外，由于石墨的存在，使铸铁具备某些特殊性能，主要有：

(1)因石墨的存在，造成脆性切削，铸铁的切削加工性能优异。

(2)铸铁的铸造性能良好，铸件凝固时形成石墨产生的膨胀，减少了铸件体积的收缩，降低了铸件中的内应力。

(3)石墨有良好的润滑作用，并能储存润滑油，使铸件有很好的耐磨性能。

(4)石墨对振动的传递起削弱作用，使铸铁有很好的抗振性能。

(5)大量石墨的割裂作用，使铸铁对缺口不敏感。

7.3 常用铸铁

7.3.1 灰铸铁

这种铸铁中石墨呈片状。包括灰铸铁和孕育铸铁，是价格便宜、应用最广泛的铸铁材料。

在各类铸铁中，其总产量占80%以上。

1.灰铸铁的成分

w_C=2.5%～4.0%；w_{Si}=1.0%～2.2%；w_{Mn}=0.5%～1.4%；w_P<0.3%；w_S≤0.15%。

2.灰铸铁的牌号

根据GB/T5612-2008铸铁牌号表示法，我国灰铸铁的牌号为“HT×××”，HT表示“灰铁”，后面的数字表示最低抗拉强度。灰铸铁的牌号、性能和用途见表7-7。

3.灰铸铁组织

灰铸铁是第一阶段和第二阶段石墨化过程都能充分进行时形成的铸铁，它的显微组织特征是片状石墨分布在各种基体组织上。由于第三阶段石墨化程度的不同，可以获得三种不同基体组织的灰铸铁。

(1)铁素体灰铸铁　若第一、第二和第三阶段石墨化过程都充分进行，则获得的组织是铁素体基体上分布着片状石墨，如图7-5a所示。

(2)珠光体+铁素体灰铸铁　若第一和第二阶段石墨化过程均能充分进行，而第三阶段石墨化过程仅部分进行，则获得的组织是珠光体加铁素体基体上分布着片状石墨，如图7-5b所示。

(3)珠光体灰铸铁　若第一和第二阶段石墨化过程均能充分进行，而第三阶段石墨化过程完全没有进行，则获得的组织是珠光体基体上分布着片状石墨，如图7-5c所示。

如果第三阶段石墨化过程完全没有进行，且第二阶段和第一阶段石墨化过程也仅部分进行，甚至完全没有进行，则将获得麻口铸铁甚至白口铸铁。

各阶段的石墨化过程能否进行和进行的程度如何，完全取决于影响石墨化的因素。如图8-3所示，影响石墨化有两个主要因素：铸件壁厚（冷却速度）和化学成分（碳硅总量）。

表7-7　灰铸铁的牌号、性能（摘自GB/T9439-2010）和用途

牌号	铸件壁厚/mm	最小抗拉强度 R_m/MPa		单铸试棒硬度/HBW	显微组织		应用
		单铸试棒	附铸试棒		基体	石墨	
HT100	5～40	100	—	≤170	F+P(少)	粗片	盖、外罩、油盘、手轮、底板等
HT150	>5～10 >10～20 >20～40 >40～80 >80～150 >150～300	150	— — 120 110 100 90	125～205	F+P	较粗片	端盖、汽轮泵体、轴承座、阀壳、管子及管路附件、手轮；一般机床底座、床身及其他复杂零件、滑座、工作台等

续表

<table>
<tr><th rowspan="2">牌号</th><th rowspan="2">铸件壁厚/mm</th><th colspan="2">最小抗拉强度 R_m/MPa</th><th rowspan="2">单铸试棒硬度/HBW</th><th colspan="2">显微组织</th><th rowspan="2">应用</th></tr>
<tr><th>单铸试棒</th><th>附铸试棒</th><th>基体</th><th>石墨</th></tr>
<tr><td>HT200</td><td>>5～10
>10～20
>20～40
>40～80
>80～150
>150～300</td><td>200</td><td>—
—
170
150
140
130</td><td>150～230</td><td>P</td><td>中等片</td><td rowspan="2">气缸、齿轮、底架、机件、飞轮、齿条、衬筒；一般机床床身及中等压力液压筒、液压泵和阀的壳体等</td></tr>
<tr><td>HT225</td><td>>5～10
>10～20
>20～40
>40～80
>80～150
>150～300</td><td>255</td><td>—
—
190
170
155
145</td><td>170～240</td><td rowspan="2">P_细</td><td rowspan="2">较细片</td></tr>
<tr><td>HT250</td><td>>5～10
>10～20
>20～40
>40～80
>80～150
>150～300</td><td>250</td><td>—
—
210
190
170
160</td><td>180～250</td><td rowspan="2">阀壳、油缸、气缸、联轴器、机体、齿轮、齿轮箱外壳、飞轮、衬筒、凸轮、轴承座等</td></tr>
<tr><td>HT275</td><td>>10～20
>20～40
>40～80
>80～150
>150～300</td><td>275</td><td>—
230
205
190
175</td><td>190～260</td><td>P_细
或
S</td><td rowspan="3">细小片</td></tr>
<tr><td>HT300</td><td>>10～20
>20～40
>40～80
>80～150
>150～300</td><td>300</td><td>—
250
220
210
190</td><td>200～275</td><td rowspan="2">S
或
T</td><td rowspan="2">齿轮、凸轮、车床卡盘、剪床、压力机的机身；导板、自动车床及其他重载荷机床的床身；高压液压筒、液压泵和滑阀的体壳等</td></tr>
<tr><td>HT350</td><td>>10～20
>20～40
>40～80
>80～150
>150～300</td><td>350</td><td>—
290
260
230
210</td><td>220～290</td></tr>
</table>

4.灰铸铁的性能

(1)力学性能

灰铸铁组织相当于以钢为基体加片状石墨。基体中含有比钢更多的硅、锰等元素，这些元素可溶于铁素体而使基体强化。因此，其基体的强度与硬度不低于相应的钢。片状石墨的强度、塑性、韧性几乎为零，可近似地把它看成是一些微裂纹，它不仅割断了基体的连续性，缩小了承受载荷的有效截面，而且在石墨片的尖端处导致应力集中，使材料形成脆性断裂。故灰铸铁的抗拉强度、塑性、韧性和弹性模量远比相应基体的钢低。石墨片的数量越多，尺寸越粗大，分布越不均匀，对基体的割裂作用和应力集中现象越严重，则铸铁的强度、塑性与韧性就越低。

a) 铁素体灰铸铁

b) 珠光体+铁素体灰铸铁

c) 珠光体灰铸铁

图 7-5 灰铸铁的显微组织

由于灰铸铁的抗压强度、硬度与耐磨性主要取决于基体，石墨的存在对其影响不大，故灰铸铁的抗压强度一般是其抗拉强度的 3～4 倍。同时，珠光体基体比其他两种基体的灰铸铁具有更高的强度、硬度与耐磨性。

(2)其他性能

石墨虽然会降低铸铁的抗拉强度、塑性和韧性，但也正由于石墨的存在，使铸铁具有一系列其他优良性能。

1)铸造性能良好。由于灰铸铁的碳当量接近共晶成分，故与钢相比，不仅熔点低，流动性好，而且铸铁在凝固过程中要析出体积比较大的石墨，部分地补偿了基体的收缩，从而减小了灰铸铁的收缩率，所以灰铸铁能浇铸形状复杂与壁薄的铸件。

2)减摩性好。所谓减摩性是指减少对偶件被磨损的性能。灰铸铁中石墨本身具有润滑作用，而且当它从铸铁表面掉落后，所遗留下的孔隙具有吸附和储存润滑油的能力，使摩擦面上的油膜易于保持而具有良好的减摩性。所以承受摩擦的机床导轨、气缸体等零件可用灰铸铁制造。

3)减振性强。由于铸铁在受振动时，石墨能起缓冲作用，它阻止振动的传播，并把振动能量转变为热能，使灰铸铁减振能力约比钢大 10 倍，故常用作承受压力和振动的机床底座、机架、机身和箱体等零件。

4)可加工性良好。由于石墨割裂了基体的连续性,使铸铁切削时易断屑和排屑,且石墨对刀具具有一定润滑作用,使刀具磨损减小。

5)缺口敏感性较低。钢常因表面有缺口(如油孔、键槽、刀痕等)造成应力集中,使力学性能显著降低,故钢的缺口敏感性大。灰铸铁中石墨本身就相当于很多小的缺口,致使外加缺口的作用相对减弱,所以灰铸铁具有低的缺口敏感性。

5.影响灰铸铁组织和性能的因素

灰铸铁的性能与其组织密切相关,金属基体中珠光体越多,其强度、硬度越高。石墨的形态、数量、大小和分布均匀程度对铸铁性能起决定性的影响。因此,影响灰铸铁组织和性能的因素主要是化学成分和冷却速度。

(1)化学成分的影响

控制化学成分是控制铸铁组织和性能的基本方法。生产中主要是控制碳和硅的质量分数。碳、硅强烈促进石墨化;碳、硅质量分数过低时,铸铁易出现白口组织,机械性能和铸造性能都较低;质量分数过高时,石墨片过多且粗大,甚至在铁水的表面出现石墨的飘浮,降低铸件的性能和质量。因此,灰口铸铁中的碳、硅质量分数一般控制在一定范围。

(2)冷却速度的影响

在一定的铸造工艺(如浇注温度、铸型温度、造型材料种类等)条件下,铸件的冷却对石墨化程度影响很大。图7-3表示不同C+Si含量,不同壁厚(冷却速度)铸件的组织。随着壁厚增加,冷却速度减慢,依次出现珠光体、珠光体+铁素体和铁素体灰口铸铁组织。

6.孕育处理

孕育处理的目的是:使铁水内同时生成大量均匀分布的非自发核心,以获得细小均匀的石墨片,并细化基体组织,提高铸铁强度,避免铸件边缘及薄断面处出现白口组织,提高断面组织的均匀性。

常用的孕育剂有两种。一种为硅类合金,最常用的是硅质量分数为75%的硅铁合金,$w_{Si}=60\%\sim65\%$和$w_{Ca}=25\%\sim35\%$的硅钙合金。后者石墨化能力比前者高1.5~2倍,但价格较贵。另一类是碳类,例如石墨粉、电极粒等。

经过孕育处理(亦称变质处理)后的灰口铸铁叫作孕育铸铁。

孕育铸铁具有较高的强度和硬度,可用来制造机械性能要求较高的铸件,如气缸、曲轴、凸轮、机床床身等,尤其是截面尺寸变化较大的铸件。

7.3.2 球墨铸铁

球墨铸铁石墨呈球状,具有很高的强度,又有良好的塑性和韧性,综合机械性能接近于钢。因其铸造性能好,成本低廉,生产方便,在工业中得到了广泛的应用。

1.球墨铸铁的成分

球墨铸铁的成分要求比较严格,一般范围是:$w_C=3.6\%\sim3.9\%$,$w_{Si}=2.2\%\sim2.8\%$,$w_{Mn}=0.6\%\sim0.8\%$,$w_S<0.07\%$,$w_P<0.1\%$。与灰口铸铁相比,它的碳当量w_{CE}较高,一般为过共晶成分,通常在4.5%~4.7%范围内变动,以利于石墨球化。

2. 球化处理

球墨铸铁的球化处理必须伴随着孕育处理，通常是在铁水中同时加入一定量的球化剂和孕育剂。我国普遍使用稀土镁球化剂。镁是强烈阻碍石墨化的元素，为了避免白口，并使石墨球细小、均匀分布，一定要加入孕育剂。常用的孕育剂是硅铁和硅钙合金。国外使用的球化剂主要是金属镁，实践证明，铁水中镁的质量分数为 0.04%～0.08%时，石墨就能完全球化。

3. 球墨铸铁的牌号

根据 GB/T5612-2008 铸铁牌号表示法规定，我国球墨铸铁牌号为“QT×××-××”，QT 表示“球铁”，其后两组数值表示最低抗拉强度和伸长率。按单铸试块和附铸试块的力学性能各分 14 个牌号，常用牌号、性能见表 7-8。

表 7-8　球墨铸铁的牌号和机械性能（摘自 GB/T1348-2009）

牌号	基　体	机械性能					应用
		R_m (σ_b) /MPa	$R_{r0.2}$ ($\sigma_{0.2}$) /MPa	A (δ_5) /%	a_k /kJ·m^{-2}	HBW	
QT350-22	铁素体	350	220	22		≤160	汽车、拖拉机零件；1.6～6.4MPa 阀门的阀体、阀盖
QT400-18	铁素体	400	250	18	600	120～175	
QT450-10	铁素体	450	310	10	300	160～210	
QT500-7	铁素体+球光体	500	320	7		170～230	机油泵齿轮
QT600-3	铁素体+球光体	600	370	3		190～270	柴油机、汽油机曲轴；磨床、铣床、车床的主轴；空压机、冷冻机缸体、缸套
QT700-2	珠光体	700	420	2		225～305	
QT800-2	珠光体或索氏体	800	480	2		245～335	
QT900-2	珠光体或索氏体	900	600	2		280～360	农机上的犁铧、汽车拖拉机传动齿轮

4. 球墨铸铁的组织和性能

球墨铸铁的组织为基体+球状石墨，如图 7-6 所示。

由表 8-3 可知，球墨铸铁的抗拉强度远远超过灰口铸铁，而与钢相当。其突出特点是屈强比高，为 0.7～0.8，而钢一般只有 0.3～0.5。通常在机械设计中，材料的许用应力根据 $\sigma_{0.2}$ 来确定，因此对于承受静载的零件，使用球墨铸铁比铸钢还节省材料，重量更轻。

不同基体的球墨铸铁（如图 7-6），性能差别很大（见表 7-8）。珠光体球墨铸铁的抗拉强度比铁素体球墨铸铁高 50%以上，而铁素体球墨铸铁的延伸率为珠光体球墨铸铁的 3～5 倍。

球墨铸铁具有较好的疲劳强度。试验还表明，球墨铸铁的小能量多冲击抗力和扭转疲劳强度超过中碳钢。因此在实际应用中，完全可以用球墨铸铁来代替钢制造某些重要零件，如曲轴、连杆、凸轮轴等。

7.3.3　蠕墨铸铁

蠕墨铸铁是近 40 年发展起来的一种新型铸铁材料。

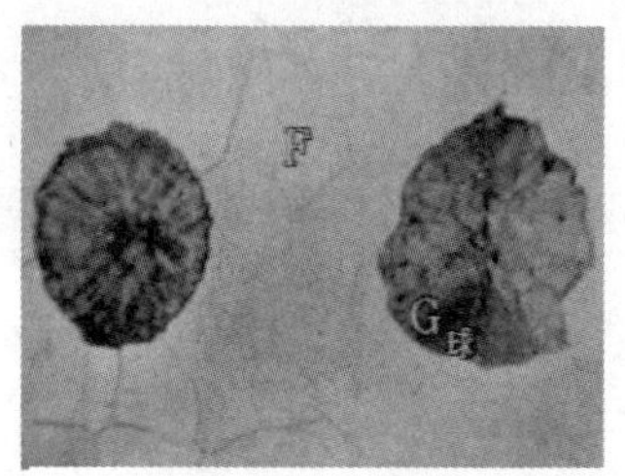

(a)铁素体球墨铸铁

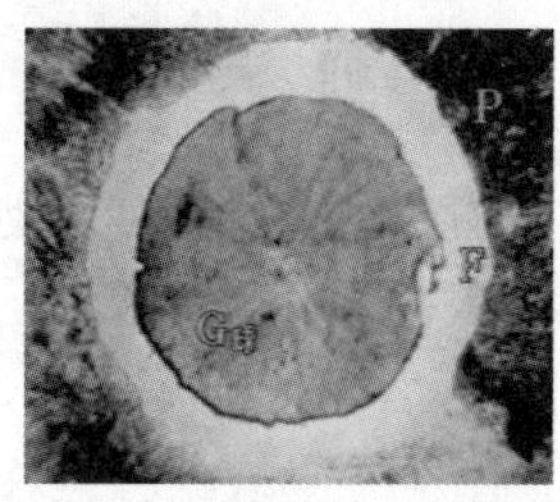

(b)珠光体+铁素体球墨铸铁

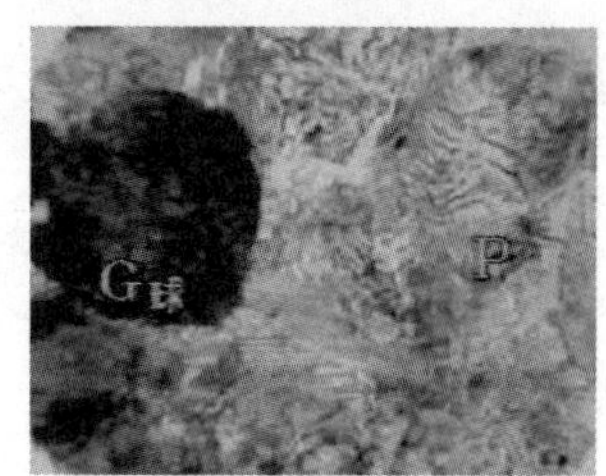

(c)珠光体球墨铸铁

图 7-6 球墨铸铁的显微组织

1. 蠕墨铸铁的成分

蠕墨铸铁的成分一般为：$w_C=3.5\%\sim3.9\%$，$w_{Si}=2.2\%\sim2.8\%$，$w_{Mn}=0.4\%\sim0.8\%$，$w_S<0.1\%$，$w_P<0.1\%$。

2. 蠕化处理

蠕墨铸铁是在一定成分的铁水中加入适量的蠕化剂而炼成的，其方法与程序与球墨铸铁基本相同。蠕化剂目前主要采用镁钛合金、稀土镁钍合金或稀土镁钙合金等。

3. 蠕墨铸铁的牌号、组织和性能

蠕墨铸铁的组织为基体＋蠕虫状石墨(见图 7-7)。在光学显微镜下石墨为互不相连的短片，与灰铸铁的片状石墨类似。所不同的是，其石墨片的长厚比较小，端部较钝。

图 7-7 蠕墨铸铁显微组织

蠕墨铸铁的基体组织也分为铁素体、珠光体和铁素体＋珠光体。

它的性能介于球墨铸铁和灰铸铁之间。强度接近于球墨铸铁，并且有一定的韧性、较高的耐磨性；同时又有和灰铸铁一样的良好的铸造性能和导热性。

我国蠕墨铸铁牌号为"$R_UT\times\times\times$"，R_UT 表示"蠕铁"，其后的数字表示最低抗拉强度，其牌号、性能等如表 7-9 所示。主要用于高层建筑中高压热交换器、气缸和缸盖、气缸套、钢锭模、液压阀等铸件。

表 7-9 蠕墨铸铁的牌号和单铸试件的机械性能(GB/T 26655-2011)

牌号	R_m/MPa	$R_{r0.2}$/MPa	A/%	硬度值范围/HBW	蠕化率 V_G%	主要基体组织
	不小于				不小于	
R_UT500	500	350	0.5	220～260	50	珠光体
R_UT450	450	315	1.0	200～250		珠光体
R_UT400	400	280	1.0	180～240		珠光体＋铁素体
R_UT350	350	245	1.5	160-220		珠光体＋铁素体
R_UT300	300	210	2.0	140～210		铁素体

7.3.4 可锻铸铁

可锻铸铁是由白口铸铁经过高温、长时间石墨化退火处理得到的一种铸铁。它有较高的强度、塑性和冲击韧性，可以部分代替碳钢。

1. 可锻铸铁的成分

可锻铸铁的成分大致为：$w_C = 2.4\% \sim 2.8\%$；$w_{Si} = 1.2\% \sim 2.0\%$；$w_{Mn} = 0.4\% \sim 1.2\%$；$w_S \leqslant 0.1\%$；$w_P \leqslant 0.2\%$。

2. 可锻铸铁的生产及石墨化

可锻铸铁生产分两个步骤：第一步，先铸造纯白口铸铁，不允许有石墨出现，否则在随后的退火中，碳在已有的石墨上沉淀，得不到团絮状石墨；第二步，进行长时间的石墨化退火处理（退火过程见图 7-8）。

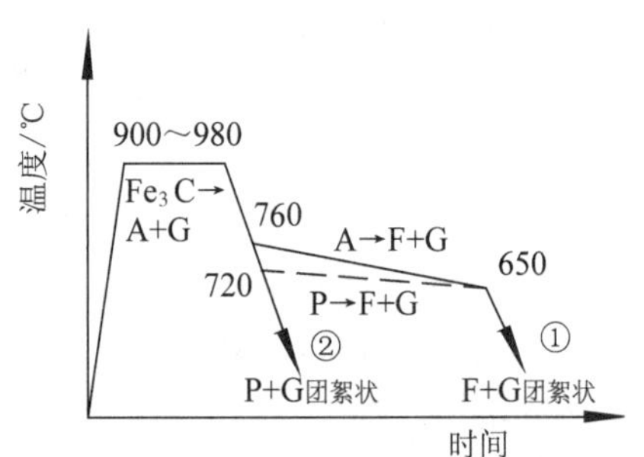

图 7-8 可锻铸铁的石墨化退火过程

将白口铸铁加热到 900～980℃，长时间保温，使共晶渗碳体分解为团絮状石墨，完成第一阶段的石墨化过程。随后以较快的速度（100℃/h）冷却通过共析转变温度区，得到珠光体基体的可锻铸铁。若第一阶段石墨化保温后慢冷，使奥氏体中的碳充分析出，完成第二阶段石墨化，并在冷至 720～760℃后继续保温，使共析渗碳体充分分解，完成第三阶段石墨化，在 650～700℃出炉冷却至室温，可以得到铁素体基体的可锻铸铁。

3. 可锻铸铁组织和机械性能

按退火方法不同，有黑心可锻铸铁和白心可锻铸铁两类。黑心可锻铸铁依靠石墨化退火获得；白心可锻铸铁利用氧化脱碳退火获得。后者已很少生产，我国主要生产黑心可锻铸铁。可锻铸铁有铁素体和珠光体两种基体。其组织是（铁素体或珠光体）基体＋团絮状石墨，见图 7-9。

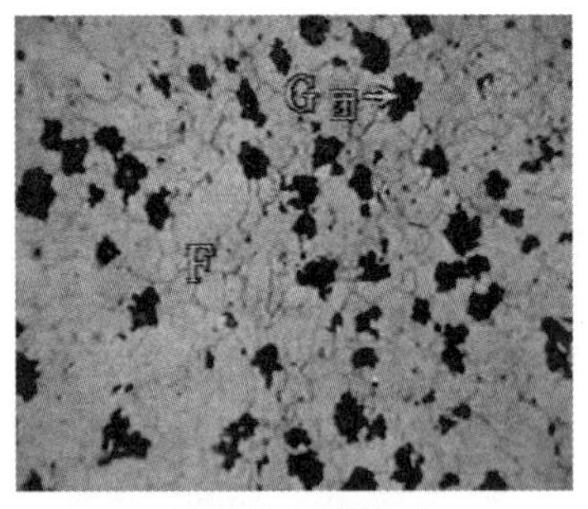

a）铁素体可锻铸铁

b）珠光体可锻铸铁

图 7-9 可锻铸铁的显微组织

由于可锻铸铁的石墨呈团絮状，从而减弱了对基体的割裂作用，故其强度、塑性及韧性均比灰铸铁高。

4. 可锻铸铁的牌号和用途

“KT”表示“可铁”。黑心(铁素体基体)可锻铸铁牌号为“KTH×××-××”;珠光体可锻铸铁牌号为“KTZ×××-××”。其后的两组数字表示最低抗拉强度和延伸率。表7-10列出了常用可锻铸铁的牌号和机械性能及用途。

表7-10 几种可锻铸铁的牌号、机械性能(摘自GB/T 9440-2010)和用途

分类	牌号	铸铁壁厚/mm	试棒直径/mm	抗拉强度 R_m /MPa	延伸率 A /%	硬度/HBW	应用举例
铁素体可锻铸铁	KTH300-06	＞12	15	300	6	≤150	弯头、三通等管件
	KTH330-08	＞12	15	330	8		螺丝扳手等,犁刀、犁柱、车轮壳等
	KTH350-10	＞12	15	350	10		汽车拖拉机前后轮壳、减速器壳、转向节壳、制动器等
	KTH370-12	＞12	15	370	12		
珠光体可锻铸铁	KTZ450-06		15	450	6	150～200	曲轴、凸轮轴、连杆、齿轮、活塞环、轴套、耙片、万向接头、棘轮、扳手、传动链条
	KTZ500-05		15	500	5	165～215	
	KTZ600-03		15	600	3	195～245	
	KTZ700-02		15	700	2	240～290	
	KTZ800-01		15	800	1	270～320	

可锻铸铁常用来制造形状复杂、承受冲击和振动载荷而壁较薄的零件,如汽车拖拉机的后桥外壳、管接头、低压阀门等。这些零件用铸钢生产时,因铸造性不好,工艺上困难较大;而用灰口铸铁时,又存在性能不能满足要求的问题。与球墨铸铁相比,可锻铸铁具有成本低、质量稳定、铁水处理简单、容易组织流水生产等优点。尤其对于薄壁件,若采用球墨铸铁易生成白口,需要进行高温退火,采用可锻铸铁更为适宜。

7.3.5 合金铸铁

工业上,除一般机械性能外,常常还要求铸铁具有良好的耐磨性、耐蚀性或耐热性等特殊性能。为此,在铸铁中加入某些合金元素,得到具有某些特殊性能的合金铸铁。

1. 耐磨铸铁

耐磨铸铁分为减摩铸铁和抗磨铸铁两类。前者是在有润滑、受粘着磨损条件下工作,例如机床导轨和拖板、发动机的缸套和活塞环、各种滑块和轴承等。后者是在无润滑、受磨料磨损条件下工作,例如轧辊、犁铧、抛丸机叶片、球磨机磨球等。

(1)减摩铸铁

减摩铸铁的组织应为软基体上分布有坚硬的强化相。软基体在磨损后形成的沟槽可保持油膜,有利于润滑;而坚硬的强化相可承受摩擦。细层状珠光体灰铸铁就能满足这一要求,其中铁素体为软基体,渗碳体为坚硬的强化相,同时石墨也起着贮油和润滑的作用。

为了进一步提高珠光体灰铸铁的耐磨性，可加入适量的 Cu、Cr、Mo、P、V、Ti 等合金元素，形成合金减摩铸铁。目前生产中常用的合金减摩铸铁有以下几种。

1)高磷铸铁　若把铸铁中含磷量提高到 $w_P=0.4\%\sim0.7\%$，即成为高磷铸铁。其中磷和铁形成 Fe_3P，并与铁素体或珠光体组成磷共晶。磷共晶硬而耐磨，它以断续网状分布在珠光体基体上，形成坚硬的骨架，使铸铁的耐磨性显著提高，普通高磷铸铁的一般成分为：$w_C=2.9\%\sim3.2\%$，$w_{Si}=1.4\%\sim1.7\%$，$w_{Mn}=0.6\%\sim1.0\%$，$w_P=0.4\%\sim0.65\%$，$w_S<0.12\%$。

2)磷铜钛铸铁　在高磷铸铁基础上加入 $w_{Cu}=0.6\%\sim0.8\%$ 和 $w_{Ti}=0.1\%\sim0.15\%$ 后形成磷铜钛铸铁。铜能促进第一阶段石墨化和促进珠光体的形成，并使之细化和强化；钛能促进石墨细化，并形成高硬度的 TiC。因此磷铜钛铸铁的耐磨性超过高磷铸铁。

3)铬钼铜铸铁　铬钼铜铸铁的组织一般为细层状珠光体＋细片状石墨＋少量磷共晶和碳化物。由于钼是稳定碳化物、阻止石墨化的元素，并能提高奥氏体的稳定性，使铸铁在铸态下获得索氏体甚至贝氏体基体，因此，它的强度与耐磨性都较高。

除了上述三种减摩铸铁外，我国还采用有钒钛铸铁及硼铸铁等，它们都具有优良的耐磨性。

(2)抗磨铸铁

抗磨铸铁的组织应具有均匀的高硬度。普通白口铸铁就是一种抗磨性高的铸铁，但其脆性大，因此常加入适量的 Cr、Mo、Cu、W、Ni、Mn 等合金元素，形成抗磨白口铸铁。它具有一定的韧性和更高的硬度和耐磨性。GB/T 8263-2010 抗磨白口铸铁牌号用汉语拼音字母“BTM”表示，后面为合金元素及其含量，牌号后缀“DT”、“GT”分别表示低碳和高碳。标准中有 BTMNi4Cr2-DT、BTMNi4Cr2-GT、BTMCr9Ni5、BTMCr2、BTMCr15、BTMCr26 等 10 个牌号。抗磨白口铸铁件主要以硬度作为验收依据，在铸态下其硬度都在 45HRC 以上，淬火后硬度还可进一步提高，故适用于在磨料磨损条件下工作。

此外，$w_{Mn}=5.0\%\sim9.5\%$、$w_{Si}=3.3\%\sim5.0\%$ 的中锰球墨铸铁，其铸态组织为马氏体、奥氏体、碳化物和球状石墨，它除有良好的抗磨性外，还具有较好的韧性与强度，适于制造在冲击载荷和磨损条件下工作的零件。耐磨铸铁的成分和用途见表 7-11。

表 7-11　几种耐磨铸铁的成分和用途

铸铁名称	化学成分(%)	应　用　举　例
高磷铸铁	P:0.4～0.6	汽车、拖拉机或柴油机的气缸套、机床导轨、活塞环等
铜铬钼铸铁	Cu:0.7～1.2　Cr:0.1～0.25　Mo:0.2～0.5	精密机床铸件、发动机上的气门座圈、缸套、活塞环等
磷铜钛铸铁	P:0.35～0.6　Cu:0.6～1.2　Ti:0.09～0.15	普通机床及精密机床床身
钒钛铸铁	V:0.1～0.3　Ti:0.06～0.2	机床导轨
硼铸铁	B:0.02～0.2	汽车发电机的气缸套

2. 耐热铸铁

在高温下工作的零件，如炉底板、换热器、坩埚、热处理炉内的运输链条等，必须使用耐热铸铁。灰口铸铁在高温下表面要氧化和烧损，同时氧化气体沿石墨片边界和裂纹内渗，造成内部氧化；并且渗碳体会高温分解成石墨等，都导致热稳定性下降。加入 Si、Al、Cr 等元素，一方面在铸件表面形成致密的氧化膜，阻碍继续氧化；另一方面提高铸铁的临界温度，使基体变为单相铁素体，不发生石墨化过程，从而改善铸铁的耐热性。球墨铸铁中，石墨为孤立分布，互不相连，不形成气体渗入通道，故其耐热性更好。耐热铸铁的种类很多，我国耐热铸铁系列大致分为硅系、铝系、铬系和硅铝系等。其中铬系耐热铸铁的价格较高，铝系耐热铸铁的脆性大，温度急变时易裂，且不易熔炼，铸造性能较差，故国内较多发展硅系和硅铝系耐热铸铁。GB/T 9437-2009 中确定了耐热铸铁共 11 个牌号，部分牌号及用途见表 7-12。

表 7-12 部分耐热铸铁的成分、性能和用途

牌号	化学成分 /%						使用温度/℃	应用举例
	C	Si	Mn	P	S	其 他		
HTRCr	3.0～3.8	1.5～2.5	<1.0	<0.1	<0.08	Cr 0.5～1.0	≤550	急冷急热的薄壁细长件，如炉条、高炉支梁式水箱、金属型玻璃模等零件
HTRCr16	1.6～2.4	1.5～2.2	<1.0	<0.1	<0.05	Cr 15.0～18.0	≤900	室温及高温下的抗磨件，如退火罐、煤粉烧嘴、炉栅、水泥焙烧炉零件
QTRSi4Mo	2.7～3.5	3.5～4.5	<0.5	<0.07	<0.15	Mo 0.50～0.90	≤680	内燃机排气支管、罩式退火炉导向器、烧结机中后热筛板、加热炉吊梁等
QTRSi4Mo1	2.7～3.5	4.0～4.5	<0.3	<0.05	<0.015	Mo 1.0～1.5 Mg 0.01～0.05	≤800	
QTRAl4Si4	2.5～3.0	3.5～4.5	<0.5	<0.07	<0.015	Al 4.0～5.0	≤900	高温轻载荷的耐热件，如烧结机篦条、炉用构件等
QTRAl5Si5	2.3～2.8	4.5～5.2	<0.5	<0.07	<0.015	Al 5.0～5.8	≤1050	
QTRAl22	1.6～2.2	1.0～2.0	<0.7	<0.07	<0.015	Al 20.0～24.0	≤1100	用于高温、载荷较小、温度变化较缓的工件，如锅炉用侧密封块、链式加热炉炉爪、黄铁矿焙烧炉零件等

3. 耐蚀铸铁

耐蚀铸铁不仅具有一定的力学性能，而且在腐蚀性介质中工作时具有抗蚀的能力。主要用于化工部件，如阀门、管道、泵、容器等。

普通铸铁的耐蚀性差，因为组织中的石墨和渗碳体促进铁素体腐蚀。加入 Si、Cr、Al、Mo、Cu、Ni 等合金元素形成保护膜，或使基体电极电位升高，可以提高铸铁的耐蚀性能。

GB/T8491-2009 中规定了高硅耐蚀铸铁 4 个牌号，适用于腐蚀工况。HTSSi11Cu2CrR、HTSSi15R(适用于潜水泵、阀门、塔罐、冷却排水管等)、HTSSi15Cr4MoR(尤其适用于强氯化物工况)、HTSSi15Cr4R(适用于阳极电板)。

7.4　铸铁的热处理

铸铁热处理的原理、工艺与钢基本相同,但因其 C、Si、Mn、S、P 等元素含量较高,故具有以下热处理特点。

①共析转变温度升高。随成分的变化,铸铁的共析温度为 750～860℃,当铸铁加热到共析温度范围时,形成奥氏体(A)、铁素体(F)和石墨(G)等多相平衡组织,使热处理后的组织与性能多样化。

②C 曲线右移,淬透性提高。由于铸铁中含硅量高,提高了淬透性,故对中小铸铁件可在油中淬火。

③奥氏体中的含碳量可用加热温度和保温时间来调整。由于铸铁中有较多的石墨,当奥氏体化温度升高时,石墨不断溶入奥氏体中便获得不同含碳量的奥氏体,因而可得到不同含碳量的马氏体。

④由于石墨的导热性差,故铸铁加热过程应缓慢进行。下面对常用铸铁的热处理方法作简介。

7.4.1　灰铸铁的热处理

热处理虽然不能改变灰铸铁的石墨形态,但可改变其基体组织,从而改善性能,常用以下几种热处理方法。

1. 去应力退火

去应力退火也称人工时效,它是将铸铁件加热至 500～600℃(加热速度 60～120℃/h),保温一段时间(4～8 h)后随炉冷却。其目的是消除铸件的残余内应力,防止使用过程中变形、开裂,保证其精度。

主要用于大型、复杂铸件或高精度的铸件,如床身、机座、气缸体等铸件在清理后,切削加工前,一般要进行去应力退火。

2. 软化退火

铸件的冷却速度较快时,在灰铸件的表层和薄壁处,很容易形成白口组织,使机械加工难以进行。因此,需要消除白口组织,其工艺为:850～900℃加热,保温(2～4h)使渗碳体分解成铁素体,然后随炉冷却至 250～400℃,后出炉空冷。最后得到铁素体或铁素体加珠光体基体的灰铸铁。

3. 表面淬火

表面淬火可提高灰口铸铁的表面硬度和耐磨性,得到表层为马氏体加片状石墨组织。可采用高频感应加热、火焰加热、电接触法加热及激光加热等表面淬火方法。

灰口铸铁的表面淬火广泛用于机床导轨、气缸内壁等零件,可显著提高其使用寿命。

7.4.2 球墨铸铁的热处理

由于球墨铸铁组织性能方面的突出优点，钢的热处理工艺方法原则上都能适用于它且能取得良好效果。球墨铸铁热处理主要有退火、正火、等温淬火、表面淬火和调质等。

1.退火

1)去应力退火。球墨铸铁的弹性模量以及凝固时收缩率比灰铸铁高，故铸造内应力比灰铸铁约大两倍。对于不再进行其他热处理的球墨铸铁铸件，都应进行去应力退火。

去应力退火工艺是将铸件缓慢加热到500～620℃左右，保温2～8h，然后随炉缓冷。

2)石墨化退火。石墨化退火的目的是消除白口，降低硬度，改善可加工性以及获得铁素体球墨铸铁。根据铸态基体组织不同，分为高温石墨化退火和低温石墨化退火两种。

①高温石墨化退火。由于球墨铸铁白口倾向较大，因而铸态组织往往会出现自由渗碳体，为了获得铁素体球墨铸铁，需要进行高温石墨化退火。

高温石墨化退火工艺是将铸件加热到900～950℃，保温2～4h，使自由渗碳体石墨化，然后随炉缓冷至600℃，使铸件发生中间和第二阶段石墨化，再出炉空冷。

②低温石墨化退火。当铸态基体组织为珠光体＋铁素体，而无自由渗碳体存在时，为了获得塑性、韧性较高的铁素体球墨铸铁，可进行低温石墨化退火。

低温退火工艺是把铸件加热至共析温度范围附近，即720～760℃，保温2～8h，使铸件发生第二阶段石墨化，然后随炉缓冷至600℃，再出炉空冷。

2.正火

球墨铸铁正火的目的是为了增加基体组织中珠光体的数量和减小层状珠光体的片层间距，以提高其强度、硬度和耐磨性，并可作为表面淬火的预备热处理。正火可分为高温正火和低温正火两种。

①高温正火。高温正火工艺是把铸件加热至共析温度范围以上，一般为900～950℃，保温1～3h，使基体组织全部奥氏体化，然后出炉空冷，使其在共析温度范围内，由于快冷而获得珠光体基体。对含硅量高的厚壁铸件，则应采用风冷，甚至喷雾冷却，确保正火后能获得珠光体球墨铸铁。

②低温正火。低温正火工艺是把铸件加热至共析温度范围内，即820～860℃，保温1～4h，使基体组织部分奥氏体化，然后出炉空冷。低温正火后获得珠光体＋分散铁素体球墨铸铁，故提高了铸件的韧性与塑性。

由于球墨铸铁导热性较差，弹性模量又较大，正火后铸件内有较大的内应力，因此多数工厂在正火后，都进行一次去应力退火(常称回火)，即加热到550～600℃，保温3～4h，然后出炉空冷。

3.等温淬火

等温淬火球墨铸铁虽广泛采用正火，但当铸件形状复杂，又需要高的强度和较好的塑性与韧性时，正火已很难满足技术要求，而往往采用等温淬火。

球墨铸铁等温淬火工艺是把铸件加热至860～920℃(取决于铸件中含硅量的高低和组织

中铁素体量的多少），保温一定时间（约是钢的一倍），然后迅速放入温度为250～350℃的等温盐浴中进行0.5～1.5h的等温处理，然后取出空冷。

等温淬火后的组织为下贝氏体＋少量残留奥氏体＋少量马氏体＋球状石墨。有时等温淬火后还进行一次低温回火，使淬火马氏体转变为回火马氏体，残留奥氏体转变为下贝氏体，可进一步提高强度、韧性与塑性。球墨铸铁经等温淬火后的抗拉强度可达1100～1450MPa，硬度为38～50HRC，冲击吸收能量为24～64J。故等温淬火常用来处理一些要求高的综合力学性能、良好的耐磨性且外形又较复杂、热处理易变形或开裂的零件，如齿轮、滚动轴承套圈、凸轮轴等。但由于等温盐浴的冷却能力有限，故一般仅适用于截面尺寸不大的零件。

4. 调质

球墨铸铁调质处理的淬火加热温度和保温时间，基本上与等温淬火相同。即加热温度为860～920℃。为了避免淬火冷却时产生开裂，除形状简单的铸件采用水冷外，一般都采用油冷。淬火后组织为细片状马氏体和球状石墨。然后再加热到550～600℃回火2～6h。应该指出，当回火温度超过600℃时，渗碳体要发生分解，即进行第二阶段石墨化，应注意避免。

球墨铸铁经调质处理后，获得回火索氏体和球状石墨组织，硬度为250～380HBW，具有良好的综合力学性能，故调质常用于柴油机曲轴、连杆等重要零件的热处理。

一般也可在球墨铸铁淬火后，采用中温或低温回火处理。中温回火后获得回火托氏体基体组织，具有高的强度与一定韧性，例如用球墨铸铁制作的铣床主轴就是采用这种工艺；低温回火后获得回火马氏体基体组织，具有高的硬度和耐磨性，例如用球墨铸铁制作的轴承内外套圈就是采用这种工艺。

球墨铸铁除能进行上述各种热处理外，为了提高球墨铸铁零件表面的硬度、耐磨性、耐蚀性及疲劳极限，还可以进行表面热处理（如表面淬火、渗氮等方法）。

本章小结

1. 主要内容

碳钢除铁、碳为主要成分外，还含有一定量的锰、硅、硫、磷等常存元素，进而影响碳钢的性能。常用碳钢有普通碳素结构钢、优质碳素结构钢、碳素工具钢和铸造碳钢等种类。

铸铁是指碳质量分数大于2.11%的铁碳合金。铸铁与钢的主要区别是铸铁的含碳量较高，S、P等杂质元素较多，铸铁的力学性能主要取决于铸铁基体组织以及石墨的数量、形态、大小及分布特点。一般情况下，石墨的数量越少，分布越分散，形状越接近于球状，则铸铁的强度、塑性和韧性就越好。铸铁的抗拉强度、塑性和韧性均比碳钢要低，但切削加工性能、铸造性能好，并具有减磨、消振性能，缺口敏感性低，熔炼简便，生产成本低。

根据石墨形态不同，铸铁分为灰铸铁、球墨铸铁、蠕墨铸铁和可锻铸铁。根据基体不同，灰铸铁可分为铁素体灰铸铁、珠光体灰铸铁和铁素体＋珠光体灰铸铁。在普通铸铁的基础上加入一定量的合金元素，可制成耐磨铸铁、耐热铸铁和耐蚀铸铁等特殊性能铸铁。

2. 学习重点

（1）常存元素对碳钢性能的影响；普通碳素结构钢、优质碳素结构钢、碳素工具钢的性能特点及用途。

(2)铸铁石墨化的三个阶段及对应的组织。

(3)常用的铸铁牌号、石墨形态、组织、性能、热处理特点及用途。

习题与思考题

7-1 碳钢常见的分类方法有哪些？试说明20钢、45钢、60钢、Q215-A钢、Q235-B钢、T8钢、T10A钢、T12钢、ZG310-570钢的名称及钢中数字与符号的含义，写出每个牌号应用实例1～2个。

7-2 根据Fe-Fe_3C相图解释下列现象：

(1)在进行热轧和锻造时，通常将钢材加热到1000～1250℃；

(2)钢铆钉一般用低碳钢制作；

(3)在1100℃时，$w_C=0.4\%$的钢能进行锻造，而$w_C=4.0\%$的铸铁不能锻造；

(4)室温下$w_C=0.9\%$的碳钢比$w_C=1.2\%$的碳钢强度高；

(5)钳工锯削70钢、T10钢、T12钢比锯20钢、30钢费力，锯条易磨钝；

(6)绑扎物件一般用铁丝(镀锌低碳钢丝)，而起重机吊重物时却用钢丝绳(60钢、65钢、70钢等制成)。

7-3 钢中常存的杂质元素有哪些？对钢的性能有何影响？

7-4 比较钢、白口铸铁、灰口铸铁在成分、组织、性能和用途方面的主要差异。

7-5 试总结铸铁石墨化的条件和过程。

7-6 说明铸铁石墨化的三个阶段，第三个阶段石墨化对铸铁组织的影响如何？

7-7 铸铁中石墨的形态对铸铁性能影响显著，铸铁中石墨形态有哪些？分别属于什么铸铁？说明各类性能特点和大致的用途。

7-8 铸铁的抗拉强度和硬度主要取决于什么？如何提高铸铁的抗拉强度和硬度？铸铁的抗拉强度高，其硬度是否也一定高？为什么？

7-9 灰铸铁、球墨铸铁、可锻铸铁和蠕墨铸铁在组织上的根本区别是什么？其组织对力学性能有什么影响？

7-10 根据可锻铸铁的生产过程，说明为什么可锻铸铁适宜制造壁厚较薄的零件？

7-11 球墨铸铁是如何获得的？为什么球墨铸铁热处理效果比灰铸铁要显著？

7-12 请为下列零件选择合适的铸铁，并说明理由：机床导轨、汽车后桥壳体、犁铧、柴油机曲轴、液压泵外壳、低速小冲击齿轮。

7-13 现有形状、尺寸完全相同的白口铸铁、灰铸铁、低碳钢各一块，试问用什么简便方法可迅速将它们区分开来？

第8章 合金钢

钢是非常重要的工程材料,它按化学成分分为非合金钢(习惯称碳钢)和合金钢。合金钢(alloy steel)是在碳钢基础上,有目的地加入某些元素(称为合金元素)而得到的多元合金。与碳钢相比,合金钢的性能有显著的提高。

8.1 合金钢基本知识

随着科技和工业的迅猛发展,对材料性能提出了更高的要求,碳钢在很多方面不能满足更高的性能要求,如高强度,抗高温、高压、低温,耐腐蚀、耐磨损以及其他特殊物理、化学性能等。碳钢的性能主要有以下几方面的不足:

①强度和屈强比较低。Q235 钢的屈服强度 R_{eL} 为 235MPa,而低合金高强度结构钢 16Mn 的 R_{eL} 则为 360MPa 以上,强度低使工程结构和设备笨重。屈强比低则强度的有效利用率低。40 钢的屈强比为 0.43,而合金钢 40Cr 的屈强比可达 0.8,采用合金钢可明显提高强度的利用率。

②淬透性低。一般情况下,碳钢水淬的淬透直径只有 15~20mm,对大尺寸和形状复杂的零件,不能保证性能的均匀性和几何形状不变。

③高温强度低、热硬性差。碳钢淬火后的使用温度不能高于 250℃,否则,强度和硬度就明显降低,如高碳(刃具)钢只能用于很低的切削速度。

④回火稳定性差。由于碳钢回火稳定性差,在进行调质处理时,为了保证较高的强度需采用较低的回火温度,但钢的韧性就偏低;为了保证较好的韧性,采用较高回火温度时,强度又偏低,所以碳钢的综合机械性能不高。

⑤不能满足特殊性能要求。碳钢在抗氧化、耐蚀、耐热、耐低温、耐磨损以及特殊电磁性等方面往往较差,不能满足特殊使用性能的要求。

为了提高钢的性能,在铁碳合金中有目的地加入一定量的合金元素所获得的钢,称之为合金钢。常用的合金元素有:锰(Mn)、镍(Ni)、硅(Si)、铬(Cr)、钨(W)、硼(B)、钼(Mo)、钒(V)、钛(Ti),铌(Nb)、钴(Co)以及稀土(RE)等。

8.1.1 合金元素在钢中的作用

合金钢性能是否优良,在于钢中合金元素的作用。合金元素在钢中的作用复杂,其主要作用综合表现在以下几方面。

1. 合金元素对基本相的影响

(1)固溶于铁中 大部分合金元素(除 Pb 外)都可溶入铁中,形成合金铁素体或合金奥氏体。

非碳化物形成元素如Si、Mn、Ni、Al、Co等基本上都溶入铁素体而形成合金铁素体，使其强度、硬度升高而韧性降低，如图8-1所示，其中Si、Mn、Ni的固溶强化效果较明显。

当铁素体中溶入$w_{Cr}\leqslant 2\%$或$w_{Ni}\leqslant 5\%$或$w_{Mn}\leqslant 1\%$时，铁素体的冲击韧性还有一定的提高，如图8-2所示。

(2)形成合金渗碳体或特殊碳化物　碳化物形成元素如Mn、Cr、Mo、W、V、Nb、Zr、Ti等加入到钢中，按合金元素与钢中碳的亲和力的大小：弱碳化物元素(Mn、Cr)形成合金渗碳体，如$(Fe,Mn)_3C$、$(Fe,Cr)_3C$等；含量较高时可形成新的复合碳化物，如Cr_7C_3、Fe_3W_3C等；部分强碳化物元素(W、V、Nb、Zr、Ti)形成特殊碳化物，如WC、VC、NbC、TiC等。形成的碳化物类型不同，但一般都具有较高的熔点和硬度。合金渗碳体及特殊碳化物的硬度和稳定性均高于渗碳体(Fe_3C)，这些碳化物难溶入奥氏体中，晶粒不易聚集长大，能显著提高钢的强度、硬度、耐磨性和热硬性。故这些元素常作为合金结构钢的辅加元素，也作为合金工具钢的主加元素。

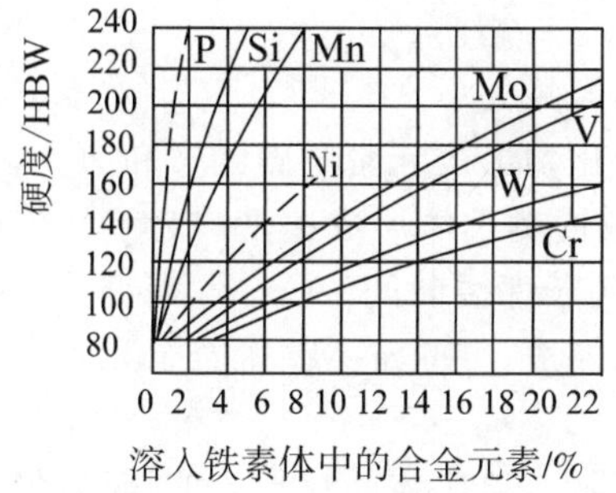

图8-1　合金元素对铁素体硬度的影响

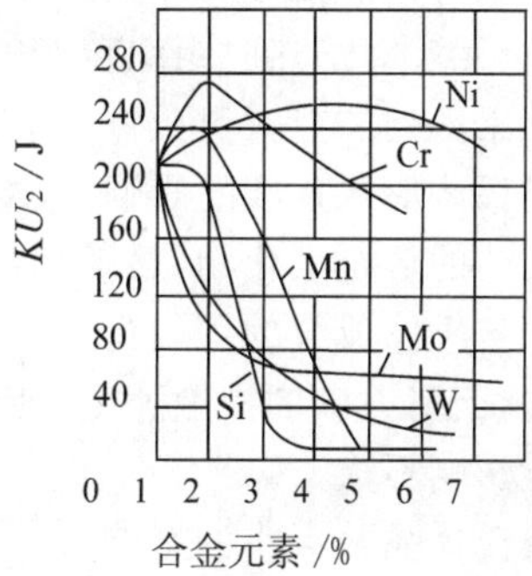

图8-2　合金元素对铁素体冲击韧性的影响

2.合金元素对$Fe\text{-}Fe_3C$相图的影响

合金元素的加入，可以改变$Fe\text{-}Fe_3C$相图的相区，其影响主要为：

(1)扩大γ相区　合金元素Ni、Mn、Co、C、N、Cu等与铁作用能扩大γ区，使A_3线降低，特别是当钢中加入一定量Ni、Mn时，可使相图的γ区扩大，到室温以下仍能获得正常的奥氏体，如Mn13耐磨钢和含Ni9%的1Cr18Ni9不锈钢均属于奥氏体钢。如图8-3所示锰对$Fe\text{-}Fe_3C$相图的影响。

(2)扩大α相区　合金元素Si、Cr、V、Ti、W、Mo等能扩大α区，使A_3线升高，如图8-4所示。钢中加入一定量的Cr、Si元素，γ区可能消失，将得到全部铁素体组织，如含Cr17%～28%的10Cr17、008Cr27Mo等不锈钢均属于铁素体钢。

(3)对S点、E点的影响　所有合金元素均使S点和E点左移，使共析和共晶成分中的含碳量减少，如40Cr13不锈钢中碳0.4%，但其组织属于过共析钢组织；又如W18Cr4V高速钢中含C 0.7%～0.8%，但其铸态中却有莱氏体组织。从图8-3及图8-4中均可看出锰、铬元素对S点、E点的位置影响，由于合金元素对相图的影响使合金钢具备许多特殊性能。

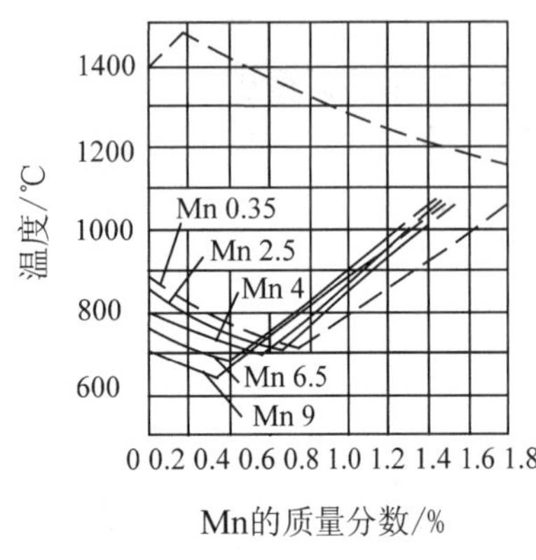

图 8-3 锰对 $Fe\text{-}Fe_3C$ 相图的影响

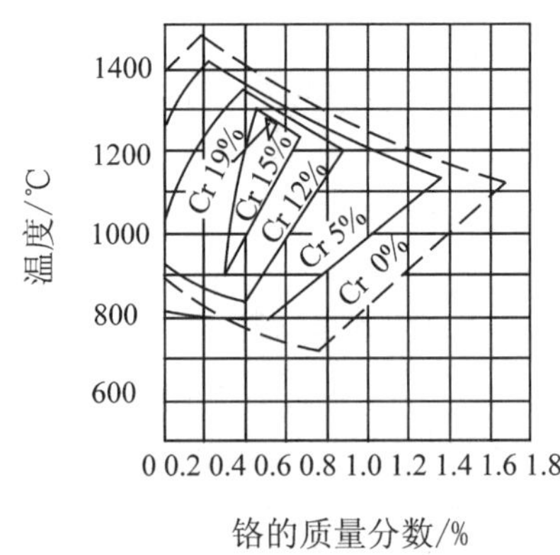

图 8-4 铬对 $Fe\text{-}Fe_3C$ 相图的影响

3. 合金元素对钢热处理的影响

合金元素对钢热处理的影响主要表现为对加热、冷却和回火过程中相变的影响。

(1)合金元素对加热时组织转变的影响

合金元素影响加热时奥氏体形成的速度和奥氏体晶粒的大小。

1)对奥氏体形成速度的影响　Cr、Mo、W、V 等强碳化物形成元素与碳的亲和力大,形成难溶于奥氏体的合金碳化物,显著阻碍碳的扩散,大大减慢奥氏体形成速度。为了加速碳化物的溶解和奥氏体成分的均匀化,必须提高加热温度并延长保温时间。Co、Ni 等部分非碳化物形成元素,因增大碳的扩散速度,使奥氏体的形成速度加快。Al、Si、Mn 等合金元素对奥氏体形成速度影响不大。

2)对奥氏体晶粒大小的影响　大多数合金元素都有阻止奥氏体晶粒长大的作用,但影响程度不同。碳化物形成元素的作用最明显,因形成的碳化物在高温下较稳定,不易溶于奥氏体中,能阻碍其晶界外移,显著细化晶粒。按照对晶粒长大作用的影响,合金元素可分为:①强烈阻碍晶粒长大的元素:V、Ti、Nb、Zr 等。Al 在钢中易形成高熔点的 AlN、Al_2O_3 细质点,也强烈阻止晶粒长大。②中等阻碍晶粒长大的元素:W、Mo、Cr。③对晶粒长大影响不大的元素:Si、Ni、Cu。④促进晶粒长大的元素:Mn、P,B 也有此倾向。

(2)合金元素对过冷奥氏体分解转变的影响

除 Co 外,几乎所有合金元素都增大过冷奥氏体的稳定性,推迟珠光体型组织的转变,使 C 曲线右移,即提高钢的淬透性,如图 8-5 所示,这是钢中加入合金元素的主要目的之一。常用提高淬透性的元素有:Mo、Mn、Cr、Ni、Si、B 等。必须指出,加入的合金元素,只有完全溶于奥氏体时,才能提高淬透性。如果未完全溶解,则碳化物会成为非自发核心,促进珠光体的形成,反而降低钢的淬透性。若两种或多种合金元素同时加入,对淬透性的影响比单个元素的影响总和要强得多。

除 Co、Al 外,多数合金元素都使 M_s 和 M_f 点下降,如图 8-5 所示。其作用大小的次序是:Mn、Cr、Ni、Mo、W、Si。M_s 和 M_f 点的下降,使淬火后钢中残余奥氏体量增多。许多高碳高合金钢中的残余奥氏体的相对体积分数可达 30%~40%或以上。残余奥氏体量过多时,钢的硬度和疲劳抗力下降,因此,须进行冷处理(冷至 M_f 点以下),以使其转变为马氏体;或进行多次回火,使残余奥氏体因析出合金碳化物而使 M_s、M_f 点上升,并在冷却过程中转变为马氏

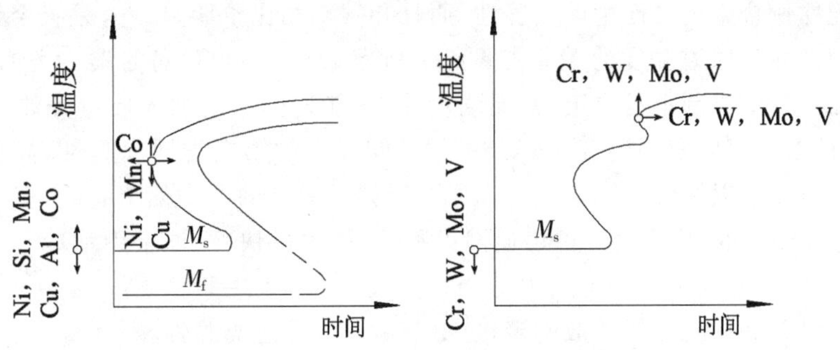

图 8-5 合金元素对碳钢C曲线的影响

体或贝氏体(即发生所谓二次淬火)。

(3)合金元素对回火转变的影响

1)提高回火稳定性　合金元素在回火过程中推迟马氏体的分解和残余奥氏体的转变;因此提高了钢对回火软化的抗力,即提高了钢的回火稳定性。使合金钢在相同温度下回火时,比同样碳质量分数的碳钢具有更高的硬度和强度(这对工具钢和耐热钢特别重要),或者在保证相同强度的条件下,可在更高的温度下回火,而使韧性更好(这对结构钢更重要)。提高回火稳定性作用较强的合金元素有:V、Si、Mo、W、M、Co等。

2)产生二次硬化　一些Mo、W、V含量较高的高合金钢回火时,硬度不是随回火温度升高而单调降低,而是到某一温度(约400℃)后反而开始增大,并在另一更高温度(一般为550℃左右)达到峰值,如图8-6所示。这是回火过程的二次硬化现象,它与回火析出物的性质有关。当回火温度低于450℃时,钢中析出渗碳体;在450℃以上渗碳体溶解,钢中开始沉淀出弥散稳定的难熔碳化物Mo_2C、W_2C、VC等,使硬度重新升高,称为沉淀硬化,而在550℃左右沉淀硬化过程完成时,硬度出现峰值。二次硬化也可以由回火时冷却过程中残余奥氏体转变为马氏体的二次淬火所引起。

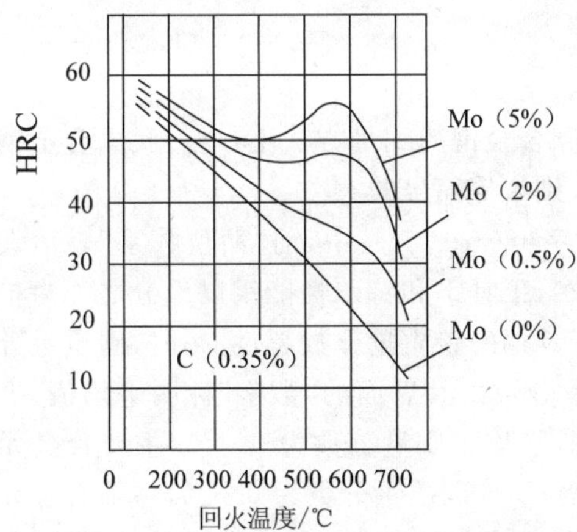

图 8-6 钼钢的回火温度与硬度关系曲线

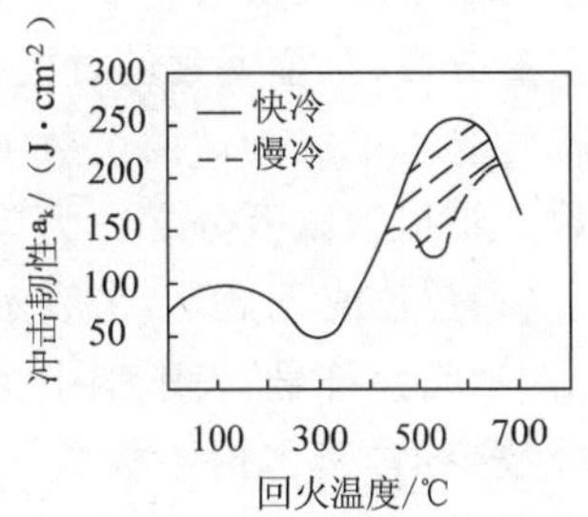

图 8-7 铬镍钢的韧性与回火温度的关系

3）回火脆性　合金钢也产生回火脆性，而且和碳钢相比更明显。这是合金元素的不利影响。镍铬钢的韧性与回火温度的关系如图8-7所示，250～400℃间的第一类回火脆性（低温回火脆性），是由相变机制本身决定的，无法消除，只能避开。但加入质量分数为1%～3%的硅，可使其脆性温区移向较高温度。450～600℃间发生的第二类回火脆性（高温回火脆性），主要与某些杂质元素以及合金元素本身在原奥氏体晶界上的严重偏聚有关，多发生在含Mn、Cr、Ni等元素的合金钢中，这是一种可逆回火脆性，回火后快冷（通常用油冷），抑制杂质元素在晶界偏聚，可防止其发生。钢中加入适当Mo或W[$w_{(Mo)}=0.5\%$，$w_{(W)}=1\%$]，因强烈阻碍和延迟杂质元素等往晶界的扩散偏聚，也可基本上消除这类脆性。

4.合金元素对钢性能的影响

提高钢的强度是加入合金元素的主要目的之一。而强化机制有四种：溶质原子——固溶强化；位错——位错强化；晶界——细晶强化；第二相粒子——第二相（沉淀和弥散）强化。合金元素的强化作用，正是利用了这些强化机制。加入合金元素后，对钢的工艺性能也带来较大影响。

8.1.2　合金钢的分类与编号

1.合金钢的分类

合金钢的分类方法很多，例如：按合金元素质量分数多少（化学成分），可分为低合金钢（low alloy steel）（总量低于5%）、中合金钢（medium alloy steel）（总量为5%～10%）和高合金钢（high alloy steel）（总量高于10%）；按所含的主要合金元素，可分为铬钢、铬镍钢、锰钢、硅锰钢等；按显微组织，可分为珠光体钢、马氏体钢、铁素体钢、奥氏体钢和莱氏体钢等。

GB/T13304.2—2008规定，按主要质量等级分类：低合金钢又分为普通质量低合金钢、优质低合金钢、特殊质量低合金钢；合金钢又分为优质合金钢、特殊质量合金钢。按主要使用特性分类：低合金钢又分为可焊接低合金高强度结构钢、低合金耐候钢、低合金钢筋钢、铁道用低合金钢、矿用低合金钢、其他低合金钢；合金钢又分为工程结构用钢、机械结构用钢、工具钢和特殊物理性能钢，不锈钢、耐蚀钢和耐热钢等。

2.合金钢的编号

钢的牌号应反映其主要成分和用途。世界各国合金钢的编号方法不一样，我国合金钢是按碳质量分数、合金元素的种类和数量以及质量级别来等编号的。

牌号基本组成为："两位数字＋元素符号＋数字＋……"。其中，前"两位数字"表示碳质量分数。结构钢以万分之一为单位的数字（两位数），工具钢和特殊性能钢以千分之一为单位的数字（一位数或无数字）来表示碳质量分数，而工具钢的碳质量分数超过1%时，碳质量分数不标出。"元素符号"表示钢中主要合金元素，质量分数由其后面的"数字"标明平均值，平均质量分数少于1.5%时不标数。如40Cr为结构钢，平均碳质量分数为0.4%，主要合金元素Cr的质量分数在1.5%以下。5CrMnMo为工具钢，平均碳质量分数为0.5%，主要合金元素Cr、Mn、Mo的质量分数均在1.5%以下。CrWMn钢也为工具钢，平均碳质量分数大于1.0%，Cr、Mo、W的质量分数均低于1.5%。

专用钢在首位用其用途的汉语拼音首字母注明。例如，滚动轴承钢在钢号前加注"G"。

GCr15 表示碳质量分数约 1.0%、铬质量分数约 1.5%(这是一个特例,铬质量分数以千分之一为单位的数字表示)的滚动轴承钢。Y40Mn 表示碳质量分数为 0.4%、锰质量分数少于 1.5%的易切削钢等。

高级优质钢,则在钢的末尾加“A”字,例如 20Cr2Ni4A 等。

个别特殊用途钢的编号方法有例外,如耐热钢 14Cr11MoV 的编号方法就与结构钢相同。

8.2 低合金钢和合金结构钢

8.2.1 低合金钢

根据主要使用特性,低合金钢包括低合金高强度结构钢、低合金耐候钢、低合金钢筋钢、铁道用低合金钢、矿用低合金钢等。

1. 低合金高强度结构钢

(1)用途　主要用于制造桥梁、船舶、车辆、锅炉、压力容器、石油管道、大型钢架结构等。采用普通低合金钢可以减轻结构重量,提高强度和韧性,保证使用性能,耐久,可靠。目前我国低合金高强度结构钢成本与碳素结构钢相近,故推广使用低合金高强度结构钢在经济上具有重大意义。

(2)性能特点　强度较高,塑性、韧性好,压力加工性和焊接性能好。

(3)化学成分特点　低碳量,合金元素总量不超过 5%。

1)含碳量　一般 $w_C \leqslant 0.25\%$,以保证其韧性、焊接性能及冷成形性能。

2)主加合金元素　Mn($w_{Mn} \leqslant 1.8\%$)能固溶强化铁素体,细化珠光体。

3)辅加元素　钛、钒、铌等形成微小的碳化物,如 TiC、VC、NbC 等,起细化晶粒和弥散强化作用;此外,可加入少量的铜、磷以提高钢在大气中的耐腐蚀性能。

(4)常用钢号　我国(GB/T1591-2008)对低合金高强度结构钢标准进行了修订,并对其钢号、质量等级作了新的规定。其牌号表示方法与碳素结构钢相同。新标准钢号、化学成分、力学性能以及新、旧标准对比等见表 8-1。

(5)热处理特点　常在热轧退火(或正火)状态下使用,组织为铁素体+珠光体。焊接后一般不再热处理。Q420、Q460 的 C、D、E 级钢可根据需要进行淬火+低温回火获得板条状马氏体。

2. 低合金耐候钢

低合金耐候钢即耐大气腐蚀钢。在低碳非合金钢的基础上加入少量 Cu、Cr、Ni、Mo 等合金元素,使其在钢的表面形成一层保护膜,以提高耐大气腐蚀的性能。我国 GB/T4171-2008 耐候结构钢代替 GB/T4171-2000 高耐候结构钢、GB/T4172-2000 焊接结构用耐候钢、GB/T18982-2003 集装箱用耐腐蚀钢板及钢带。其牌号由“屈服强度”、“高耐候”或“耐候”的汉语拼音首位字母“Q”、“GNH”或“NH”、屈服强度的下限值以及质量等级(A、B、C、D、E)组成,例如:Q355GNHC。

表 8-1　低合金高强度结构钢牌号、成分、性能(摘自 GB/T1591—2008)及用途

牌号	质量等级	化学成分 w / % C ≤	Si ≤	Mn ≤	P ≤	S ≤	Nb ≤	V ≤	Ti ≤	Cr ≤	Ni ≤	其他	厚度或直径/mm	机械性能 R_{eL}/MP	R_m / MP	A /%	KV_2/J	应用举例
Q345	A	0.20	0.50	1.7	0.035	0.035	0.07	0.15	0.20	0.30	0.50	C、D、E等级含Al≥0.015				≥20	—	船舶、铁路车辆、桥梁、管道、锅炉、压力容器、矿山机械、电站设备、厂房钢架等
	B				0.035	0.035							≤16	345	470		34(20℃)	
	C				0.030	0.030							>16～40	335	～	≥21	34(0℃)	
	D	0.18			0.030	0.025							>40～63	325	630		34(−20℃)	
	E				0.025	0.020											34(−40℃)	
Q390	A	0.20	0.50	1.7	0.035	0.035	0.07	0.20	0.20	0.30	0.50	C、D、E等级含Al≥0.015				≥20	—	中高压锅炉汽包、中高压化工容器、大型船舶、桥梁、车辆、起重设备
	B				0.035	0.035							≤16	390	490		34(20℃)	
	C				0.030	0.030							>16～40	370	～		34(0℃)	
	D				0.030	0.025							>40～63	350	650		34(−20℃)	
	E				0.025	0.020											34(−40℃)	
Q420	A	0.20	0.50	1.7	0.035	0.035	0.07	0.20	0.20	0.30	0.80	C、D、E等级含Al≥0.015				≥19	—	大型焊接构件、大型船舶、桥梁、车辆、电站设备、起重机械、中高压锅炉及容器
	B				0.035	0.035							≤16	420	520		34(20℃)	
	C				0.030	0.030							>16～40	400	～		34(0℃)	
	D				0.030	0.025							>40～63	380	680		34(−20℃)	
	E				0.025	0.020											34(−40℃)	
Q460	C	0.20	0.60	1.8	0.030	0.030	0.11	0.20	0.20	0.30	0.80	Al≥0.015	≤16	460	550	≥17	34(0℃)	中温高压容器(<120℃)、锅炉、化工、石油高压厚壁容器(<100℃)；淬火加回火可用于大型挖掘机、钻井平台等
	D				0.030	0.025							>16～40	440	～		34(−20℃)	
	E				0.025	0.020							>40～63	420	720		34(−40℃)	
Q500	C	0.18	0.60	1.8	0.030	0.030	0.11	0.12	0.20	0.60	0.80	Al≥0.015	≤16	500	610～770	≥17	55(0℃)	
	D				0.030	0.025							>16～40	480			47(−20℃)	
	E				0.025	0.020							>40～63	470	600～760		31(−40℃)	

(1)焊接结构用耐候钢　适用车辆、桥梁、集装箱、建筑及其他要求耐候性的结构件,具有较好的焊接性能。主要牌号有Q235NH、Q295NH、Q355NH、Q415NH、Q460NH、Q500NH、550NH等。

(2)高耐候性结构钢　适用于车辆、集装箱、建筑、塔架和其他要求高耐候性的钢结构,具有较好的耐大气腐蚀性能。主要牌号:热轧Q295GNH、Q355GNH;冷轧Q265GNH、Q310GNH等。

3.其他低合金结构钢

为了适应某些专业的特殊需要,对低合金高强度结构钢的成分、工艺及性能作相应的调整,从而发展了门类众多的低合金专业用钢。例如锅炉、各种压力容器、船舶、桥梁、汽车、农机、自行车、矿山、铁道、建筑钢筋等,许多钢号已纳入国家标准。

(1)锅炉和压力容器用钢板　GB713-2014《锅炉和压力容器用钢板》中列有Q245R、Q345R、Q370R、Q420R、18MnMoNbR、13MnNiMoR、15CrMoR、14Cr1MoR、12Cr2Mo1R、12Cr1MoVR等11个牌号。

(2)汽车用低合金钢　GB/T3273-2005列有370L、420L、440L、510L、550L等。主要用于汽车大梁、托架等结构件。包括冲压性能良好的低强度钢(发动机罩等)、微合金化钢(大梁等)、低合金双相钢(轮毂、大梁等)、高延性高强度钢(车门、挡板)等。

(3)铁道用低合金钢　GB11264-2012《热轧轻轨》、GB2585-2007《铁路用热轧钢轨》、YB/T5055-1993《起重机钢轨》。主要有轻轨钢(45SiMnP、50SiMnP等)、重轨钢(U74、U71Mn、U70MnSi、U70Mn、U75V等、起重机用低合金钢轨钢(U71Mn)、铁路用异型钢(09V、09CuPRE)和铁路用车轮钢(CL45MnSiV)。

(4)桥梁用低合金钢　GB/T714-2008《桥梁用结构钢》中列有:Q345q、Q420q、Q500q、Q550q、Q620q、Q690q等。

5)低合金钢筋钢　GB1499-2007中有HRB335、HRB400、RRB500等。

6)矿用一般低合金钢　GB/T3414-1994中有M510、M540、M565热轧钢等。

7)船舶及海洋工程用结构钢　GB712-2011中有A、B、D、E一般强度船舶及海洋工程用结构钢;AH32、DH32、EH32、FH32、AH36、AH40等高强度船舶及海洋工程用结构钢;AH420、AH460、AH500、AH620、AH690、FH690等超高强度船舶及海洋工程用结构钢。

随着油气管线工程发展,管线用钢的屈服强度等级也在逐年提高,为适应现场焊接条件,管线用钢采取降碳措施,为弥补降碳损失的强度又不损害焊接性。添加Nb、V、Ti等碳氮化物形成元素,采用适应螺旋焊管的控轧控冷钢或适应压力机成型焊管的淬火一回火钢。海底管线用钢在C-Mn-V系基础上添加Cu或Nb,以提高耐蚀性。低温管线用钢在C-Mn系基础上添加Ni、Nb、N,具有很好的低温韧性。

8.2.2　机械结构用合金钢

主要用于制造各种机械零件或构件,其质量等级都属于特殊质量等级,大多须经热处理后使用,按其用途和主要工艺特点可分为渗碳钢(carburizing steel)、调质钢(quenched and tempered steel)、弹簧钢(spring steel)、滚动轴承钢(ball bearing steel)、超高强度钢等。

1. 合金渗碳钢

合金渗碳钢常指经渗碳淬火、低温回火后使用的合金钢。

(1)用途

合金渗碳钢主要用于制造承受强烈冲击载荷和摩擦磨损的机械零件。如汽车、拖拉机中的变速齿轮，内燃机上的凸轮轴、活塞销等。这类零件在工作中遭受强烈的摩擦磨损，同时又承受较大的交变载荷，特别是较大的冲击载荷。

(2)性能特点

表面渗碳层具有高硬度、高耐磨性，心部具有良好的塑性和韧性。

(3)成分特点

低碳量，主要合金元素为Cr。

1)低碳　碳的质量分数一般在0.10%～0.25%，低含碳量保证了淬火后零件心部有足够的塑性、韧性。

2)主要合金元素是Cr，还可加入Ni、Mn、B、W、Mo、V、Ti等元素。其中，Cr、Ni、Mn、B的主要作用是提高淬透性，使大尺寸零件的心部淬火回火后有较高的强度和韧性；少量的W、Mo、V、Ti能形成细小、难溶的碳化物，以阻止渗碳过程中高温、长时间保温条件下晶粒长大。在零件表层形成的合金碳化物，可提高渗碳层的耐磨性。

(4)常用钢种

GB/T 3077-1999规定，按其强度或淬透性的高低可分三类，表8-2列出了常用合金渗碳钢的牌号、热处理、力学性能和用途。

1)低淬透性渗碳钢　如20Cr、20CrV、20MnV等。在水中的淬透层深度一般小于20～35mm。淬火、回火后心部强度和韧性较低，只能用作受力不大但耐磨性要求高的零件，如活塞销、滑块、小齿轮等。

2)中淬透性合金渗碳钢　如20CrMn、20CrMnTi、12Mn2TiB、20CrMnMo等。在油中的最大淬透层深度为25～60mm。用于制造中等强度的耐磨零件，如汽车、拖拉机变速齿轮、轴齿轮、轴套等。

3)高淬透性合金渗碳钢　如18Cr2Ni4W和20Cr2Ni4A(属于中合金钢)等。其淬透性很高，油中最大淬透直径大于100mm。用于制造承受重载荷(R_m>1200MPa)和强烈磨损的重要大型零件，如内燃机车的主动牵引齿轮、柴油机曲轴、连杆、飞机、坦克中的曲轴及重要齿轮等。这些钢渗碳后可空冷淬火，应进行冷处理(−70～−80℃)或高温(650℃左右)回火，以减少渗碳层中的残余奥氏体，提高表层耐磨性。

(5)渗碳钢的热处理特点及热处理后的组织

渗碳件的最终热处理为渗碳后淬火加低温回火。具体淬火工艺根据钢种而定：合金渗碳钢一般都是渗碳后直接淬火；而渗碳时易过热的钢种，如20Cr、20Mn2等在渗碳之后直接空冷(正火)，以消除过热组织，而后再进行淬火加低温回火。

热处理后的组织：表层为高碳回火马氏体、碳化物加少量残余奥氏体，硬度一般为58～62HRC；而心部组织则视钢的淬透性高低及零件尺寸的大小而定，可得到低碳回火马氏体或回火马氏体、托氏体、珠光体加铁素体组织。

表 8-2 常用渗碳钢的牌号、成分、热处理、力学性能(摘自 GB/T3077-1999)和用途

类别	钢号	主要化学成分 w / %							热处理/℃			机械性能(不小于)					试样尺寸 mm	应用举例
		C	Mn	Si	Cr	Ni	V	其他	预备处理	淬火	回火	R_m (σ_b) /MPa	R_{eL} (σ_s) /MPa	A (δ) /%	Z (ψ) /%	A_{KU2}/J		
低淬透性	15(碳钢)	0.12~0.18	0.35~0.65	0.17~0.37					890±10 空			375	225	27	55		<30	活塞销等
	20Mn2	0.17~0.24	1.40~1.80	0.17~0.37					850~870	770~800 油	200	785	590	10	40	47	15	小齿轮、小轴、活塞销等
	20Cr	0.18~0.24	0.50~0.80		0.70~1.00				880 水,油	800 水,油		835	540		40			齿轮、小轴、活塞销等
	20MnV	0.17~0.24	1.30~1.60				0.07~0.12			880 水,油		785	590			55		同上,也用作锅炉、高压容器管道
中淬透性	20CrMn	0.17~0.23	0.90~1.20	0.17~0.37	0.90~1.20					850 油	200	930	735	10	45	47		齿轮、轴、蜗杆、活塞销、摩擦轮等
	20CrMnTi	0.17~0.23	0.80~1.10	0.17~0.37	1.00~1.30			Ti0.04~0.10	880 油	870 油		1080	850			55	15	汽车拖拉机上的变速箱齿轮
	20MnTiB	0.17~0.24	1.30~1.60	0.17~0.37				Ti0.04~0.10 B0.0005~0.0035		860 油		1130	930					代 20CrMnTi
	20SiMn2MoV	0.17~0.23	2.20~2.60	0.90~1.20			0.05~0.12	Mo0.30~0.40		900 油		1380	—	10	45	55	试样	代 20CrMnTi
高淬透性	18Cr2Ni4WA	0.13~0.19	0.30~0.60	0.17~0.37	1.35~1.65	4.00~4.50		W0.80~1.20	950 空	850 空	200	1180	835	10	45	78	15	大型渗碳齿轮和轴类件
	20Cr2Ni4	0.17~0.23			1.25~1.65	3.25~3.65			880 油	780 油			1080			63		同上
	20CrMnMo	0.17~0.23	0.9~1.20		1.10~1.40			Mo0.20~0.30		850 油			885			55		大型渗碳齿轮、飞机齿轮

(6)渗碳钢零件的一般工艺路线

以20CrMnTi渗碳钢制造汽车变速齿轮为例。其技术条件要求:渗层深度为1.2～1.6mm,表面碳浓度为1.0%,齿面硬度为58～60HRC,心部硬度为30～45HRC。一般生产工艺路线如下:

下料→毛坯锻造→正火→加工齿形→局部镀铜→渗碳→预冷淬火+低温回火→喷丸→精磨(磨齿)

锻造的主要目的是在毛坯内部获得正确流线分布和提高组织致密度,正火的目的:一是改善锻造组织;二是调整硬度(170～220HBW),有利于切削加工。对不渗碳部分可采用镀铜防止渗碳。根据渗碳温度920℃和渗碳层深度要求(查阅有关资料),渗碳时间确定为7h,具体热处理工艺曲线如图8-8所示。经淬火加低温回火后,表面和心部均能达到技术要求。

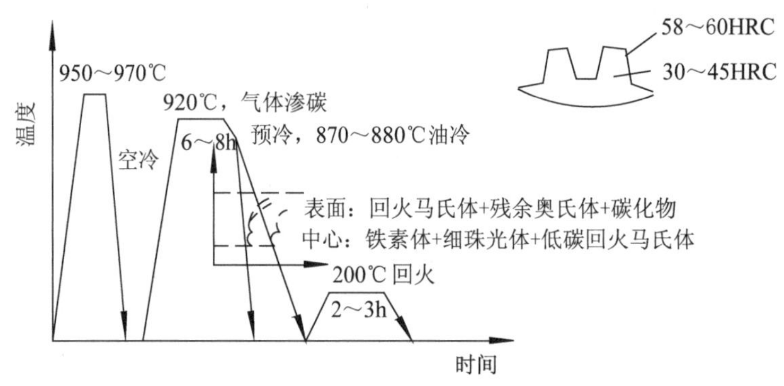

图8-8 20CrMnTi渗碳钢制造汽车变速齿轮的热处理工艺曲线

喷丸不仅可清除齿轮渗碳过程中产生的氧化皮,而且使表层发生塑性变形而产生压应力,有利于提高疲劳强度,精磨是为了进一步降低喷丸后的齿面粗糙度。

2.合金调质钢

调质钢多数是指经调质后使用的结构钢。

(1)用途

主要用于制造在重载荷下同时又受冲击载荷作用的一些重要零件,如汽车、拖拉机、机床等上的齿轮、轴类件、连杆、高强度螺栓等,是机械结构和重要零件的主要材料。

(2)性能特点

具有高强度、高韧性相结合的良好综合力学性能。

(3)成分特点

1)中碳　碳的质量分数一般为0.30%～0.5%;过低,回火后强度、硬度低;过高,则塑性、韧性不够。

2)主要合金元素:是Cr、Mn、Ni、Si、B等,主要作用是提高淬透性;辅加元素W、Mo、V、Ti等可形成稳定的合金碳化物,阻止奥氏体晶粒长大,细化晶粒,提高回火稳定性。钢中加入Mo、W可防止第二类回火脆性,其适宜质量分数为w_{Mo}=0.15%～0.30%或w_W=0.8%～1.2%。

(4)常用钢种

合金调质钢的种类很多，按淬透性高低分三类：

1)低淬透性钢 如 40Cr、40MnB 等，油淬的最大淬透直径为 30～40mm。用于制造一般尺寸的重要零件，如轴类、连杆、螺栓等。

2)中淬透性钢 如 35CrMo、38CrSi 等，油淬的最大直径为 40～60mm。用于制造截面较大的零件，如曲轴、连杆等。

3)高淬透性钢 如 40CrNiMoA，油淬直径可达 60～100mm。用于制造大截面、重载的零件，如机床和汽轮机主轴、叶轮等。

表 8-3 中列出了常用合金调质钢牌号、热处理、力学性能(GB/T3077-1999)和用途。

(5)热处理特点

调质钢的最终热处理为淬火后高温回火(即调质处理)，回火温度一般为 500～650℃。回火应快冷以防止高温回火脆性的产生。热处理后的组织为回火索氏体。若要求表面有良好耐磨性的，则可在调质后进行表面淬火或氮化处理。

(6)调质钢零件的一般工艺路线

锻造→正火或完全退火→粗加工→调质→精加工→(表面淬火加低温回火或氮化处理)→精磨或研磨

对低淬透性钢，切削加工前选用正火；中高淬透性的调质钢，切削加工前则选用完全退火。若氮化处理，放精磨余量在直径上不应超过 0.10～0.15mm。

3. 非调质机械结构钢

为了节约能源，简化工艺，降低成本，近年发展了不进行调质处理而通过锻造时控制终锻温度及锻后的冷却速度来获得具有较高强韧性能的钢材，称其为非调质机械结构钢，其成分特点是在中碳钢中添加微量的 V、Ni、Cr 等元素。它在一定程度上可以取代需要淬火、回火的调质钢。与传统调质钢相比，生产工艺大为简化。

非调质机械结构钢的突出优点是不进行淬火、回火处理，简化了生产工序，且易于切削加工，用其代替调质钢，可降低成本 25%。因此，这类钢在国外发展很快，已被用来制造曲轴、连杆、螺栓、齿轮等。但目前这类钢(无论是德国的 49MnVS3 或英国的 Vanard1 牌号)与调质钢相比，主要缺点是塑性、冲击韧性偏低，限制了它在强冲击载荷下的应用。

我国(GB/T15712-2008)非调质机械结构钢分为直接切削加工用非调质机械结构钢和热压力加工用非调质机械结构钢两类。有 F45MnVS(w_C=0.42%～0.49%、w_{Mn}=1.00%～1.50%、w_{Si}=0.30%～0.60%、w_V=0.06%～0.13%、w_{Ni}≤0.03%、w_{Cr}≤0.03%、w_S=0.035%～0.075%)、F35VS、F40VS、F45VS、F35MnVS、F40MnVS、F12MnVBS 等 10 种。

通过控制热加工工艺，防止了高终轧温度下奥氏体晶粒长大的再结晶现象发生，因此细化了铁素体一珠光体组织，保证了高的冲击韧性和高的强度相配合的综合力学性能(如 F40VS 钢 R_m≥640MPa、R_{eL}≥420MPa、KU_2≥37J、断后伸长率≥16%、断面收缩率≥35%)。

4. 合金弹簧钢

(1)用途

合金弹簧钢是专用结构钢，主要用于制造弹簧等弹性元件。

表 8-3　常用调质钢的牌号、热处理、力学性能(GB/T3077-1999)和用途

<table>
<tr><th rowspan="3">类别</th><th rowspan="3">钢号</th><th colspan="8">主要化学成分 w /%</th><th colspan="2">热处理 /℃</th><th rowspan="3">试样尺寸 mm</th><th colspan="5">机械性能</th><th rowspan="3">退火状态 HBW</th><th rowspan="3">应用举例</th></tr>
<tr><th rowspan="2">C</th><th rowspan="2">Mn</th><th rowspan="2">Si</th><th rowspan="2">Cr</th><th rowspan="2">Ni</th><th rowspan="2">Mo</th><th rowspan="2">V</th><th rowspan="2">其他</th><th rowspan="2">淬火</th><th rowspan="2">回火</th><th>R_m (σ_b) /MPa</th><th>R_{eL} (σ_s) /MPa</th><th>A (δ_5) /%</th><th>Z (ψ) /%</th><th>KU_2 /J</th></tr>
<tr><th colspan="5">(不小于)</th></tr>
<tr><td rowspan="4">低淬透性钢</td><td>45*</td><td>0.42~0.50</td><td>0.50~0.80</td><td rowspan="4">0.17~0.37</td><td>≤0.25</td><td>≤0.30</td><td></td><td></td><td></td><td>840 水</td><td>600 空</td><td>25</td><td>600</td><td>355</td><td>16</td><td>40</td><td>39</td><td>197</td><td>主轴、曲轴、齿轮柱塞等</td></tr>
<tr><td>40MnB</td><td rowspan="2">0.37~0.44</td><td rowspan="2">1.10~1.40</td><td rowspan="2"></td><td rowspan="3"></td><td rowspan="3"></td><td></td><td rowspan="2">B0.0005~0.0035</td><td rowspan="3">850 油</td><td>500 水,油</td><td rowspan="3">25</td><td rowspan="4">980</td><td rowspan="3">785</td><td rowspan="2">10</td><td rowspan="3">45</td><td rowspan="3">47</td><td rowspan="3">207</td><td rowspan="2">可代替 40Cr 及部分代替 40CrNi 作重要零件,也可代替 38CrSi 做重要销钉</td></tr>
<tr><td>40MnVB</td><td>0.05~0.10</td><td rowspan="2">520 水,油</td></tr>
<tr><td>40Cr</td><td>0.37~0.44</td><td>0.50~0.80</td><td>0.80~1.10</td><td></td><td></td><td>9</td><td>做重要调质件如轴类件、连杆螺栓、进气阀和重要齿轮等</td></tr>
<tr><td rowspan="3">中淬透性钢</td><td>38CrSi</td><td>0.35~0.43</td><td>0.30~0.60</td><td>1.00~1.30</td><td>1.30~1.60</td><td></td><td></td><td></td><td></td><td>900 油</td><td>600 水,油</td><td rowspan="3">25</td><td rowspan="3">835</td><td>12</td><td>50</td><td>55</td><td>255</td><td>做载荷大的轴类件及车辆上的重要调质件</td></tr>
<tr><td>30CrMnSiA</td><td>0.28~0.34</td><td>0.80~1.10</td><td>0.90~1.20</td><td rowspan="2">0.80~1.10</td><td></td><td></td><td></td><td></td><td>880 油</td><td>540 水,油</td><td>1080</td><td>10</td><td rowspan="2">45</td><td>39</td><td rowspan="2">229</td><td>高强度钢,做高速载荷砂轮轴、车辆上内外摩擦片等</td></tr>
<tr><td>35CrMo</td><td>0.32~0.40</td><td>0.40~0.70</td><td>0.17~0.37</td><td></td><td>0.15~0.25</td><td></td><td></td><td>850 油</td><td>550 水,油</td><td>980</td><td>12</td><td>63</td><td>重要调质件,如曲轴、连杆及代 40CrNi 做大截面轴类件</td></tr>
</table>

* 45 钢为优质非合金结构钢(优质碳素结构钢)(GB/T699—1999)

表 8-3　常用调质钢的牌号、热处理、力学性能(GB/T3077-1999)和用途(续)

类别	钢号	主要化学成分 w /%								热处理 /℃		试样尺寸 mm	机械性能					退火状态 HBW	应用举例
		C	Mn	Si	Cr	Ni	Mo	V	其他	淬火	回火		R_m (σ_b) /MPa	R_{eL} (σ_s) /MPa	A (δ_5) /%	Z (ψ) /%	KU_2 /J		
													(不小于)						
高淬透性钢	38CrMoAl	0.35～0.42	0.30～0.60	0.20～0.45	1.35～1.65		0.15～0.25		Al0.70～1.10	940 水，油	640 水，油	30	980	835	14	50	71	229	做氮化零件，如高压阀门，缸套等
	37CrNi3	0.34～0.41			1.20～1.60	3.00～3.50				820 油	500 水，油		1130	980	10	50	47	269	做大截面并要求高强度、高韧性的零件
	40CrMnMo	0.37～0.45	0.90～1.20		0.9～1.20		0.20～0.30				600 水，油		980	785	10	45	63	217	相当于 40CrNiMoA 高级调质钢
	25Cr2Ni4WA	0.21～0.28	0.30～0.60	0.17～0.37	1.35～1.65	4.0～4.50			W0.80～1.20	850 油	550 水，油	25	1080	930	11	45	71	269	做机械性能要求很高的大断面零件
	40CrNiMoA	0.37～0.44	0.50～0.80		0.6～0.90	1.25～1.65	0.15～0.25				600 水，油		980	835	12	55	78	269	做高强度零件，如航空发动机轴，在 < 500℃ 工作的喷气发动机承载零件

(2)性能特点

因弹簧类零件在冲击、振动和周期性扭转、弯曲等交变应力下工作,所以应有高的弹性极限和屈强比,还应具有足够的塑性、韧性和足够的疲劳强度。此外,弹簧钢还要求有较好的淬透性,不易脱碳和过热,容易绕卷成型,表面不应有脱碳、裂纹、折叠、斑疤和夹杂等缺陷。一些特殊合金弹簧钢还要求耐热性、耐蚀性等。

(3)成分特点

1)中、高碳量。碳的质量分数一般在0.45%~0.7%。

2)主要合金元素有Si、Mn等,其主要作用是提高弹簧钢的淬透性,同时也提高了屈强比。重要用途的合金弹簧钢须加入Cr、V、W等元素,如Si-Cr弹簧钢表面不易脱碳;Cr-V弹簧钢晶粒细小不易过热,耐冲击性能好,高温强度也较高。

(4)常用钢种

合金弹簧钢大致分两类。一类是以Si、Mn为主要合金元素的合金弹簧钢,另一类是含Cr、V、W等元素的合金弹簧钢。

表8-4列出了常用弹簧钢的牌号、热处理、力学性能(GB1222-2007)和用途。

(5)热处理特点

弹簧钢热处理一般是淬火后中温回火,获得回火托氏体组织。

截面尺寸≥8 mm的大型弹簧常在热态下成形(把钢加热到比淬火温度高50~80℃热卷成形)并利用成形后的余热立即淬火后中温回火。

截面尺寸≤8mm的弹簧常采用冷拉钢丝冷卷成形,若钢丝冷拔前进行了铅浴等温淬火,成形后进行(200~300℃)去应力回火处理;若冷拔前没有进行淬火,则成形后进行淬火与中温回火。

为进一步提高弹簧的疲劳强度,回火后可进行喷丸处理,消除钢丝表面的缺陷并可使表面产生硬化层,形成残余压应力,提高疲劳强度和弹簧的使用寿命。如汽车板簧喷丸处理后,使用寿命可成倍提高。

5.滚动轴承钢

(1)用途

滚动轴承钢主要用于制造滚动轴承的内、外套圈以及滚动体(滚珠、滚柱、滚针),还可用于制造某些工具,如模具、量具等。

(2)性能特点

滚动轴承在工作时承受很大的交变载荷和极大的接触应力,受到严重的摩擦磨损,并受到冲击载荷的作用、大气和润滑介质的腐蚀作用。这就要求轴承钢必须具有高而均匀的硬度和耐磨性、高的接触疲劳强度、足够的韧性和对大气等的耐蚀能力。

(3)成分特点

1)高碳量,碳的质量分数一般在0.95%~1.15%。

2)主要合金元素是Cr,其作用是提高淬透性以及形成合金渗碳体,提高硬度和耐磨性。加入Si、Mn、V等元素进一步提高淬透性,用于制造大型轴承。

表 8-4 常用弹簧钢的牌号、热处理、力学性能(GB1222-2007)和用途

钢号	主要化学成分 w /%					热处理 /℃		机械性能(不小于)				应用范围
	C	Si	Mn	Cr	其他	淬火	回火	R_m /MPa	R_{eL} /MPa	$A_{11.3}$ /%	Z /%	
65	0.62~0.70	0.17~0.37	0.50~0.80	≤0.25		840(油)	500	980	785	9	35	截面 < 12mm 的小弹簧
70	0.62~0.75	0.17~0.37	0.50~0.80	≤0.25		830(油)	480	1030	835	8	30	
85	0.82~0.90	0.17~0.37	0.50~0.80	≤0.25		820(油)	480	1130	980	6	30	
65Mn	0.62~0.70	0.17~0.37	0.90~1.20	≤0.25		830(油)	540	980	785	8	30	截面 ≤ 25mm 的弹簧,如汽车板簧、机车板簧、缓冲卷簧等
60Si2Mn	0.56~0.64	1.50~2.00	0.70~1.00	≤0.35		870(油)	480	1275	1180	5	25	
60Si2MnA	0.56~0.64	1.60~2.00	0.70~1.00	≤0.35		870(油)	440	1570	1375	5	20	
										A/%		
60Si2CrA	0.56~0.64	1.40~1.80	0.40~0.70	0.70~1.00		870(油)	420	1765	1570	6	20	截面 ≤ 30mm 的重要弹簧,如小型汽车、载重车板簧、扭杆簧、低于 350℃ 的耐热弹簧等
60Si2CrVA	0.56~0.64	1.40~1.80	0.40~0.70	0.90~1.20	V0.10~0.20	850(油)	410	1860	1665	6	20	
50CrVA	0.46~0.54	0.17~0.37	0.50~0.80	0.80~1.10	V0.10~0.20	850(油)	500	1275	1130	10	40	
55CrMnA	0.52~0.60	0.17~0.37	0.65~0.95	0.65~0.95		850(油)	500	1225	1080	9	20	
55SiCrA	0.51~0.59	1.20~1.60	0.50~0.80	0.50~0.80		860(油)	450	1450~1750	1300	6	25	
30W4Cr2VA	0.26~0.34	0.17~0.37	≤0.4	2.00~2.50	V0.50~0.80 W4.00~4.50	1050~ 1100(油)	600	1470	1323	7	40	用作≤500℃的耐热弹簧,如锅炉主安全阀弹簧、气轮机汽封弹簧等

其中:65、70、85、65Mn 为非合金结构钢(GB/T699-1999)。

（4）常用钢种

我国 GB/T18254-2003 高碳铬轴承钢、GB/T3086-2008 高碳铬不锈轴承钢、GB/T28417-2012 碳素轴承钢、GB/T3203-1982 渗碳轴承钢技术条件等标准规定有各类轴承钢。目前以铬轴承钢应用最广。最有代表性的是 GCr15。

轴承钢的牌号以“滚”字汉语拼音字首“G”、铬元素符号及其名义质量（以千分含量）表示，碳的含量不标出。表 8-5 列出了常用滚动轴承钢的牌号、化学成分、热处理和用途。

（5）热处理特点

滚动轴承的最终热处理是淬火加低温回火，组织为极细的回火马氏体、均匀分布的细粒状碳化物及微量的残余奥氏体，硬度为 61～65HRC。精密轴承为保证尺寸稳定性，可在淬火后进行冷处理（−60～−80℃），然后再进行低温回火。并在磨削加工后，再进行时效处理，进一步消除应力、稳定尺寸。

表 8-5　常用滚动轴承钢的牌号、化学成分、热处理和用途

<table>
<tr><th rowspan="2">类别</th><th rowspan="2">钢号</th><th colspan="5">主要化学成分 w /%</th><th colspan="3">热处理规范及性能</th><th rowspan="2">主要用途</th></tr>
<tr><th>C</th><th>Cr</th><th>Si</th><th>Mn</th><th>Mo</th><th>淬火 /℃</th><th>回火 /℃</th><th>回火后 /HRC</th></tr>
<tr><td rowspan="5">高碳铬轴承钢</td><td>GCr6</td><td>1.05～1.15</td><td>0.40～0.70</td><td rowspan="2">0.15～0.35</td><td rowspan="2">0.20～0.40</td><td></td><td rowspan="2">800～820</td><td>150～170</td><td rowspan="2">62～66</td><td><10mm 的滚珠、滚柱和滚针等</td></tr>
<tr><td>GCr9</td><td>1.00～1.10</td><td>0.9～1.2</td><td></td><td>150～160</td><td>20mm 以内的各种滚动轴承</td></tr>
<tr><td>GCr9SiMn</td><td>1.0～1.10</td><td>0.9～1.2</td><td>0.40～0.70</td><td>0.90～1.20</td><td></td><td>810～830</td><td>150～200</td><td>61～65</td><td>壁厚 < 14mm，外径 < 60mm 的轴承套，25～50mm 的钢球；直径 25mm 左右滚柱等</td></tr>
<tr><td>GCr15</td><td rowspan="2">0.95～1.05</td><td>1.30～1.65</td><td>0.15～0.35</td><td>0.25～0.45</td><td></td><td rowspan="2">820～840</td><td>150～160</td><td>62～66</td><td>同 GCr9SiMn</td></tr>
<tr><td>GCr15SiMn</td><td>0.90～1.65</td><td>0.40～0.65</td><td>0.90～1.20</td><td></td><td>170～200</td><td>>62</td><td>壁厚 ≥ 14mm，外径 250mm 的套圈，直径 20～200mm 的钢球。其他同 GCr15</td></tr>
<tr><td rowspan="3">渗碳轴承钢</td><td>G20CrMo</td><td rowspan="3">0.17～0.23</td><td rowspan="2">0.35～0.65</td><td>0.20～0.35</td><td>0.65～0.95</td><td>0.08～0.15</td><td colspan="3" rowspan="3">渗碳淬火加低温回火</td><td rowspan="3">用作轧钢机械、矿山挖掘机械的大型轴承</td></tr>
<tr><td>G20CrNiMo</td><td rowspan="2">0.15～0.40</td><td>0.60～0.90</td><td></td></tr>
<tr><td>G20Cr2Mn2Mo</td><td>1.70～2.00</td><td>1.30～1.60</td><td></td></tr>
</table>

续表

类别	钢号	主要化学成分 w /%					热处理规范及性能			主要用途
		C	Cr	Si	Mn	Mo	淬火/℃	回火/℃	回火后/HRC	
高铬不锈轴承钢	9Cr18	0.90～1.00	17.0～19.0	0.80	0.80		淬火、低温回火		58～62	耐腐蚀要求高的各种轴承
	9Cr18Mo	0.95～1.10	16.0～18.0			0.40～0.70				
高温轴承钢	Cr4MoV	0.75～0.85	3.75～4.25	≤0.80	V0.9～1.1	4.00～4.50			>60	在高温(430℃)下长期工作的轴承

(6)轴承钢制造轴承零件的加工工艺路线

轧制、锻造→球化退火→机加工→淬火+低温回火→磨加工→成品

对精密轴承件,为进一步降低内应力和残余奥氏体量,稳定尺寸,必须在淬火后、低温回火前进行冷处理(−60～−80℃),并在磨后进行120～130℃保温5～10h(低温时效处理),目的是进一步消除磨削应力,稳定尺寸。

6.超高强度钢

超高强度钢一般指抗拉强度超过1500MPa或屈服强度超过1380MPa的合金结构钢。这类钢主要用于航空、航天工业。具有很高的强度和足够的韧性,在静载荷和动载荷条件下能承受很高的工作应力,从而可减轻结构重量。

超高强度钢通常按化学成分和强韧化机制分为低合金超高强度钢、二次硬化型超高强度钢、马氏体时效钢和超高强度不锈钢等几类。

(1)低合金超高强度钢

是在合金调质钢基础上加入一定量的合金元素而成。其含碳量 $w_C \leqslant 0.45\%$,以保证足够的塑性和韧性。合金元素总量 w_{Me} 在5%左右,其主要作用是提高淬透性、耐回火性及韧性。热处理工艺是淬火加低温回火。如30CrMnSiNi2A钢,热处理后抗拉强度为1700～1800MPa,是航空工业应用最广的低合金超高强度钢。

(2)中合金超高强度钢

这类钢大多含有强碳化物形成元素,其总量 $w_{Me}=5\%\sim10\%$。典型钢种是Cr-Mo-V型中合金超高强度钢,也称二次硬化钢,如4Cr5MoSiV,经过高温淬火和三次回火(580～600℃),获得高强度、抗氧化性和抗热疲劳性能。

(3)马氏体时效钢

含碳量极低(≤0.03%),是一种超低碳高合金超高强度钢。通过马氏体转变和时效析出金属间化合物(Ni_2Mo、Fe_2Mo等)而达到强化效果。

(4)超高强度不锈钢

这类钢兼有较高的强度和良好的耐腐蚀性能。马氏体沉淀硬化不锈钢是最早应用的超

高强度不锈钢，此外还有马氏体时效不锈钢等。主要通过马氏体转变产生强化和时效处理析出弥散强化相来进一步强化。

8.3 合金工具钢

用于制造刃具、模具、量具和其他耐磨工具的合金钢统称为合金工具钢。

按成分和使用特性分类，刃具钢有低合金工具钢、高速工具钢；模具钢有冷作模具钢、热作模具钢以及无磁工具钢和塑料模具钢等。

8.3.1 合金刃具钢

主要用于制造各类金属切削刃具，如车刀、铣刀、钻头等。刃具切削时受切削力作用且切削发热，还要承受一定的冲击与振动，因此对其性能要求如下：

(1)高硬度、高耐磨性　切削加工时刃具的刃部与工件之间发生强烈摩擦，故一般要求硬度大于60HRC。

(2)高红(热)硬性　切削过程中刃部因温度升高而使其硬度降低，故要求刃具在较高温度下仍能保持较高硬度，即高的热硬性。它与钢的回火稳定性和回火过程中析出弥散碳化物的多少、大小及种类有关。

(3)足够的韧性和塑性　以免使用过程中崩刃、折断。

1. 低合金工具钢

(1)用途

主要用于制造形状较复杂、截面尺寸较大的低速切削刃具，也用于制造如卡尺、千分尺、块规、样板等测量工具。

(2)性能特点

具有高强度、高硬度、高耐磨性、高的热硬性和足够的塑性与韧性，但最高工作温度不超过300℃。

(3)成分特点

含碳量较高，一般为$w_C=0.9\%\sim1.1\%$，以保证钢的高硬度、高耐磨性。加入合金元素Cr、Mn、Si等提高钢的淬透性，加入W、V提高回火稳定性、耐磨性。

(4)常用钢种

国标GB/T1299-2000规定了合金工具钢的牌号、成分、热处理。常用钢种见表8-6。

(5)热处理特点

刃具成形前进行球化退火，其最终热处理为淬火并低温回火。对量具在淬火后还应立即进行$-70\sim-80$℃的冷处理，使残余奥氏体尽可能地转变为马氏体，以保证量具尺寸的稳定性。

(6)低合金刃具钢制造刃具的工艺路线

9SiCr钢圆板牙的生产过程为：

下料→球化退火→机加工→淬火＋低温回火→磨平面→抛槽→开口

淬火加热时，在600～650℃要保温(预热)，其目的是减小工件心表温差，防止工件变形。奥氏体化后在160～200℃的硝盐浴中进行分级淬火，可减小变形。最后在190～200℃进行低温回火，使硬度达到要求值60～63HRC。

回火后组织为回火马氏体、剩余碳化物和少量残余奥氏体。

2.高速工具钢

高速钢(high speed steel)比低合金工具钢允许有更高的切削速度，且能较长时间保持刃口锋利，故俗称"锋钢"。

(1)性能特点

高速钢与低合金工具钢相比，具有更高的热硬性和耐磨性。工作温度高达600℃时，硬度无明显下降。

(2)成分特点

1)碳量：碳质量分数 $w_C=0.7\%\sim1.3\%$，保证马氏体硬度和形成合金碳化物，当碳含量过高时，会使碳化物偏析严重，降低钢的韧性。

2)合金元素：加入Cr，提高淬透性，此类钢淬透性很高，空冷可获得马氏体组织。加入大量的W、Mo、V提高热硬性，含有W、Mo和V的马氏体抗回火能力很强，且在500～600℃析出弥散分布的特殊化合物(如 W_2C、Mo_2C)而产生二次硬化现象。

高速钢中，W=6%～18%，Mo<6%，V<3%；可用Mo1%代替W2%。V与C形成VC或 V_4C_3，提高钢的硬度和耐磨性，并细化晶粒。

(3)常用钢种

国标GB/T9943-2008中，高速工具钢按照化学成分分类有：钨系和钨钼系两种基本系列。按照性能分类有：低合金高速工具钢、普通高速工具钢和高性能高速工具钢三种基本系列。常用钢种见表8-6。

(4)热处理特点

以W18Cr4V钢制造盘形齿轮铣刀为例，讨论高速钢的热处理工艺特点。盘形齿轮铣刀的生产工艺如下：

下料→锻造→球化退火→机加工→淬火+560℃回火三次→喷砂→磨加工→成品

1)锻造　由于高速钢中大量的合金元素，使 $Fe\text{-}Fe_3C$ 相图中的 E 点左移至碳0.77%以下，铸态组织中出现莱氏体，其组织中有大量鱼骨状共晶碳化物，大大降低钢的机械性能，特别是韧性。这些粗大的化合物不能用热处理来消除，只能用锻造的方法，将其击碎，并使其分布均匀，若钢中的碳化物分布不均匀，刀具在使用过程中易崩刃和磨损。

2)球化退火　其目的是降低硬度至207～255HBW，改善切削性能，获得索氏体组织，为淬火做好组织准备。为缩短时间，一般采用等温退火。

3)淬火、回火　高速钢制造的盘形齿轮铣刀的淬火、回火工艺曲线见图8-9所示。

从图中可以看出，高速钢热处理有以下特点：

①在淬火加热过程中要进行预热　高速钢的导热性很差，而淬火温度又很高，为防止变形、开裂和减少淬火保温时间，加热过程中，一般要进行1～2次预热：低温600～650℃和中温800～850℃两次，对形状简单、尺寸小的工件可只在中温区预热一次。

表 8-6　常用合金刃具钢的牌号、成分、热处理和用途

类别	钢号	主要化学成分 w /%							热处理					应用举例
		C	Mn	Si	Cr	W	V	Mo	淬火			回火		
									淬火温度/℃	冷却	硬度/HRC	回火/℃	硬度/HRC	
低合金刃具钢	9Mn2V	0.85～0.95	1.70～2.00	≤0.40			0.10～0.25		780～810	油	≥62	150～200	60～62	小冲模、冷压模、雕刻模、剪刀、各种变形小的量规、样板、丝锥、板牙、铰刀等
	9SiCr		0.30～0.60	1.20～1.60	0.95～1.25				820～860			180～200		板牙、丝锥、钻头、铰刀、齿轮铣刀、冷冲模、冷轧辊等
	Cr2	0.95～1.10	≤0.40	≤0.40	1.30～1.65				830～860			150～170	61～63	车刀、铣刀、插刀、铰刀、测量工具样板、凸轮销、偏心轮、冷轧辊
	W	1.05～1.25	≤0.40	≤0.40	0.10～0.30	0.80～1.20			800～830(水)			150～160	64～65	低速切削硬金属用的刀具如铣刀、车刀、刨刀、高压力工作用的刻刀等
	9CrWMn	0.85～0.95	0.90～1.20	≤0.40	0.50～0.80	0.50～0.80			800～830			130～140	62～65	各种量规与块规等
	CrWMn	0.90～1.05	0.80～1.10	≤0.40	0.90～1.20	1.20～1.60			800～830			140～160		板牙、拉刀、量规、形状复杂高精度的冲模等
高速钢	W18Cr4V (18—4—1)	0.73～0.83	0.10～0.40	0.20～0.40	3.80～4.50	17.20～18.70	1.00～1.40		1270～1285			550～570(三次)	63～66	制造一般高速切削用车刀、刨刀、钻头、铣刀等
	W6Mo5Cr4V2 (6—5—4—2)	0.80～0.90			3.80～4.40	5.50～6.75	1.75～2.20	4.50～5.50	1220～1240		≥63		63～66	制造耐磨性和韧性配合很好的切削刀具如丝锥、钻头等；适于采用轧制、扭制热变形加工成形新工艺制造钻头
	W6Mo5Cr4V3 (6—5—4—3)	1.15～1.25	0.15～0.40	0.20～0.45	3.80～4.50	5.90～6.70	2.70～3.20	4.70～5.20	1210～1230			540～560(三次)	>65	制造要求耐磨性和热硬性较高的，耐磨性和韧性较好配合的，形状较复杂的刀具，如拉刀、铣刀等
	CW6Mo5Cr4V2	0.86～0.94					1.75～2.10		1200～1220					
	W6Mo5Cr4V2Al	1.05～1.15		0.20～0.60	3.80～4.40	5.50～6.75	1.75～2.20	4.50～5.50	1230～1240					

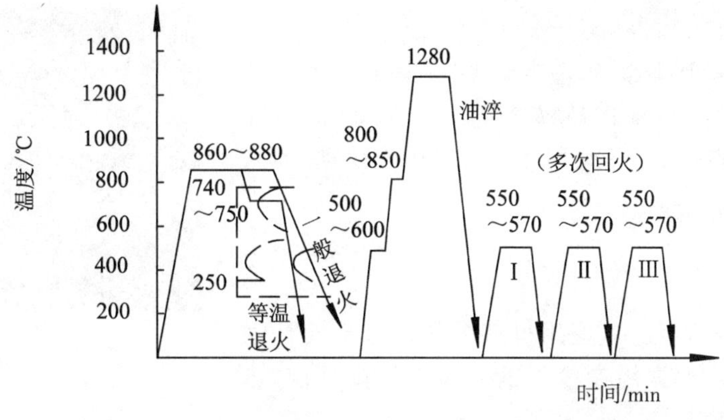

图 8-9　W18Cr4V 钢的球化退火、淬火、回火工艺曲线

②淬火温度高　W18Cr4V 钢的淬火加热温度通常在 1270～1285℃，这是因高速钢中由 W、Mo、Cr、V 等元素形成的特殊碳化物只能在 1200℃以上较多地溶入奥氏体中，以确保淬火回火后获得高的热硬性。当淬火温度再高时，会因奥氏体中合金元素溶入过多，而导致淬火后残余奥氏体增多和晶粒粗大、降低钢的韧性。正常淬火组织为：隐针马氏体、粒状碳化物(淬火加热状态下未溶解的)和较多(约 20%)的残余奥氏体。淬火组织如图 8-10。

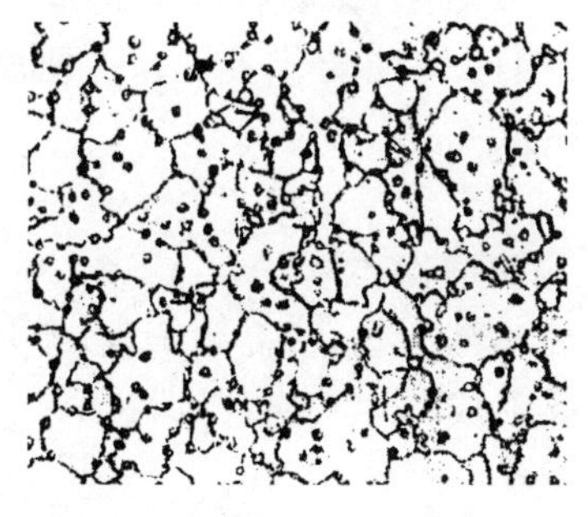

图 8-10　W18Cr4V 正常淬火组织

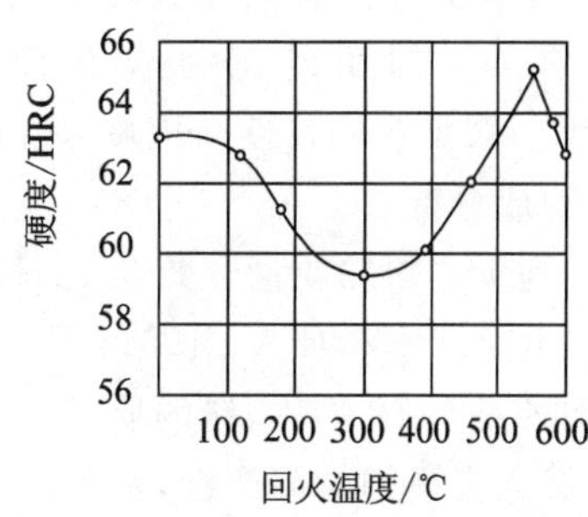

图 8-11　W18Cr4V 淬火钢的硬度与回火温度的关系

③需经三次回火　由于淬火高速钢中含大量的残余奥氏体，必须用回火来减少残余奥氏体。图 8-11 是 W18Cr4V 淬火后在不同回火温度时的硬度变化曲线。图中 550～570℃时的硬度最高，其原因：一方面从马氏体中析出大量细小的碳化物，如 W_2C、VC 等，这些稳定、难以聚集长大的碳化物使钢的硬度提高；另一方面残余奥氏体向马氏体转变，这种在回火冷却过程中一部分残余奥氏体又转变成马氏体的过程称为“二次淬火”。

高速钢一般需要三次回火；经一次回火后，其残余奥氏体量减为 15%左右，经三次回火后，残余奥氏体量仅剩 1%～2%，硬度可提高到 66～67HRC。

回火后的组织为：回火马氏体、碳化物和少量残余奥氏体。如图 8-12。

高速钢价格较贵，为充分发挥其性能和节省材料，常采用焊接或镶嵌高速钢刀头(片)，如大于 ϕ10mm 的钻头，采用 45 钢作刀柄；直径 600mm 以上的锯片，可镶高速钢齿片。另外，尽可能使用铸造或粉末冶金生产高速钢刀具，以降低成本。

3.耐冲击工具钢

这类钢主要是在 CrSi 钢的基础上,添加质量分数为2.0%~2.5%的钨,以细化晶粒,提高回火后的韧性,如 GB/T1299-2000 中 5CrW2Si 钢等。主要用作风动工具、錾、冲模、冷作模具等。

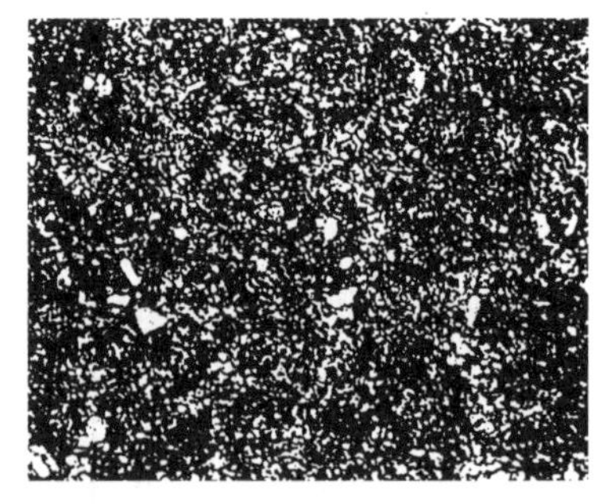

图 8-12 W18Cr4V 回火后组织

8.3.2 合金模具钢

制造模具的材料很多,但用得最多的是合金模具钢(alloy die steel)。根据用途模具钢分为冷作模具钢、热作模具钢和塑料模具钢。

1.冷作模具钢

(1)用途

冷作模具钢用于制作使金属冷塑性变形的模具,工作温度不超过 200~300℃,如冷冲模、冷镦模、冷挤压模等。

(2)性能特点

冷作模具在工作时承受较大的弯曲应力、压力、冲击及摩擦,主要损坏形式是磨损和变形,也有常见的崩刃、断裂等失效。因此对冷作模具钢的性能要求是:①高硬度(58~64HRC);②足够的韧性与抗疲劳性能;③淬透性高、变形小。

(3)成分特点

1)高碳 碳的质量分数在 1%以上,以保证高硬度、高耐磨性。

2)合金元素 加入 Cr、Mo、W、V 等合金元素,形成难熔碳化物,提高耐磨性,尤其是 Cr。典型钢种是 Cr12 型钢,铬的质量分数高达 12%。铬与碳形成 Cr_7C_3 或 $(Cr \cdot Fe)_7C_3$ 型碳化物,能极大提高钢的耐磨性,铬还显著提高钢的淬透性。

(4)常用钢种

常用冷作模具钢的牌号、化学成分(GB/T1299-2000)、热处理和用途见表 8-7。

尺寸较小又要求不高的冷作模具可选用低合金含量的冷作模具钢 9Mn2V 等,也可采用刃具钢 9SiCr、CrWMn 或轴承钢 GCr15 等。承受重负荷、形状复杂,要求淬火变形小、耐磨性高的大型模具,则须选用淬透性高的高铬、高碳的 Cr12 型冷作模具钢或高速钢,由于 Mo、V 能进一步提高钢的耐磨性并细化组织,所以 Cr12MoV 的性能优于 Cr12。冷挤压模工作时受力很大,条件苛刻,可选用基体钢或马氏体时效钢制造。基体钢与高速钢经正常淬火后的基体大致相同,如 6W6Mo5Cr4V、6Cr4W3Mo2VNb 等。马氏体时效钢为超低碳($w_C<0.03\%$)超高强度钢,靠高 Ni 量形成低碳马氏体,并经时效析出金属间化合物使强度显著提高,如 Ni18Co9Mo5TiAl 等。

(5)热处理特点

冷模具钢的热处理特点与合金刃具钢类似。高碳高铬的 Cr12 型钢的热处理方案有两种:

1)一次硬化法 淬火加热温度在 950~1000℃,淬火后低温(150~180℃)回火,硬度可达 61~64HRC,使钢具有较好的耐磨性和韧性,适用于重载模具。

表 8-7 常用冷作模具钢的牌号、化学成分、热处理和用途

钢号	化学成分 w /%						
	C	Si	Mn	Cr	Mo	W	V
9Mn2V	0.85～0.95	≤0.40	1.70～2.00				0.10～0.25
9CrWMn	0.85～0.95	≤0.40	0.90～1.20	0.50～0.80		0.50～0.80	
Cr12	2.00～2.30	≤0.40	≤0.40	11.50～13.50			
Cr12MoV	1.45～1.70	≤0.40	≤0.40	11.00～12.50	0.40～0.60		0.15～0.30
Cr4W2MoV	1.12～1.25	0.40～0.70	≤0.40	3.50～4.00		1.90～2.60	0.80～1.10
6W6Mo5Cr4V	0.55～0.65	≤0.40	≤0.60	3.70～4.30	0.80～1.20	6.00～7.00	0.70～1.10
4CrW2Si	0.35～0.45	0.80～1.10	≤0.40	1.00～1.30	4.50～5.50	2.00～2.50	
6CrW2Si	0.55～0.65	0.50～0.80	≤0.40	1.00～1.30		2.20～2.70	

钢号	退火		淬火		回火		用途举例
	温度 /℃	硬度 /HBW	温度 /℃	冷却介质	温度 /℃	硬度 /HRC	
9Mn2V	750～770	≤229	780～820	油	150～200	60～62	滚丝模、冷冲模、冷压模、塑料模
9CrWMn	760～790	190～230	790～820	油	150～260	57～62	冷冲模、塑料模
Cr12	870～900	207～255	950～1000	油	200～450	58～64	冷冲模、拉延模、压印模、滚丝模
Cr12MoV	850～870	207～255	1020～1040	油	150～425	55～63	冷冲模、压印模、冷镦模、冷挤软铝零件模、拉延模
			1115～1130	硝盐	510～520	60～62	
Cr4W2MoV	850～870	240～255	980～1000	油	260～300	>60	代 Cr12MoV 钢
			1020～1040	硝盐	500～540	60～62	
6W6Mo5Cr4V	850～870	179～229	1180～1200	油或硝盐	560～580	60～63	冷挤压模（钢件、硬铝件）
4CrW2Si	710～740	179～217	860～900	油	200～250	53～56	剪刀、切片冲头
					430～470	44～45	
6CrW2Si	700～730	229～285	860～900	油	200～250	53～56	剪刀、切片冲头
					430～470	40～45	

2)二次硬化法　在较高温度(1100～1150℃)下淬火，然后在510～520℃多次(一般为三次)回火，产生二次硬化，使硬度达60～62HRC，红硬性和耐磨性都较高，但韧性较差。适用于在400～450℃温度下工作的模具。

Cr12型钢经热处理后组织为回火马氏体、碳化物和残余奥氏体。

2.热模具钢

(1)用途

热模具钢用于制造热锻模、热镦模、热压模、热挤压模和压铸模等。工作时型腔表面温度可达600℃以上。

(2)性能要求

热作模具工作时承受很大的冲击载荷、强烈的塑性摩擦、与炽热金属接触，且要对模腔进行反复冷却，剧烈的冷热循环所引起的不均匀热应变和热压力，以及高温氧化，常出现崩裂、塌陷、磨损、龟裂等现象。因此热模具钢的主要性能要求是：

1)高的热硬性和高温耐磨性。

2)高的抗氧化性能。

3)高的热强性和足够的韧性。

4)高的热疲劳抗力，以防止龟裂破坏。

5)由于热模具一般较大，所以还要求热模具钢有高的淬透性和导热性。

(3)成分特点

1)中碳，其碳质量分数一般为0.3%～0.6%，以保证高强度、高韧性、较高的硬度(35～52HRC)和较高的热疲劳抗力。

2)加入较多的提高淬透性的元素Cr、Ni、Mn、Si等，Cr是提高淬透性的主要元素，同时和Ni一起提高钢的回火稳定性。Ni在强化铁素体的同时还增加钢的韧性，并与Cr、Mo一起提高钢的淬透性和耐热疲劳性能。

3)加入产生二次硬化的Mo、W、V等元素，Mo还能防止第二类回火脆性，提高高温强度和回火稳定性。

(4)常用钢种

常用的热作模具钢有5CrNiMo，5CrMnMo，3Cr2W8V等。

热模具钢的牌号、成分、热处理、性能及用途见表8-8。

对韧性要求高而热硬性要求不太高的热锻模钢，选用5CrMnMo、5CrNiMo等。大型锻压模或压铸模采用含碳量较低，合金元素更多而热强性更好的模具钢，如3Cr2W8V、4Cr5MoSiV、4Cr5MoSiV1等钢种。其中4Cr5MoSiV1(相当于美国的H13)是一种空冷硬化的热作模具钢，广泛应用于制造模锻锤的锻模、热挤压模以及铝、铜及其合金的压铸模等。

(5)热处理特点

热模具钢中热锻模钢的热处理和调质钢相似。淬火后高温(550℃左右)回火，以获得回火索氏体与回火托氏体组织。

热压模钢淬火后在600℃的温度下进行多次回火(与高速钢类似)，组织为回火马氏体、粒状碳化物和少量残余奥氏体，保证了热硬性，硬度为40～48HRC。

表 8-8 常用热模具钢的牌号、成分、热处理、性能及用途

钢号	化学成分 w /%							
	C	Si	Mn	Cr	Mo	W	V	其他
5CrMnMo	0.50～0.60	0.25～0.60	1.20～1.60	0.60～0.90	0.15～0.30			
5CrNiMo	0.50～0.60	≤0.40	0.50～0.80	0.50～0.80	0.15～0.30			Ni 1.40～1.80
3Cr2W8V	0.30～0.40	≤0.40	≤0.40	2.20～2.70		7.50～9.00	0.20～0.50	
4Cr5MoSiV	0.33～0.43	0.80～1.20	0.20～0.50	4.75～5.50	1.10～1.60		0.30～0.60	
4Cr5MoSiV1	0.32～0.45	0.80～1.20	0.20～0.50	4.75～5.50	1.10～1.75		0.80～1.20	
5Cr4W5Mo2V	0.40～0.50	≤0.40	≤0.40	3.40～4.40	1.50～2.10	4.50～5.30	0.70～1.10	

钢号	退火		淬火		回火		用途举例
	温度 /℃	硬度 /HBW	温度 /℃	冷却介质	温度 /℃	硬度 /HRC	
5CrMnMo	780～800	197～241	830～850	油	490～640	30～47	中型锻模(模高 275～400mm)
5CrNiMo	780～800	197～241	840～860	油	490～660	30～47	大型锻模(模高＞400mm)
4Cr2W8V	830～850	207～255	1050～1150	油	600～620	50～54	压铸模、精锻或高速锻模、热挤压模
4Cr5MoSiV	840～900	109～229	1000～1025	油	540～650	40～54	热镦模、压铸模、热挤压模、精锻模
4Cr5MoSiV1	840～900	≤235	1000～1025	油	540～560	40～54	同上
5Cr4W5Mo2V	850～870	200～230	1130～1140	油	600～630	50～56	热镦模、温挤压模

为了进一步提高模具寿命，可进行氮化处理。

3. 塑料模具钢

塑料模具钢主要用于制造塑料成形的模具。随着塑料工业的迅猛发展，对塑料制品模具材料的要求趋向多样化。我国 GB/T221-2000、GB/T 1299-2000 和 JB/T 6057-1992 推荐了部分塑料模具钢。为了提高塑料制品的质量，针对某些模具的特殊工作条件，相继开发研制了各种用途的塑料模具钢。按照塑料模具钢特性和使用时的热处理状态分类见表 8-9。

表 8-9　塑料模具钢钢种分类

类别	常用钢种	类别	常用钢种
渗碳型	20、20Cr、20Mn、12CrNi3A、20CrNiMo、DT1、DT2、0Cr4NiMoV	预硬型	3Cr2Mo、Y20CrNi3A1MnMo(SM2)、5NiSCa、Y55CrNiMnMoV(SM1)、4Cr5MoSiVS、8Cr2Mn-WMoVS(8CrMn)
调质型	45、50、55、40Cr、40Mn、50Mn、S48C、4Cr5MoSiV、38CrMoAlA、40CrMnNiMo	耐蚀型	30Cr13，20Cr13，05Cr16Ni4Cu3Nb(PCR)、12Cr18Ni9、05Cr17Ni4Cu4Nb(74PH)、30Cr17Mo
淬硬型	T7A、T8A、T10A、5CrNiMo、9SiCr、9CrWMn、GCr15、3Cr2W8V、Cr12MoV、45Cr2NiMoVSi、6CrNiSiMnMoV(GD)	时效硬化	18Ni140 级、18Ni170 级、18Ni210 级、10Ni3MnCuAl(PMS)、18Ni9Co、06Ni6CrMoVTiAl、25CrNi3MoAl

各种塑料模具工作环境较复杂，应根据性能要求和经济性选用塑料模具钢。表 8-10 推荐几种塑料模具用钢牌号、成分、热处理及用途。

表 8-10　几种塑料模具用钢牌号、成分、热处理及用途

牌　号	化学成分 w /%								热处理			用　途
	C	Cr	Ni	Mo	V	Mn	Ca	S	淬火温度/℃	回火温度/℃	硬度/HRC	
S48C	0.45～0.51	≤0.20	≤0.20			0.50～0.80			810～860	550～650	20～27	适用于标准注塑模架、模板
3Cr2Mo	0.28～0.40	1.40～2.00		0.30～0.55		0.60～1.00			830～860	580～650	28～36	用于各种塑料模具及低熔点金属压铸模
5NiSCa	0.50～0.60	0.30～2.00	0.90～1.30	0.10～1.00	0.10～0.80		0.002～0.020	0.06～0.15	880～890	550～680	30～45	各种精度、粗糙度要求高的塑料模具

续表

牌号	化学成分 w /%								热处理			用途
	C	Cr	Ni	Mo	V	Mn	Ca	S	淬火温度/℃	回火温度/℃	硬度/HRC	
40CrMnNiMo	0.40	2.00	1.10	0.20		1.50		4.59~5.5	830~870	180~300 500~650	52~48 27~34	大型电视机外壳、洗衣机面板、厚度>400mm塑料模具
Y55CrNiMnMoV	0.50~0.60	0.80~1.2	1.00~1.50	0.20~1.50	0.10~0.30	0.80~1.20	0.50	4.75~5.5	830~850	620~650	36~42	用于热塑性模具、线路板冲孔模、精密冲导向板、热固性塑料模具

玻璃纤维或矿物质无机物增强的工程塑料对模具的磨损、擦伤十分严重，宜采用含碳量高的合金工具钢如 7CrSiMnMoV，Cr12MoV 等，或用合金渗碳钢 12Cr6Ni3，20Cr2Ni4 等。

一些添加铁氧体的塑料制品需要在磁场内注射成型，要求模具无磁性，一般采用奥氏体钢。但耐磨性要求较高时，宜采用无磁模具钢，如 7Mn15Cr2Al3V2WMo 等。

在成型过程中产生腐蚀性气体的聚苯乙烯(ABS)等塑料制品和含有卤族元素、福尔马林、氨等腐蚀介质的塑料制品，宜采用 Cr13 或 Cr17 系列不锈钢制作模具。

生产表面光洁、透明度高、视觉舒适的塑料制品，要求模具钢的研磨抛光性和光刻浸蚀性要好。这类钢都应经真空冶炼或电渣重熔等精炼处理，对非金属夹杂物、偏析、疏松等冶金缺陷要求严格。这类镜面塑料模具钢代表钢号有 3Cr2Mo、3Cr2MnNiMo 等。为了改善预硬型塑料模具钢的切削加工性，研制了含有 S、Ca 等元素的易切削预硬型塑料模具钢。

8.3.3 量具用钢

1. 用途

量具用钢用于制造各种量测工具，如卡尺、千分尺、螺旋测微仪、块规、塞规等。

2. 性能要求

量具在使用过程中要求测量精度高，不能因磨损或尺寸不稳定影响测量精度，对其性能的主要要求是：

(1)高硬度和高耐磨性；

(2)高尺寸稳定性　热处理变形要小，在存放和使用过程中，尺寸不发生变化。

3. 成分特点

量具用钢的成分与低合金刃具钢相同，即为高碳(碳质量分数为 0.9%~1.5%)和加入提高淬透性的元素 Cr、W、Mn 等。

4.量具用钢

量具用钢的选用如表 8-11。

表 8-11 量具用钢的选用

量　　具	钢　　号
平样板或卡板	10、20 或 50、55、60、60Mn、65Mn
一般量规与块规	T10A、T12A、9SiCr
高精度量规与块规	Cr 钢、CrMn 钢、GCr15
高精度且形状复杂的量规与块规	CrWMn(低变形钢)
抗蚀量具	40Cr13,95Cr18(不锈钢)

尺寸小、形状简单、精度较低的量具，选用高碳钢制造；复杂的精密量具一般选用低合金刃具钢；精度要求高的量具选用 CrMn、CrWMn、GCr15 等制造。

CrWMn 钢的淬透性较高，淬火变形小，主要用于制造高精度且形状复杂的量规和块规。GCr15 钢耐磨性、尺寸稳定性较好，多用于制造高精度块规、螺旋塞头、千分尺。在腐蚀介质中使用的量具，则可用不锈钢 95Cr18、40Cr13 制造。

5.热处理特点

热处理的主要目的在于提高耐磨性，减少变形和提高尺寸稳定性。因此，采取淬火和低温回火，同时还要采取措施提高组织的稳定性。

(1)在保证硬度的前提下，尽量降低淬火温度，以减少残余奥氏体。

(2)淬火后立即进行－70～－80℃的冷处理，使残余奥氏体尽可能地转变为马氏体，然后进行低温回火。

(3)精度要求高的量具，在淬火、冷处理和低温回火后，尚需进行 120～130℃，几小时至几十小时的时效处理，使马氏体正方度降低、残余的奥氏体稳定和消除残余应力。为了去除磨削加工中所产生的应力，有时还要在磨加工后进行 120～130℃、保温 8h 的时效处理，甚至需进行多次时效处理。

为了保证量具的精度，必须正确选材和采用正确的热处理工艺。例如高精度块规，是作为校正其他量具的长度标准，要求有极好的尺寸稳定性。因此常采用 GCr15(或 CrWMn)钢制造。其热处理工艺曲线如图 8-13 所示。经过这样处理的块规，一年内每 10mm 长度的尺寸变动量不超过 0.1～0.2μm。

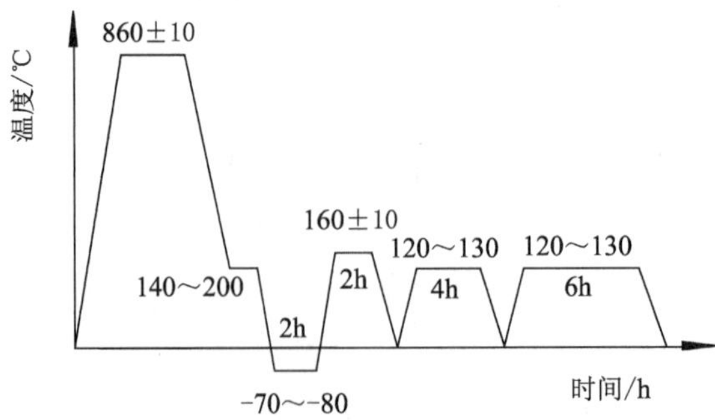

图 8-13 GCr15 钢制造块规的热处理工艺曲线

8.4 特殊性能钢

特殊性能钢指具有某些特殊的物理、化学性能，因而能在特殊的环境、工作条件下使用的钢。工程中常用的特殊性能钢有不锈钢、耐热钢及耐热合金、耐磨钢等。

8.4.1 不锈钢

不锈钢(stainless steel)通常是不锈钢和耐酸钢的统称。能够抵抗空气、蒸汽和水等弱腐蚀性介质腐蚀的钢为不锈钢；在酸、碱、盐等强腐蚀性介质中能够抵抗腐蚀的钢为耐酸钢。一般情况下，不锈钢不一定耐酸，而耐酸钢均有良好的不锈性能。但耐酸钢在不同介质种类、浓度、温度和压力条件下，耐蚀性是有较大差异的。

1. 金属材料腐蚀的类型与防腐

金属腐蚀是指金属与周围介质发生作用而引起金属破坏的现象。按腐蚀机理的不同，金属腐蚀一般分两类；化学腐蚀和电化学腐蚀。化学腐蚀是指金属与外部介质发生化学作用而引起的腐蚀；电化学腐蚀是指金属与电解质溶液接触时伴有电流产生的腐蚀。

在高温下工作的构件主要发生化学腐蚀，如氧化、脱碳现象，因此，要求耐热不锈钢件具有良好的抗氧化性。钢中常加入 Al 或 Cr、Si 等元素，可使其表面在高温时能形成致密的氧化膜(如 Al_2O_3、Cr_2O_3、SiO_2)，阻止外界氧原子往里扩散，这就提高了钢的耐蚀性。在较潮湿空气或海水等电解质中工作的构件，一般是遭受电化学腐蚀，这种现象非常普遍。即使一种钢，只要钢中存在两种电极电位不同的相(如铁素体与渗碳体)，当其表面吸附形成一层水膜(电解质 OH^- 和 H^+)，便可构成无数个微电池，如图 8-14 所示。

根据原电池工作原理可知：电极电位高的金属(或相)作阴极(＋极)，不被腐蚀，而电极电位低的金属(或相)作阳极(－极)，不断地被腐蚀。故在 F-Fe_3C 组织中，F 作为阳极而腐蚀。

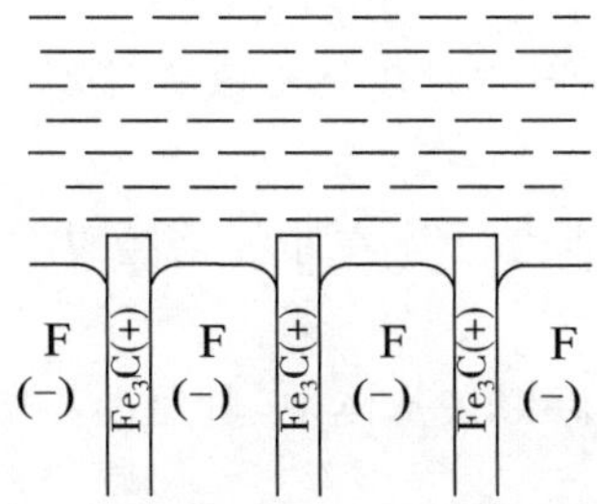

图 8-14 片状珠光体电化学腐蚀示意图

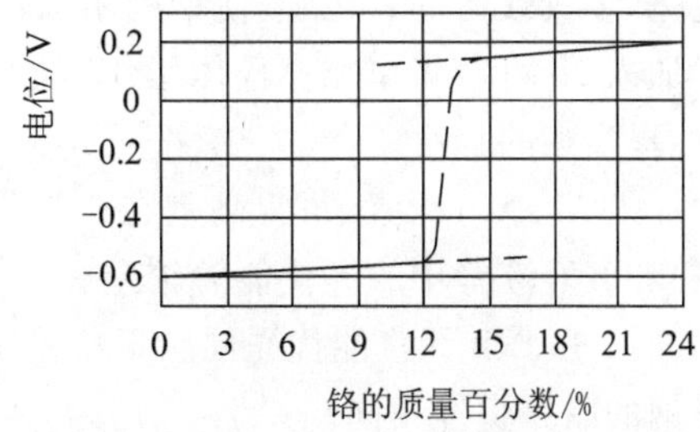

图 8-15 含铬量与铁铬合金电极电位的关系

由上述的电化学腐蚀过程可知，要提高金属耐蚀能力可采取以下四种途径：

①获得单相组织。由于不同相的晶体结构和化学成分不同，因此，很难使它们的电极电位相等，获得单相组织的金属或合金来提高其耐蚀性。

②减小合金中各相的电极电位差。电位差越大的两相，其腐蚀速度就越快，因此，可采用减小电位差的方法来改善合金的耐蚀性。如钢中加入 $w_{Cr} \geqslant 13\%$，铁的电极电位则由

-0.56V 跃升到 $+0.2\text{V}$,如图 8-15 所示,这样就减小了铁素体与渗碳体的电位差,从而提高了钢的抗腐蚀性能。

③减小甚至阻断腐蚀电流使金属或合金"钝化",在其表面形成致密的、稳定的保护膜,将金属或合金与介质隔离。

④牺牲阳极保护阴极。即在金属或合金构件表面镶嵌一些比金属或合金基体电极电位更低的金属块,使金属块成为阳极而被腐蚀,定期更换金属块,即可保护构件不被腐蚀。如在船体上镶嵌锌块,可保护船体免受海水的腐蚀。

2. 常用不锈钢

(1)用途

不锈钢主要用来制造在各种腐蚀介质中工作的零件或构件,例如化工装置中的各种管道、阀门和泵,医疗手术器械,防锈刃具和量具等。

(2)性能特点

对不锈钢性能的要求,最重要的是耐蚀性能,还要有合适的力学性能,良好的冷、热加工和焊接工艺性能。

(3)成分特点

1)碳量

不锈钢的耐蚀性要求愈高,碳含量应愈低。大多数不锈钢的 $w_C=0.1\%\sim0.2\%$,但用于制造刃具等的不锈钢碳含量则较高(w_C 可达 $0.85\%\sim0.95\%$),但必须相应地提高铬质量分数。

2)合金元素

①加入 Cr 元素,Cr 是不锈钢获得耐蚀性的基本合金元素,它能提高钢基体的电极电位。随铬质量分数的增加,钢的电极电位有突变式的提高,即当铬质量分数为 1/8、2/8……n/8 原子百分数时,电极电位急剧升高(见图 8-15)。铬是铁素体形成元素,质量分数超过 12.7%时,可使钢形成单一的铁素体组织。铬在氧化性介质(如水蒸气、大气、海水、氧化性酸等)中极易钝化,生成致密的氧化膜,使钢的耐蚀性大大提高。

②加入 Ni 可获得单相奥氏体组织,显著提高耐蚀性;或形成奥氏体一铁素体组织,通过热处理,提高钢的强度。

③加入 Mo、Cu 元素,可提高钢在非氧化性酸中的耐蚀能力。Cr 在非氧化性酸(如盐酸、稀硫酸)和碱溶液等中的钝化能力较差。

④加入 Ti、Nb 元素能优先同碳形成稳定碳化物,使 Cr 保留在基体中,避免晶界贫铬,从而减轻钢的晶界腐蚀倾向。

⑤加入 Mn、N 元素部分代镍以获得奥氏体组织,并能提高铬不锈钢在有机酸中的耐蚀性。

(4)常用不锈钢钢种

不锈钢按化学成分可分为铬不锈钢和铬镍不锈钢两大类;按使用状态下钢的组织类型可分为马氏体不锈钢、铁素体不锈钢、奥氏体不锈钢、奥氏体一铁素体双相不锈钢和沉淀硬化不锈钢等类型。常用不锈钢的牌号、成分(GB/T20878-2007)、热处理、机械性能及主要用途见表 8-12。

表 8-12 几种常用不锈钢的牌号、成分(GB/T20878-2007)、热处理、机械性能及用途

类别	牌号	旧牌号	主要化学成分 w /%				热处理	机械性能					特性及用途
			C	Cr	Ni	其他		R_m (σ_b) /MPa	$R_{r0.2}$ ($\sigma_{0.2}$) /MPa	A (δ_5) /%	Z (ψ) /%	HRC	
马氏体型	12Cr13	1Cr13	0.15	11.5～13.5	0.60		950～1000℃油冷 700～750℃回火	≥540	≥345	≥25	≥55		制作能抗弱腐蚀性介质、能承受冲击载荷的零件，如汽轮机叶片、水压机阀、结构架、螺栓、螺帽等
	20Cr13	2Cr13	0.16～0.25	12～14	0.60		920～980℃油冷 600～750℃回火	≥635	≥440	≥20	≥50		
	30Cr13	3Cr13	0.26～0.35	12～14	0.60		1000～1050℃油冷 200～300℃回火					48	制作具有较高硬度和耐磨性的医疗工具、量具、滚珠、轴承等
	40Cr13	4Cr13	0.36～0.45	12～14	0.60		1050～1100℃油冷 200～300℃回火					50	
	95Cr18	9Cr18	0.90～1.00	17～19	0.60		1000～1050℃油淬 200～300℃回火					55	切片机械刃具、剪切刃具、手术刀片，高耐磨、耐蚀件
铁素体型	10Cr17	1Cr17	≤0.12	16～18			750～800℃空冷	≥450	≥205	≥22	≥50		制作硝酸工厂设备，如吸收塔、热交换器、酸槽、输送管道以及食品工厂设备等
	10Cr17Mo	1Cr17Mo				Mo0.75～1.25					≥60		
奥氏体型	06Cr19Ni10	0Cr18Ni9	≤0.08	18～20	8～11		1010～1150℃水淬（固溶处理）	≥520	≥205	≥40	≥60		具有良好的耐蚀及耐晶间腐蚀性能，为化学工业用的良好耐蚀材料
	12Cr18Ni9	1Cr18Ni9	≤0.15	17～19	8～10		1010～1150℃水淬（固溶处理）	≥520	≥205	≥40	≥60		制作耐硝酸、冷磷酸、有机酸及盐、碱溶液腐蚀的设备
	06Cr18Ni11Ti	0Cr18Ni10Ti	≤0.08	17～19	9～12	Ti 5C～0.7	920～1150℃水淬（固溶处理）	≥520	≥205	≥40	≥50		制作耐酸容器衬里、输送管道等设备零件、抗磁仪表、医疗器械，有较好耐晶间腐蚀性
	07Cr19Ni11Ti	1Cr18Ni11Ti	0.04～0.10	17～20	9～13	Ti 4C～0.6							
奥氏体一铁素体型	12Cr21Ni5Ti	1Cr21Ni5Ti	0.09～0.14	20～22	4.8～5.8	Ti 5(C－0.02)～0.8	950～1100℃ 水或空淬	600	350	20	40		制作硝酸及硝铵工业设备及管道,尿素液蒸发部分设备及管道
	14Cr18Ni11-Si4AlTi	1Cr18Ni11-Si4AlTi	0.10～0.18	17.5～19.5	10.00～12	Ti 0.40～0.70 Al0.1～0.3	930～1050℃水淬	715	440	25	40		可用于制作抗高温,浓硝酸介质的设备及零件等,如排酸阀门

1）马氏体不锈钢

典型钢号是 Cr13 型，有 12Cr13、20Cr13、30Cr13、40Cr13 等，成分：$w_{Cr} \approx 13\%$，$w_{C} = 0.1\% \sim 0.45\%$；随含 C 量增加，强度、硬度上升，塑性、韧性降低，耐蚀性减弱。因铬含量≥12%，它们都有足够的耐蚀性，但因只用铬进行合金化，它们只在氧化性介质中耐蚀，在非氧化性介质中不能达到良好的钝化，耐蚀性很低。

12Cr13 和 20Cr13 可制作塑、韧性较高的受冲击载荷，在弱腐蚀条件下工作的零件如汽轮机叶片、热裂设备配件等；而 30Cr13、40Cr13 可制作强度较高、高硬、耐磨，在弱腐蚀条件下工作的弹性元件和工具等。

马氏体不锈钢的热处理和结构钢相同。用作结构零件时进行调质处理，热处理是淬火加高温回火；用作弹簧元件时进行淬火和中温回火处理；用作医疗器械、量具时进行淬火加低温回火处理。

2）铁素体型不锈钢

典型钢号是 10Cr17、10Cr17Ti 等，这类钢的铬质量分数为 17%～30%，碳质量分数低于 0.15%。有时还加入其他元素，如 Mo、Ti、Si、Nb 等。由于铬质量分数高，钢为单相铁素体组织，耐蚀性比 Cr13 型钢更好。

铁素体型不锈钢在退火或正火状态下使用，不能利用马氏体相变来强化，强度较低，塑性很好，主要用作耐蚀性要求很高而强度要求不高的构件，例如化工设备、容器和管道、食品机械设备等。

3）奥氏体型不锈钢

典型钢号是 Cr18Ni11 型不锈钢。这类不锈钢的碳质量分数很低，约在 0.1%左右。碳质量分数愈低，耐蚀性愈好，但熔炼更困难，价格也愈贵。钢中常加入 Ti 或 Nb，以防止晶间腐蚀。这类钢强度、硬度很低，无磁性，塑性、韧性和耐蚀性均较 Cr13 型不锈钢好。

奥氏体不锈钢的品种很多。我国以 06Cr18Ni11Ti、07Cr19Ni11Ti 为主，近年逐步被低碳或超低碳的 022Cr18Ni14Mo3 或 022Cr19Ni13Mo3 所取代，超低碳不锈钢可避免晶间腐蚀，塑性成形性亦有提高。

冷变形强化是奥氏体不锈钢有效的强化方法。它们的切削加工性较差。

奥氏体不锈钢常用的热处理工艺是：

①固溶处理　将钢加热至 1050～1150℃使碳化物充分溶解，然后水冷，获得单相奥氏体组织，提高耐蚀性。

②稳定化处理　主要用于含钛或铌的钢。一般是在固溶处理后进行。将钢加热到 850～880℃，使钢中铬的碳化物完全溶解，而钛等的碳化物不完全溶解。然后缓慢冷却，让溶于奥氏体的碳与钛以碳化钛形式充分析出。这样，碳将不再同铬形成碳化物，因而有效地清除了晶界贫铬的可能，避免了晶间腐蚀的产生。

③消除应力退火　将钢加热到 300～350℃消除冷加工应力；加热到 850℃以上，消除焊接残余应力。

4）奥氏体—铁素体双相不锈钢

典型钢号有 12Cr21Ni5Ti、14Cr18Ni11Si4AlTi 等。这类钢是在 Cr18Ni11 型不锈钢的基础上，提高铬含量或加入其他铁素体形成元素，其晶间腐蚀和应力腐蚀破坏倾向较小，强度、韧性和焊接性能较好，而且节约 Ni，因此得到了广泛的应用。可用于制造化工、化肥设备及管道，海水冷却的热交换设备等。

8.4.2 耐热钢

1. 用途

耐热钢(heat resistant steel)主要用于热工动力机械(汽轮机、燃气轮机、锅炉和内燃机)、化工机械、石油装置和加热炉等高温条件工作的构件。

2. 性能特点

对这类钢主要要求其耐热性要好。钢的耐热性是指高温抗氧化性和高温强度的综合性能。此外还应有适当的物理性能，如热膨胀系数小和良好的导热性，以及较好的加工工艺性能等。

3. 成分特点

为了提高钢的抗氧化性，加入合金元素 Cr、Si 和 A1，在钢的表面形成完整稳定的氧化物保护膜。加入 Ti、Nb、V、W、Mo、Ni 等合金元素来提高高温强度。

4. 常用钢种及其热处理特点

耐热钢按性能和用途可分为抗氧化钢和热强钢两类。见表 8-13 中几种常用耐热钢的牌号、热处理、室温力学性能(GB/T1221-2007)、(GB/T20878-2007)和用途。

表 8-13 常用耐热钢的牌号、热处理、室温力学性能和用途

类别	牌号	热处理			室温力学性能(不小于)			用途举例
		退火/℃	淬火/℃	回火/℃	$R_{r0.2}$ ($\sigma_{0.2}$) /MPa	R_m (σ_b) /MPa	A (δ_5) /%	
奥氏体型	06Cr19Ni10		1050(固溶)		205	515	35	870℃以下反复加热、锅炉过热器再热器等
	45Cr14Ni14W2Mo		820～850(固溶)		314	706	20	内燃机重载荷排气阀等
	26Cr18Mn12Si2N		1100～1150(固溶)		392	686	35	锅炉吊架、耐 1000℃高温加热炉传送带、料盘、炉爪等
铁素体型	06Cr13A1	780～830空，缓			177	412	20	燃气涡轮压缩机叶片、退火箱、淬火台架等
	10Cr17	780～850空，缓			206	451	22	900℃以下耐氧化部件、散热器、炉用部件、油喷嘴等

续表

类别	牌号	热处理			室温力学性能(不小于)			用途举例
		退火/℃	淬火/℃	回火/℃	$R_{r0.2}$ ($\sigma_{0.2}$)/MPa	R_m (σ_b)/MPa	A (δ_5)/%	
马氏体型	12Cr5Mo		900～950 油	600～700 空	392	588	18	锅炉吊架、燃气轮机衬套、泵的零件、阀、活塞杆、高压加氢设备部件
	40Cr10Si2Mo		1010～1040 油	720～760 油	690	885	10	650℃中重载荷汽车发动机进、排气阀等
	12Cr12Mo		950～1000 空	650～710 空	550	685	18	汽轮机叶片、喷嘴块、密封环等
	12Cr13	800～900 缓或 750 快	950～1000 油	700～750 快冷	345	540	25	耐氧化、耐腐蚀部件(800℃以下)
	20Cr13		920～980 油	600～750 快冷	440	640	20	

(1)抗氧化钢

主要用于长期在燃烧环境中工作、有一定强度要求的零件,如各种加热炉底板、辊道、渗碳箱、燃气轮机燃烧室等。抗氧化钢中加入 Cr、Si、Al 等元素,在钢的表面形成致密的高熔点氧化膜(Cr_2O_3、SiO_2、Al_2O_3),能保护钢不被进一步氧化破坏。此外,Cr、Ni 等元素使钢呈单相固溶体且固态范围内加热无相变而使抗氧化能力增加。C 在钢中对抗氧化性不利,C 与 O 易形成碳化物,会减少固溶体含 C 量,降低抗氧化能力。因此,耐热钢一般限制 $w_C=0.1\%\sim0.2\%$。抗氧化钢有铁素体、奥氏体两类,其中奥氏体类居多。

(2)热强钢

热强钢的特点是在高温下既有良好的抗氧化能力,又有较高的高温强度及较高的高温强度保持能力。例如汽轮机、燃气轮机的转子和叶片、锅炉过热器、内燃机的排气阀等零件。长期在高温下承载工作,即使所受应力小于材料的屈服极限,也会缓慢而持续地产生塑性变形,这种塑性变形称为蠕变,最终将导致零件断裂或损坏。

表示热强钢抵抗蠕变、保持高温强度的常用指标是蠕变极限和持久强度极限。

蠕变极限是在一定温度下和规定时间内试样产生一定蠕变形变量的最大应力。例如,某钢 $\sigma^{500}_{0.1/100000}=68.6$MPa,表示在 500℃经 100000h 工作后,允许总变形量为 0.1%时的应力为 68.6MPa。

持久强度极限表示在一定温度下,经过一定时间工作后发生断裂的应力,如 $\sigma^{800}_{100}=186$ MPa 表示在 800℃下经过 100h 发生断裂的应力为 186 MPa。此值愈大,表明钢的热强度愈高。

热强钢按正火状态下组织的不同可分为珠光体钢、马氏体钢、奥氏体钢三类。

15CrMo钢是典型的锅炉用钢，可用于制造在500℃以下长期工作的零件，耐热性不高但工艺性能（如可焊性、压力加工性和切削加工性）和物理性能（如导热性、膨胀系数等）都较好。40Cr10Si2Mo钢适于制作在650℃以下受动载荷的部件，如汽车发动机的排气阀，故又称为气阀钢。12Cr13、06Cr18Ni11Ti钢既是不锈钢又是良好的热强钢。12Cr13钢在450℃左右，06Cr18Ni11Ti钢在600℃左右都具有足够的热强性。06Cr18Ni11Ti抗氧化的能力达850℃，是一种应用广泛的耐热钢。53Cr21Mn9Ni4N钢的热强性及抗氧化能力均高于42Cr9Si2和40Cr10Si2Mo钢，用于制造工作温度在850℃以下的大功率内燃机排气阀。

8.4.3 耐磨钢

1. 用途

耐磨钢（wear-resisting steel）主要用于在运转过程中承受严重磨损和强烈冲击的零件，如铁路道岔、坦克及拖拉机履带、挖掘机铲齿、球磨机的衬板及保险柜钢板等构件。

2. 性能特点

耐磨钢应具有表面硬度高、耐磨，心部韧性好、强度高的特点。

3. 成分特点和热处理特点

成分特点是高锰、高碳：$w_{Mn}=11\%\sim14\%$，$w_C=0.9\%\sim1.3\%$；硅：$w_{Si}=0.3\%\sim1.3\%$。其铸态组织是奥氏体和大量锰的碳化物，经“水韧处理”可获得单相奥氏体组织。

“水韧处理”是将铸造后的高锰钢加热到1050～1100℃使碳化物完全溶入奥氏体中，然后迅速淬入水中获得全部奥氏体组织。单相奥氏体组织韧性、塑性很好，开始投入使用时硬度很低（180～220HBW）、耐磨性差。当工作中受到强烈的挤压、撞击、摩擦时，钢件表面迅速产生剧烈的加工硬化，同时伴随奥氏体向马氏体的转变以及ε碳化物沿滑移面析出，从而使钢的表面硬度提高到50HRC以上，获得耐磨层，而心部仍保持原来的组织和高韧性状态。

应当指出的是，高锰钢件必须在使用时有外来压力和冲击作用，才能表现出耐磨性；另外，当其已硬化的表层磨损后，新露出的表面又可在冲击、摩擦作用下获得硬化，如此反复，直到磨损报废。

4. 常用钢种

高锰钢是目前最主要的耐磨钢，由于机械加工困难，故基本上在铸态下使用，其牌号是ZGMn13。

除高锰钢外，20世纪70年代初由我国发明的Mn-B系空冷贝氏体钢是一种性能优良的耐磨钢。它是一种热加工后空冷所得组织为贝氏体或贝氏体－马氏体复相组织的钢。由于免除了传统的淬火或淬火回火工序，从而大大降低了成本，节约了能源，减少了环境污染，免除了淬火过程中产生的变形、开裂、氧化和脱碳等缺陷，而且产品能够整体硬化，强韧性好，综合力学性能优良，因而得到了广泛的应用。如贝氏体耐磨钢球、高硬度高耐磨低合金贝氏体铸钢、工程锻造用耐磨件、耐磨传输管材等。Mn-B系贝氏体钢的应用不限于在耐磨方面，它已经形成了系列，包括中碳贝氏体钢、中低碳贝氏体钢和低碳贝氏体钢等。

8.4.4 其他特殊钢

1. 低温用钢

低温用钢是指在温度低于−40℃以下使用的钢,如盛装液氧、液氟、液氢和液氟的容器,以及在高寒或超低温条件下使用的冷冻设备及零部件用钢。通常金属材料在低温下表现为强度和硬度有所增加,但塑性和韧性却明显降低。因此,在低温条件下,金属材料常发生脆性断裂。为了保证安全,低温用钢的工作温度不能低于其最低使用温度。

按显微组织类型可将低温用钢分为:铁素体型、低碳马氏体型及奥氏体型。

(1)铁素体型　如16MnDR、09Mn2VDR等,这类钢通常用作−45℃温度左右的低压容器材料。

(2)低碳马氏体型　1Ni9、10Ni4,13Ni5等钢,其中1Ni9钢使用最广,可在−196℃条件下使用。

(3)奥氏体型　这类钢的低温韧性最好,其中022Cr19Ni10、06Cr19Ni10和12Cr18Ni9奥氏体不锈钢使用最广泛,可在−200℃条件下使用;06Cr25Ni20钢是最稳定的奥氏体不锈钢,可用于−269℃或超低温条件。

2. 特殊物理性能钢

特殊物理性能钢是指在钢的定义范围内具有特殊的磁、电、弹性、膨胀等特殊物理性能的合金钢。包括软磁钢、永磁钢、无磁钢及特殊膨胀钢、特殊弹性钢、高电阻钢及合金等。

(1)软磁钢　是指要求磁导率特性的钢,如铝铁系软磁合金等。

(2)永磁钢　是指具有永久磁性的钢种。它包括变形永磁钢、铸造永磁钢、粉末烧结永磁钢等。

(3)无磁钢　无磁钢也称低磁钢,是指在正常状态下不具有磁性的稳定的奥氏体合金钢。

(4)特殊弹性钢　特殊弹性钢是指具有特殊弹性的合金钢。一般不包括常用的碳素与合金系弹簧钢。

(5)特殊膨胀钢　是指具有特殊膨胀性能的钢种。如铬含量$w_{Cr}=28\%$的合金钢,在一定温度范围内与玻璃的膨胀系数相近。

(6)高电阻钢及合金　高电阻钢及合金是指具有高的电阻值的合金钢。主要是铁铬系合金钢和镍铬系高电阻合金组成一个电阻电热钢和合金系列。

3. 新型钢

(1)低合金高强度钢

1)微合金化钢　加入钛、钒、铬、氮等微量合金元素,可明显地细化晶粒,实现沉淀硬化,强化低碳钢,形成低合金高强度钢。如加入0.1%～0.2%的钛可使钢的屈服点达到540MPa以上。

2)贝氏体钢　要在热轧状态下获得450～900MPa的屈服点,贝氏体是一个较为理想的组织。要获得贝氏体组织,就要求钢的碳含量低,而且要求奥氏体晶粒细小,奥氏体在冷却时容易转变为贝氏体。通过加入Mo、B等合金元素,使C曲线尽可能右移,贝氏体部分尽可能保留在C曲线左侧，从而有利于在热轧后冷却时形成贝氏体组织。

典型钢种中，成分特点：$w_{C}=0.03\%$、$w_{Mn}=1.9\%$、$w_{Nb}=0.04\%$、$w_{Ti}=0.01\%$、$w_{B}=0.001\%$。屈服点500MPa。

3)双相钢　许多压力加工用钢不仅要求高的强度，而且还要求高的冷成形性，双相钢是由多边形的铁素体加马氏体(包括奥氏体)组织的低合金钢，可以满足要求。双相钢可由相变温度区退火或热轧控制冷却速度的方法获得。如将某一成分的低合金钢加热到奥氏体和铁素体的双相区域，奥氏体量控制在10%～30%，淬火后变成细小的马氏体岛和多边形铁素体的双相钢。

(2)超塑性合金

所谓的超塑性是指合金在一定的温度和形变速率下所表现出来的具有极大的伸长率和很小的形变抗力的性能。超塑性出现的温度(T_s)条件是$T_s \geqslant 0.5T_m$。T_m为合金的熔点。超塑性出现的形变条件是形变速率(ε')低，形变速率是指单位时间内的形变度(e)。按超塑性发生的金属学特征，可分为两大类：细晶超塑性和相变超塑性。

1)细晶超塑性　这种合金要求有稳定的微细晶粒。稳定是指在塑性变形时，晶粒尺寸不发生明显变化。微细晶粒尺寸一般为0.5～5μm。典型的超塑性合金有Zn-22Al、Al-33Cu、Cu-40Zn等。

2)相变超塑性　给合金施加载荷，然后在相变温度上下，反复地加热冷却多次，可得到极大的伸长率，称为相变超塑性。

本章小结

1.主要内容

在碳钢的基础上有意加入一种或几种合金元素，使其使用性能和工艺性能得以提高，以铁为基体的合金即为合金钢。

合金元素在钢中的作用及强韧机制，合金钢的分类及编号。

渗碳钢、调质钢、弹簧钢、滚动轴承钢等合金结构钢和合金刃具钢、模具钢、量具用钢等工具钢的成分、用途、性能、热处理特点，常用钢种及机械加工工艺路线。

不锈钢、耐热钢、耐磨钢等特殊钢的原理及用途。

2.学习重点

(1)合金元素在钢中的作用及强韧机制。

(2)合金钢的分类与编号。

(3)常用合金结构钢和工具钢的成分、热处理和性能特点及其应用。

习题与思考题

8-1　合金钢与同类碳钢相比有哪些优缺点？

8-2　合金元素对钢中基本相有何影响？对钢的回火转变有什么影响？

8-3　何谓钢的回火稳定性、热硬性和二次硬化？

8-4　合金调质钢、合金弹簧钢、滚动轴承钢的成分特点是什么？其热处理有何特点？举例说明。

8-5　合金钢按用途分为几类？编号与碳钢有何不同？合金结构钢按用途分为几类？在使用性能上各有何特点？

8-6　指出下列钢中各元素的大致含量：

W18Cr4V、3Cr2W8V、5CrMnMo、40Cr、20CrMnTi、60Si2Mn、GCr15、CrWMn

8-7　写出下列钢号属于哪一类钢(如普通低合金钢、渗碳钢、调质钢……)大致元素含量最终热处理工艺及组织。

Q345、20CrMnTi、38CrMoAl、37CrNi3、12CrMoV、60Si2Mn、Cr12MoV、Cr12、9SiCr、CrWMn、GCr15、5CrMnMo、W6Mo5Cr4V2、30Cr13、06Cr18Ni11Ti、42CrMo、40Cr

8-8　W18Cr4V钢所制的刃具(如铣刀)的工艺路线为：下料→锻造→退火→机加工→最终热处理→喷砂→磨加工→产品。试分析：

(1)指出合金元素W、Cr、V在钢中的主要作用。

(2)为什么对W18Cr4V钢下料后必须锻造？

(3)锻后为什么要退火？

(4)最终热处理(淬火+回火)工艺有何特点(画工艺图说明)？为什么？

(5)写出最终组织组成。

8-9　何谓固溶处理？奥氏体不锈钢为什么要固溶处理？

8-10　为什么汽车、拖拉机变速箱齿轮多采用合金渗碳钢如20CrMnTi制造，而机床变速箱齿轮多采用调质钢如45或40Cr制造？(从工作条件、材料性能、热处理特点等方面分析)

8-11　防止金属被腐蚀应采取哪些途径？常用的不锈钢有哪些？举例说明用途。

8-12　耐热钢应具备哪些性能？合金元素Cr、Si、Ni、Al等在钢中有何作用？

8-13　列表比较各类结构钢、工具钢的成分特点、热处理方法、热处理后组织及主要用途。

8-14　解释下列现象：

(1)在含碳量相同的情况下，除了含Ni和Mn的合金钢外，大多数合金钢的热处理加热温度都比碳钢高；

(2)在含碳量相同的情况下，含碳化物形成元素的合金钢比碳钢具有较高的回火稳定性；

(3)含碳量≥0.40%，含铬量为12%的钢属于过共析钢，而含碳量1.5%，含铬量12%的钢属于莱氏体钢；

(4)高速钢在热锻或热轧后，经空冷获得马氏体组织。

8-15　试述用CrWMn钢制造精密量具(块规)所需的热处理工艺。

8-16　用Cr12MoV钢制造冷作模具时，应如何进行热处理？

第9章 有色金属材料

金属材料分为黑色金属和有色金属两大类。黑色金属主要指钢和铸铁;把其他金属,如铝、铜、锌、镁、铅、钛、锡等及其合金统称为有色金属,又称非铁金属材料。

有色金属及其合金具有很多钢铁材料不具备的特殊性能,如比强度高、导电性好、耐蚀性和耐热性高等性能,因此,在航空、航天、航海、机电、仪表等工业中起到重要作用。

9.1 铝及铝合金

9.1.1 工业纯铝

铝在地壳中储量丰富,占地壳总质量的8.2%,居所有金属元素之首,因其性能优异,在几乎所有工业领域中均得到了应用。

纯铝是银白色的金属,熔点660℃,密度为2.7kg/cm^3,属于轻金属。具有面心立方晶格结构,无同素异构转变,强度不高而塑性好,可经冷塑性变形使其强化。铝和氧亲和力强,能生成致密、坚固的氧化膜,可以保护薄膜下层金属不再继续氧化,故铝在大气中有良好的耐腐蚀性。铝的导电性和导热性都很好,仅次于银、铜、金。因此,铝被广泛用来制造导电材料和热传导器件以及强度要求不高的耐蚀容器、用具等。

纯铝中含有少量Fe、Si等杂质元素,杂质含量增加,其导电性、耐蚀性及塑性都降低。工业上使用的纯铝,一般指其纯度为99.00%~99.99%,按纯度分为纯铝(99.00%$<w_{Al}<$99.85%)、高纯铝($w_{Al}>$99.85%)。纯铝的主要用途是配制铝合金,还可用来制造导线、包覆材料、耐蚀和生活器皿等。高纯铝主要用于科学试验和化学工业。

纯铝分为铸造纯铝(铸造产品)及变形铝(压力加工产品)两种。

铸造纯铝按GB/T8063-1994规定,其牌号由“Z”和铝的化学元素符号及表明铝含量的数字组成,例如ZAl 99.5表示w_{Al}=99.5%的铸造纯铝。

变形铝按GB/T16474-2011规定,其牌号用四位字符体系的方法命名,即用1×××表示,牌号的最后两位数字表示最低铝百分含量中小数点后面两位数字,牌号第二位的字母表示原始纯铝的改型情况,如果字母为A,则表示为原始纯铝。如1A30变形铝,表示w_{Al}=99.30%的原始纯铝,若为其他字母,则表示为原始纯铝的改型。GB/T3190-2008中所列我国变形铝的牌号主要有1A99、1B99、1A97、1A93、1A90、1A50、1R50、1A30、1B30等20种牌号。

9.1.2 铝合金

纯铝的硬度、强度很低,不适宜制作受力的机械零构件。向纯铝中加入适量的合金元素制成铝合金(aluminum alloy)，可改变其组织结构，提高其性能。常加入的合金元素有铜、镁、硅、锌、锰等，有时还辅加微量的钛、锆、铬、硼等元素。这些合金元素通过固溶强化和过剩相(第二相)强化作用，可提高强度并保持纯铝的特性。不少铝合金还可以通过冷变形和热处理方法，进一步强化，其抗拉强度可达500～1000MPa，相当于低合金结构钢的强度，因此用铝合金可以制造承受较大载荷的机构零件和构件，成为工业中广泛使用的有色金属材料。

1. 铝合金的分类

无论加何种元素，铝合金一般都具有如图9-1所示的相图。根据铝合金的成分和工艺特征，一般将铝合金分为铸造铝合金和变形铝合金两大类。

图9-1中成分在D'点以左的合金，在加热至固溶度线(DF线)以上温度时，可得到单相α固溶体，塑性好，适于压力加工，称为变形铝合金。成分在D'点以右的合金，合金元素较多，凝固时发生共晶反应出现共晶体，合金塑性较差，不宜压力加工，但熔点低，流动性好，适宜铸造，称为铸造铝合金。

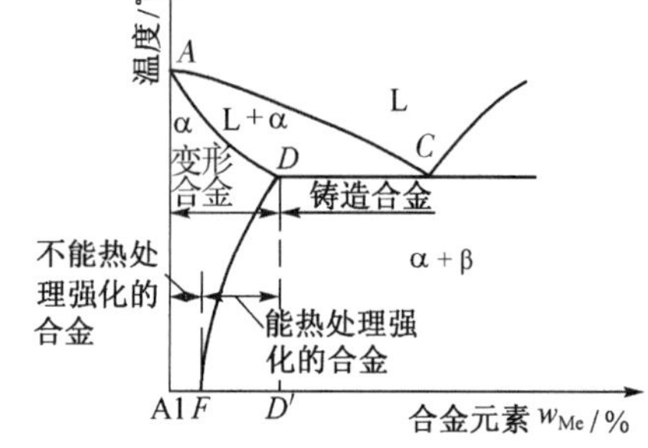

图9-1 铝合金相图的一般形式

在变形铝合金中，成分在F点以左的合金，α固溶体成分不随温度发生变化，因而不能用热处理方法强化，称为不可热处理强化的铝合金。

成分在F～D'之间的铝合金，α固溶体成分随温度而变化，可用热处理方法强化，称为可热处理强化的铝合金。

由于铸造铝合金中也有α固溶体，故也能用热处理强化。但随着距D'越远，合金中的α相越少，其强化效果越不明显。

2. 铝合金的强化

纯铝无同素异构转变，因此不能像钢一样借助于热处理进行相变强化。通过合金化、热处理或其他强化方式，可使铝合金在保持密度小、耐蚀性好等条件下得到显著强化。合金元素对铝的强化主要表现在固溶强化、时效强化、过剩相(第二相)强化和细晶强化。

(1)固溶强化

纯铝中加入合金元素，形成铝基固溶体，造成晶格畸变，阻碍了位错的运动，起到固溶强化的作用，可使其强度提高。根据合金化的一般规律，形成无限固溶体或高浓度的固溶体型合金时，不仅能获得高的强度，而且还能获得优良的塑性与良好的压力加工性能。Al-Cu、Al-Mg、Al-Si、Al-Zn、Al-Mn等二元合金一般都能形成有限固溶体，并且均有较大的极限溶度，具有较好的固溶强化效果。例如$w_{Si}=13\%$的Al-Si合金，未经变质处理时，$R_m=137$MPa，$A=3\%$，而经变质处理后，合金的$R_m=176$MPa，$A=8\%$。

(2)时效(沉淀)强化

合金元素对铝的另一种强化作用是通过热处理来实现的。但由于铝没有同素异构转变，所以其热处理相变与钢不同。铝合金的热处理强化，主要是由于合金元素在铝合金中有较大的固溶度，且随温度的降低而急剧减小。所以铝合金经加热到某一温度淬火后，可以得到过饱和的铝基固溶体。这种过饱和铝基固溶体放置在室温或加热到某一温度时，其强度和硬度随时间的延长而增高，但塑性、韧性则降低，这个过程称为时效。时效过程中使铝合金的强度、硬度增高的现象称为时效（沉淀）强化或时效硬化（age-hardening）。在室温下进行的时效称为自然时效，在加热条件下进行的时效称为人工时效。例如，Cu 的质量分数为 4%并含有少量 Mg、Mn 元素的铝合金，在退火状态下，$R_m=180\sim200$MPa，$A=18\%$，经固溶处理后，其 $R_m=240\sim250$MPa，$A=20\%\sim22\%$，如再经 4～5 天放置后，则强度显著提高，R_m 可达 400MPa，而 A 下降到 18%。

图 9-2 为 $w_{Cu}=4\%$的铝合金经过固溶处理后，在室温下强度随时间变化的曲线。由图可知，自然时效在最初一段时间内，对合金的强度影响不大，这段时间称为孕育期。在此期间对固溶处理后的铝合金可进行冷加工（如铆接、弯曲、校直等）。随着时间的延长，到 5～15h 强度增大很快，到 4～5 天以后，强度基本上停止变化。

铝合金时效强化的效果还与温度有关。图 9-3 表示不同温度下的人工时效对强度的影响。由图可知，提高时效温度，可使孕育期缩短，时效速度加快，但时效温度越高，强化效果越低。

如果时效温度在室温以下，原子扩散不易进行，则时效过程进行很慢。例如，在-50℃以下长期放置固溶处理后的铝合金，其 R_m 几乎没有变化，即低温可以抑制时效的进行。所以，在生产中，某些需要进一步加工变形的铝合金（铝合金铆钉等），可在固溶处理后于低温状态下保存，使其在需要加工变形时仍具有良好的塑性。若人工时效的温度过高或时间过长，合金会软化，这种现象称为过时效。为充分发挥铝合金的强化效果，应避免产生过时效。

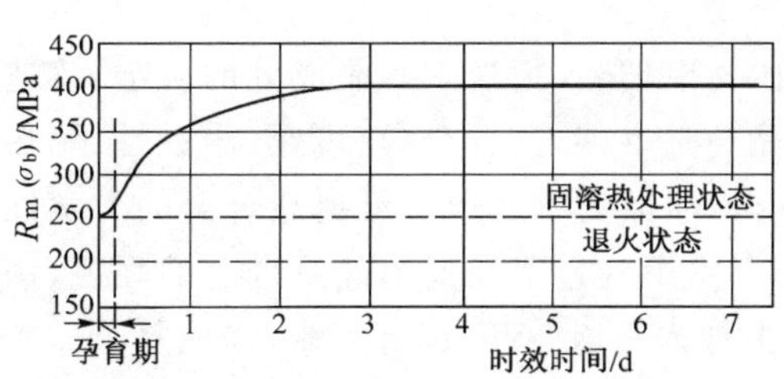

图 9-2 $w_{Cu}=4\%$的铝合金自然时效曲线

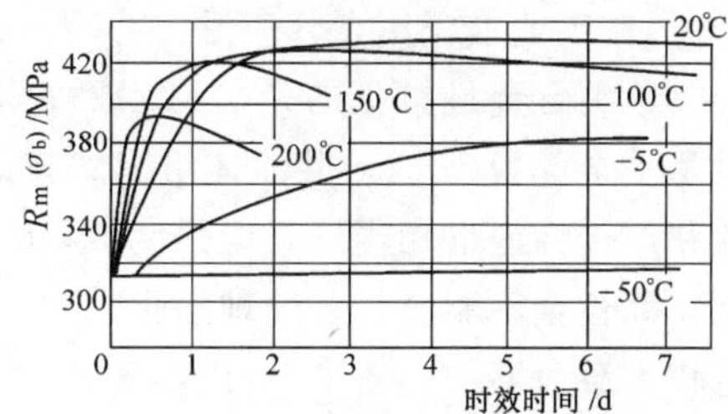

图 9-3 $w_{Cu}=4\%$的铝合金在不同温度下的时效曲线

（3）过剩相强化

如果铝中加入合金元素的数量超过了极限溶解度，则在固溶处理加热时，就有一部分不能溶入固溶体的第二相出现，称为过剩相。在铝合金中，这些过剩相通常是硬而脆的金属间化合物。它们在合金中阻碍位错运动，使合金强化，这称为过剩相（第二相）强化。在生产中常常采用这种方式来强化铸造铝合金和耐热铝合金。过剩相数量越多，分布越弥散，则强化效果越好。但过剩相太多会使铝合金强度和塑性都降低。过剩相成分、结构越复杂，熔点越高，则高温热稳定性越好。

（4）细晶强化

许多铝合金组织都是由 α 固溶体和过剩相组成的。若能细化铝合金的组织，包括细化 α 固溶体和细化过剩相，就可使合金得到强化。

由于铸造铝合金组织比较粗大，所以实际生产中常常利用变质处理的方法来细化合金组织。变质处理是浇注前在熔融的铝合金中加入占合金重量2%～3%的变质剂(常用钠盐混合物:2/3NaF+1/3NaCl),以增加结晶核心,抑制晶粒长大,可有效地细化晶粒,从而提高合金强度,故称细晶强化,又称变质处理。例如Al-Mn防锈铝合金,添加 $w_{Ti}=0.02\%\sim0.3\%$ 的Ti时,可使组织显著细化。

3. 铸造铝合金

铸造铝合金要求具有良好的铸造性能,因此,合金组织中应有适当数量的共晶体。铸造铝合金的合金元素含量一般高于变形铝合金。在常用的铸造铝合金中,合金元素总量约为8%～25%。铸造铝合金有铝硅系、铝铜系、铝镁系、铝锌系四种,其中以铝硅系合金应用最广。国家标准GB/T8063-1994规定,铸造铝合金牌号由Z(铸)Al+主要合金元素的化学符号及其平均质量分数($w\times100$)组成,如ZAlSi12表示 $w_{Si}=12\%$,其余为Al的铝硅铸造合金。如果平均含量小于1%,一般不标数字,必要时可用一位小数表示。

铸造铝合金代号用“铸铝”两字的汉语拼音字首“ZL”及三位数字表示。如ZL102、ZL203、ZL302、ZL401等。ZL后的第一位数字表示合金系列,其中1为铝硅系、2为铝铜系、3为铝镁系、4为铝锌系。后两位数字表示合金顺序号,序号不同者,化学成分也不同。

常用铸造铝合金的牌号(代号)、化学成分、机械性能与用途如表9-1所示。

(1)铝硅系铸造铝合金

铝硅系铸造铝合金又称硅铝明,这类合金是铸造性能与力学性能配合最佳的一种铸造合金,其特点是铸造性能好,线收缩率小,流动性好,热裂倾向小,具有较高的抗蚀性,有足够的强度,在工业上应用十分广泛。

这类合金最常见的是ZAlSi12,硅含量 $w_{Si}=10\%\sim13\%$,相当于共晶成分的合金,铸造后几乎全部为(α+Si)共晶体组织。其最大的优点是铸造性能好,此外,密度小,耐蚀性、耐热性和焊接性能也相当好。但强度低,铸件致密度不高,经过变质处理后可提高合金的力学性能。该合金不能进行热处理强化,主要在退火状态下使用。为了提高铝硅系合金的强度,满足较大载荷零件的要求,可以在该合金成分的基础上加入铜、锰、镁、镍等元素,组成复杂硅铝明,这些元素通过固溶处理实现合金强化,并能使合金通过时效处理进行强化。此外,还可通过变质处理,以提高强度。

特殊铝硅合金具有良好的铸造性能、较高的耐蚀性和足够的强度,在工业上广泛应用。常用代号有ZL101、ZL104、ZL105、ZL107、ZL108、ZL109、ZL111等。这类合金用于制造低、中强度的形状复杂铸件,如气缸体、变速箱体、风扇叶片等。尤其是ZL108和ZL109合金,由于密度小、耐蚀性好、线膨胀系数小、强度和硬度较高,耐磨性和耐热性都比较好,因而是制造发动机活塞的常用材料。

(2)铝铜系铸造铝合金

这类合金的铜含量不低于4%,由于铜在铝中有较大的溶解度,且随温度的改变而改变,因此这类合金可以通过时效强化提高强度,并且时效强化的效果能够保持到较高温度,使合金具有较好的热强性。由于合金中只含少量的共晶体,故铸造性能不好,抗蚀性和比强度比较优质硅铝明低。常用的代号有ZL201、ZL203等。主要用于制造在200～300℃工作的要求较高强度的零件,如增压器的导风叶轮、静叶片等。

表 9-1 常用铸造铝合金的牌号(代号)、成分、机械性能及用途(摘自 GB/T1173-1995)

组别	牌号 (代号)	化学成分 $w/\%$						机械性能(不低于)					用途
		Si	Cu	Mg	Mn	其他	Al	铸造方法	合金状态	R_m (σ_b) /MPa	A (δ) /%	硬度 /HBW	
铝硅合金	ZAlSi12 (ZL102)	10.0～ 13.0					余量	SB J SB J	F F T2 T2	145 155 135 145	4 2 4 3	50 50 50 50	工作温度在200℃以下,要求气密性,承受低载荷的零件,如抽水机壳体
	ZAlSi9Mg (ZL104)	8.0～ 10.5		0.17～ 0.30	0.2～ 0.5		余量	S J SB J	F T1 T6 T6	145 195 225 235	2 1.5 2 2	50 65 70 70	工作温度为220℃以下、形状复杂的零件,如电动机壳体、气缸体
	ZAlSi5Cu1Mg (ZL105)	4.5～ 5.5	1.0～ 1.5	0.40～ 0.60			余量	J S S	T5 T5 T6	235 215 225	0.5 1 0.5	70 70 70	工作温度为225℃以下、形状复杂的零件,如风冷发动机的气缸头
	ZAlSi12Cu1Mg1 Ni1(ZL109)	11.0～ 13.0	0.5～ 1.5	0.8～ 1.3		Ni0.8 ～1.5	余量	J J	T1 T6	195 245	0.5 —	90 100	较高温度下工作的零件,如活塞
铝铜合金	ZAlCu5Mn (ZL201)		4.5～ 5.3		0.6～ 1.0	Ti0.15 ～0.35	余量	S S	T4 T5	295 335	8 4	70 90	砂型铸造工作温度为175～300℃的零件,如内燃机气缸头、活塞
	ZAlCu4 (ZL203)		4.0～ 5.0				余量	S S	T4 T5	195 215	6 3	60 70	形状简单,表面粗糙度要求较细的中等载荷零件
铝镁合金	ZAlMg10 (ZL301)			9.5～ 11.0			余量	S	T4	280	10	60	大气或海水中工作的零件,承受冲击载荷,外形不太复杂的零件,如舰船配件、氨用泵体等
	ZAlMg5Si1 (ZL303)	0.8～ 1.3		4.5～ 5.5	0.1～ 0.4		余量	S	F	145	1	55	

续表

组别	牌号（代号）	化学成分 w/%						机械性能（不低于）					用途
		Si	Cu	Mg	Mn	其他	Al	铸造方法	合金状态	R_m (σ_b) /MPa	A (δ) /%	硬度/HBW	
铝锌合金	ZAlZn11Si7（ZL401）	6.0～8.0		0.1～0.3		Zn9.0～13.0	余量	J S	T1 T1	245 195	1.5 2	90 80	结构形状复杂的汽车、飞机、仪器零件，也可制造日用品
	ZAlZn6Mg（ZL402）			0.5～0.65		Zn5.0～6.5 Cr0.4～0.6 Ti0.15～0.25	余量	J S	T1 T1	235 215	4 4	70 65	

注：①铸造方法：J—金属模；S—砂模；B—变质处理

②合金状态：F—铸态；T1—人工时效；T2—退火；T4—固溶处理加自然时效；T5—固溶处理加不完全人工时效；T6—固溶处理加完全人工时效；T7—固溶处理加稳定化处理。

③用途在GB标准中未规定。

（3）铝镁系铸造铝合金

这类合金的特点是强度高，比其他铸造铝合金的耐蚀性好，密度小，比纯铝还轻。但铸造性能不如铝硅合金好，流动性差，线收缩率大，铸造工艺复杂。通常采用自然时效强化。常用的代号有ZL301、ZL303，其中应用最广的是ZL301。它多用于制造承受冲击载荷、耐海水腐蚀、外形不太复杂、便于铸造的零件，如舰船零件，也可用来代替不锈钢制造某些耐蚀零件，如氨用泵体等。

（4）铝锌系铸造铝合金

这类合金铸造性能很好，与ZL102相似，但密度较大，耐蚀性差。经变质处理后可获得较高的强度，可以不经热处理直接使用。但由于锌含量较多，密度大，耐蚀性差，热裂倾向较大。常用的代号有ZL401、ZL402，主要用于制造汽车、拖拉机发动机零件及形状复杂的仪器零件。

4.变形铝合金

按GB/T16474-2011规定，变形铝合金牌号用四位字符体系表示，牌号的第一、三、四位为数字，第二位为英文大写字母A、B或其他字母（或数字），如5A06。牌号中第一位数字为2～9，分别表示变形铝合金的组别，其中2×××表示以铜为主要合金元素的铝合金即铝铜合金，3×××表示以锰为主要合金元素的铝合金即铝锰合金，4×××表示以硅为主要合金元素的铝合金即铝硅合金，5×××表示以镁为主要合金元素的铝合金即铝镁合金，6×××表示以镁和硅为主要合金元素并以Mg_2Si相为强化相的铝合金即铝镁硅合金，7×××表示以锌为主要合金元素的铝合金即铝锌合金，8×××表示以其他合金元素为主要合金元素的铝合金如铝锂合金，9×××表示备用合金组；最后两位数字为合金的编号，没有特殊意义，仅用来区分同一组中不同合金；如果第二位字母为A，则表示原始合金，如果是B或其他字母，则表示原始合金的改型合金，如果第二位不是英文字母，而是数字时，0表示原始合金，1~9表示改型合金。

常用变形铝合金的牌号、化学成分和室温拉伸试验结果如表9-2所示。

变形铝合金可按其性能特点分为铝—锰系或铝—镁系、铝—铜—镁系、铝—铜—镁—锌系、铝—铜—镁—硅系合金等。这些合金常经冶金厂加工成各种规格的板、带、线、管等型材供应。

(1)铝—锰或铝—镁系合金

这类合金又叫防锈铝，其时效强化效果较弱，一般只能用冷变形来提高强度。

铝—锰系合金中3A21的 $w_{Mn}=1.0\%\sim1.6\%$。退火组织为α的固溶体和在晶粒边界上少量的($\alpha+MnAl_6$)共晶体，所以它的强度高于纯铝。由于 $MnAl_6$ 相的电极电位与基体相近，所以有很高的耐蚀性。

铝—镁系合金中镁在铝中的溶解度较大(在451℃时可溶入15%)，但为便于加工，避免形成脆性很大的化合物，一般防锈铝中 $w_{Mg}<8\%$。在实际生产条件下，由于其具有单相固溶体，所以有好的耐蚀性。又由于固溶强化，强度比纯铝与3A21更高。含镁量愈高，合金强度愈高。

防锈铝的工艺特点是塑性及焊接性好，常用拉延法制造各种高耐蚀性的薄板容器(如油箱等)、防锈蒙皮以及受力小、质轻、耐蚀的制品与结构件(如管道、窗框、灯具等)。

表9-2 常用变形铝合金的牌号、化学成分和室温拉伸试验结果表

类别	代号	化学成分 w / %						室温拉伸试验结果		原代号
		Cu	Mg	Mn	Zn	其他	Al	抗拉强度 R_m/MPa	断后伸长率 A/%	
防锈铝合金	5A06	0.1	5.8~6.8	0.5~0.8	0.2	Si0.4 Fe0.4	余量	295~315	6~12	LF6
	3A21	0.2	0.05	1.0~1.6	0.10	Si0.6 Fe0.7 Ti0.15	余量	100~215	16	LF21
硬铝合金	2A01	2.2~3.0	0.2~0.5	0.2	0.1	Si0.5 Fe0.5 Ti0.15	余量	—	—	LY1
	2A11	3.8~4.8	0.4~0.8	0.4~0.8	0.3	Si0.7 Fe0.7 Ti0.15 Ni0.1	余量	285~375	4~11	LY11
	2A12	3.8~4.9	1.2~1.8	0.3~0.9	0.3	Si0.7 Fe0.7 Ti0.15 Ni0.1	余量	215~425	3~7	LY12
超硬铝合金	7A04	1.4~2.0	1.8~2.8	0.2~0.6	5.0~7.0	Si0.5 Fe0.5 Ti0.1 Cr0.1~0.25	余量	245~490	—	LC4
锻造铝合金	2A14	3.9~4.8	0.4~0.8	0.4~1.0	0.3	Si0.6~1.2 Fe0.7 Ni0.1	余量	245~430	5	LD10

注：材料成分摘自GB/T3190-2008；室温拉伸试验结果摘自GB/T3880.2-2012。

(2)铝一铜一镁系合金

这类合金又叫硬铝,是一种应用较广的可热处理强化的铝合金。铜与镁能形成强化相 $CuAl_2$(θ 相)及 $CuMgAl_2$(S 相),而 S 相是硬铝中主要的强化相,在较高温度下不易聚集,可以提高硬铝的耐热性。硬铝中含铜、镁量多,则强度、硬度高,耐热性好(可以 200℃ 以下工作),但塑性、韧性低。

这类合金通过淬火时效可显著提高其强度,R_m 可达 420MPa,其比强度与高强度钢(一般 R_m 为 1000～1200MPa 的钢)相近,故名硬铝。

硬铝的耐蚀性远比纯铝差,更不耐海水腐蚀,尤其是硬铝中的铜会导致其抗蚀性剧烈下降。为此,常在硬铝中加入适量的锰,对硬铝板材还可采用表面包一层纯铝或包覆铝,以增加其耐蚀性,但在热处理后强度稍低。

2A01(铆钉硬铝)有很好的塑性,大量用来制造铆钉。飞机上常用的铆钉材料为 2A10,它比 2A01 的铜含量稍高,镁含量更低,塑性好,且孕育期长,还有较高的剪切强度。

2A11(标准硬铝)既有相当高的硬度,又有足够的塑性,退火状态可进行冷弯、卷边、冲压。时效处理后又可大大提高其强度,常用来制造形状复杂、载荷较低的结构零件,在仪器制造中也有广泛应用。

2A12(高强度硬铝)经淬火后,具有中等塑性,成型时变形量不宜过大。由于孕育期较短,一般均采用自然时效。在时效和加工硬化状态下切削加工性能较好。可焊性差,一般只适于点焊。2A12 合金经淬火自然时效后获得高强度,因而是目前最重要的飞机结构材料,广泛用于制造飞机翼肋、翼架等受力构件。2A12 硬铝还可用来制造在 200℃ 以下工作的机械零件。

(3)铝一铜一镁一锌系合金

这类合金又叫超硬铝。其时效强化相除了有 θ 相及 S 相外,主要强化相还有 $MgZn_2$(η 相)及 $Al_2Mg_3Zn_3$(T 相)。在铝合金中,超硬铝时效强化效果最好,强度最高,R_m 可达 600MPa,其比强度已相当于超高强度钢(一般指 $R_m>1400$MPa 的钢),故名超硬铝。

由于 $MgZn_2$ 相的电极电位低,所以超硬铝的耐蚀性也较差,一般也要包铝(常采用 w_{Zn}＝0.09％～1.0％的包覆铝作为保护层),以提高耐蚀性。另外,耐热性也较差,工作温度超过 120℃ 就会软化。

目前应用最广的超硬铝合金是 7A04。常用于飞机上受力大的结构零件,如起落架、大梁等。在光学仪器中,用于要求重量轻而受力较大的结构零件。

(4)铝一铜一镁一硅系合金

这类合金又叫锻铝。其主要强化相有 θ 相、S 相和 Mg_2Si(β 相)。力学性能与硬铝相近,但热塑性及耐蚀性较高,更适于锻造,故名锻铝。

由于热塑性好,所以锻铝主要用于航空及仪表工业中各种形状复杂、要求比强度较高的锻件或模锻件,如各种叶轮、框架、支杆等。

因锻铝自然时效速度较慢,强化效果较低,一般采用淬火和人工时效。

9.2 铜及铜合金

9.2.1 工业纯铜

纯铜呈玫瑰红色，表面氧化后形成紫色氧化铜膜，故俗称紫铜，属于重金属，密度为8.9g/cm^3，熔点为1083℃，无磁性。具有面心立方结构，无同素异构转变，纯铜的突出优点是具有良好的导电性、导热性，很高的化学稳定性，在大气、淡水和冷凝水中有良好的耐蚀性。但纯铜的强度不高(R_m=200～250MPa)，硬度低(40～50HBW)，塑性好(A=45%～55%)。

工业纯铜通常指 w_{Cu}=99.50%～99.95%的纯铜。工业纯铜中常含有 w_M=0.1%～0.5%的杂质(Pb、Bi、O、S、P等)，杂质使铜的导电能力下降，Pb、Bi能与Cu形成低熔点共晶体并分布在铜的晶界上。当铜进行热加工时，由于晶界上的共晶体熔化而引起脆性断裂，这种现象称"热脆"。此外，S、O与Cu形成脆性化合物，降低铜的塑性和韧性，造成"冷脆"。因此对铜的杂质含量要有一定限制。

常用工业纯铜为加工铜，根据其杂质含量又分为纯铜、无氧铜、磷脱氧铜、银铜四组。根据GB/T 29091-2012规定，加工纯铜用"T+数字"命名，其中"T"是"铜"字的汉语拼音字首，数字表示顺序号，数字越大则纯度越低；根据GB/T 5231-2012，加工纯铜有T1(w_{Cu}>99.95%)、T2(w_{Cu}>99.9%)、T3(w_{Cu}>99.7%)三种；无氧铜中含氧量极低，不大于0.003%，用"TU+顺序号"命名，其中"U"是英文"无氧"Unoxygen的第一个字母，数字表示顺序号，数字越大则纯度越低，牌号有TU00、TU0、TU1、TU2、TU3五种；磷脱氧铜中磷含量较高(w_P=0.004%～0.04%)，其他杂质含量很低，用"TP+顺序号"命名，P为磷的化学符号，数字表示顺序号，数字越大，磷含量越高，牌号有TP1、TP2、TP3、TP4四种。银铜中含少量银(w_{Ag}=0.06%～0.12%)，导电性好，用"T+第一添加元素化学符号+添加元素含量"表示，银铜有TAg0.1-0.01、TAg0.1、TAg0.15三种。

加工纯铜由于强度、硬度低，不能作受力的结构材料，主要压力加工成板、带、箔、管、棒、线、型七种形状，用作导电材料、导热及耐蚀零件和仪表零件；无氧铜主要压力加工成板、带、箔、管、棒、线六种形状，用于制作电真空器件及高导电性铜线，这种导线能抵抗氢的作用，不发生氢脆现象；磷脱氧铜主要压力加工成板、带、管三种形状，用于制作导热、耐蚀器件及仪表零件；银铜主要压力加工成板、管、线三种形状，用作导电、导热材料和耐蚀器件及仪表零件。

9.2.2 铜合金

在纯铜中加入合金元素制成铜合金。常用合金元素为Zn、Sn、Al、Mg、Mn、Ni、Fe、Be、Ti、Si、As、Cr等。这些元素通过固溶强化、时效强化和过剩相(第二相)强化等途径，提高合金强度，并仍保持纯铜优良的物理化学性能。因此，在机械工业中广泛使用铜合金。

按化学成分，铜合金分为黄铜、白铜、青铜三大类。黄铜是以锌为主要合金元素的铜合金；白铜是以镍为主要合金元素的铜合金，青铜是以除锌、镍以外的其他元素为主要合金元素的铜合金。

按生产加工方式，铜合金又分为压力加工铜合金（简称加工铜合金）和铸造铜合金两大类。除用于导电、装饰和建筑外，铜合金主要在耐磨和耐蚀条件下使用。

1. 黄铜(brass)

黄铜是以 Zn 为主要合金元素的铜合金，根据成分特点其又分为普通黄铜和特殊黄铜。普通黄铜是指 Cu-Zn 二元合金，其中 Zn 的质量分数小于 50%，牌号以“H＋数字”表示，数字代表铜的质量分数($w\times100$)。如 H62 表示其中 Cu 的质量分数为 62%、Zn 的质量分数为 38%的普通黄铜；特殊黄铜是在普通黄铜的基础上又加入 Al、Si、Pb、Sn、Mn、Fe、Ni 等元素的黄铜，其牌号以“H＋第二主添加元素化学符号＋铜含量＋除锌以外的各添加元素含量（数字间以“-”隔开）”表示。如 HMn58-2 表示其中 Cu 的平均质量分数为 58%、Mn 的质量分数为 2%、其余成分为 Zn 的特殊黄铜。若材料为铸造黄铜，则在其牌号前加“Z”（“铸”的汉语拼音字首），如 ZH62、ZHMn58-2。

(1)普通黄铜

普通黄铜的二元合金相图如图 9-4 所示。Zn 溶入 Cu 中形成 α 固溶体，室温下最大溶解度达到 39%。当 $w_{Zn}<39\%$时，室温下平衡组织为单相 α 固溶体，称为单相黄铜(α 黄铜)；当 $w_{Zn}=39\%\sim45\%$时，室温下平衡组织为 $\alpha+\beta'$，称为两相黄铜($\alpha+\beta'$黄铜)。

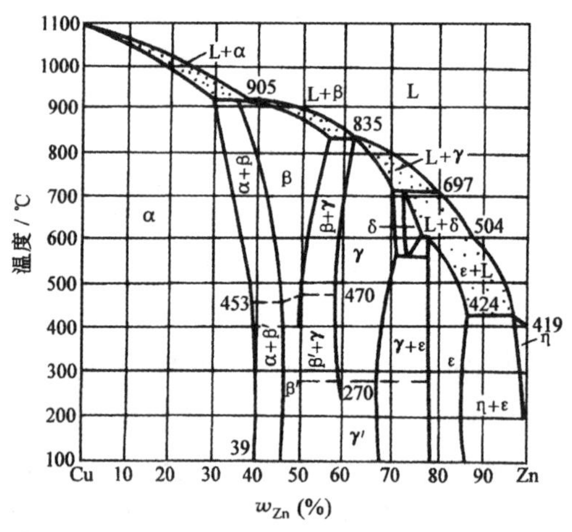

图 9-4　Cu-Zn 合金相图

普通黄铜的力学性能与含 Zn 量有很大关系，如图 9-5 所示。当 $w_{Zn}<32\%$时，随着含 Zn 量增加，由于固溶强化作用使黄铜的强度提高，塑性也有改善。当 $w_{Zn}>32\%$后，在实际生产条件下，组织中已出现 β′硬脆相，塑性开始下降，而一定数量的 β′相能起强化作用，使强度继续升高。但当 $w_{Zn}>45\%$后，组织中已全部呈脆性，为 β′相，使黄铜的强度和塑性急剧下降，无实用价值。

单相黄铜强度低、塑性好，一般退火后通过冷塑性加工成冷轧板材、冷拔线材、管材及深冲压零件等。常用的黄铜有 H68、H70、H80 等，其中，H68、H70 强度较高，塑性好，适于用冷冲压或冷拉深方法制造各种复杂零件，曾大量用于制作弹壳，有“弹壳黄铜”之称，在精密仪器上也有广泛应用；H80 因色泽美观，故多用于制作装饰品、奖牌等，被称为“金奖黄铜”。

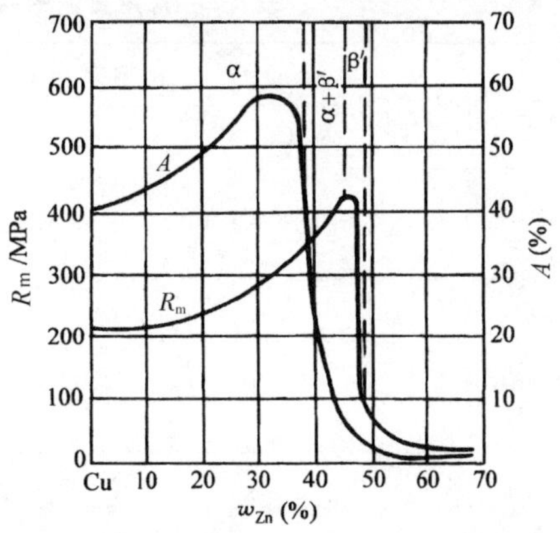

图 9-5　黄铜的力学性能与含锌量的关系

两相黄铜由于组织中有硬脆的 β′ 相，只能承受微量冷变形。而在高于 453～470℃时，发生 β′→β 的转变，β 相为以 CuZn 化合物为基的无序固溶体，热塑性好，适宜热加工。这类黄铜一般热轧成棒材、板材。常用代号有 H59、H62 等，主要用作水管、油管、散热器、螺钉。普通黄铜具有良好的耐蚀性，但冷加工后的黄铜在海水、湿气、氨的环境中容易产生应力腐蚀开裂（季裂），故需进行去应力退火（250～300℃保温 1h）。

（2）特殊黄铜

在普通黄铜的基础上加入 Al、Si、Pb、Sn、Mn、Fe、Ni 等合金元素形成特殊黄铜。根据所加入元素种类，相应称为锡黄铜、铝黄铜、硅黄铜、铅黄铜等。这些合金元素的加入都能提高合金的强度。另外 Al、Sn、Mn、Ni 能提高耐蚀性和耐磨性，Mn 能提高耐热性，Si 能改善铸造性能，Pb 能改善可加工性能。工业上常用的特殊黄铜代号有 HAl60-1-1、HPb59-1、HSn62-1 等，主要用于制造冷凝管、齿轮、螺旋桨、钟表零件等。

常用黄铜的牌号、化学成分、抗拉强度及用途举例如表 9-3 所示。

2. 白铜（white copper）

白铜分为简单白铜和特殊白铜，工业上主要用于耐蚀结构和电工仪表。白铜的组织为单相固溶体，不能通过热处理来强化。

简单白铜为 Cu-Ni 二元合金，牌号用“B＋镍含量（$w\times100$）”表示，“B”为“白”字的汉语拼音字首。常用牌号有 B5、B19 等。简单白铜具有较高的耐蚀性和抗腐蚀疲劳性能，优良的冷、热加工性能，主要用于制造在蒸汽和海水环境中工作的精密仪器、仪表零件和冷凝器、蒸馏器及热交换器等。

特殊白铜是在 Cu-Ni 二元合金基础上添加 Zn、Mn、Al 等元素形成的，分别称为锌白铜、锰白铜、铝白铜等。

以铜为余量的特殊白铜，以“B＋第二添加元素化学符号＋镍含量（$w\times100$）＋各添加元素含量（$w\times100$）（数字间以“-”隔开）”命名，如 BFe10-1-1 表示含 $w_{Ni}=10\%$、$w_{Fe}=1\%$、$w_{Mn}=1\%$的白铜。以锌为余量的锌白铜，以“B＋Zn 元素化学符号＋第一主添加化学元素（镍）含量＋第二主添加元素（锌）含量＋第三主添加元素含量（数字间以“-”隔开）”命名。如 BZn15-21-1.8 表示含 $w_{Ni}=15\%$、$w_{Zn}=21\%$、$w_{Pb}=1.8\%$的锌白铜。

表 9-3　常用黄铜的牌号、化学成分、抗拉强度及用途举例

组别	牌号	化学成分 w /%			抗拉强度 R_m/MPa	用途举例
		Cu	其他	Zn		
普通黄铜	H90	89.0～91.0	Fe0.05，Pb0.05	余量	240～485	双金属片、供水和排水管、证章、艺术品
	H80	78.5～81.5	Fe0.05，Pb0.05	余量	320～690	造纸网、薄壁管
	H68	67.0～70.0	Fe0.1，Pb0.03	余量	275～800	复杂的冷冲件和深冲件、散热器外壳、导管
	H62	60.5～63.5	Fe0.15，Pb0.08	余量	305～980	销钉、铆钉、螺母、垫圈、导管、散热器
特殊黄铜	HPb63-3	62.0～65.0	Pb2.4～3.0，Ni0.5，Fe0.1	余量	285～735	钟表、汽车、拖拉机及一般机器零件
	HPb59-1	57.0～60.0	Pb0.8～1.9，Ni1.0，Fe0.5	余量	325～735	垫冲压及切削加工零件，如销子、螺钉、垫圈
	HSn62-1	61.0～63.0	Sn0.7～1.1，Ni0.5，Fe0.1，Pb0.3	余量	295～835	船舶、热电厂中高温耐蚀冷凝器管
	HAl60-1-1	58.0～61.0	Al0.7～1.5，Ni0.5，Fe0.7～1.5，Pb0.4，Mn0.1～0.6	余量	—	齿轮、蜗轮、衬套、轴及其他耐蚀零件
	HFe59-1-1	57.0～60.0	Fe0.6～1.2，Ni0.5，Al0.1～0.5，Mn0.5～0.8，Pb0.2，Sn0.3～0.7	余量	—	在摩擦及海水腐蚀下工作的零件，及垫圈、衬套等
	HMn58-2	57.0～60.0	Mn1.0～2.0，Ni0.5，Fe0.1，Pb0.1	余量	—	船舶和弱电用零件
	HNi65-5	64.0～67.0	Ni5.0～6.5，Fe0.15	余量	—	压力计和船舶用冷凝器

注：①摘自 GB/T5231-2012、GB/T21652-2008。
②用途举例在 GB 标准中未作规定。

3. 青铜(bronze)

根据所加主要合金元素 Sn、Al、Be、Si、Pb 等，青铜分为锡青铜、铝青铜、铍青铜、硅青铜、铅青铜等。加工青铜以“Q＋第一主添加元素化学符号＋各添加元素含量(w×100)(数字间以“-”隔开)”命名，如 QSn6.5-0.1 表示含 $w_{Sn}=6.5\%$、$w_P=0.1\%$的锡磷青铜。

铸造青铜的牌号表示方法与铸造黄铜相同。

常用青铜的牌号、化学成分、抗拉强度及用途举例如表 9-4 所示。

(1)锡青铜

锡青铜是指以锡为主要加入元素的铜合金。锡青铜的性能受到锡含量的显著影响。$w_{Sn}<5\%$的锡青铜塑性好，适于进行冷变形加工；$w_{Sn}=5\%\sim7\%$的锡青铜热塑性好，适于进行热加工；$w_{Sn}=10\%\sim14\%$的锡青铜塑性较低，适于作铸造合金。锡青铜的铸造流动性差，易形

成分散缩孔，铸件致密度低，但合金体积收缩率小，适于铸造外形及尺寸要求精确的铸件。锡青铜具有良好的耐蚀性、减摩性、抗磁性和低温韧性，在大气、海水、蒸汽、淡水及无机盐溶液中的耐蚀性比纯铜和黄铜好，但在亚硫酸钠、酸和氨水中的耐蚀性较差。常用的锡青铜有QSn4-3、QSn6.5-0.4等，主要用于制造弹性元件、耐磨零件、抗磁及耐蚀零件，如弹簧、轴承、齿轮、蜗轮、垫圈等。

(2)铝青铜

铝青铜指以铝为主要加入元素的铜合金。铝青铜的性能也受到铝含量的显著影响。铝青铜的强度、硬度、耐磨性、耐热性、耐蚀性都高于黄铜和锡青铜，但其铸件体积收缩率比锡青铜大，焊接性能差。铝青铜是无锡青铜中应用最广的一种合金。常用铝青铜有低铝青铜和高铝青铜两种。低铝青铜如QAl5、QAl7等，具有一定的强度、较高的塑性和耐蚀性，一般在压力加工状态使用，主要用于制造高耐蚀弹性元件。高铝青铜如QAl9-4、QAl10-4-4等，具有较高的强度、耐磨性、耐蚀性，主要用于制造齿轮、轴承、摩擦片、蜗轮、螺旋桨等。

(3)铍青铜

铍青铜是铜合金中性能最好的一种铜合金，也是唯一可固溶强化的铜合金。它具有很高的强度、弹性、耐磨性、耐蚀性及耐低温性，具有良好的导电、导热性、无磁性，受冲击时不产生火花，还具有良好的冷、热加工和铸造性能。常用代号QBe2、QBe1.9等，主要用于制造重要的精密弹簧、膜片等弹性元件，高速、高温、高压下工作的轴承等耐磨零件，防爆工具等。

4.新型铜合金

近年来研制的新型铜合金包括弥散强化型高导电铜合金、高弹性铜合金、复层铜合金、铜基形状记忆合金和球焊铜丝等。弥散强化型高导电铜合金典型合金为氧化铝弥散强化铜合金和TiB_2粒子弥散强化铜合金，具有高导电、高强度、高耐热性等性能，可用在制作大规模集成电路引线框及高温微波管上。高弹性铜合金典型合金为Cu-Ni-Sn合金和沉淀强化型Cu4NiSiCrAl合金。复层铜合金和铜基形状记忆合金是功能材料。球焊铜丝可代替半导体连接用球焊金丝。

表9-4 常用青铜的牌号、化学成分、抗拉强度及用途举例

组别	牌号	化学成分 w/%					抗拉强度 R_m/MPa	用途举例
		Sn	Al	Mn	其他	Cu		
锡青铜	QSn4-3	2.5～4.5	0.002	—	Zn2.7～3.3，P0.03，Fe0.05，Pb0.02	余量	350～1130	弹性元件、化工机械耐磨零件和抗磁零件
	QSn4-4-2.5	3.0～5.0	0.002	—	Zn3.0～5.0，P0.03，Fe0.05，Pb1.5～3.5	余量	—	航空、汽车、拖拉机用承受摩擦的零件，如轴套等
	QSn6.5-0.1	6.0～7.0	0.002	—	P0.10～0.25，Fe0.05，Pb0.02，Zn0.3	余量	350～1130	弹簧接触片、精密仪器中的耐磨零件和抗磁元件
	QSn6.5-0.4	6.0～7.0	—	—	P0.26-0.40，Fe0.02，Pb0.02，Zn0.3	余量	350～1130	金属网、弹簧及耐磨零件

续表

组别	牌号	化学成分 w /%					抗拉强度 R_m/MPa	用途举例
		Sn	Al	Mn	其他	Cu		
铝青铜	QAl5	—	4.0～6.0	0.5	Fe0.5,P0.01,Zn0.5,Sn0.1,Si0.1,Pb0.03	余量	—	弹簧
	QAl7	—	6.0～8.5	—	Fe0.5,Zn0.2,Si0.1,Pb0.02	余量	550～600	弹簧
	QAl9-2	—	8.0～10.0	1.5～2.5	Fe0.5,P0.01,Zn1.0,Sn0.1,Si0.1,Pb0.03	余量	530～580	海轮上的零件，在250℃以下工作的管配件和零件
	QAl10-4-4	0.1	9.5～11.0	0.3	Fe3.5～4.5,Ni3.5～5.5,Zn0.5,P0.01,Si0.1,Pb0.02	余量	—	高强度耐磨零件和在400℃以下工作的零件，如齿轮、阀座等
硅青铜	QSi1-3	0.1	0.02	0.1～0.4	Si0.6～1.1,Fe0.1,Ni2.4～3.4,Zn0.2,Pb0.15	余量	—	发动机机械制造中的结构零件，300℃以下工作的摩擦零件
	QSi3-1	0.25	—	1.0～1.5	Si2.7～3.5,Fe0.3,Ni0.2,Zn2.5～3.5,Pb0.03	余量	350～1130	弹簧、耐蚀零件以及蜗轮、蜗杆、齿轮、制动杆等
铍青铜	QBe2	—	0.15	—	Be1.80～2.10,Ni0.2～0.5	余量	—	重要的弹簧和弹性元件、耐磨零件以及高压、高速、高温轴承

注：①摘自 GB/T5231-2012、GB/T21652-2008。

②用途举例在 GB 标准中未作规定。

9.3 镁及镁合金

9.3.1 工业纯镁

纯镁为银白色，属轻金属，密度为 1.74g/cm^3，具有密排六方结构，熔点为 649℃；在空气中易氧化，高温下（熔融态）可燃烧，耐蚀性较差，在潮湿大气、淡水、海水和绝大多数酸、盐溶液中易受腐蚀；弹性模量小，吸振性好，可承受较大的冲击和振动载荷，但强度低、塑性差，不能用作结构材料。纯镁主要用于制作镁合金、铝合金等；也可用作化工槽罐、地下管道及船体等阴极保护的阳极及化工、冶金的还原剂；还可用于制作照明弹、燃烧弹、镁光灯和烟火等。

根据 GB/T 5153-2003 规定，工业纯镁的牌号用“镁”的化学符号 Mg 加数字的形式表示，Mg 后的数字表示 Mg 的质量分数，如 Mg99.95、Mg99.50、Mg99.00。

9.3.2 镁合金

纯镁的强度低，塑性差，不能制作受力零(构)件。在纯镁中加入合金元素制成镁合金(magnesium alloy)，就可以提高其力学性能。常用合金元素有Al、Zn、Mn、Zr、Li及稀土元素(RE)等。Al和Zn既可固溶于Mg中产生固溶强化，又可与Mg形成强化相$Mg_{17}Al_2$和MgZn，并通过时效强化和过剩相强化提高合金的强度和塑性；Mn可以提高合金的耐热性和耐蚀性，改善合金的焊接性能；Zn和RE可以细化晶粒，通过细晶强化提高合金的强度和塑性，并减少热裂倾向，改善铸造性能和焊接性能；Li可以减轻镁合金质量。根据镁合金的成形工艺，将镁合金分为变形镁合金和铸造镁合金两大类，两者在成分、组织性能上存在很大差异。

表9-5 镁合金中合金元素代号

元素代号	元素名称	元素代号	元素名称	元素代号	元素名称	元素代号	元素名称	元素代号	元素名称
A	铝	B	铋	C	铜	D	镉	E	稀土
F	铁	G	钙	H	钍	K	锆	L	锂
M	锰	N	镍	P	铅	Q	银	R	铬
S	硅	T	锡	W	镱	Y	锑	Z	锌

根据GB/T 5153-2003、GB/T 19078-2003规定，变形镁合金和铸造镁合金的牌号以英文字母(一至二个)加数字(一至二位)再加英文字母(一个)的形式表示。前面的英文字母是其最主要的合金组成元素代号，其后的数字表示其最主要的合金组成元素的大致含量，镁合金中合金元素代号见表9-5所示。最后面的英文字母为标识代号，用以标识各具体组成元素相异或元素含量有微小差别的不同合金。如AZ91D表示主要合金元素为Al和Zn，其名义含量分别为9%和1%。

1. 变形镁合金

变形镁合金均以压力加工方法制成各种半成品，如板材、棒材、管材、线材等供应，供应状态有退火状态、人工时效态等。按化学成分分为Mg-Al-Zn系、Mg-Mn系、Mg-Zn-Zr系、Mg-Mn-RE系等。常用变形镁及镁合金的牌号和化学成分如表9-6所示。

(1)Mg-Al-Zn系变形镁合金

这类合金强度较高、塑性较好。其牌号常见的有AZ31B、AZ40M、AZ41M、AZ61M、AZ80M等，其中AZ40M、AZ41M具有较好的热塑性和耐蚀性，应用较多。

(2)Mg-Mn系变形镁合金

这类合金具有良好的耐蚀性能和焊接性能，可以进行冲压、挤压、锻压等压力加工成形。如M2M通过在退火态使用，板材用于制作飞机和航天器的蒙皮、壁板等焊接结构件，模锻件可制作外形复杂的耐蚀件。

(3)Mg-Zn-Zr系变形镁合金

该类合金常用的ZK61M经热挤压等热变形加工后直接进行人工时效，其屈服强度可达275MPa，抗拉强度R_m可达329MPa，是航空工业中应用最多的变形镁合金。因其使用温度不能超过150℃，且焊接性能差，一般不用作焊接结构件。

(4)Mg-Mn-RE 系变形镁合金

该类合金主要为 ME20M,性能与 Mg-Mn 合金类似,具有良好的耐蚀性能和焊接性能,板材用于制作飞机和航天器的蒙皮、壁板等焊接结构件,模锻件可制作外形复杂的耐蚀件。

表 9-6 常用变形镁及镁合金的牌号和化学成分表(摘自 GB/T 5153-2003)

组别	牌号	化学成分 w/%													
		Mg	Al	Zn	Mn	Ce	Zr	Si	Fe	Ca	Cu	Ni	Ti	Be	其他元素
Mg	Mg99.95	≥99.95	≤0.01	—	≤0.004	—	—	≤0.005	≤0.003	—	—	≤0.001	≤0.01	—	≤0.05
	Mg99.50	≥99.50	—	—	—	—	—	—	—	—	—	—	—	—	≤0.50
	Mg99.00	≥99.00	—	—	—	—	—	—	—	—	—	—	—	—	≤1.0
MgAlZn	AZ31B	余量	2.5～3.5	0.60～1.4	0.20～1.0	—	—	≤0.08	≤0.003	≤0.04	≤0.01	≤0.001	—	—	≤0.30
	AZ31S	余量	2.4～3.6	0.50～1.5	0.15～0.40	—	—	≤0.10	≤0.005	—	≤0.05	≤0.005		—	≤0.30
	AZ31T	余量	2.4～3.6	0.50～1.5	0.05～0.40	—	—	≤0.10	≤0.05	—	≤0.05	≤0.005	—	—	≤0.30
	AZ61S	余量	5.5～6.5	0.50～1.5	0.15～0.40	—	—	≤0.10	≤0.005	—	≤0.05	≤0.005	—	—	≤0.30
	AZ80S	余量	7.8～9.2	0.2～0.8	0.12～0.40	—	—	≤0.10	≤0.005	—	≤0.05	≤0.005	—	—	≤0.30
MgMn	M1C	余量	≤0.01	—	0.50～1.3	—	—	≤0.05	≤0.01	—	≤0.01	≤0.001		—	≤0.30
	M2M	余量	≤0.20	≤0.30	1.3～2.5	—	—	≤0.10	≤0.05	—	≤0.05	≤0.007	—	≤0.01	≤0.20
	M2S	余量	—	—	1.2～2.0	—	—	≤0.10	—	—	≤0.05	≤0.01	—	—	≤0.30
MgZnZr	ZK61M	余量	≤0.05	5.0～6.0	≤0.10	—	0.30～0.90	≤0.05	≤0.05	—	≤0.05	≤0.005	—	≤0.01	≤0.30
	ZK61S	余量	—	4.8～6.2	—	—	0.45～0.80	—	—	—	—	—	—	—	≤0.30
MgMnRE	ME20M	余量	≤0.20	≤0.30	1.3～2.2	0.15～0.35	—	≤0.10	≤0.05	—	≤0.05	≤0.007	—	≤0.01	≤0.30

2. 铸造镁合金

铸造镁合金靠铸造成形,可用砂型铸造、永久模铸造、熔模铸造、模压铸造、压铸等方法成型，我们将砂型铸造、永久模铸造、熔模铸造、模压铸造等方法成型的镁合金，称为普通铸造镁合金，其合金牌号与变形镁合金表示方法相同。普通铸造镁合金按照合金系列又可分为Mg-Al-Zn、Mg-Al-Mn、Mg-Zr、Mg-Zn-Zr、Mg-Zn-RE-Zr等不同合金组别的普通铸造镁合金。常用铸造镁合金牌号和化学成分如表9-7所示。

压铸成形是将熔化的镁合金液，高速高压注入精密的金属型腔内，使其快速成型的一种精密铸造法，其铸件表面光滑，精度高，可铸造复杂零件。根据GB/T 25748-2010规定，压铸镁合金牌号由镁及主要合金元素的化学符号组成。主要合金元素后面跟有表示其名义质量分数的数字(名义质量分数为该元素平均质量分数的修约化整值)。

在合金牌号前面冠以字母“YZ”(“Y”及“Z”分别为“压”和“铸”两字汉语拼音字首)表示为压铸合金。如YZMgAl2Si表示 $w_{Al}=2\%$、$w_{Si}=1\%$，余量为Mg的压铸镁合金。

表9-7 常用铸造镁合金牌号及化学成分表(摘自GB/T 19078-2003)

合金组别	牌号	化学成分 w /%														
		Mg	Al	Zn	Mn	RE	Zr	Ag	Y	Li	Be	Si	Fe	Cu	Ni	其他
MgAlZn	AZ81A	余量	7.2~8.0	0.50~0.90	0.15~0.35	—	—	—	—	—	0.0005~0.0015	≤0.20	—	≤0.08	≤0.10	≤0.30
	AZ91D	余量	8.5~9.5	0.45~0.90	0.17~0.40	—	—	—	—	—	0.0005~0.003	≤0.05	≤0.004	≤0.025	≤0.001	—
MgAlMn	AM20s	余量	1.7~2.5	≤0.20	0.35~0.60	—	—	—	—	—	—	≤0.05	≤0.004	≤0.008	≤0.001	—
	AM50A	余量	4.5~5.3	≤0.20	0.28~0.50	—	—	—	—	—	0.0005~0.003	≤0.05	≤0.004	≤0.008	≤0.001	—
MgAlSi	AS21S	余量	1.9~2.5	≤0.20	0.20~0.60	—	—	—	—	—	—	0.70~1.20	≤0.004	≤0.008	≤0.001	—
	AS41B	余量	3.7~4.8	≤0.10	0.35~0.60	—	—	—	—	—	0.0005~0.003	≤0.05	≤0.0035	≤0.015	≤0.001	—
MgZnCu	ZC63A	余量	≤0.20	5.5~6.5	0.25~0.75	—	—	—	—	—	—	≤0.20	≤0.05	2.4~3.0	≤0.001	—
MgZnZr	ZK51A	余量	—	3.8~5.3	—	—	0.3~1.0	—	—	—	—	≤0.01	—	≤0.03	≤0.010	≤0.30
	ZK61A	余量	—	5.7~6.3	—	—	0.3~1.0	—	—	—	—	≤0.01	—	≤0.03	≤0.010	≤0.30
MgZr	K1A	余量	—	—	—	—	0.3~1.0	—	—	—	—	≤0.01	—	≤0.03	≤0.010	≤0.30
MgZn-REZr	ZE41A	余量	—	3.7~4.8	≤0.15	1.00~1.75	0.3~1.0	—	—	—	—	≤0.01	≤0.01	≤0.03	≤0.005	≤0.30

续表

合金组别	牌号	化学成分 w /%														
		Mg	Al	Zn	Mn	RE	Zr	Ag	Y	Li	Be	Si	Fe	Cu	Ni	其他
MgRE-AgZr	QE22A	余量	—	≤0.20	≤0.15	1.9～2.4	0.3～1.0	2.0～3.0	—	—	—	≤0.01	—	≤0.03	≤0.010	≤0.30
MgY-REZr	WE54A	余量	—	≤0.20	≤0.15	1.5～4.0	0.3～1.0	—	4.75～5.50	≤0.20	—	≤0.01	≤0.01	≤0.03	≤0.005	≤0.30

为了表达方便，压铸镁合金用“YM＋三位数字”作为其代号，其中“YM”(“Y”及“M”分别为“压”和“镁”两字汉语拼音字首)表示压铸镁合金，YM 后第一个数字 1、2、3 表示 MgAlSi、MgAlMn、MgAlZn 系列合金，代表合金的代号，YM 后第二、三两个数字为顺序号。部分压铸镁合金牌号、代号和化学成分如表 9-8 所示。

表 9-8　部分压铸镁合金牌号、代号和化学成分表(摘自 GB/T 25748-2010)

合金牌号	合金代号	化学成分 w/%									
		Al	Zn	Mn	Si	Cu	Ni	Fe	RE	其他杂质	Mg
YZMgAl2Si	YM102	1.9～2.5	≤0.20	0.20～0.60	0.70～1.20	≤0.008	≤0.001	≤0.004	—	≤0.01	余量
YZMgAl2Si(B)	YM103	1.9～2.5	≤0.25	0.05～0.15	0.70～1.20	≤0.008	≤0.001	≤0.004	0.06～0.25	≤0.01	余量
YZMgAl2Mn	YM202	1.6～2.5	≤0.20	0.33～0.70	≤0.08	≤0.008	≤0.001	≤0.004	—	≤0.01	余量
YZMgAl5Mn	YM203	4.5～5.3	≤0.20	0.28～0.50	≤0.08	≤0.008	≤0.001	≤0.004	—	≤0.01	余量
YZMgAl8Zn1	YM302	7.0～8.1	0.40～1.00	0.13～0.35	≤0.30	≤0.10	≤0.010	—	—	≤0.30	余量

镁合金材料具有密度小，比强度、比刚度高，抗振性好、电磁屏蔽性佳、散热性好等优点，镁合金材料在航空工业、交通运输业、3C 产品等领域得到广泛应用。主要用于制造航空发动机零件、飞机壁板、汽油和润滑油系统零件、油箱隔板、油泵壳体、汽车变速箱和离合器壳、摩托车发动机部件、自行车轮毂和框架、笔记本电脑、PDA、手机、MP3 播放器的外壳等。由于镁合金生产能力和技术水平的进一步提高，极大地刺激了其在其他领域的应用，如纺织、印刷、体育和家庭用品方面。目前铸造镁合金已经广泛应用于轮椅、健身器材及医疗器械等。由于镁在 NaCl 溶液中电位比较低，因此镁及其合金也广泛应用于化学和防腐蚀工业中。

新型铸造镁合金材料是蓬勃发展的领域，研究开发新型镁合金材料既有巨大的经济效益，也有良好的社会和环境效益。随着世界各国对镁合金研究开发不断加大投入，除要求传统的性能以外，研究开发高强度、耐高温、耐腐蚀以及稳定力学性能的镁合金是今后发展的方向。

9.4 钛及钛合金

9.4.1 工业纯钛

纯钛是灰白色轻金属，密度为 4.5g/cm^3，熔点为 1688℃，固态下有同素异构转变，在 882.5℃以下为 α-Ti（密排六方晶格），882.5℃以上为 β-Ti（体心立方晶格）。

纯钛的塑性好、强度低，易于冷加工成形，其退火状态的力学性能与纯铁相接近。但钛的比强度高，低温韧性好，在 −253℃（液氨温度）下仍具有较好的综合力学性能。钛的耐蚀性好，其抗氧化能力优于大多数奥氏体不锈钢。但钛的热强性不如铁基合金。

纯钛的性能受杂质的影响很大，少量的杂质就会使钛的强度激增，塑性显著下降。工业纯钛中常存杂质有 Fe、C、N、H、O 等。根据杂质含量，工业纯钛的牌号为 TA1、TA2、TA3、TA4 四个等级 9 个牌号（GB/T 3620.1-2007）。“T”为“钛”字汉语拼音字首，其后顺序数字越大，表示纯度越低。

工业纯钛经冷塑性变形可显著提高强度，例如经 40%冷变形可使工业纯钛强度从 588MPa 提高到 784MPa。工业纯钛消除应力退火温度为 450～650℃，保温 0.25～3h，采用空冷方式；再结晶退火温度为 593～700℃，保温 0.25～3h，采用空冷方式。工业纯钛是航空、船舶、化工等工业中常用的一种 α 钛合金，其板材和棒材可以制造 350℃以下工作的零件，如飞机蒙皮、隔热板、热交换器等。

9.4.2 钛合金

1. 钛合金类型及编号

纯钛的强度很低，为提高其强度，常加入合金元素制成钛合金（titanium alloy）。不同合金元素对钛的强化作用、同素异构转变温度及相稳定性的影响都不同。根据退火或淬火状态的组织，将钛合金分为三类：α 钛合金（用 TA 表示）、β 钛合金（用 TB 表示）和（α+β）钛合金（用 TC 表示）。其合金牌号是以 TA、TB、TC 后面附加顺序号表示，常用的钛及 α 钛合金牌号与化学成分如表 9-9 所示。

2. 常用钛合金

（1）α 钛合金

由于 α 钛合金的组织全部为 α 固溶体，因此组织稳定，抗氧化性和抗蠕变性好，焊接性能也很好。室温强度低于 β 钛合金和（α+β）钛合金，但高温（500～600℃）强度比后两种钛合金高。α 钛合金不能热处理强化，主要是用固溶强化来提高其强度。

TA7（Ti-5Al-2.5Sn）是常用的 α 钛合金，该合金有较高的室温强度、高温强度和优良的抗氧化性及耐蚀性，并具有很好的低温性能，在 −253℃ 下其力学性能仍然很好（R_m＝1575MPa，A＝12%），主要用于制作使用温度不超过 500℃的零件。如导弹的燃料缸、超音速飞机的涡轮机匣及火箭、飞船的高压低温容器等。

表 9-9　常用钛及 α 钛合金牌号与化学成分表(摘自 GB/T 3620.1-2007)

合金牌号	名义化学成分	化学成分 w /%											
		主要成分					杂质，不大于						
		Ti	Al	Sn	Pd	B	Fe	C	N	H	O	其他元素	
												单一	总和
TA1	工业纯钛	余量	—	—	—	—	0.2	0.08	0.03	0.015	0.18	0.1	0.4
TA2	工业纯钛	余量	—	—	—	—	0.3	0.08	0.03	0.015	0.25	0.1	0.4
TA3	工业纯钛	余量	—	—	—	—	0.3	0.08	0.05	0.015	0.35	0.1	0.4
TA4	工业纯钛	余量	—	—	—	—	0.5	0.08	0.05	0.015	0.4	0.1	0.4
TA5	Ti-4Al-0.005B	余量	3.3～4.7	—	—	0.005	0.3	0.08	0.04	0.015	0.15	0.1	0.4
TA6	Ti-5Al	余量	4.0～5.5	—	—	—	0.3	0.08	0.05	0.015	0.15	0.1	0.4
TA7	Ti-5Al-2.5Sn	余量	4.0～6.0	2.0～3.0	—	—	0.5	0.08	0.05	0.015	0.2	0.1	0.4
TA8	Ti-0.05Pd	余量	—	—	0.04～0.08	—	0.3	0.08	0.03	0.015	0.25	0.1	0.4
TA8-1	Ti-0.05Pd	余量	—	—	0.04～0.08	—	0.2	0.08	0.03	0.015	0.18	0.1	0.4
TA9	Ti-0.2Pd	余量	—	—	0.12～0.25	—	0.25	0.08	0.03	0.015	0.2	0.1	0.4

表 9-10 常用β钛合金牌号及化学成分表(摘自 GB/T 3620.1-2007)

合金牌号	名义化学成分	化学成分 w /%														
		主要成分								杂质,不大于						
		Ti	Al	Sn	Mo	V	Cr	Fe	Zr	Fe	C	N	H	O	其他元素 单一	其他元素 总和
TB2	Ti-5Mo-5V-8Cr-3Al	余量	2.5~3.5	—	4.7~5.7	4.7~5.7	7.5~8.5	—	—	0.3	0.05	0.04	0.015	0.15	0.1	0.4
TB3	Ti-3.5Al-10Mo-8V-1Fe	余量	2.7~3.7	—	9.5~11.0	7.5~8.5	—	0.8~1.2	—	—	0.05	0.04	0.015	0.15	0.1	0.4
TB4	Ti-4Al-7Mo-10V-2Fe-1Zr	余量	3.0~4.5	—	6.0~7.8	9.0~10.5	—	1.5~2.5	0.5~1.5	-	0.05	0.04	0.015	0.2	0.1	0.4
TB5	Ti-15V-3Al-3Cr-3Sn	余量	2.5~3.5	2.5~3.5	—	14.0~16.0	2.5~3.5	—	—	0.25	0.05	0.05	0.015	0.13	0.1	0.3
TB6	Ti-10V-2Fe-3Al	余量	2.6~3.4	—	—	9.0~11.0	—	1.6~2.2	—	—	0.05	0.05	0.0125	0.13	0.1	0.3
TB7	Ti-32Mo	余量	—	—	30.0~34.0	—	—	—	—	0.3	0.08	0.05	0.015	0.2	0.1	0.4

(2)β 钛合金

β 钛合金具有较高的强度，优良的冲压性，但耐热性差，抗氧化性能低。当温度超过 700℃时，合金很容易受大气中的杂质气体污染。它的生产工艺复杂，且性能不太稳定，因而限制了它的使用。β 钛合金可进行热处理强化，一般可用淬火和时效强化。常用 β 钛合金牌号及化学成分如表 9-10 所示。

TB2 合金（Ti-5Mo-5V-8Cr-3Al）淬火后得到稳定均匀的 β 相，时效后从 β 相中析出均匀细小、弥散分布的 α 相质点，使合金强度显著提高，塑性大大降低。TB2 合金多以板材和棒材供应，主要用来制作飞机结构零件以及螺栓、铆钉等紧固件。

(3)(α＋β)钛合金

(α＋β)钛合金室温组织为 α＋β，它兼有 α 钛合金和 β 钛合金两者的优点，强度高、塑性好，耐热性高，耐蚀性和冷热加工性及低温性能都很好，并可以通过淬火和时效进行强化，其是钛合金中应用最广的合金。常用(α＋β)钛合金牌号及化学成分如表 9-11 所示。

表 9-11　常用(α＋β)钛合金牌号及化学成分表（摘自 GB/T 3620.1-2007）

合金牌号	名义化学成分	化学成分 w /%														
		主要成分								杂质，不大于						
		Ti	Al	Sn	Mo	V	Cr	Mn	Si	Fe	C	N	H	O	其他元素	
															单一	总和
TC1	Ti-2Al-1.5Mn	余量	1.0～2.5	—	—	—		0.7～2.0	—	0.3	0.08	0.05	0.012	0.15	0.1	0.4
TC2	Ti-4Al-1.5Mn	余量	3.5～5.0	—	—	—		0.8～2.0	—	0.3	0.08	0.05	0.012	0.15	0.1	0.4
TC3	Ti-5Al-4V	余量	4.5～6.0	—	—	3.5～4.5		—	—	0.3	0.08	0.05	0.015	0.15	0.1	0.4
TC4	Ti-6Al-4V	余量	5.5～6.8	—	—	3.5～4.5		—	—	0.3	0.08	0.05	0.015	0.2	0.1	0.4
TC8	Ti-6.5Al-3.5Mo-0.25Si	余量	5.8～6.8	—	2.8～3.8	—		—	0.2～0.35	0.4	0.08	0.05	0.015	0.15	0.1	0.4

TC4（Ti-6Al-4V）是用途最广的合金，退火状态具有较高的强度和良好的塑性（R_m＝950MPa，A＝10％），经淬火和时效处理后其强度可提高至 1190MPa。该合金还具有较高的抗蠕变能力、低温韧度及良好的耐蚀性，因此常用于制造 400℃以下和低温下工作的零件。如飞机发动机压气机盘和叶片、压力容器等。同时，钛合金是低温和超低温的重要结构材料。

9.5　轴承合金

轴承合金（bearing alloy）一般指滑动轴承合金，用来制造滑动轴承的轴瓦或内衬，所以又称为轴瓦合金。

9.5.1 轴承合金的性能要求与组织

滑动轴承支承轴进行高速旋转工作，轴承承受轴颈传来的交变载荷和冲击力，轴颈与轴瓦或内衬发生强烈摩擦，造成轴颈和轴瓦的磨损。为减少轴颈的磨损，并保证轴承的良好工作状态，要求轴承合金必须具备如下性能：

(1)具有良好的减摩性　良好的减摩性应综合体现在以下性能：

①摩擦系数低。

②磨合性好　磨合性是指在不长的工作时间后，轴承与轴颈能自动吻合，使载荷均匀地作用在工作面上，避免局部磨损。这就要求轴承材料硬度低、塑性好。同时还可使外界落入轴承间的较硬杂质陷入软基体中，减少对轴的磨损。

③抗咬合性好　这是指摩擦条件不良时，轴承材料不致与轴粘着或焊合。

(2)具有足够的力学性能　滑动轴承合金要有较高的抗压强度和疲劳强度，并能抵抗冲击和振动。

(3)滑动轴承合金还应具有良好的导热性、小的热膨胀系数、良好的耐蚀性和铸造性能。

根据上述的性能要求，轴承合金的组织应软硬兼备，目前常用的轴承合金有两类组织。

1)在软的基体上孤立地分布硬质点

如图 9-6 所示，当轴进入工作状态后，轴承合金软的基体很快被磨凹，使硬质点(一般为化合物)凸出于表面以承受载荷，并抵抗自身的磨损；凹下去的地方可储存润滑油，保证有低的摩擦系数。同时，软的基体有较好的磨合性与抗冲击、抗振动能力。但这类组织难以承受高的载荷。属于这类组织的轴承合金有巴氏合金和锡青铜等。

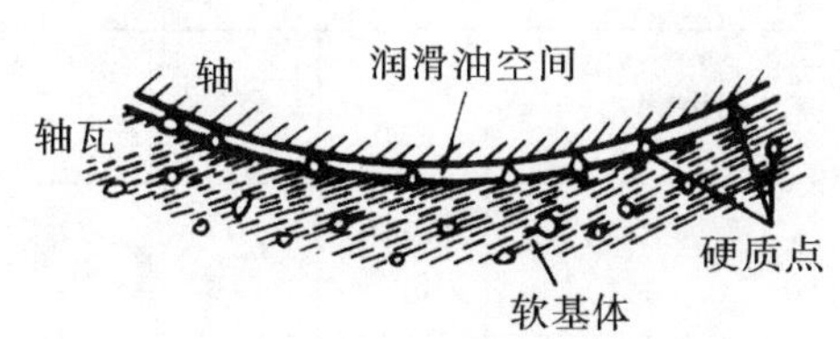

图 9-6　软基体硬质点轴瓦与轴的分界面示意图

2)在较硬的基体上分布着软的质点

对高转速、高载荷轴承，强度是首要问题，这就要求轴承有较硬的基体(硬度低于轴的轴颈)组织来提高单位面积上能够承受的压力。这类组织也具有低的摩擦系数，但其磨合性较差。属于这类组织的轴承合金有铝基轴承合金和铝青铜等。

9.5.2 常用的轴承合金

滑动轴承的材料主要是有色金属材料。常用的有锡基轴承合金、铅基轴承合金、铜基轴承合金、铝基轴承合金等。

轴承合金牌号表示方法为“Z”(“铸”字汉语拼音字首)＋基体元素与主加元素的化学符号＋主加元素的含量($w \times 100$)＋辅加元素的化学符号＋辅加元素的含量($w \times 100$)。例如：ZSnSb8Cu4 为铸造锡基轴承合金，主加元素锑的质量分数为 8%，辅加元素铜的质量分数为 4%，余量为锡。ZPbSb15Sn5 为铸造铅基轴承合金，主加元素锑的质量分数为 15%，辅加元素锡的质量分数为 5%，余量为铅。部分铸造轴承合金的牌号、化学成分及硬度如表 9-12 所示。

表 9-12 部分铸造轴承合金的牌号、化学成分及硬度表

种类	合金牌号	化学成分 w /%									硬度(HBW)
		Sn	Pb	Cu	Zn	Al	Sb	As	其他	杂质	
锡基	ZSnSb12Pb10Cu4	余量	9.0～11.0	2.5～5.0	—	—	11.0～13.0	0.1	Fe0.1	≤0.55	29
锡基	ZSnSb11Cu6	余量	0.35	5.5～6.5	—	—	10.0～12.0	0.1	Fe0.1	≤0.55	27
锡基	ZSnSb8Cu4	余量	0.35	3.0～4.0	—	—	7.0～8.0	0.1	Fe0.1	≤0.55	24
锡基	ZSnSb4Cu4	余量	0.35	4.0～5.0	—	—	4.0～5.0	0.1	—	≤0.50	17
铅基	ZPbSb16Sn16Cu2	15.0～17.0	余量	1.5～2.0	0.15	—	15.0～17.0	0.3	Bi0.1 Fe0.1	≤0.60	—
铅基	ZPbSb15Sn10	9.0～11.0	余量	0.7	—	—	14.0～16.0	0.60	Bi0.1 Fe0.1	≤0.45	22.5
铅基	ZPbSb15Sn5	4.0～5.5	余量	0.5～1.0	0.15	—	14.0～15.5	0.2	Bi0.1 Fe0.1	≤0.75	20
铅基	ZPbSb10Sn6	5.0～7.0	余量	0.7	—	—	9.0～11.0	0.25	Bi0.1 Fe0.1	≤0.70	18
铜基	ZCuSn5Pb5Zn5	4.0～6.0	4.0～6.0	余量	4.0～6.0	—	0.25	—	Ni2.5 Fe0.3	≤0.70	60
铜基	ZCuSn10P1	9.0～11.5	0.25	余量	—	—	—	—	P0.5～1.0	≤0.70	90
铜基	ZCuPb30	1.0	27.0～33.0	余量	—	—	0.20	—	Mn0.3	≤1.0	25
铝基	ZAlSn6Cu1Ni1	5.5～7.5	—	0.7～1.3	—	余量	—	—	Fe0.7 Si0.7 Ni0.7～1.3	≤1.5	40

注:摘自 GB/T 1174-1992、GB/T 8740-2005。

1. 锡基轴承合金与铅基轴承合金(巴氏合金)

(1)锡基轴承合金(锡基巴氏台金)

它是以锡为基体元素,加入锑、铜等元素组成的合金,其显微组织如图 9-7 所示。图中暗色基体是锑溶入锡所形成的 α 固溶体(硬度为 24～30HBW),作为软基体;硬质点是以化合物 SnSb 为基体的 β′固溶体(硬度为 110HBW,呈白色方块状)以及化合物 Cu_3Sn(呈白色星状)和化合物 Cu_6Sn_5(呈白色针状或粒状)。化合物 Cu_3Sn 和 Cu_6Sn_5 首先从液相中析出,其密度与液相接近,可形成均匀的骨架,防止密度较小的 β′相上浮,以减少合金的密度偏析。

这种合金摩擦系数小，耐磨性、耐蚀性、导热性好，是优良的减摩材料，常用作重要的轴承，如汽轮机、发动机等巨型机器的高速轴承。它的主要缺点是工作温度低(<150℃)，疲劳强度较低，且锡较稀缺，故这种轴承合金价最贵。

图 9-7 ZSnSb11Cu6 轴承合金的显微组织

图 9-8 ZPbSb16Sn16Cu2 轴承合金的显微组织

(2)铅基轴承合金(铅基巴氏合金)

它是铅-锑为基的合金，加入锡形成 SnSb 硬质点，并能大量溶于铅中而强化基体，故可提高铅基合金的强度和耐磨性；加铜可形成 Cu_2Sb 硬质点，并防止密度偏析。铅基轴承合金的显微组织如图 9-8 所示，黑色软基体为($\alpha+\beta$)共晶体(硬度为 7～8HBW)，α 相是锑溶于铅所形成的固溶体，β 相是以 SnSb 化合物为基的含铅的固溶体；硬质点是初生的 β 相(白色方块状)及化合物 Cu_2Sb(白色针状或星状)。

铅基轴承合金的强度、塑性、韧性及导热性、耐蚀性均较锡基合金低，且摩擦系数较大，但价格较便宜。因此，铅基轴承合金常用来制造承受中、低载荷的中速轴承，如汽车、拖拉机的曲轴、连杆轴承及电动机轴承。

无论是锡基还是铅基轴承合金，它们的强度都比较低($R_m=60\sim90$MPa)，不能承受大的压力。为了提高承压能力和使用寿命，在生产上常采用离心浇注法，将它们镶铸在低碳钢的轴瓦(一般为 08 钢冲压成形)上，形成一层薄(<0.7mm)而均匀的内衬，才能充分发挥作用，这种工艺称为“挂衬”，挂衬后就形成“双金属”轴承。

2. 铜基轴承合金

有许多种铸造青铜和铸造黄铜均可用作轴承合金，其中应用最多的是锡青铜和铅青铜。

锡青铜中常用 ZCuSn10P1，其成分为 $w_{Sn}=10\%$，$w_P=1\%$，其余为铜；室温组织为 $\alpha+\delta+Cu_3P$，α 固溶体为软基体，δ 相及 Cu_3P 为硬质点。该合金硬度高，适合制造高速、重载的汽轮机、压缩机等机械上的轴承。

铅青铜中常用的有 ZCuPb30，铅含量 $w_{Pb}=30\%$，其余为铜；铅不溶于铜中，其室温显微组织为 Cu+Pb，铜为硬基体，颗粒状的铅为软质点，是硬基体上分布软质点的轴承合金。这类合金可以制造承受高速、重载的重要轴承，如航空发动机、高速柴油机等轴承。

铜基轴承合金的优点是承载能力大，耐疲劳性能好，使用温度高，具有优良的耐磨性和导热性。它的缺点主要是顺应性和镶嵌性较差，对轴颈的相对磨损较大。

3. 铝基轴承合金

它是20世纪60年代发展起来的一种新型减摩材料。铝基轴承合金是以Al为主并加入Sn、Sb、Cu、Mg、C(石墨)等元素的合金；其密度小，导热性好，疲劳强度高，价格低廉，广泛应用于高速重载条件下工作的轴承，可代替巴氏合金和铜基轴承合金。按化学成分可分为铝锡系(Al+20%Sn+1%Cu)、铝锑系(Al+4%Sb+0.5%Mg)和铝石墨系(Al+8%Si合金基体+3%～6%石墨)三类。

铝锡系铝基轴承合金具有疲劳强度高、耐热性和耐磨性良好等优点，因此适宜制造高速、重载条件下工作的轴承。铝锑系铝基轴承合金适用于载荷不超过20MPa、滑动线速度不大于10m/s工作条件下的轴承。铝石墨系轴承合金具有优良的自滑润作用和减振作用以及耐高温性能，适用于制造活塞和机床主轴的轴承。

除上述轴承合金外，珠光体灰铸铁也常作为滑动轴承材料。它的显微组织由硬基体(珠光体)与软质点(石墨)构成，石墨还有润滑作用。铸铁轴承可承受较大压力，价格低廉，但摩擦系数较大，导热性差，故只适宜作低速($v<2$m/s)的不重要轴承。

本章小结

1. 主要内容

铝合金按照成分可以分为变形铝合金和铸造铝合金，而变形铝合金又分为可热处理强化铝合金及不可热处理强化铝合金；铸造铝合金具有优良的铸造性能，用途广泛、品种多。

铜合金按照化学成分可分为黄铜(铜锌合金)、白铜(铜镍合金)、青铜(主要合金元素是Sn、AL、Be、Si、Pb等)等。黄铜按化学成分分为普通黄铜和特殊黄铜；铜合金中，黄铜的力学性能好，产量大，用途广。

镁合金和钛合金具有相对密度小的优点，通过合金化可以获得力学性能优良的镁合金和钛合金，在航空、航天、电子工业领域均有重要的应用。

轴承合金一般用来制造滑动轴承的轴瓦或内衬，按成分不同，有锡基轴承合金(锡基巴氏合金)、铅基轴承合金(铅基巴氏合金)、铜基轴承合金和铝基轴承合金。

2. 学习重点

(1)铝合金、铜合金和轴承合金的成分、分类、性能及用途。

(2)铝合金的热处理特点及强化机制。

习题与思考题

9-1　铝合金是如何分类的？

9-2　不同铝合金可以通过哪些途径达到强化目的？

9-3　何谓铝硅明？为什么铝硅明具有良好的铸造性能？这类铝合金主要用在何处？

9-4　变形铝合金包括哪几类铝合金？

9-5　用2A01作铆钉应在什么状态下进行铆接？如何强化？

9-6　铜合金分为哪几类？不同铜合金的强化方法与特点是什么？

9-7　试述H59黄铜和H68黄铜在组织和性能上的区别。

9-8　下列零件用铜合金制造,请选择合适的铜合金牌号:

①螺旋桨;②子弹壳;③发动机轴承;④高级精密弹簧;⑤冷凝器;⑧钟表齿轮。

9-9　青铜如何分类?说明含Sn量对锡青铜组织与性能的影响,分析锡青铜的铸造性能特点。

9-10　变形镁合金包括哪几类合金?它们的性能特点各是什么?

9-11　铸造镁合金分哪几类?它们的性能特点各是什么?

9-12　钛合金分为几类?钛合金的性能特点和应用是什么?

9-13　轴承合金必须具有什么特性?其组织有什么要求?

9-14　轴承合金常用合金类型有哪些?请为汽轮机、汽车发动机曲轴和机床传动轴选择合适的滑动轴承合金。

第10章　高分子材料

高分子材料是以高分子化合物为主要组成成分的材料。高分子化合物是相对分子量大于5000的有机化合物的总称，是非金属材料中最重要的一类。高分子化合物有天然的和人工合成的。天然的高分子化合物有松香、淀粉、蛋白质、天然橡胶等；机械工程上用的高分子材料，如塑料、合成橡胶、合成纤维、涂料和胶粘剂等均是有机合成高分子化合物。

10.1　高分子材料的基础知识

10.1.1　基本概念

很多化合物的分子量都很小，如 CO_2 是 44、H_2O 是 18、铁是 56 等，一般分子量小于 500 的称低分子。而一般所说的高分子，其分子量总是在 1000 以上，有的到几万、几十万、几百万不等，如聚乙烯相对分子量为 20000～160000，橡胶相对分子量为 10 万左右。高分子材料是相对分子量很大的有机化合物的总称，常称为聚合物或高聚物（superpolymer）。高分子与低分子之间并没有严格的界限。

1. 单体

凡是可聚合成分子链的低分子有机化合物称单体，即每一种聚合物的原料就是单体。例如低分子乙烯就是聚乙烯的单体；氯乙烯就是聚氯乙烯的单体等。

由乙烯合成的聚乙烯

$$\underset{\text{（乙烯）}}{CH_2{=\!=}CH_2}+CH_2{=\!=}CH_2+\cdots\cdots\xrightarrow{\text{聚合}}\underset{\text{（聚乙烯）}}{CH_2-CH_2-CH_2-CH_2-\cdots\cdots}$$

可以把它简写成

$$n\underset{\substack{\text{单体}\\\text{（乙烯）}}}{[CH_2{=\!=}CH_2]}\xrightarrow{\text{聚合}}\underset{\substack{\text{高聚物}\\\text{（聚乙烯）}}}{\left[CH_2-CH_2\right]_n}$$

不是任意一种低分子有机化合物都可以作为单体，只有那些能形成两个或两个以上新键的有机低分子化合物才能作为单体，因为它们可以打开不饱和键发生聚合反应，组成大分子链。

2. 大分子链

虽然高分子物质相对分子质量大，且结构复杂多变，但组成高分子化合物的大分子一般具有链状结构，它是由一种或几种简单的低分子有机化合物重复连接而成的，就像一根链条是由众多链环连接而成的一样,故称为大分子链。

高聚物的分子是很长的,大分子链的长度往往是其直径的几万倍,通常卷曲成不规则的线圈状态,有些在主链上还可以有支链,它们均为线型结构,大分子链形状如图10-1 所示。其结构像链条形状,故而称大分子链。

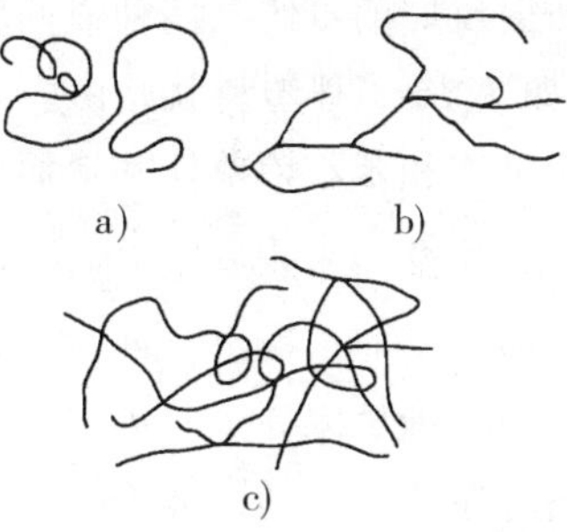

a)线型　b)带支链　c)体型

图 10-1　大分子链形状示意图

3. 链节

大分子链中的重复结构单元叫链节,即聚合成大分子链的最小基本结构单元。链节和单体是不同的概念,聚合前是单体,聚合后是链节。

如聚乙烯的链节为“$—CH_2—CH_2—$”;聚氯乙烯的链节为“$—CH_2—\underset{\displaystyle Cl}{\underset{|}{CH}}—$”

4. 聚合度

大分子链中链节的重复次数称为聚合度,即一条高分子链中所包含的链节数目。上述形成聚乙烯反应式中的 n 即为聚合度。聚合度越高,分子链越长,分子链的链节数越多。聚合度反映了大分子链的长短和相对分子质量的大小。

5. 相对分子质量 M

高分子材料由大量的大分子链集聚而成,所以高聚物相对分子质量 M 应该是链节相对分子质量(单体分子量)m_0 与聚合度 n 的乘积。即 $M = m_0 \times n$。任何低分子化合物的分子组成和相对分子质量总是固定不变的,但经人工合成后的高分子化合物,每个分子链的长短各不相同,所以高分子化合物一般是由许多链节相同而聚合度不同的化合物所组成的混合物,因此测得的相对分子质量和聚合度实际上都是指平均值,称为相对分子质量和平均聚合度。

高聚物相对分子质量和平均聚合度的大小对高聚物的状态和力学性能均有影响,如聚乙烯,随着相对分子质量的提高,逐步由液体、软蜡状、脆性固体(最后当相对分子质量大于12000)才能成为塑料,而大于 100 万时,则变得硬而韧,可作纺梭。

10.1.2　高分子化合物的合成

高分子化合物的合成就是将低分子化合物(单体)聚合起来形成高分子化合物的过程。其聚合方式有两种,即加成聚合反应(简称加聚反应)和缩合聚合反应(简称缩聚反应)。

1. 加聚反应

加聚反应是指由一种或几种单体聚合而成高聚物的反应。这种高聚物链节的化学结构与单体的化学结构相同,反应中不产生其他副产品。它是目前高分子合成工业的基础,有80%左右的高分子材料是由加聚反应得到的。

加聚反应的单体只是一种的反应称为均加聚反应,得到的产物是均聚物,如聚乙烯、聚丙烯、聚甲醛等。

若加聚反应的单体是两种或两种以上时，其反应称为共加聚反应，所生成的高聚物则为共聚物，如 ABS 工程塑料就是由丙烯腈(A)、丁二烯(B)、苯乙烯(S)共聚而成的；丁苯橡胶是由丁二烯单体和苯乙烯单体共聚而成的。

2. 缩聚反应

缩聚反应是指由一种或几种单体相互聚合而形成高聚物的反应。

同一种单体分子间进行的缩聚反应为均缩聚反应，产物称为均缩聚物，并在生成高聚物的同时还产生水、氨、醇等副产品。例如，氨基己酸进行缩聚反应生成聚酰胺 6(尼龙 6) 和副产物水。

由两种或两种以上单体分子间进行的缩聚反应为共缩聚反应，产物称为共缩聚物。如由己二酸和己二胺缩聚合成尼龙 66。聚对苯二甲酸乙二醇酯(涤纶)、酚醛树脂(电木)、环氧树脂等高分子材料都是缩聚反应生成的缩聚物。

10.1.3 高聚物的结构

1. 大分子链结构

高分子化合物的结构有三种，即线型分子结构、支链型分子结构和体型结构。

(1)线型分子结构　分子中的原子以共价键相结合，由许多链节组成的长链，通常是卷曲成线团状(图 10-1a)。但遇到热或溶剂的作用，则结合力减弱，分子链可伸、可缩。这类结构的高聚物特点是具有良好的塑性、高弹性，硬度低，是热塑性材料。如聚烯、聚丙烯等就是此类结构。

(2)支链型分子结构　在主链上带有一些或长或短的小支链，整个分子呈树枝状(图 10-1b)。具有支链结构的高聚物的特点是一般也能溶解在适当的溶剂中，加热也能熔融，但由于分子排列不规整，分子作用力较弱。同线型分子相比较、支链型分子溶液的黏度、强度和耐热性都较低。所以支链化一般对聚合物的性能有不利的影响，支链型越复杂和支化程度越高，则影响越大。具有这类结构的有高压聚烯、接枝型 ABS 树脂和耐冲击型聚苯烯等。

(3)体型分子结构　大分子链之间通过支链或化学链连接成一体的所谓交联结构，形成网状或向空间发展而得到体型大分子结构(图 10-1c)。它们对热和溶剂的作用都比线型高聚物稳定，呈不熔、溶的特性；但具有较好的耐热性、难溶性、尺寸稳定性和强度，但弹性及塑性低、脆性大，因而不能塑性加工，成形加工吸能在网状结构形成之前进行。材料不能反复使用，称为热固性材料。如酚醛树脂、环氧树脂等。

2. 高聚物聚集态结构

高聚物的聚集态结构，是指高聚物材料内部大分子链之间的几何排列和堆砌结构，也称超分子结构。

高聚物大分子链的聚集状态主要有三种结构，如图 10-2 所示。

(1)无定型结构　众多长短不一的大分子链像杂乱的线团一样集聚在一起，呈无规则排列，属非晶态结构(图 10-2a)。

(2)折叠链结晶结构　大分子链折叠后呈有序规则排列(图 10-2b)。

(3)伸直链结晶结构　大分子链伸直后呈有序规则排列(图 10-2c)。

后两种结构中,大分子链呈有序规则排列的聚集态,故均属于晶态结构。

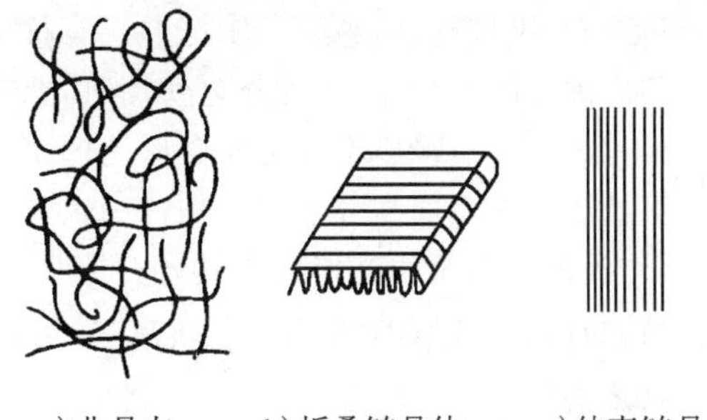

图 10-2　大分子链三种聚集态结构示意图

大多数高聚物都只能产生部分结晶。一般用结晶度(高聚物中结晶区所占的体积或质量百分数称为结晶度)表示高聚物中结晶区域所占的比例。结晶度变化范围为 30%～80%。部分结晶高聚物的组织中大小不等(10nm～1cm)、形状各异的结晶区分布在非晶态结构的基体中。高聚物中晶态和非晶态并存,是其结构上的一个重要特性。一般地说,高聚物结晶度较小,即使是典型的结晶高聚物结晶度也只有 50%～80%。例如,低压聚烯和高压聚烯同属于线型结构,但前者结晶度为 87%,后者的结晶度为 65%。由于二者结晶度不同,所以性能也不同。涤纶,尼龙等结晶度为 10%～40%。

高聚物的聚集态结构决定了它的性能。由于晶态结构中,分子链规则而紧密排列,分子间作用力大,链运动困难,所以高聚物的强度、刚度、密度、熔点都随着结晶度的增加而提高,而一些依赖链活动的性能指标,如弹性、韧性、伸长率等则随着结晶度增加而降低。

10.1.4　高聚物的物理状态

高聚物在不同温度下呈现出不同的物理状态,因而具有不同的性能,这对高聚物的成型加工和使用具有重要意义。图 10-3 为线型无定型高聚物的温度一变形曲线。由图可见,随着温度不同,线型无定型高聚物可呈现三种不同的物理状态,即玻璃态、高弹态和粘流态。

1. 玻璃态

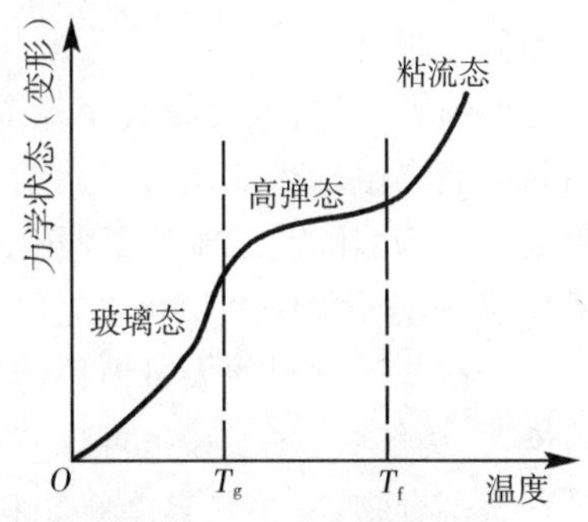

图 10-3　线型无定型高聚物的温度一变形曲线

温度低于 T_g 时,高聚物像玻璃那样为非晶态的固体,故称为玻璃态,T_g 称为玻璃化温度。

在玻璃态时,高聚物的大分子链热运动处于停止状态,只有链节的微小热振动及链中键长和链角的弹性变形。玻璃态表现出的力学性能与低分子材料相似,在外力作用下,弹性变形量一般较小($\delta<1\%$),具有一定的刚度,而且应力与应变成正比,符合胡克定律。一般将在常温下处于玻璃态的高分子化合物称为塑料,玻璃态是塑料的工作状态,故塑料的 T_g 都高于室温。作为塑料使用的高聚物,它的 T_g 应该越高越好。如聚氯乙烯的 T_g 为 87℃,而作为工程材料使用的聚碳酸酯的 T_g 为 150℃。

2. 高弹态

当温度处于玻璃化温度 T_g 和粘流化温度 T_f 间时,高聚物处于高弹态。这时高聚物的分子链动能增加,由于热膨胀,链间的自由体积也增大,大分子链段(由几个或几十个分子链节组成)热运动可以进行,但整个分子链并没有移动。

处于高弹态的高聚物,当受外力作用时,原来卷曲链沿受力方向伸展,结果产生很大的弹性变形($\delta=100\%\sim1000\%$),这种变形的回复不是瞬时的,需经过一定时间才能完全回复。将常温下处于高弹态的高分子化合物称为橡胶,高弹态是橡胶的工作状态,故橡胶的 T_g 都低于室温,作为橡胶使用的高聚物材料,它的 T_g 应该越低越好。如天然橡胶的 T_g 为−73℃,合成的高顺式顺丁橡胶的 T_g 为−110℃,一般橡胶的 T_g 为−40~−120℃。

3. 粘流态

当温度升高到粘流化温度 T_f 时,大分子链可以自由运动,聚合物便由高弹态转变为粘性流动状态,这种状态叫粘流态。

粘流态不是高聚物的使用状态,而是高聚物成型加工的一种工艺状态,T_f 的高低,决定了聚合物加工成形的难易。由单体聚合生成的高聚物原料一般为粉末状、颗粒状或块状,将高聚物原料加热至粘流态后,通过喷丝、吹塑、挤压、模铸等方法,加工成各种形状的零件、型材或纤维等。粘流态也是有机胶粘剂的工作状态。

10.1.5 聚合物的老化和防老化

高分子材料在长期使用过程中,由于受到氧气、热紫外线、水蒸气、机械力和微生物等因素的作用,会逐渐失去弹性,变硬、变脆,出现龟裂或变色、失去光泽、软化发粘等现象称为高聚物的老化。

聚化物的老化是一个复杂的化学变化过程。通常认为,大分子链的交联或裂解是引起老化的主要原因。交联是大分子链由线型结构转变为体型结构的过程。裂解是大分子链发生断链,使分子量下降的过程。因交联产生的老化通常使聚合物失去弹性、变硬、变脆,再现龟裂;因裂解引起的老化则使聚合物失去刚性、产生蠕变、变软发粘。

为防止聚合物的老化,通常采用改变聚合物的结构,如对聚氯乙烯悬浮液通以氯气并用紫外光照射,可获得氯化聚化聚氯烯,提高热稳定性,还可添加防老剂、紫外线吸收剂等,主要作用是抑制自由基生成及其引起的链式反应。常用的防老剂是芳香族促胺类化合物,紫外线吸收剂是水杨酸酯与二苯甲酮类化合物等。另外,还可进行表面处理,在聚合物制品表面喷涂保护层、镀金属,使之与介质隔绝。

由于高分子材料的大量使用,其废弃物难以分解,造成垃圾处理的极大困难,已成为"白色污染"。为解决这一问题,可生产一种在一定时间内大分子能自动降解为小分子的聚合物,即自降解聚合物,主要是自降解塑料。采用的方法主要有两种。一是将主链上有脂肪族酯类等生物降解性基团的聚合物,用以共聚;二是在聚合物中掺入淀粉、促进光解作用的物质等。

10.1.6 高聚物的分类和命名

1. 高聚物的分类

高聚物的分类方法很多,常用的有以下几种:

(1)按合成反应分类　有加聚聚合物和缩聚聚合物,所以高分子化合物常称为聚合物或高聚物。高分子材料称为高聚物材料。

(2)按高聚物的热性能及成型工艺特点分类　有热固性和热塑性两大类。加热加压成型后,不能再熔融或改变形状的高聚物称为热固性高聚物。相反,加热软化或熔融,而冷却固化的过程可反复进行的高聚物称为热塑性高聚物。这种分类便于认识高聚物的特性。

(3)按用途分类　有塑料、橡胶、合成纤维、胶粘剂、涂料等。

2. 高聚物的命名

高聚物有多种命名方法,天然高分子化合物多用习惯的俗称命名,如羊毛、虫胶、骨胶等。人工合成的高分子化合物常用以下两种命名方法。

(1)以组成高分子化合物的单体名称命名　简单结构的,在单体名称前加"聚"字,如聚氯乙烯、聚甲醛等;复杂结构的,习惯于在单体名称后面加"树脂"二字,如酚醛树脂、环氧树脂等。目前树脂的含义已经扩大,凡是没经过加工的高分子化合物都可称为树脂,如聚乙烯树脂等。

(2)以商品名称命名　这种命名方法简单、通俗,易于接受,如聚酯的商品称为涤纶(的确良),酚醛树脂称为电木,聚甲基丙烯酸甲酯称为有机玻璃,聚酰胺称为尼龙或锦纶,聚酯纤维称为特丽纶等。

10.2 塑料

塑料(plastics)是以天然或合成的高分子化合物为主要成分的材料,具有良好的可塑性,在室温下保持形状不变。绝大多数塑料都以合成高分子化合物作为基本原料。它在一定温度和压力下塑制成形,故称为塑料。它是应用最广泛的高聚物材料。

10.2.1 塑料的组成

大多数塑料都是以各种合成树脂为基础,再加入一些用来改善使用性能和工艺性能的添加剂而制成的。

1. 合成树脂

树脂是决定塑料性能和使用范围的主要组成物,在塑料中,起粘结其他组分的作用。塑料中的合成树脂含量一般为 30%～100%(不含添加剂的塑料称单组分塑料,其余称多组分塑料)。因此,大多数塑料都是以树脂名称来命名的,例如,聚氯乙烯塑料的树脂就是聚氯乙烯。

2. 添加剂

(1)填充剂　填充剂的作用是调整塑料的物理化学性能,提高材料强度,扩大使用范围以及减少合成树脂的用量,降低塑料成本。加入不同的填充剂,可以制成不同性能的塑料。如加入银、铜等金属粉末,可制成导电塑料;加入磁铁粉,可以制成磁性塑料;加入石棉,可改善塑料的耐热性。这是塑料制品品种繁多,性能各异的主要原因之一。

(2)增塑剂　为了增加塑料制品的可塑性和柔韧性,常加入少量相对分子质量较小,且又难挥发的低熔点固体或液体有机物作为增塑剂,如在聚氯乙烯树脂中加入邻苯二甲酸二丁酯,可得到像橡胶一样的软塑料。

(3)稳定剂　稳定剂的作用是防止成型过程中高聚物受热分解和长期使用过程中塑料老化。在日常生活中,经常会发现用久了的塑料制品发硬开裂,橡胶制品发粘等现象,这都称为高聚物的老化。为了阻缓高聚物的老化,确保高聚物大分子链结构稳定,常加入稳定剂。如在聚氯乙烯中加入硬脂酸盐,可防止热成型时的热分解。在塑料中加入炭黑作紫外线吸收剂,可提高其耐光辐射的能力。

(4)润滑剂　润滑剂是为了防止在成型过程中产生粘模,并增加成型时的流动性,保证制品表面光洁。常用的润滑剂为硬脂酸及其盐类。

(5)固化剂　固化剂的作用是将热塑性的线型高聚物加热成型时,交联成网状体型高聚物并固结硬化,制成坚硬和稳定的塑料制品。固化剂常用胺类和酸类及过氧化物等化合物,如环氧树脂中加入乙二胺。

(6)着色剂　用于装饰的塑料制品常加入着色剂,使其具有不同的色彩。一般用有机染料或无机颜料作着色剂。着色剂应满足着色力强、色泽鲜艳、不易与其他组分起化学变化、耐热、耐光性好等要求。

(7)其他　塑料中还可加入其他一些添加剂,如阻燃剂(阻止塑料燃烧或造成自熄)、抗静电剂(提高塑料表面的导电性,防止静电积聚,保证加工或使用过程中安全操作)以及发泡剂(在塑料中形成气孔,降低材料的密度)等。

10.2.2　塑料的分类

塑料的品种繁多,其分类方法也很多,常用的分类方法有下列两种。

1.按使用范围分类

按使用范围可分为通用塑料、工程塑料和特种塑料三类。

(1)通用塑料　是一种非结构材料。它的产量大,价格低,性能一般。目前主要有聚乙烯、聚丙烯、聚氯乙烯、聚苯乙烯、酚醛塑料和氨基塑料。它们可制造日常生活用品、包装材料以及一般小型机械零件。

(2)工程塑料　可作为结构材料。常见的品种有聚甲醛、聚酰胺、聚碳酸酯、聚苯醚、ABS、聚砜、聚四氟乙烯、有机玻璃、环氧树脂等。和通用塑料相比,它们产量较小,价格较高,但具有优异的力学性能、电性能、化学性能以及耐热性、耐磨性和尺寸稳定性等,故在汽车、机械、化工等部门用来制造机械零件及工程结构。

(3)特种塑料　具有某些特殊性能,如耐高温、耐腐蚀等。这类塑料产量少,价格贵,只用于特殊需要的场合。

2.按树脂的特性分类

按树脂的热性能可分为热塑性塑料和热固性塑料两大类。

(1)热塑性塑料　热塑性塑料通常为线型结构,能溶于有机溶剂,加热可软化,故易于加工成型,并能反复使用。常用的有聚酰胺(尼龙)、聚氯乙烯、聚苯乙烯、ABS等塑料。

(2)热固性塑料　热固性塑料通常为网型结构,固化后重复加热不再软化和熔融,亦不溶于有机溶剂,不能再成型使用。常用的有酚醛塑料、环氧树脂塑料等。

10.2.3 塑料的性能

1.物理性能

(1)密度小　塑料的密度均较小,一般为0.9～2.0g/cm^3,相当于钢密度的1/4～1/7。可以大大降低零部件的重量。

(2)热学性能　塑料的热导率较低,一般为金属的1/500～1/600,所以具有良好的绝热性。但易摩擦发热,这对运转零件是不利的。

塑料的热膨胀系数比较大,是钢的3～10倍,所以塑料零件的尺寸精度不够稳定,受环境温度影响较大。

(3)耐热性　耐热性是指保持高聚物工作状态下的形状、尺寸和性能稳定的温度范围,由于塑料遇热易老化、分解,故其耐热性较差,大多数塑料只能在100℃左右使用,仅有少数品种可在200℃左右长期使用。

(4)绝缘性　由于塑料分子的化学键为共价键,不能电离,没有自由电子,因此是良好的电绝缘体。当塑料的组分变化时,电绝缘性也随之变化。如塑料由于填充剂、增塑剂的加入都使电绝缘性降低。

2.化学性能

耐蚀性塑料大分子链由共价键结合,不存在自由电子或离子,不发生电化学过程,故没有电化学腐蚀问题。同时又由于大分子链卷曲缠结,使链上的基团大多被包在内部,只有少数暴露在外面的基团才能与介质作用,所以塑料的化学稳定性很高,能耐酸、碱、油、水及大气等物质的侵蚀。其中聚四氟乙烯还能耐强氧化剂"王水"的侵蚀。因此工程塑料特别适合于制作化工机械零件及在腐蚀介质中工作的零件。

3.力学性能

(1)强度、刚度和韧性　塑料的强度、刚度和韧性都很低,如45钢正火R_m为700～800MPa,塑料的R_m为30～150MPa,刚度仅约为金属的1/10,所以塑料只能用于制作承载量不大的零件。但由于塑料的密度小,所以塑料的比强度、比模量还是很高的。

对于能够发生结晶的塑料,当结晶度增加时,材料的强度可提高。此外热固性塑料由于具有交联的网型结构,强度也比热塑性塑料高。

塑料没有加工硬化现象,且温度对性能影响很大,温度稍有微小差别,同一塑料的强度与塑性就有很大不同。

(2)蠕变与应力松弛　塑料在外力作用下表现出的是一种粘弹性的力学特征,即形变与外力不同步。粘弹性可在应力保持恒定条件下,导致应变随时间的发展而增加,这种现象称为蠕变。如架空的聚氯乙烯电线管会缓慢变弯,就是材料的蠕变。金属材料一般在高温下才产生蠕变,而高聚物材料在常温下就缓慢地沿受力方向伸长。不同的塑料在相同温度下抗蠕变的性能差别很大。机械零件应选用蠕变较小的塑料。

粘弹性也可在应变保持恒定的条件下导致应力的不断降低,这种现象称为应力松弛。例如连接管道的法兰盘中间的硬橡胶密封垫片,经一定时间后,由于应力松弛导致泄漏而失效。

蠕变和应力松弛只是表现形式不同,其本质都是由于高聚物材料受力后大分子链构象的变化所引起的,而大分子链构象调整需要一定时间才能实现,故呈现出粘弹性。

(3)减摩性　塑料的硬度虽低于金属,但摩擦因数小,如聚四氟乙烯对聚四氟乙烯的摩擦因数只有0.04,尼龙、聚甲醛、聚碳酸酯等也都有较小的摩擦因数,因此有很好的减摩性能。塑料还由于自润滑性能好,对工作条件的适应性和磨粒的嵌藏性好,因此在无润滑和少润滑的摩擦条件下,其减摩性能是金属材料所无法相比的。工程上已应用这类高聚物来制造轴承、轴套、衬套及机床导轨贴面等,取得了较好的技术性能。

10.2.4　塑料成型及加工方法

1.成型方法

塑料的成型方法很多,常用的有注射、挤出、吹塑、浇铸、模压成型等。根据所用的材料及制品的要求选用不同的成型方法。

①注射成型(又称注塑成型)　将塑料原料在注射机料筒内加热熔化,通过推杆或螺杆向前推压至喷嘴,迅速注入封闭模具内,冷却后即得塑料制品。注射成型主要用于热塑性塑料,也可用于热固性塑料。能生产形状复杂、薄壁、嵌有金属或非金属的塑料制品。

②挤出成型(又称挤塑成型)　塑料原料在挤出机内受热熔化的同时通过螺杆向前推压至机头,通过不同形状和结构的口模连续挤出,获得不同形状的型材,如管、棒、带、丝、板及各种异型材,还可用于电线、电缆的塑料包覆等。挤出成型主要用于热塑性塑料。

③吹塑成型　熔融态的塑料坯通过挤出机或注射机挤出后,置于模具内,用压缩空气将此坯料吹胀,使其紧贴模内壁成型而获得中空制品。

④浇铸成型　在液态树脂中加入适量固化剂,然后浇入模具型腔中,在常压或低压及常温或适当加热条件下固化成型。此法主要用于生产大型制品,设备简单,但生产率低。

⑤模压成型　将塑料原料放入成型模加热熔化,通过压力机对模具加压,使塑料充满整个型腔,同时发生交联反应而固化,脱模后即得压塑制品。模压成型主要用于热固性塑料,适用于形状复杂或带有复杂嵌件的制品,但生产率低,模具成本较高。

2.二次加工

塑料制品成型后可以进行二次加工,主要方法有机械加工、焊接、粘接、表面喷涂、电镀、镀膜、彩印等。进行各种机械加工时,由于塑料强度低、弹性大、导热性差,塑料切削加工的刀刃应锋利,刀具的前角与后角要大,切削速度要高,切削量要小,装夹不宜过紧,冷却应充分。

10.2.5　常用塑料

1.通用塑料

主要指产量特别大,价格低廉,应用范围广的一类塑料。常用的有聚乙烯、聚氯乙烯、聚丙烯、酚醛塑料和氨基塑料等。其产量占全部塑料产量的3/4以上,通常制成管、棒、板材和薄膜等制品,广泛用于工农业中的一般机械零件和日常生活用品中。

(1)聚乙烯(PE)　由乙烯单体聚合而成,简称PE,为塑料第一大品种。聚乙烯无毒、无味、无臭，外观呈乳白色的蜡状固体，其密度随聚合方法不同而异，为0.91～$0.97g/cm^3$。聚乙烯是一种质量轻，具有优异的耐化学腐蚀性、电绝缘性以及耐低温性的热塑性塑料，易于加工成型，因此被广泛应用于机械制造业、电气工业、化学工业、食品工业及农业等领域。

根据密度不同，聚乙烯可分为低密度聚乙烯（LDPE）和高密度聚乙烯（HDPE）。

LDPE 制品柔软，透气性、透明性多，熔点、机械强度低；电绝缘件良好，且不受温度和频率的影响；力学性能良好，热性能和耐老化性等也不错。LDPE 主要用于制造家用膜和日用包装材料，少部分用于制作各种轻、重包装膜如购物袋、货物袋、工业重包装袋、复合薄膜和编织内衬、各种管材、电线、电缆绝缘护套及电器部件等。另外，因为无毒，LDPE 被广泛用于医疗器具生产，药物和食品的保鲜，玩具和包装材料以及化工产品容器、管道和设备内衬以及其他工业用材料的生产。

HDPE 支化度低，线型结构，结晶度高，制品的耐热性好，质地刚硬，机械强度比 LDPE 高，耐磨性、耐蚀性及电绝缘性较好，可经受多次热和机械作用，一般反复加工10次以上还能保持基本性能。因其刚度、拉伸强度、抗蠕变性等皆优于 LDPE，所以更适于制成各种管材、片材、板材、包装容器及绳索等以及承载量不高的零件和部分产品，如齿轮、轴承、自来水管、水下管道、燃气管、80℃以下使用的耐腐蚀输液管道、化工设备衬里和涂层、绳索、渔网、包扎带、周转箱、瓦楞箱、各种瓶、桶容器和大型贮槽等。

（2）聚氯乙烯（PVC） 它是最早生产的塑料产品之一，也是产量很大的通用塑料，在工业、农业和日常生活中得到广泛应用。它的突出优点是化学稳定性高、绝缘性好、阻燃、耐磨，具有消声减震作用，成本低，加工容易。但耐热性差，冲击强度低，还有一定的毒性，为了用于食品和药品的包装，可用共聚和混合方法改进，制成无毒聚氯乙烯产品。根据所加配料不同，可制成硬质和软质的塑料。

硬质聚氯乙烯的密度仅为钢的1/5，铝的1/2，但其机械性能较高，并具有良好的耐蚀性。它主要用于化工设备和各种耐蚀容器，例如储槽、离心泵、通风机、各种上下管道及接头等，可代替不锈钢和钢材。耐热性差，在75～80℃时软化。

软质聚氯乙烯，增塑剂加入量达30%～40%，其使用温度低，但延伸率较高，制品柔软，并具有良好的耐蚀性和电绝缘性等。主要用于制作薄膜、薄板、耐酸碱软管及电线、电缆包皮、绝缘层、密封件等。

加入适量发泡剂可制作聚氯乙烯泡沫塑料，它质轻、富有弹性、不怕挠折，像海绵一样松软，具有隔热、隔音、防震作用，可做各种衬垫和包装用。

2.工程塑料

（1）热塑性塑料

1）聚酰胺（PA） 又称尼龙或锦纶。它是最早发现的能承受载荷的热塑性塑料，在机械工业中应用广泛。具有良好的韧性（耐折叠）和一定的强度，有较低的摩擦系数（比金属小得多）和良好的自润滑性，可耐固体微粒的摩擦，甚至可在干摩擦、无润滑条件下使用，同时有较好的耐蚀性。因它不溶于普通溶剂，故可耐许多化学药品，不受弱酸、醇、矿物油等的影响。它的热稳定性差，有一定的吸水性，影响尼龙制品的尺寸精度和强度。一般在100℃以下工作。适用于制造耐磨的机器零件，如柴油机燃油泵齿轮、蜗轮、轴承、行走机械中行走部分的轴承、各种螺钉、螺帽、垫圈、高压密封圈、阀座、输油管、储油容器等。

2)聚甲醛(POM) 它是继聚酰胺之后发展起来的一种没有侧链、带有柔性链、高密度和高结晶性的线型结构聚合物。其结晶度为70%～80%,具有优良的综合性能。其疲劳强度在热塑性塑料中是最高的,有优良的耐磨性和自润滑性,它具有高的硬度和弹性模量,刚性大于其他塑料,在较宽的温度范围内具有耐冲击性能,可在-40～100℃范围内长期工作。吸水性小,具有好的耐水、耐油、耐化学腐蚀性和电绝缘性。尺寸稳定,但缺点是热稳定性差、易燃、长期在大气中曝晒会老化。聚甲醛可代替有色金属及其合金,用于汽车、机床、化工、电气仪表、农机等部门轴承、衬套、齿轮、凸轮、滚轮、泵叶轮、阀、管道、配电盘、线圈座和化工容器等的制造。

3)ABS塑料 ABS塑料又称“塑料合金”,是丙烯腈(A)、丁二烯(B)和苯乙烯(S)三种单体的三元共聚物,因而兼有丙烯腈的高硬度、高强度,耐油、耐蚀,丁二烯的高弹性、高韧性、耐冲击和苯乙烯的绝缘性、着色性和成形加工性的优点。它的强度高、韧性好、刚度大,是一种综合性能优良的工程塑料,因此在机械工业以及化学工业等部门得到广泛的应用。例如用于齿轮、泵叶轮、轴承、方向盘、扶手、电信器材、仪器仪表外壳、机罩等到的制造,还可用于低浓度酸碱溶剂的生产装置、管道和储槽内衬等的生产。ABS塑料表面可电镀一层金属,代替金属部件,既能减轻零件自重,又能起绝缘作用。它不耐高温、不耐燃,耐气候性也差,但都可通过改性来提高性能。

4)聚砜(PSF) 又称聚苯醚砜,是以线型非晶态高聚物聚砜树脂为基的塑料,其强度高,弹性模量大,耐热性好。长期使用温度可达150～170℃,蠕变抗力高,尺寸稳定性好。脆性转化温度低,约为-100℃,所以聚砜使用温度范围较宽,聚砜的电绝缘性能是其他工程塑料不可比的。它主要用于制作要求高强度、耐热、抗蠕变的结构件、仪表件、电气绝缘件、精密齿轮、凸轮、真空泵叶片、仪器仪表壳体、罩、线圈骨架、仪表盘衬垫、垫圈、电动机、收音机、电子计算机的积分电路板等,由于聚砜具有良好的电镀性,故可通过电镀金属制成印刷电路板和印刷线路薄膜。也可用于生产洗衣机、厨房用具和各种容器等。

5)聚碳酸酯(PC) 聚碳酸酯是新型热塑性工程塑料,品种很多,工程上用的是芳香聚碳酸酯。它的综合性能很好,近年来发展很快,产量仅次于尼龙。聚碳酸酯的化学稳定性也很好,能抵抗日光、雨水和气温变化的影响,它的透明度高,成型收缩率小,制件尺寸精度高,广泛用于机械、仪表、电讯、交通、航空、光学照明、医疗器械等方面。如波音747飞机上有2500个零件用聚碳酸酯制造,总重量达2t。

6)聚甲基丙烯酸甲酯(PMMA) 也叫有机玻璃,它的密度小,透明度高,透光率为92%,比普通玻璃(透光率为88%)还高。紫外线透过率为73%,而普通玻璃仅为0.6%。有机玻璃在1m厚时仍能透过光线,而普通玻璃厚达15cm时即难以透过光线。有机玻璃的密度小,只有无机玻璃的一半,但强度却高于无机玻璃,抗破碎能力是无机玻璃的10倍。它虽有一定的耐热性,但在140℃开始软化,硬度低,所以表面容易擦伤起毛,并溶于丙酮等有机溶剂。一般使用温度不超过80℃,导热性差,膨胀系数大,主要用于制造有一定透明度和强度要求的零件,如油杯,窥孔玻璃,汽车、飞机的窗玻璃和设备标牌等。也用于飞机座舱盖、炮塔观察孔盖、仪表灯罩及光学玻璃片、防弹玻璃、电视和雷达标图的屏幕、汽车风挡、仪表设备的防护罩和仪表外壳等。由于其着色性好，也常用于各种生活用品和装饰品。

(2)热固性塑料

1)酚醛塑料(PF)　酚醛塑料是以酚醛树脂为基本成分，加入各种添加剂制成的。酚醛树脂是由酚类和醛类有机化合物在催化剂的作用下缩聚而得的，其中以苯酚和甲醛缩聚而成的酚醛树脂应用最广。

酚醛树脂在固化处理前为热塑性树脂，处理后为热固性树脂。热塑性酚醛树脂主要做成压塑粉，用于制造模压塑料，由于有优良的电绝缘性而被称为电木。热固性酚醛树脂主要是用于和多层片状填充剂一起制造层压塑料，强度高、刚度大、制品尺寸稳定、具有良好的耐热性能，可在110～140℃使用。并能抗除强碱外的其他化学介质浸蚀，电绝缘性好，在机械工业中用它制造齿轮、凸轮、皮带轮、轴承、垫圈、手柄等；在电器工业中用它制造电器开关、插头、收音机外壳和各种电器绝缘零件；在化学工业中作耐酸泵；在宇航工业中作瞬时耐高温和烧蚀的结构材料。摩擦系数低(0.01～0.03)。

2)氨基塑料　主要有脲甲醛塑料(UF)，它是由尿素和甲醛缩聚合成，然后与填料、润滑剂、颜料等混合，经处理后得的热固性塑料。氨基塑料的性能与酚醛塑料相似，但强度低、着色性好，表面光泽如玉，俗称电玉。适用于制造日用器皿、食具等。由于电绝缘性好，也常用作电绝缘材料；还可作木材粘接剂，制造胶合板、刨花板、纤维板、装饰板(塑料贴面)等。因此氨基塑料广泛用于家具、建筑、车辆、船舶等方面，作为表面和内壁装饰材料。

3)环氧塑料(EP)　它是以环氧树脂线型高分子化合物为主，加入增塑剂、填料及固化剂等添加剂经固化处理后制成的热固性塑料。强度高，有突出的尺寸稳定性和耐久性，能耐各种酸、碱和溶剂的浸蚀，也能耐大多数霉菌的浸蚀，在较宽的频率和温度范围内有良好的电绝缘性。但成本高，所用固化剂有毒性。环氧塑料广泛用于机械、电机、化工、航空、船舶、汽车、建材等行业，主要用于制造塑料模具、精密量具、各种绝缘器件、抗震护封的整体结构，也可用于制造层压塑料、浇注塑料等。环氧树脂对各种物质有极好的粘附力，用以制造的粘接剂，对金属、塑料、玻璃、陶瓷等都有良好的粘附性，故有“万能胶”之称。

3.耐高温塑料

指能在较高温度下工作的塑料。一般塑料工作温度通常只有几十摄氏度，而耐高温塑料可在100～200℃以上的温度工作。这类塑料有聚四氟烯、有机硅树脂、环氧树脂等。耐高温塑料产量小、价格贵，适用于特殊用途，它在发展国防工业和尖端技术中有着重要作用。

10.3　橡胶

橡胶(rubber)也是高分子材料，具有极高的弹性、优良的伸缩性和积储能量的能力，成为常用的弹性材料、密封材料、减震材料和传动材料。目前橡胶产品已达几万种，广泛用于国防、国民经济和人民生活各方面，起着其他材料不能替代的作用。

最早使用的是天然橡胶，天然橡胶资源有限，人们大力发展了合成橡胶，目前已生产了七大类几十种合成橡胶。习惯上将未经硫化的天然橡胶及合成橡胶叫生胶；硫化后的橡胶叫橡皮，生胶和橡皮又可统称橡胶。

10.3.1　橡胶的组成与分类

1. 橡胶组成

橡胶是以生胶为主要组分加入适量的添加剂（填料、增塑剂、硫化剂、硫化促进剂、防老剂等）组成的高分子弹性体。

(1)生胶

生胶是橡胶的主要成分，它对橡胶性能起决定性作用，但单纯的生胶在高温时发生粘性、低温下发生脆性，且易被溶剂溶解。为此，常加入各种添加剂并经硫化处理，以形成具有较好性能的工业用橡胶。

(2)橡胶添加剂

1)硫化剂　硫化剂可使线型结构的橡胶分子相互交联成为网型结构，以提高橡胶的弹性和强度。常用硫化剂为硫黄。

2)促进剂　又称硫化促进剂，用以缩短硫化时间、降低硫化温度，提高经济性。常用的促进剂多为化学结构复杂的有机化合物，如胺类、胍类、噻唑类及硫脲等。

3)补强剂　用于提高橡胶的强度、硬度、耐磨性等。最佳的补强剂是炭黑。

4)软化剂　主要为增加橡胶的塑性、降低硬度。常用软化剂有凡士林等油类和酯类。

5)填充剂　加入填充剂的目的是为了提高橡胶机械性能，降低成本、改善工艺性能。常用炭黑、陶土、硅酸钙、碳酸钙、硫酸钡、氧化镁、氧化锌等。

6)着色剂　使制品着色。

7)防老剂　橡胶在贮存和使用过程中，因环境因素使其性能变差，产生如发粘、变脆的现象称为老化。加入防老剂可延缓老化过程，增长使用寿命。

2. 橡胶的分类

橡胶种类繁多，若以原料来源分，有天然橡胶与合成橡胶两类；若以合成橡胶的性能和用途分，有通用橡胶与特种橡胶两类。

10.3.2　常用橡胶材料

1. 天然橡胶

天然橡胶属于天然树脂，是橡树上流出的浆液，经过凝固、干燥、加压等工序制成片状生胶，再经硫化工艺制成弹性体。生胶含量在90%以上，其主要成分为聚异戊二烯天然高分子化合物。其聚合度 n 为10000左右，分子量在10万～180万，平均分子量在70万左右。

天然橡胶具有优良的弹性，弹性模量在3～6MPa，约为钢的1/30000，而伸长率则为300倍。天然橡胶弹性伸长率可达1000%，在130℃时仍能正常使用，温度低于－70℃时才失去弹性。天然橡胶还有较好的机械性能、良好的电绝缘性、耐碱性。缺点是耐油、耐溶剂性差、耐臭氧老化性较差，不耐高温，使用温度在－70～110℃范围。

天然橡胶一般用作轮胎、电线电缆的绝缘护套及胶带、胶管、胶鞋等通用制品。

2. 合成橡胶

天然橡胶虽然具有良好的性能，但其性能和产量满足不了现代工业发展的需要，于是人们只好大力发展合成橡胶。合成橡胶种类繁多，规格复杂，但各种橡胶制品的工艺流程基本相同。主要包括，塑炼→混炼→成型→硫化→修整→检验。

合成橡胶多以烯烃为主要单体聚合而成。

1）丁苯橡胶（SBR）是目前产量最大，应用最广的合成橡胶，产量占合成橡胶的一半以上，占合成橡胶消耗量的 80%。丁苯橡胶是以丁二烯和苯乙烯为单体，在乳液或溶液中用催化剂进行催化共聚而成的浅黄褐色弹性体。它的耐磨性、耐热性、耐油性和抗老化性都较好，特别是耐磨性超过了天然橡胶；丁苯橡胶强度低，成形性又较差，限制了它的独立使用。价格便宜，并能以任何比例和天然橡胶混合，它主要与其他橡胶混合使用。主要用于制造轮胎、胶管、胶鞋等。

2）顺丁橡胶（BR）是最早用人工方法合成的橡胶之一，来源丰富，成本低。其发展速度很快，产量已跃居第二位。它是丁二烯的定向聚合体。其分子结构式与天然橡胶十分接近。是目前各种橡胶中弹性最好的品种。其耐磨性比一般天然橡胶高 30%左右，耐寒性也好。它的缺点是加工性不好，抗撕裂性较差。但是顺丁橡胶硫化速度快，因此通常和其他橡胶混合使用。顺丁橡胶的 80%～90%用来制造轮胎，其寿命可高出天然橡胶轮胎寿命的两倍。其余用来制造耐热胶管、三角皮带、减震器刹车皮碗、胶辊和鞋底等。

3）氯丁橡胶（CR）它由氯丁二烯聚合而成。它的机械性能和天然橡胶相似，但耐油性、耐磨性、耐热性、耐燃烧性（一旦燃烧能放出 HCl 气体阻止燃烧）、耐溶剂性、耐老化性等均优于天然橡胶，故有“万能橡胶”之称。但耐寒性差（－35℃）、密度大、成本高。适于制造高速运转的三角皮带、地下矿井的运输带，在 400℃以下使用的耐热运输带、风管、电缆等。还可用于制作石油化工中输送腐蚀介质的管道、输油胶管以及各种垫圈。由于氯丁橡胶与金属、非金属材料的粘着力好，可用作金属、皮革、木材、纺织品的胶粘剂。

4）丁腈橡胶（NBR）它由丁二烯和丙烯腈聚合而成。属于特种橡胶，其突出的特点是耐油性好，又有弹性，可抵抗汽油、润滑油、动植物油类浸蚀，故常作为耐油橡胶使用。此外还有高的耐磨性、耐热性、耐水性、气密性和抗老化性。但电绝缘性和耐寒性差，耐酸性也差。这些性能随丙烯腈的含量而变化，一般是含量增加，耐油、耐蚀、耐热、耐磨、导电性以及强度、硬度增加，但耐寒性和弹性变差。所以，丁腈橡胶中丙烯腈含量一般在 15%～50%，过高则失去弹性，过低则失去耐油的特性。丁腈橡胶主要用于制作各种耐油制品，如耐油胶管、储油槽、油封、输油管、燃料油管、耐油输送带、印染辊及化工设备衬里等。

5）硅橡胶 它由二甲基硅氧烷与其他有机硅单体共聚而成。属于特种橡胶，其特点是耐高温和低温，可在－100～350℃范围内保持良好弹性，还有优良的抗老化性能，对臭氧、氧、光和气候的老化抗力大，绝缘性也好，缺点是强度、耐磨性和耐酸碱性低，而且价格较贵，限制了使用。主要用于制造各种耐高低温的橡胶制品，如耐热密封垫圈、衬垫、耐高温电线、电缆的绝缘层等。

6）氟橡胶 它是以碳原子为主键，带有氟原子的聚合物。属于特种橡胶，由于含有键能很高的碳氟键，因此氟橡胶具有很高的化学稳定性。它的突出特点是在酸、碱、强氧化剂中的耐蚀能力居各类橡胶之首。也有很高的强度、硬度，耐高温、耐油和耐老化性能也很好。其缺点是耐寒性、加工性差，价格较贵，限制了使用。主要用于国防和高科技中的高级密封件、高真空密封件和化工设备中的衬里，还可用于制作火箭导弹的密封垫圈等。

由于现代科学技术的发展，可以对橡胶进行各种各样的改性，按照使用上的需要提高某种性能。橡胶的改性的方法很多，可以添加各种配合剂，也可以根据需要设计特殊的结构，或通过某些化学反应加以处理，还可以几种橡胶按不同的百分比进行接枝或嵌段，甚至可以用橡胶与树脂接枝或嵌段。总之，橡胶的改性是提高橡胶性能的重要途径，也是橡胶技术发展的重要环节。

10.4 胶粘剂

能将同种或两种或两种以上同质或异质的制件（或材料）连接在一起，固化后具有足够强度的有机或无机的、天然或合成的一类物质，统称为胶粘剂（adhesive）或粘接剂。

1.胶粘剂的分类

（1）按应用方法可分为热固型、热熔型、室温固化型、压敏型等。

（2）按应用对象分为结构型、非构型或特种胶。

（3）按形态可分为水溶型、水乳型、溶剂型以及各种固态型等。

（4）常按粘料的化学成分分类。

2.常用胶粘剂

据不完全统计，迄今为止已有6000多种胶粘剂产品问世，由于其品种繁多，组分各异，目前尚无统一的分类方法。按固化方式的不同可分为熔融固化型、挥发固化型、遇水固化型、反应固化型。

（1）熔融固化型胶粘剂

熔融固化型胶粘剂是指胶粘剂在受热熔融状态下进行粘合的一类胶粘剂。其中应用较普遍的为焊锡、银焊料等低熔点金属，棒状、粒状、膜状的EVA（聚乙烯、醋酸乙烯）热熔胶。

（2）挥发固化型胶粘剂

挥发固化型胶粘剂是指胶粘剂中的水分或其他溶剂在空气中自然挥发，从而固化形成粘接的一类胶粘剂。如水玻璃系列胶粘剂、氯丁胶等。

（3）遇水固化型胶粘剂

遇水固化型胶粘剂是指遇水后即发生化学反应并固化凝结的一类物质。其中以石膏、各类水泥为代表。

（4）反应固化型胶粘剂

反应固化型胶粘剂是指由粘料与水以外的物质发生化学反应固化形成粘接的一类胶粘剂。磷酸盐类胶粘剂 α 氰基丙烯酸酯瞬干胶水、丙烯酸双酯厌氧胶水等都属于这一类。

10.5 合成纤维

人工合成聚合物制成的纤维，包括天然纤维和化学纤维（又分人造纤维和合成纤维）。

人造纤维是用自然界的纤维加工制成的，如“人造丝”“人造棉”的粘胶纤维及醋酸纤维等。

合成纤维(synthetic fiber)是以石油、天然气、煤和石灰石等为原料,经过提炼和化学反应合成高分子化合物,再将其熔融或溶解后纺丝制得的纤维。合成纤维发展很快,产量直线上升,差不多每年以 20%～30%的速度增长、品种有 30 余个,但产量占合成纤维 90%以上的有六大品种。合成纤维具有强度高、耐磨、保暖、耐蚀、密度小、抗霉菌等特点。合成纤维除广泛用作衣料等生活用品外,还大量用于汽车、飞机轮胎帘子线,渔网、索桥、船缆、降落伞布、炮衣、传送带、绝缘布的制造。常用合成纤维如下:

(1)聚酯纤维　又名涤纶,具有强度高、弹性好、挺括不皱、耐冲击、耐磨性好、耐蚀、易洗快干等特性。除大量用作纺织品材料外,工业上广泛用于制作运输带、传动带、帆布、渔网、绳索、轮胎帘子线及电器绝缘材料等。

(2)聚酰胺纤维　又名锦纶,具有强度高、耐磨、弹性好、耐日光性差等特性。主要品种有锦纶 6、锦纶 66 和锦纶 1010 等。锦纶纤维多用于、轮胎帘子线、降落伞、宇航飞行服、渔网、针织内衣、尼龙袜、手套等工农业及日常生活用品。

(3)聚丙烯腈　又名腈纶(国外称奥纶、开司米、人造毛),具有柔软、蓬松、耐晒、耐蚀、保暖;强度低、不耐磨等特性。多数用来制造毛线和膨体纱及室外用的帐篷、幕布、船帆等织物,还可与羊毛混纺,织成各种衣料。

(4)聚乙烯醇缩醛　又名维纶,耐磨性好、耐日光性好,吸湿性好,与棉花接近,性能很像棉花,故又称合成棉花。价格低廉。可用于制作包装材料、帆布、过滤布、缆绳、渔网等。

(5)含氯纤维　又名氯纶,具有化学稳定性好、耐磨、不燃、耐晒、耐蚀;染色性差;热收缩大等特点。可用于制作化工防腐和防火的用品,以及绝缘布、窗帘、地毯、渔网、绳索等。

(6)聚芳香酰胺　又名芳纶,具有强度很高、模量大、耐热、化学稳定性好等特性。用于制作复合材料、飞机驾驶室安全椅、绳等。

本章小结

高分子材料是重要的一类非金属材料。按用途分为塑料、橡胶和合成纤维等。高分子材料在不同温度下呈现三种不同的力学状态,即玻璃态、高弹态和粘流态。

工程塑料是在玻璃态下使用的高分子材料,由树脂和各种添加剂组成。工程塑料的优点是相对密度小,耐蚀性、电绝缘性、减磨和耐磨性好,并有消声减振性能。缺点是刚性和耐热性、强度低、热膨胀系数大、导热系数小及易老化。

橡胶是以高分子化合物为基础、具有高弹性的材料。工业用橡胶由生胶和添加剂组成,其最大特点是高弹性,但弹性模量低,广泛用于制造密封件、减振件、轮胎及电线等。

习题与思考题

10-1　名词解释

单体;链节;聚合度;加聚反应;缩聚反应;高分子化合物;工程塑料;胶粘剂;合成纤维。

10-2　简述高分子材料的力学性能、物理性能和化学性能特点。

10-3　何谓高聚物的老化?如何防止高聚物老化?

10-4 简述常用工程塑料的种类和性能特点。

10-5 简述常用橡胶的种类、性能特点及应用。

10-6 用热固性塑料制造零件,应采用什么样的工艺方法?

10-7 请选用两种塑料制造中等载荷的齿轮,说明选材的依据。

10-8 用全塑料制造的零件有何优缺点?

10-9 用塑料制造轴瓦,应选用哪个品种? 选用依据是什么?

10-10 比较 PS、PVC、PE 和 PTFE 在低抗环境影响方面的抗力。

第 11 章　陶瓷材料

陶瓷是无机非金属材料的通称。它与金属材料、高分子材料一起称为三大固体材料。我国生产陶瓷的历史非常悠久。随着生产技术的发展,现已研发出许多具有优异性能的新型陶瓷。特别是近 30 年来,新型陶瓷发展很快,广泛应用于国防、宇航、电气、化工、机械等领域。

11.1　概述

陶瓷(ceramic)原始定义是指含有土矿物原料而又经高温烧结的制品。当今陶瓷的含义已扩大,凡固体无机材料,不管其含粘土与否,也不管用什么方法制造,均通称为陶瓷。陶瓷的范围包括单晶体、多晶体及两者的混合体、玻璃、无机薄膜和陶瓷纤维等。陶瓷材料可以根据原料来源、化学组成,性能特点或用途等不同方法进行分类。

1. 按原料来源分类

1)传统陶瓷又称为普通陶瓷,是以天然的硅酸盐矿物为原料(如粘土、高岭土、长石、石英等),经粉碎、成型和烧结等过程制成。

传统陶瓷可分为:日用陶瓷、建筑陶瓷、卫生陶瓷、电气绝缘陶瓷、化工陶瓷、多孔陶瓷(过滤、隔热陶瓷)等,它们可满足各种工程的需求。主要用于制造日用品,建筑、卫生以及工业上的低压和高压电瓷,耐酸和过滤制品等。

2)特种陶瓷又称新型陶瓷,它是用纯度较高的人工化合物为原料(如氧化物、氮化物、碳化物、硼化物、硅化物、氟化物和特种盐类等),用普通陶瓷类似的加工工艺制成新型陶瓷。

新型陶瓷由于其化学组成、显微结构及性能不同于普通陶瓷,一般具有多种独特的物理、化学性能或机械性能,如高强度、高硬度、高韧性、耐腐蚀、导电、绝缘、磁性、透光、半导体以及压电、光电、电光、声光、磁光等。可作为工程结构材料和功能材料应用于机械、电子、化工、冶炼、能源、医学、激光、核反应、宇航等领域。美国、日本和西欧一些发达国家,为了加速新技术革命,为新型产业的发展奠定物质基础,投入大量人力、物力和财力研究开发特种陶瓷,新型陶瓷的发展十分迅速,在技术上有很大突破。新型陶瓷在现代工业技术,特别是在高新技术领域的地位日趋重要。

2. 按用途分类

按陶瓷用途,可分为结构陶瓷和功能陶瓷两大类。

结构陶瓷主要利用材料的力学性能,承受各种载荷;功能陶瓷则利用材料的热、电、磁、光、声等方面的性能特点,应用于各种场合。如日用陶瓷、建筑陶瓷、电器绝缘陶瓷、化工耐腐蚀陶瓷,以及保温隔热用的多孔陶瓷和过滤用陶瓷等。

3. 按性能分类

按性能分类有高强度陶瓷、耐磨陶瓷、高温陶瓷、耐酸陶瓷、压电陶瓷、光学陶瓷等。

4. 按化学组成分类

按化学组成陶瓷可分为氧化物陶瓷、氮化物陶瓷、碳化物陶瓷及几种元素化合物复合的陶瓷等。

陶瓷的生产过程比较复杂,但基本工艺是原料的制备、坯料的成型和制品的烧成或烧结三大步骤。

11.2 陶瓷的组成相及其结构

和金属、高聚物一样,陶瓷材料的力学性能和物理、化学性能也是由它的化学组成和结构状况决定的。

陶瓷晶体结构复杂,在陶瓷结构中,以离子键和共价键为主要结合键。实际上单一键结合的陶瓷不多,通常为两种或两种以上的混合键。键的形式与材料性能有密切关系。离子键和共价键晶体具有高的熔点及硬度。

陶瓷是由金属和非金属元素的化合物构成的多晶固体材料,其组织结构复杂,一般由晶体相、玻璃相和气相组成。各种相的组成、结构、数量、几何形状及分布状况等都会影响陶瓷的性能。

11.2.1 陶瓷的组织结构

1. 晶体相

晶体相是陶瓷材料中最主要的组成相,它由固溶体或化合物组成,且一般是多晶体,存在晶粒与晶界,细化晶粒和亚晶粒同金属一样也可以强化陶瓷材料。它往往决定了陶瓷的力学、物理、化学性能。陶瓷晶体相结构中,最重要的有氧化物结构与硅酸盐结构两类。

1)氧化物结构 大多数氧化物结构是氧离子排列成简单立方、面心立方和密排六方的三种晶体结构,正离子位于其间隙中。它们主要是以离子键结合的晶体。

2)硅酸盐结构 硅酸盐是传统陶瓷的主要原料,同时又是陶瓷组织中的重要晶体相,它是由硅氧四面体[SiO_4]为基本结构单元所组成的。

2. 玻璃相

玻璃相一般是指从熔融液态冷却时不进行结晶的非晶态固体。

陶瓷材料中,玻璃相的作用是将分散的晶体相粘结起来,填充晶体相之间的空隙,提高材料的致密度;降低陶瓷的烧成温度,加快烧结过程;阻止晶体相转变,抑制其长大;获得一定程度的玻璃特性(如透光性等)。但玻璃相的强度低,电绝缘性、耐热耐火性较差,故玻璃相含量不可太大,一般为20%~40%。

3. 气相

气相是指陶瓷组织内部残余下来的气孔。

通常的残余气孔量为 5%～10%，特种陶瓷在 5%以下。陶瓷性能与气孔的含量、形状、分布有着密切的关系。气孔使陶瓷材料强度、热导率、抗电击穿强度下降，介电损耗增大，同时气相的存在可使光线散射而降低陶瓷的透明度，所以透明陶瓷中微小的气孔也需消除。但有时为了制作密度小、绝热性能好的陶瓷，则希望会有尽可能多的大小一致、分布均匀的气孔。

普通陶瓷的组织由晶体相、玻璃相、气相组成。对特种陶瓷性能要求更高、更严，因此，它的组织则只有晶体相和气相（＜5 %）或极少量的玻璃相组成。而金属陶瓷则仅由晶体相和极少量的气相（＜0.5 %）组成。

11.3 陶瓷的性能及应用

11.3.1 陶瓷材料的性能

陶瓷材料具有耐高温、抗氧化、耐腐蚀以及其他优良的物理、化学性能。陶瓷材料除了传统用途外，还有着许多新用途（特别是特种陶瓷）。

1. 物理性能

（1）热学性能

1）高熔点。陶瓷材料一般都具有高的熔点（大多在 2000℃以上），极好的化学稳定性和特别优良的抗氧化性，已广泛用作高温材料，如制作耐火砖、耐火泥、炉衬、耐热涂层等。刚玉（Al_2O_3）可耐 1700℃高温，能制成耐高温的坩埚。

2）热导率。陶瓷依靠晶格中原子的热振动来完成热传导。由于没有自由电子的传热作用，导热能力远低于金属材料，它常作为高温绝热材料。多孔和泡沫陶瓷也可用作－120～－240℃的低温隔热材料。

3）热膨胀。凡陶瓷在应用中涉及高温、循环温度或温度梯度工况时，都要考虑热膨胀。它是指温度升高时原子振动振幅增大和原子间距增大而导致体积长大的现象。热膨胀系数的大小和材料的晶体结构密切相关，结构较紧密的材料热膨胀系数较大。陶瓷的线膨胀系数比金属低，比高聚物更低，一般为 10^{-6}/℃左右。

（2）电学性能

大多数陶瓷是良好的绝缘体，在低温下具有高电阻率，因而大量用来制作低电压（1kV 以下）直到超高压（110kV 以上）的隔电瓷质绝缘器件。

铁电陶瓷（钛酸钡 $BaTiO_3$ 和其他类似的钙钛矿结构）具有较高的介电常数，可用来制作较小的电容器，这种电容器的电容量却比由一般电容器材料制成的要大，利用这一优点，可以更有效地改进电路。铁电陶瓷在外加电场作用下，还具有改变其外形（尺寸）的能力，这种由电能转换成机械能的性能是压电材料的特性，可用来制作扩音机、电唱机中的换能器，无损检验用的超声波仪器以及声呐与医疗用的声谱仪等。

少数陶瓷材料还具有半导体性质,如经高温烧结的氧化锡就是半导体,可做整流器。

(3)光学性能

具有特殊光学性能的陶瓷是重要的功能材料,如固体激光器材料、激光调制材料、光导纤维材料、光储存材料等。这些材料的研究和应用对通信、摄影、计算机技术等的发展有非常大的理论和实用意义。

近代透明陶瓷的出现是光学材料的重大突破,它们大都是以单一晶体相组成的多晶体材料,可用于制造高压钠灯管、耐高温及高温辐射工作的窗口和整流罩等。

(4)磁学性能

通常被称为铁氧体的磁性陶瓷材料(例如 $MgFe_2O_4$、$CuFe_2O_4$、Fe_3O_4、$CoFe_2O_4$)在录音磁带与唱片、电子束偏转线圈、变压器铁芯、大型计算机的记忆元件等方面有着广泛的前途。

2.力学性能

(1)塑性与韧性

由于陶瓷晶体一般为离子键或共价键结合,其滑移系比金属材料少得多,所以大多数陶瓷材料在常温下受外力作用时不产生塑性变形,而是在一定弹性变形后直接发生脆性断裂。此外,陶瓷中又存在气相,故其冲击韧性和断裂韧度要比金属材料低得多。在机械结构中,陶瓷材料应用不多。

(2)强度

陶瓷材料由于受工艺制备因素的影响,在其内部和表面会形成各种各样的缺陷,如微裂纹、位错、气孔等,因此由于受各种缺陷的影响,陶瓷的实际强度远低于理论值。如刚玉陶瓷纤维的缺陷减少时,强度可提高 1~2 个数量级,热压氮化硅陶瓷在致密度增大、气孔率近于零时,强度可接近理论值。

陶瓷中气相能使应力集中,在拉应力作用下,气孔会扩展而引起脆断,故陶瓷的抗拉强度较低。但它具有较高的抗压强度,可以用于承受压缩载荷的场合,例如用来作为地基、桥墩和大型结构与重型设备的底座等。

(3)硬度

陶瓷的硬度在各类材料中最高。其硬度大多在 1500HV 以上,而淬火钢为 500~800HV,高聚物都低于 20HV。氮化硅和立方氮化硼(CBN)具有接近金刚石的硬度。

氮化硅和碳化硅(SiC)都是共价化合物,键的强度高、膨胀系数低、热导率高,所以都有较好的抗热振性能(温度急剧变化时,抵抗破坏的能力)。由于制造工艺和添加物不同,Si_3N_4 的强度可从 350MPa 直至 1000MPa,且在 1200℃高温下保持不变。SiC 在 1650℃下,强度仍可达 450MPa。它们作为高温高强度结构材料,在发动机、燃气轮机上的应用正受到很大的重视。我国第一台无水冷陶瓷发动机于 1990 年 7 月在上海首次装车,经长途试验,证明发动机性能优良,比普通金属发动机热效率高,耗油省,故障率少,并能适用多种燃料,更能适应在缺水的恶劣环境下使用,这是一项跨入世界领先行列的高科技成果。

陶瓷作为超硬耐磨损材料,性能特别优良。除 Si_3N_4、SiC、CBN 是一种新型的刀具材料外，近年来又开发了高强度、高稳定化的二氧化锆(ZrO_2)陶瓷刀具，广泛应用于高硬难加工材料的加工以及高速切削、加热切削等加工。

此外，特种陶瓷还广泛用作能源开发材料、耐火耐热材料、耐热冲击材料以及化工材料等。

3. 化学性能

陶瓷的组织结构非常稳定，因此对酸、碱、盐及熔融的有色金属(如铝、铜)等有较强的抵抗能力。陶瓷在室温下不会被氧化，在1000℃以上的高温也不会氧化。

11.4 常用陶瓷材料

11.4.1 工程陶瓷

1. 普通陶瓷

普通陶瓷是指粘土类瓷，它是由天然原料配制、烧结而成的。这类陶瓷历史悠久，质地坚硬，绝缘性、耐蚀性、工艺性好，可耐1200℃高温，且成本低廉。这类陶瓷种类繁多，除日用陶瓷之外，工业上主要有用于绝缘的电瓷和对耐酸碱要求不高的化学瓷以及对承载要求较低的结构零件用陶瓷等。这类陶瓷是各类陶瓷中用量最大的一类。

2. 氧化铝陶瓷

这是以 Al_2O_3 为主要成分的陶瓷，Al_2O_3 含量大于46%，也称高铝陶瓷。Al_2O_3 含量90%～99.5%时称为刚玉瓷。按 Al_2O_3 的含量可分为75瓷、85瓷、96瓷、99瓷等；根据瓷坯中主晶相的不同，氧化铝陶瓷可分为刚玉瓷、刚玉、莫来石瓷等。其中常用的刚玉瓷性能最优，所含玻璃相和气相极少，硬度高(莫氏硬度为9)、机械强度比普通陶瓷高3～6倍，抗化学腐蚀能力和介电性能好，且耐高温(熔点为2050℃)。其缺点是脆性大、抗冲击性和抗热振性差，不宜承受环境温度剧烈变化。近来生产出氧化铝－微晶刚玉瓷、氧化铝金属瓷等，进一步优化了刚玉瓷的性能。

氧化铝陶瓷是用途最广泛，原料最丰富，价格最低廉的一种高温结构陶瓷。

氧化铝含量越高性能越好。氧化铝陶瓷耐高温性能很好，在氧化气氛中可使用到1950℃，而且耐蚀性也好，可作高温器皿，如熔炼铁、钴、镍等的坩埚及热电偶套管等。

氧化铝陶瓷的硬度高，而且在很高的温度下仍能保持，如760℃时为87HRA，1200℃时为80HRA，所以可用做刀具。

氧化铝具有很好的电绝缘性能，内燃机火花塞基本上用氧化铝陶瓷制造。

氧化铝陶瓷耐磨性很好，也适宜于作轴承。

氧化铝陶瓷可作活塞、化工用泵、阀门等，也可在某些条件下用作模具。

氧化铝陶瓷的缺点是脆性大，不能承受冲击载荷，而且抗热振性较差，不适于温度急变的场合。

3.氮化硅陶瓷

氮化硅陶瓷是将硅粉经反应烧结法或将 Si_3N_4 粉经热压烧结法制成的。前者称为反应烧结氮化硅；后者则称为热压氮化硅。

氮化硅是共价化合物，键能相当高，原子间结合很牢固。因此，化学稳定性高，除氢氟酸外，能耐各种无机酸、王水、碱液的腐蚀，也能抵抗熔融的有色金属的浸蚀；有优异的电绝缘性能；有高的硬度、良好耐磨性；摩擦系数0.1～0.2，且有自润滑性；其抗高温蠕变性和抗热振性是其他任何陶瓷材料不能比拟的。氮化硅的使用温度不如氧化铝陶瓷高，但它的强度在1200℃时仍不降低。

热压氮化硅组织致密，因而强度很高，但受模具限制，只能制作形状简单的零件。热压氮化硅主要用于制作刀具，可对淬火钢、冷硬铸铁等高硬度材料进行精加工和半精加工，也用于钢结硬质合金、镍基合金等的加工，它的成本比金刚石和立方氮化硼刀具低。热压氮化硅还可做转子发动机的叶片、高温轴承等。

反应烧结氮化硅有20%～30%气孔，所以强度低，但可制成形状复杂的零件，而且由于硅氮化时的体积膨胀弥补了烧结时体积收缩，因而制品的尺寸精度很高。但由于受氮化深度的限制，壁厚一般不超过20～30mm。反应烧结氮化硅可用于耐磨、耐腐蚀、耐高温、绝缘零件的生产，如腐蚀介质下工作的机械密封环、高温轴承、热电偶套管、输送铝液的管道和阀门、燃气轮机叶片、炼钢生产的铁水流量计以及农药喷雾器的零件等。

近年来，在 Si_3N_4 中加入一定量的 Al_2O_3，构成Si-Al-O-N系统陶瓷，称赛纶（Sialon）陶瓷，用常压烧结的方法可达到热压氮化硅的性能，是目前强度最高的陶瓷材料，并且化学稳定性、热稳定性和耐磨性也都很好。

4.氮化硼陶瓷

氮化硼陶瓷（BN）分为低压型和高压型两种。

低压型BN为六方晶系，结构与石墨相似，又称为白石墨。其硬度较低，具有自润滑性，还有良好的高温绝缘性、耐热性、导热性及化学稳定性。用于耐热润滑剂、高温轴承、高温容器、坩埚、热电偶套管、散热绝缘材料、玻璃制品成型模等。

高压型BN以六方BN为原料在催化剂作用下，经高温、高压可转变为立方氮化硼（CBN）。它是立方晶格，结构牢固，硬度接近金刚石的新型超硬材料，在1925℃以下不会氧化，用于磨料、金属切屑刀具及高温模具等。

5.碳化硅陶瓷

碳化硅和氮化硅一样，也是键能很高的共价键的晶体，生产工艺有反应烧结碳化硅和热压碳化硅两种。

碳化硅最大的特点是高温强度大，它的抗弯强度在1400℃高温下仍可保持500～600MPa的水平。而其他的陶瓷材料在1200～1400℃时强度显著下降。碳化硅具有很高的热传导能力，在陶瓷中仅次于氧化铍陶瓷。它的热稳定性、耐磨性、耐腐蚀性能好。

碳化硅可用作1500℃以上工作部件的良好结构材料，如火箭尾喷管的喷嘴、浇注金属用的喉嘴、热电偶套管、炉管以及燃气轮机的叶片。还可作高温热交换器的材料、核燃料的包封材料以及制作各种泵的密封圈等。

6.氧化锆陶瓷

氧化锆的熔点为2715℃，在氧化气氛中2400℃时是稳定的，使用温度可到2300℃。

纯氧化锆不能使用，因为在发生同素异构转变时发生很大的体积变化，会产生裂纹，甚至断裂。加入少量稳定剂，称部分稳定氧化锆，具有较高的韧性。如加入CaO后K_{IC}值可达9.6MPa(SiC为3～4MPa，Si_3N_4为4.8～5.8MPa)，因而引起人们的重视。加入大量稳定剂则无相变，称稳定氧化锆。

氧化锆具有高强度和韧性、高硬度和耐磨性以及高抗化学腐蚀性，导热系数小。可用做刀具、隔热材料，以及制造滑动零部件，如拔丝模、轴承、喷嘴、泵部件、粉碎机部件等。

7.莫来石陶瓷

主晶相为莫来石的陶瓷总称。莫来石陶瓷具有高的高温强度和良好的抗蠕变性能、低的热导率。高纯莫来石陶瓷韧性较低，不宜作为高温结构材料，主要用于1000℃以上高温氧化气氛下工作的长喷嘴、炉管及热电偶套管等。

为了提高莫来石陶瓷的韧性，常加入ZrO_2，形成氧化锆增韧莫来石(ZTM)，或加入SiC颗粒、晶须形成复相陶瓷。ZTM具有较高的强度和韧性，可作为刀具材料或绝热发动机的某些零部件。

8.金属陶瓷

金属陶瓷是以金属氧化物(如Al_2O_3，ZrO_2等)或金属碳化物为主要成分，加入适量金属粉末，通过粉末冶金方法制成的具有某些金属性质的陶瓷。典型的金属陶瓷就是硬质合金。

11.4.2 功能陶瓷

具有热、电、声、光、磁、化学、生物等功能的陶瓷叫功能陶瓷。功能陶瓷大致可分为电功能陶瓷、磁功能陶瓷、光功能陶瓷、生化功能陶瓷等。

1.铁电陶瓷

有些陶瓷的晶粒排列是不规则的，但在外电场作用下，不同取向的电畴开始转向电场方向，材料出现自发极化，在电场方向呈现一定电场强度，这类陶瓷称为铁电陶瓷，广泛应用的铁电材料有钛酸钡、钛酸铅、锆酸铝等。铁电陶瓷应用最多的是铁电陶瓷电容器，还可用于制造压电元件、热释电元件、电光元件、电热器件等。

2.压电陶瓷

铁电陶瓷在外加电场作用下出现宏观的压电效应，这样的陶瓷材料，称为压电陶瓷。目前所用的压电陶瓷主要有钛酸钡、钛酸铅、锆酸铝、锆钛酸铅等。压电陶瓷在工业、国防及日常生活中应用十分广泛。如压电换能器、压电电动机、压电变压器、电声转换器件等。利用压电效应将机械能转换为电能或把电能转换为机械能的元件称为换能器。

3.半导体陶瓷

导电性介于导电和绝缘介质之间的陶瓷材料，称为半导体陶瓷，主要有钛酸钡陶瓷。钛酸钡陶瓷具有正电阻温度系数，应用非常广泛。如用于电动机、收录机、计算机、复印机、变压器、烘干机、暖风机、电烙铁、彩电消磁、燃料的发热体、阻风门、化油器、功率计、线路温度补偿等。

4. 生物陶瓷

氧化铝陶瓷和氧化锆陶瓷与生物肌体有较好的相容性，耐腐蚀性和耐磨性能都较好。常被用于生物体中承受载荷部位的矫形整修，如人造骨骼等。

本章小结

陶瓷材料是除金属材料、高分子材料以外的无机非金属的通称。按使用的原材料可将陶瓷分为普通陶瓷和特种陶瓷(新型陶瓷)两类。普通陶瓷主要用天然硅酸盐矿物为原料，而特种陶瓷是用人工合成的材料作为原料。陶瓷材料通常由晶体相、玻璃相和气相组成；其结合键以离子键、共价键或两者的混合键为主。陶瓷材料的性能特点是熔点、硬度、强度、化学稳定性和弹性模量高，密度小，脆性大，耐高温、耐氧化、耐蚀及耐磨损。

习题与思考题

11-1　什么是陶瓷材料？陶瓷的组织是由哪些相组成的？它们对陶瓷改性有什么影响？

11-2　简述陶瓷材料的力学性能、物理性能及化学性能。

11-3　常用工程陶瓷有哪几种？有何应用？

11-4　新型陶瓷材料可应用在哪些领域？它有哪些特点？

第12章 粉末冶金材料

粉末冶金是以金属及金属化合物粉末为原料，经压制和烧结制成各种制品的加工方法。其制造零件成形能力强，可实现少切削或无切削加工，材料利用率高。目前，粉末冶金技术广泛应用于交通、机械、电子、航空航天、兵器、生物、新能源、信息和核工业等领域，成为新材料科学中最具发展活力的分支之一。

12.1 概述

粉末冶金(powder metallurgy)是制取金属粉末并经过成型和烧结等工序将几种金属粉末或金属粉末与非金属粉末的混合物制成制品的工艺技术，属于冶金学的一个分支。它既是制取具有特殊性能金属材料的方法，也是一种精密的无切屑或少切屑的加工方法。它可使压制品达到或极接近于零件要求的形状、尺寸精度与表面粗糙度，使生产率或材料利用率大为提高，并可减少切削加工用的机床和生产占地面积。主要用于难熔材料和难冶炼材料的生产，如硬质合金、含油轴承、铁基结构零件等的制备。

12.1.1 粉末冶金法

1.粉末冶金工艺

粉末冶金工艺过程包括粉料制备、压制成形、烧结等工序。粉末制取方法有机械粉碎法、还原法、雾化法、电解法、气相沉积法、液相沉积法、还原一化合法等。模压(钢模)成型是粉末冶金生产中采用最广的成型方法，是将松散粉末制成具有预定几何形状、尺寸、密度和强度的半成品或成品。烧结是在高温下粉末颗粒之间物质发生迁移的复杂过程，其结果导致粉末颗粒之间结合的加强和粉末烧结体的进一步致密化。如铁基粉末冶金工艺过程为：制取铁粉→混料(铁粉＋石墨＋硬脂酸锌和机油)→压制成型→烧结→整形→成品。为了获得必要的强度，可在铁粉中加入石墨或再加入合金元素，另外还需再加入少量硬脂酸锌和机油作为压制成型时的润滑剂，并按一定比例制成混合料。混合料在模具中成型，在巨大压力作用下，粉状颗粒间互相压紧，由于原子间引力和颗粒间的机械咬合作用而相互结合为具有一定强度的成形制品；但此时强度并不高，还必须进行高温烧结；烧结时在保护气氛下加热。由于加热烧结提高了金属塑性，增加了颗粒间的接触表面，并消除了吸附气体及杂质，因而使粉末颗粒结合得更紧密，在此基础上再通过原子的扩散和再结晶，以及晶粒长大等过程，就得到金相组织与钢铁金相组织类似的铁基粉末冶金制品。

制品的后处理。一般情况下,烧结好的制品可直接使用。但对于某些尺寸要求精度高并且有高的硬度、耐磨性的制件还要进行烧结后处理。后处理工艺包括精压、滚压、挤压、淬火、表面淬火、浸油、熔渗等。

2.粉末冶金技术的发展

粉末冶金技术在粉末制备技术、粉末冶金成形技术和粉末冶金烧结技术等方面都有不同程度的发展。近些年来,由于一些新技术的兴起,使得粉末冶金材料和技术得到了各国的普遍重视,其应用也越来越广泛。

粉末冶金烧结是指粉末或粉末压坯在适当的温度和气氛条件下加热所发生的现象或过程。粉末冶金烧结工艺是决定粉末冶金制品性能的重要环节,一直是人们研究的重点,各种促进烧结的方法不断涌现,近年来,粉末冶金烧结技术进展较为缓慢,但是在液相烧结和电火花烧结方面却有了较大发展。

(1)瞬时液相烧结　瞬时液相烧结是在烧结过程中会产生一种短暂存在的液相,且液相会随着均化而迅速固化的一种烧结技术。瞬时液相烧结的好处是所使用的合金元素粉末容易压制,可以极好地烧结而不会发生因持续保持液相集中结晶而发生的晶粒粗化问题。但因为液体成分与好几个参数有关,故瞬时液相烧结对工艺条件很敏感。这种烧结方法有很多用途,如用于银和汞基补齿合金、多孔青铜轴承、铁基结构合金、铜合金、磁性材料,以及氧化铝基陶瓷等材料的烧结。

(2)电火花烧结　电火花烧结又称电火花压力烧结,它是对粉末压坯通以中频(或高频)交流和直流相叠加的电流,使粉末颗粒之间发生火花放电发热而进行烧结的一种烧结技术。该法主要优点是烧结周期短,成形压力低,操作简单,不需保护气氛,因而对于一些用粉末冶金传统方法难以制造的产品,例如铍制品较为适合。美国洛克希德公司就是采用电火花烧结技术来生产导弹和宇宙飞船用的铍制品的。前苏联和意大利对此项技术也进行了研究。

电火花烧结技术的最新发展是电火花等静压烧结(SIP),可用于制取密度非常均匀的高性能材料。

(3)粉末锻造　粉末锻造是粉末冶金技术与热锻成形技术的结合。粉末冶金制件突出的缺点是内部残留孔隙,孔隙会导致各种力学性能的下降。粉末有较好的充填能力,经烧结后在锻模中成形,能把孔隙率为10%～20%的烧结件,制成几乎百分之百致密的制品。

粉末锻造主要以液雾化合金钢粉为原料。液雾化法生产的金属粉末,是将铁及其合金成分在钢包中熔化,然后以惰性气体在一个特制的喷嘴下喷吹,使合金形成小颗粒落下。因此,合金粉末的每一小颗粒都有合金成分,再加上小颗粒经过了现代技术处理,具有很好的流动性。因而,在粉末压制时,可以获得成分均匀分布和良好的金相组织,锻造后可以得到相应牌号合金钢的技术性能。

(4)粉末冶金烧结新技术①

①微波烧结

微波烧结是一种利用微波加热来对材料进行烧结的方法,它始于 20 世纪 70 年代。烧结中微波不仅仅只是作为一种加热能源,其本身也是一种活化烧结过程。微波烧结技术是利用材料吸收微波能转化为内部分子的动能和热能,使得材料整体均匀加热至一定温度而实现致密化烧结的一种方法,是快速制备高质量的新材料和制备具有新的性能的传统材料的重要技术手段。同常规烧结方法相比,由于微波能直接被吸收转化为热能,因此微波烧结的能量利用率高;同时,微波可对物相进行选择性加热,从而获得新材料和新结构;并且微波烧结还具有快速加热、烧结温度低、细化材料组织、改进材料性能、安全无污染等优点,因而被称为新一代烧结方法。到目前为止,微波烧结技术已经成为热固结高性能功能陶瓷、工程陶瓷、磁性材料和硬质合金等材料的有效方法。

②放电等离子烧结技术

放电等离子体烧结(SPS)也称作等离子体活化烧结或脉冲电流热压烧结,是 20 世纪 90 年代以来国外开始广泛研究的一种快速烧结新工艺。该技术将瞬间、断续、高能脉冲电流通入装有粉末的模具上,在粉末颗粒间即可产生等离子放电,由于等离子体是一种高活性离子化的电导气体,因此,等离子体能迅速消除粉末颗粒表面吸附的杂质和气体,并加快物质高速度地扩散和迁移,导致粉末的净化、活化、均化等效应。

③烧结硬化

烧结硬化工艺是 20 世纪 90 年代开发出来的一种粉末冶金新工艺,其原理为粉末冶金制品在烧结冷却阶段,通过快速冷却,使其显微组织全部或部分转变为马氏体,提高产品的硬度和强度。由于烧结硬化省去了烧结后的热处理,既降低了生产成本,又避免了传统工艺中经烧结冷却出炉后,再经淬火导致的高热应力和零件变形等缺点,使零件的尺寸精度和性能稳定性得以提高。

12.1.2 粉末冶金技术的应用

粉末冶金既可制取用普通熔炼方法难以制取的特殊材料,又可制造各种精密的机械零件。随着现代粉末冶金制造技术的发展,粉末冶金制品作为可替代常规的金属铸、锻、切削加工和结构复杂难以切削加工的机械零件,其应用领域不断拓宽。

(1)为制造业和国防工业提供特种材料。制造业是国民经济持续发展的基础,是工业化、现代化建设的发动机和动力源。在制造业特别是装备制造业中使用的高强度、高密度机械零件,硬质合金,电触头材料,多种永磁与软磁材料,烧结金属过滤材料等越来越多。在国防工业中,如运载火箭、导弹、航空发动机、舰船、核工业和军用电子工业中使用的耐热耐蚀、难熔金属,超硬材料等都属于粉末冶金领域,都只能用粉末冶金技术制造。在现代科学技术中,纳米技术也是粉末冶金的一个新兴领域。因此,在世界范围内,粉末冶金技术一直是备受关注的材料科学领域内的一项高新技术。

---

① 黄伯云,易健宏.现代粉末冶金材料和技术发展现状(二)[J].上海金属,2007(7),1~5.

(2)粉末冶金技术用于汽车及机械结构零件。粉末冶金技术是一种省材节能、投资少、见效快、无污染且适合大批量生产的少、无切屑,高效的金属成形工艺,同时也是一种制造特殊材料的技术,因此受到了汽车工业界的特别重视。美国的福特、通用及克莱斯勒三大汽车公司,日本的丰田、本田、马自达、铃木等汽车公司都有自己的粉末冶金事业部。

汽车行业仍然是粉末冶金工业发展的最大动力和最大用户。一方面汽车的产量在不断增加,另一方面粉末冶金零件在单辆汽车上的用量也在不断增加。北美平均每辆汽车粉末冶金零件用量最高,为19.5kg,欧洲平均为9kg,日本平均为8kg。中国由于汽车工业的高速发展,拥有巨大的粉末冶金零部件市场前景,已经成为众多国际粉末冶金企业关注的热点。

粉末冶金铁基零件在汽车上主要应用于发动机、传送系统、ABS系统、点火装置等。欧洲对汽车尾气排放提出了严格的环保要求,在目前的发动机工作条件下,粉末冶金多孔材料比陶瓷材料具有更好的性能优势和成本优势,因此粉末冶金多孔材料具有很大的市场。

(3)作为重要的工具材料。粉末冶金的另一类重要产品是工具材料,特别重要的是硬质合金。粉末冶金工业在信息行业中应用也不断增加,如日本电子行业用的粉末冶金产品已经达到了每年4.3亿美元,其中热沉材料占23%,发光与电极材料占30%①。

12.1.3 粉末冶金材料分类及牌号

1.粉末冶金材料的分类

根据GB/T 4309-2009粉末冶金材料分类和牌号表示方法,按用途和特征分为九大类。粉末冶金材料中大类及符号含义如表12-1所示。各大类粉末冶金材料按材质和用途分为以下多个小类,如表12-2所示。

2.粉末冶金材料的牌号

粉末冶金材料的牌号表示方法根据GB/T 4309-2009规定,采用汉语拼音字母(F)和阿拉伯数字(4位)组成的五位符号体系来表示,“F”表示粉末冶金材料,后面第1位数字表示材料的大类,第2位数字表示材料的小类,第3、4位数字表示每种材料的顺序号(00~99),如F02××表示合金结构钢粉末冶金材料;F21××表示不锈钢多孔材料。

表12-1 粉末冶金材料牌号大类符号及意义(摘自GB/T 4309-2009)

符号	符号的意义	符号	符号的意义
0	结构材料类(F0)	5	耐蚀材料类和耐热材料类(F5)
1	摩擦材料类和减磨材料类(F1)	6	电工材料类(F6)
2	多孔材料类(F2)	7	磁性材料类(F7)
3	工具材料类(F3)	8	其他材料类(F8)
4	难熔材料类(F4)		

① 刘咏,黄伯云,龙郑易.世界粉末冶金的发展现状[J].中国有色金属,2006(1),47~50.

表 12-2 粉末冶金材料分类(摘自 GB/T 4309-2009)

大类	小类	大类	小类	大类	小类
结构材料类(F0)	铁及铁基合金(F00)	多孔材料类(F2)	铁及铁基合金(F20)	电工材料类(F6)	钨基电触头材料(F60)
	碳素结构钢(F01)		不锈钢(F21)		钼基电触头材料(F61)
	合金结构钢(F02)		铜及铜基合金(F22)		铜基电触头材料(F62)
	铜及铜合金(F06)		钛及钛合金(F23)		银基电触头材料(F63)
	铝合金(F07)		镍及镍合金(F24)		集电器材料(F65)
摩擦材料类和减磨材料类(F1)	铁基摩擦材料(F10)		钨及钨合金(F25)		电真空材料(F68)
	铜基摩擦材料(F11)		难熔化合物多孔材料(F26)	磁性材料类(F7)	软磁性铁氧体(F70)
	镍基摩擦材料(F12)	工具材料类(F3)	钢结硬质合金(F30)		硬磁性铁氧体(F71)
	钨基摩擦材料(F13)		金属陶瓷和陶瓷(F36)		特殊磁性铁氧体(F72)
	铁基减磨材料(F15)		工具钢(F37)		软磁性金属和合金(F74)
	铜基减磨材料(F16)	难熔材料类(F4)	钨及钨合金(F40)		硬磁性合金(F75)
	铝基减磨材料(F17)		钼及钼合金(F42)		特殊磁性合金(F77)
耐蚀和耐热材料类(F5)	不锈钢和耐热钢(F50)		钽及其合金(F44)	其他材料类(F8)	铍材料(F80)
	高温合金(F52)		铌及其合金(F45)		储氢材料(F82)
	钛及钛合金(F55)		锆及其合金(F46)		功能材料(F85)
	金属陶瓷(F58)		铪及其合金(F47)		复合材料(F87)

12.2 机械制造中常用的粉末冶金材料

12.2.1 机械装备上常用的粉末冶金材料

1. 烧结减摩材料

在烧结减摩材料中最常用的是多孔轴承。它是将粉末压制成轴承,再浸在润滑油中,由于粉末冶金材料的多孔性,在毛细现象作用下,可吸附大量润滑油(一般含油率为 12%～30%),故又称为含油轴承。工作时由于轴承发热,使金属粉末膨胀,孔隙容积缩小,再加上轴旋转时带动轴承间隙中的空气层,降低摩擦表面的静压强,在粉末孔隙内外形成压力差,迫使润滑油被抽到工作表面,停止工作后,润滑油又渗入孔隙中,故含油轴承有自动润滑的作用。它一般用作中速、轻载荷的轴承,特别适宜不能经常加油的轴承,如纺织机械、食品机械、家用电器(电扇)等轴承,在汽车、拖拉机、机床中也有广泛应用。

根据基体主加组元不同,常用的多孔轴承有两类:

(1)铁基多孔轴承　常用的有铁－石墨($w_{石墨}=0.5\%\sim3.0\%$)烧结合金和铁－硫($w_S=0.5\%\sim1\%$)－石墨($w_{石墨}=1\%\sim2\%$)烧结合金。前者硬度为 30～110HBW,组织为珠光体

(>40%)+铁素体+渗碳体(<5%)+石墨+孔隙。后者硬度为35～70HBW，除有与前者相同的几种组织外，还有硫化物。组织中石墨或硫化物起固体润滑剂作用，能改善减摩性能，石墨还能吸附很多润滑油，形成胶体状高效能的润滑剂，进一步改善摩擦条件。

(2)铜基多孔轴承　常用ZCuSn5Pb5Zn5青铜粉末与石墨粉末制成。硬度为20～40HBW，它的成分与ZCuSn5Pb5Zn5锡青铜相近，但其中有0.3%～2%的石墨(质量分数)，组织是α固溶体+石墨+铅+孔隙。它有较好的导热性、耐蚀性、抗咬合性，但承压能力较铁基多孔轴承小，常用于纺织机械、精密机械、仪表中。

近年来，出现了铝基多孔轴承，铝的摩擦系数比青铜小，故工作时温升也低，且铝粉价格比青铜低，因此在某些场合，铝基多孔轴承会逐渐代替铜基多孔轴承而得到广泛使用。

2. 烧结铁基结构材料

该材料是以碳钢粉末或合金钢粉末为主要原料，并采用粉末冶金方法制造成的金属材料或直接制成烧结结构零件。铁基结构材料根据化合碳量的不同，分为烧结铁、烧结低碳钢、烧结中碳钢和烧结高碳钢。

这类材料制造结构零件的优点是：制品的精度较高，表面质量较好，不需或只需要少量切削加工。制品还可以通过热处理强化来提高耐磨性，主要用淬火+低温回火以及渗碳淬火+低温回火。制品多孔，可浸渍润滑油，改善摩擦条件，减少磨损，并有减振、消音的作用。

用碳钢粉末制造的合金，碳含量低的，可制造受力小的零件或渗碳件、焊接件；碳含量较高的，淬火后可制造要求有一定强度或耐磨的零件。用合金钢粉末制的合金，其中常有Cu、Mo、B、Mn、Ni、Cr、Si、P等合金元素，它们可强化基体，提高淬透性，加入铜还可提高耐蚀性。合金钢粉末合金淬火后，R_m可达500～800MPa，硬度40～50HRC，可制造受力较大的烧结结构件，如液压泵齿轮、电钻齿轮等。

粉末冶金铁基结构材料广泛用于制造机械零件，如机床上的调整垫圈、调整环、端盖、滑块、底座、偏心轮，汽车中的油泵齿轮、差速器齿轮、止推环，拖拉机上的传动齿轮、活塞环，以及接头、隔套、螺母、油泵转子、挡套、滚子等。

如制造长轴类、薄壳类及形状特别复杂的结构零件，则不适宜采用粉末冶金材料。

3. 烧结摩擦材料

粉末冶金摩擦材料根据基体金属不同，分为铁基材料和铜基材料。根据工作条件不同，分为干式和湿式材料，湿式材料宜在油中工作。

机器上的制动器与离合器大量使用摩擦材料，如图12-1、图12-2所示。它们都是利用材料相互间的摩擦力传递能量的，尤其是在制动时，制动器要吸收大量的动能，使摩擦表面温度急剧上升(可达1000℃左右)，故摩擦材料极易磨损。因此，对摩擦材料的性能要求是：较大的摩擦系数；较好的耐磨性；良好的磨合性、抗咬合性；足够的强度，能承受较高的工作压力及速度。摩擦材料通过由强度高、导热性好、熔点高的金属(如铁、铜)作为基体，并加入能提高摩擦系数的摩擦组分(如Al_2O_3、SiO_2及石棉等)，以及能抗咬合、提高减摩性的润滑组分(如铅、锡、石墨、二硫化钼等)的粉末冶金材料，因此它能较好地满足使用性能要求。其中铜基烧结摩擦材料常用于汽车、拖拉机、锻压机床的离合器与制动器，而铁基的多用于各种高速重载机器的制造器。与烧结摩擦材料相互摩擦的对偶件，一般用淬火钢或铸铁。

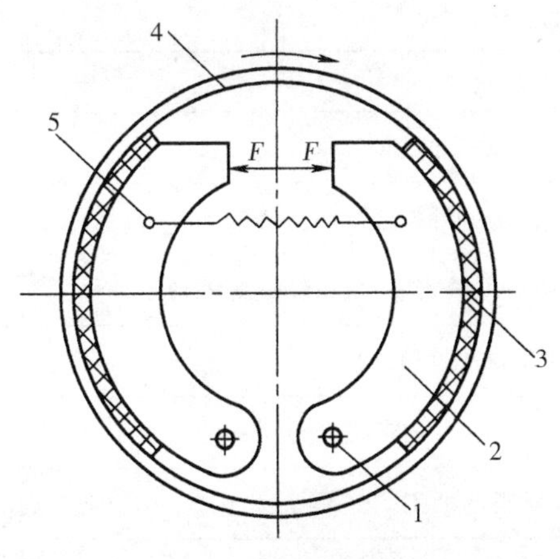

图 12-1 制动器示意图

1—销轴 2—制动片 3—摩擦材料
4—被制动的旋转体 5—弹簧

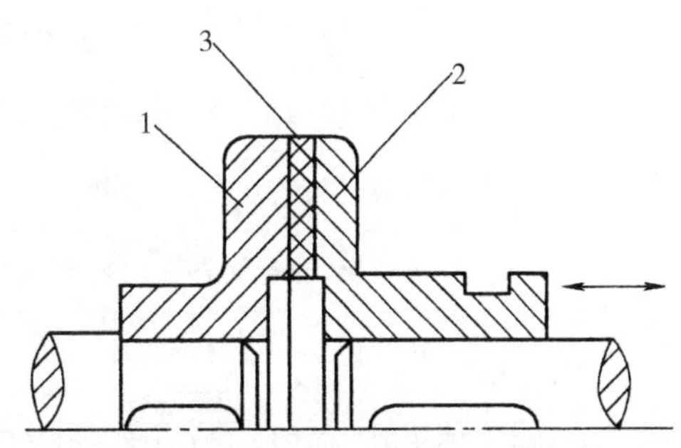

图 12-2 摩擦离合器简图

1—主动片 2—从动片 3—摩擦材料

12.2.2 硬质合金

硬质合金(cemented carbide)是粉末冶金的支柱产品之一,它是由难熔金属的硬质化合物和粘结金属通过粉末冶金工艺制成的一种合金材料。硬质合金的特点是红硬性好,工作温度可达 900～1000℃,硬度极高(69～81 HRC),耐磨性优良。由此制成的硬质合金刃具的切削速度比高速钢刃具可提高 4～7 倍,而刃具寿命可提高 5～80 倍,可用于切削用高速钢刃具难加工的易发生加工硬化的合金,如奥氏体耐热钢和不锈钢,以及高硬度(50 HRC 左右)的硬质材料。但硬质合金质硬性脆,不能进行机械加工,常制成一定规格的刀片镕焊在刀体上使用。因其具有硬度高、耐磨性好、耐热性、耐蚀性好、红硬性好等一系列优良性能,用途十分广泛,在切削工具、地质矿山工具、模具、结构零件、耐磨零件、耐高压高温用腔体及其他民用领域等方面均有广泛应用,其中切削工具、地质矿山工具及耐磨零件等方面为硬质合金的主要使用方向,在国家标准中也分别以 GB/T 18376.1-2008、GB/T 18376.2-2001、GB/T 18376.3-2001 对以上三方面用途的硬质合金牌号进行规定,这样按使用领域的划分有利于今后硬质合金新技术的开发和使用领域的拓展。

1. 切削工具用硬质合金

硬质合金可用作各种各样的切削工具。我国切削工具的硬质合金用量约占整个硬质合金产量的三分之一,其中用于焊接刀具的占 78%左右,用于可转位刀具的占 22%左右。

1)切削工具用硬质合金分类、组别代号

根据 GB/T 18376.1-2008 规定,切削工具用硬质合金牌号按使用领域的不同分成 P、M、K、N、S、H 六类,具体见表 12-3 所示。各个类别为满足不同的使用要求,以及根据切削工具用硬质合金材料的耐磨性和韧性的不同,分成若干个组,用 01、10、20……等两位数字表示组号。必要时,可在两个组号之间插入一个补充组号,用 01、15、25……等表示。

表 12-3　切削工具用硬质合金分类

类别	使用领域
P	长切屑材料的加工,如钢、铸钢、长切削可锻铸铁等的加工
M	通用合金,用于不锈钢、铸钢、锰钢、可锻铸铁、合金钢、合金铸铁等的加工
K	短切屑材料的加工,如铸铁、冷硬铸铁、短切屑可锻铸铁、灰口铸铁等的加工
N	有色金属、非金属材料的加工,如铝、镁、塑料、木材等的加工
S	耐热和优质合金材料的加工,如耐热钢,含镍、钴、钛的各类合金材料的加工
H	硬切削材料的加工,如淬硬钢、冷硬铸铁等材料的加工

2)切削工具用硬质合金牌号表示规则

切削工具用硬质合金牌号由类别代码、分组号、细分号(需要时使用)组成,如:P201 牌号中 P 为类别代码,20 为按使用领域细分的分组号,1 为细分号。切削工具用硬质合金基本成分、力学性能如表 12-4 所示。

表 12-4　切削工具用硬质合金基本成分、力学性能

组别		基本成分	基本组成(参考值)(GB/T 18376.1-2001)			力学性能(不小于)	
类别	分组号		WC	TiC(TaC、NbC 等)	Co(Ni、Mo 等)	洛氏硬度 HRA	抗弯强度 R_{tr}/MPa
P	01	TiC、WC 为基,以 Co(Ni+Mo、Ni+Co)作为粘结剂的合金/涂层合金	61~81	15~35	4~6	92.3	700
	10		59~80	15~35	5~8	91.7	1200
	20		61~84	10~25	6~10	91.0	1400
	30		70~84	8~20	7~11	90.2	1550
	40		72~85	5~12	8~13	89.5	1750
M	01	以 WC 为基,以 Co 作粘结剂,添加少量 TiC(TaC、NbC)的合金/涂层合金	—	—	—	92.3	1200
	10		75~87	4~14	5~7	91.0	1350
	20		77~85	6~10	5~7	90.2	1500
	30		79~85	4~12	6~10	89.9	1650
	40		80~92	1~3	8~15	88.9	1800
K	01	以 WC 为基,以 Co 作粘结剂,或添加少量 TaC、NbC 的合金/涂层合金	≥93	≤4	3~6	92.3	1350
	10		≥88	≤4	5~10	91.7	1460
	20		≥87	≤3	5~11	91.0	1550
	30		≥85	≤3	6~12	89.5	1650
	40		≥82	≤3	12~15	88.5	1800

续表

组别		基本成分	基本组成(参考值)(GB/T 18376.1-2001)			力学性能(不小于)	
类别	分组号		WC	TiC(TaC、NbC等)	Co(Ni、Mo等)	洛氏硬度HRA	抗弯强度R_{tr}/MPa
N	01	以WC为基,以Co作粘结剂,或添加少量TaC、NbC或CrC的合金/涂层合金	—	—	—	92.3	1450
	10		—	—	—	91.7	1560
	20		—	—	—	91.0	1650
	30		—	—	—	90.0	1700
S	01	以WC为基,以Co作粘结剂,或添加少量TaC、NbC或TiC的合金/涂层合金	—	—	—	92.3	1500
	10		—	—	—	91.5	1580
	20		—	—	—	91.0	1650
	30		—	—	—	90.5	1750
H	01	以WC为基,以Co作粘结剂,或添加少量TaC、NbC或TiC的合金/涂层合金	—	—	—	92.3	1000
	10		—	—	—	91.7	1300
	20		—	—	—	91.0	1650
	30		—	—	—	90.5	1500

3)切削工具用硬质合金的作业条件

切削工具用硬质合金中由于WC、TiC、TaC、NbC等化合物及Co、Ni、Mo等合金元素含量的变化,其强度、硬度、韧性均会发生变化,每类合金的分组号数字越大,硬质合金的硬度越低,抗弯强度越高。因此,不同成分的切削工具用硬质合金其作业条件不同,其作业条件推荐如表12-5所示。

2.地质、矿山工具用硬质合金

1)地质、矿山工具用硬质合金分类、分组代号

地质、矿山工具用硬质合金用G表示,并在其后缀以两位数字组10、20、30…构成组别号,根据需要可在两个组别号之间插入一个中间代号,以中间数字15、25、35…表示,若需再细分时,则在分组代号后加一位阿拉伯数字1、2…或英文字母作细分号,并用小数点"."隔开,以示区别,组别号数字越大,其耐磨性越低,而韧性越高。

2)地质、矿山工具用硬质合金牌号表示规则

规定的分类分组代号,不允许供方直接用来作为硬质合金牌号命名。供方应给出供方特征号(不多于两个英文字母或阿拉伯数字)、供方分类代号,并在其后缀以两位数字组10、20、30…构成组别号。构成供方的硬质合金牌号,根据需要可在两个组别号之间插入一个中间代号,以中间数字15、25、35…表示;若再需细分时,则在分组代号后加一位阿拉伯数字1、2…或英文字母作细分号,并用小数点"."隔开,以区别组中不同牌号。如YK20.1中Y表示某供方的特征号,K为某供货产品的特征号,20为分组号,1为细分号。地质、矿山工具用硬质合金各组别的基本组成、力学性能如表12-6所示。

表 12-5　切削工具用硬质合金作业条件推荐表

组别		作业条件		性能提高方向	
类别	分组号	被加工材料	适应的加工条件	切削性能	合金性能
P	01	钢、铸钢	高切削速度，小切屑截面，无振动条件下精车、精镗		
	10	钢、铸钢	高切削速度，中、小切屑截面条件下的车削、仿形车削、车螺纹和铣削		
	20	钢、铸钢、长切屑可锻铸铁	中等切削速度，中等切屑截面条件下的车削、仿形车削和铣削、小切屑截面的刨削	↑切削速度 进给量↓	↑耐磨性 韧性↓
	30	钢、铸钢、长切屑可锻铸铁	中或低等切削速度，中等或大切屑截面条件下的车削、铣削、刨削和不利条件下的加工		
	40	钢、含砂眼和气孔的铸钢件	低切削速度，大切屑角、大切屑截面以及不利条件下的车、刨、切槽和自动机床上加工		
M	01	不锈钢、铁素体钢、铸钢	高切削速度，小载荷、无震动条件下精车、精镗		
	10	不锈钢、铸钢、锰钢、合金钢、合金铸铁、可锻铸铁	中和高等切削速度，中、小切屑截面条件下的车削		
	20	不锈钢、铸钢、锰钢、合金钢、合金铸铁、可锻铸铁	中等切削速度，中等切屑截面条件下车削、铣削	↑切削速度 进给量↓	↑耐磨性 韧性↓
	30	不锈钢、铸钢、锰钢、合金钢、合金铸铁、可锻铸铁	中和高等切削速度，中等或大切屑截面条件下的车削、铣削、刨削		
	40	不锈钢、铸钢、锰钢、合金钢、合金铸铁、可锻铸铁	车削、切削、强力铣削加工		
K	01	铸铁、冷硬铸铁、短屑可锻铸铁	车削、精车、铣削、镗削、刮削		
	10	高于 220HBW 的铸铁，短切屑的可锻铸铁	车削、铣削、镗削、刮削、拉削		
	20	低于 220HBW 的灰口铸铁，短切屑的可锻铸铁	用于中等切削速度下，轻载荷粗加工、半精加工的车削、铣削、镗削等	↑切削速度 进给量↓	↑耐磨性 韧性↓
	30	铸铁、短切屑的可锻铸铁	用于在不利条件下可能采用大切削角的车削、铣削、刨削、切槽加工，对刀片的韧性有一定的要求		
	40	铸铁、短切屑的可锻铸铁	用于在不利条件下的粗加工，采用较低的切削速度，大的进给量		

续表

组别		作业条件		性能提高方向	
类别	分组号	被加工材料	适应的加工条件	切削性能	合金性能
N	01	有色金属、塑料、木材、玻璃	高切削速度下，有色金属铝、铜、镁、塑料、木材等非金属材料的精加工	↑切削速度 进给量↓	↑耐磨性 韧性↓
	10	有色金属、塑料、木材、玻璃	较高切削速度下，有色金属铝、铜、镁、塑料、木材等非金属材料的精加工或半精加工		
	20	有色金属、塑料	中等切削速度下，有色金属铝、铜、镁、塑料等的半精加工或粗加工		
	30	有色金属、塑料	中等切削速度下，有色金属铝、铜、镁、塑料等的粗加工		
S	01	耐热和优质合金：含镍、钴、钛的各类合金材料	中等切削速度下，耐热钢和钛合金的精加工	↑切削速度 进给量↓	↑耐磨性 韧性↓
	10		低切削速度下，耐热钢和钛合金的半精加工或粗加工		
	20		较低切削速度下，耐热钢和钛合金的半精加工或粗加工		
	30		较低切削速度下，耐热钢和钛合金的断续切削，适于半精加工或粗加工		
H	01	淬硬钢、冷硬铸铁	低切削速度下，淬硬钢、冷硬铸铁的连续轻载精加工	↑切削速度 进给量↓	↑耐磨性 韧性↓
	10		低切削速度下，淬硬钢、冷硬铸铁的连续轻载精加工、半精加工		
	20		较低切削速度下，淬硬钢、冷硬铸铁的连续轻载半精加工、粗加工		
	30		较低切削速度下，淬硬钢、冷硬铸铁的半精加工、粗加工		

表 12-6 地质、矿山工具用硬质合金各组别的基本组成、力学性能

分类分组代号		基本组成(参考值)/%			力学性能(不小于)	
类别	分组号	Co	WC	其他	洛氏硬度 HRA	抗弯强度 R_{tr}/MPa
G	05	3～6	余量	微量	88.0	1600
	10	5～9	余量	微量	87.0	1700
	20	6～11	余量	微量	86.5	1800
	30	8～12	余量	微量	86.0	1900
	40	10～15	余量	微量	85.5	2000
	50	12～17	余量	微量	85.0	2100

3)地质、矿山工具用硬质合金作业条件

该类硬质合金主要由WC、Co和微量的其他元素组成,WC和Co的含量对材料的力学性能存在着明显的影响,Co含量越大,韧性越好,硬度越低;反之,WC含量越大,硬度越高,韧性越低。因此,不同组别的地质、矿山工具用硬质合金作业条件不同,其作业条件推荐如表12-7所示。

表12-7 地质、矿山工具用硬质合金作业条件推荐表

分类分组代号	作业条件推荐	合金性能	
G05	适用于单轴抗压强度小于60MPa的软岩或中硬岩	↑耐磨性	韧性↓
G10	适用于单轴抗压强度为60~120MPa的软岩或中硬岩		
G20	适用于单轴抗压强度为120~200MPa的中硬岩或硬岩		
G30	适用于单轴抗压强度为120~200MPa的中硬岩或硬岩		
G40	适用于单轴抗压强度为120~200MPa的中硬岩或坚硬岩		
G50	适用于单轴抗压强度大于200MPa的坚硬岩或极坚硬岩		

3.耐磨零件用硬质合金

1)耐磨零件用硬质合金分类、分组代号

用LS、LT、LQ、LV四种类别号分别表示金属线、棒、管拉制用硬质合金、冲压模具用硬质合金、高温高压构件用硬质合金和线材轧制辊环用硬质合金,并在其后缀以两位数字组10、20、30…等构成组别号,根据需要可在两个组别号之间插入一个中间代号,以中间数字15、25、35…表示,若需再细分时,则在分组代号后加一位阿拉伯数字1、2…或英文字母作细分号,并用小数点“.”隔开,以示区别。

2)耐磨零件用硬质合金牌号表示规则

规定的分类分组代号,不允许供方直接用来作为硬质合金牌号命名。供方应给出供方特征号(不多于两个英文字母或阿拉伯数字)、供方分类代号,并在其后缀以两位数字组10、20、30…等组别号,而构成供方的硬质合金牌号,根据需要可在两个组别号之间插入一个中间代号,以中间数字15、25、35…表示,若需再细分时,则在分组代号后加一位阿拉伯数字1、2…或英文字母作细分号,并用小数点“.”隔开,以区别组中不同牌号。如牌号YL20.1中Y为某供方的特征号,L为某供方产品的分类代号,20为分组代号,1为细分号。

耐磨零件用硬质合金各组别的基本组成、力学性能如表12-8所示

表12-8 耐磨零件用硬质合金各组别的基本组成、力学性能

分类分组代号		基本组成(参考值)/%			力学性能(不小于)	
类别	分组号	Co(Ni、Mo)	WC	其他	洛氏硬度HRA	抗弯强度 R_{tr}/MPa
LS	10	3~6	余量	微量	90.0	1300
	20	5~9	余量	微量	89.0	1600
	30	7~12	余量	微量	88.0	1800
	40	11~17	余量	微量	87.0	2000

续表

分类分组代号		基本组成(参考值)/%			力学性能(不小于)	
类别	分组号	Co(Ni、Mo)	WC	其他	洛氏硬度 HRA	抗弯强度 R_{tr}/MPa
LT	10	13～18	余量	微量	85.0	2000
	20	17～25	余量	微量	82.5	2100
	30	23～30	余量	微量	79.0	2200
LQ	10	5～7	余量	微量	89.0	1800
	20	6～9	余量	微量	88.0	2000
	30	8～15	余量	微量	86.5	2100
LV	10	14～18	余量	微量	85.0	2100
	20	17～22	余量	微量	82.5	2200
	30	20～26	余量	微量	81.0	2250
	40	25～30	余量	微量	79.0	2300

3)耐磨零件用硬质合金作业条件

该类硬质合金主要由 WC、Co(Ni、Mo)和微量的其他元素组成,WC 和 Co(Ni、Mo)的含量对材料的力学性能存在着明显的影响,每类合金的组别号数字越大,Co(Ni、Mo)含量越大,韧性越好,硬度越低;反之,WC 含量越大,硬度越高,韧性越低。因此,不同类别与组别的硬质合金作业条件不同,其作业条件推荐如表 12-9 所示。

表 12-9 耐磨零件用硬质合金作业条件推荐表

分类分组代号		作业条件推荐
LS	10	适用于金属线材直径小于 6mm 的拉制用模具、密封环等
	20	适用于金属线材直径小于 20mm,管材直径小于 10mm 的拉制用模具、密封环等
	30	适用于金属线材直径小于 50mm,管材直径小于 35mm 的拉制用模具
	40	适用于大应力、大压缩力的拉制用模具
LT	10	M9 以下的小规格标准紧固件冲压用模具
	20	M12 以下的中、小规格标准紧固件冲压用模具
	30	M20 以下的大、中规格标准紧固件、钢球冲压用模具
LQ	10	人工合成金刚石用顶锤
	20	人工合成金刚石用顶锤
	30	人工合成金刚石用顶锤、压缸
LV	10	适用于高速线材高水平轧制精轧机组用辊环
	20	适用于高速线材较高水平轧制精轧机组用辊环
	30	适用于高速线材一般水平轧制精轧机组用辊环
	40	适用于高速线材预精轧机组用辊环

硬质合金在各方面的应用已越来越广泛,随着工业化、信息化、城市化进程加速,机床行业、钢铁工业、汽车工业、矿山采掘、电子信息、交通运输和能源等基础产业对高性能硬质合金的需求将不断增长。数控机床、加工中心在机械加工各领域的应用不断扩大,高性能高精度研磨涂层刀片及配套工具等高附加值硬质合金制品需求将不断增加。未来高新技术武器装备制造、尖端科学技术的进步以及核能源的快速发展,将大力推动高技术含量和高质量稳定性的硬质合金产品的需求。未来硬质合金产品市场需求巨大,给中国硬质合金行业提供了良好的发展环境。预计到"十二五"末期,我国硬质合金产量达到3万吨,销售收入达到300亿元,深加工产品产量占硬质合金总量的40%以上。硬质合金将向精深加工、工具配套方向发展;向超细、超精及涂层复合结构等方向发展;向循环经济、节能环保方向发展;向精密化、小型化方向发展。

本章小结

粉末冶金材料是由几种金属粉末或金属与非金属粉末混匀压制成形,并经过烧结而获得的材料,在机械工业中应用广泛。

本章主要介绍了粉末冶金材料的制备原理、方法、分类和牌号,以及在减摩材料、结构材料、摩擦材料、硬质合金材料、难熔金属材料、特殊电磁性能材料、过滤材料等领域的应用。

习题与思考题

12-1　粉末冶金的一般工艺过程有哪些?

12-2　粉末冶金材料有哪几个大类?

12-3　硬质合金的成分特点是什么?硬质合金最突出的性能是什么?

12-4　硬质合金按用途分类主要在哪几方面使用?它们的性能及应用特点是什么?

12-5　为什么在砂轮上磨削经热处理的W18Cr4V或9SiCr、T12A等制成的工具时,要经常用水冷却,而磨削硬质合金制成的刃具时,却不能用水冷却?

第 13 章　复合材料

复合材料(composite material)是由金属材料、高分子材料和陶瓷材料中任两种或几种物理、化学性质不同的物质，经一定方法得到的一种新的多相固体材料。复合材料改善了组成材料的弱点，使其能按零件结构和受力情况并按预定的、合理的配套性能进行最佳设计，可创造单一材料不具备的双重或多重功能，或在不同时间或条件下发挥不同的功能。复合材料是一种新型工程材料，它具有一系列其他材料不具备的优点，并且它的出现开辟了一条发展新材料的重要途径。

13.1　概述

13.1.1　复合材料的概念

复合材料是由两种或两种以上物理和化学性质不同的物质结合起来而得到的一种多相固体材料。它保留了各相物质的优点，得到单一材料无法比拟的综合性能，是一种新型工程材料。

自然界中许多物质都可称为复合材料，如树木、竹子由纤维素和木质素复合而成。动物的骨骼是由硬而脆的无机磷酸盐和软而韧的蛋白质骨胶组成的复合材料。建筑中的钢筋混凝土也是典型的复合材料。

复合材料是多相体系，一般分为两个基本组成相。一个相是连续相称为基体相，主要起粘结和固定作用；另一个相是分散相称为增强相，主要起承受载荷作用。

基体相常用强度低、韧性好、低弹性模量的材料组成，如树脂、橡胶、金属等。这种材料既保持了各组分材料自身的特点，又使各组分之间取长补短，互相协同，形成优于原有材料的特性。

增强相常用高强度、高弹性模量和脆性大的材料，如玻璃纤维、碳纤维、硼纤维、芳纶纤维、碳化硅纤维及陶瓷颗粒等。

现代复合材料的概念主要是指经人工特意复合而成的材料，而不包括天然复合材料及钢和陶瓷这类多相体系。通过对复合材料的研究和使用表明，人们不仅可复合出质轻、力学性能良好的结构材料，也能复合出耐磨、耐蚀、导热或绝热、导电、隔声、减振、吸波、抗高能粒子辐射等一系列特殊的功能材料。

目前,复合材料已达40000多种,在工业发达国家复合材料正在以每年20%～40%的速度增长,超过任何一个技术领域的发展速度。继20世纪40年代的玻璃钢(玻璃纤维增强塑料)问世以来,相继出现性能更好的高强度纤维,如碳纤维、硼纤维、碳化硅纤维、氧化铝纤维、氮化硼纤维及有机纤维等。这些纤维不仅可与高聚物基体复合,还可与金属、陶瓷等基体复合。这些高级复合材料是制造飞机、火箭、卫星、飞船等航空航天飞行器构件的理想材料。如A350飞机材料中,复合材料高达52%,而铝锂合金20%、钛合金14%、钢仅7%,其他材料7%;A380飞机约25%由高级减重材料制造,其中22%为碳纤维混合型增强塑料(CFRP),3%为首次用于民用飞机的GLARE纤维—金属板。可以预计21世纪将是复合材料的时代,它将会在航空、航天、交通运输、机械工业、建筑工业、化工及国防工业等领域起着越来越重要的作用。

13.1.2 复合材料的分类

目前国内对复合材料的分类尚不统一,主要采用以下几种分类方法。

1. 按构成的原材料分类

1)以基体为主区分:可分为非金属基体及金属基体两大类。如塑料基复合材料、金属基复合材料、橡胶基复合材料、陶瓷基复合材料等。

2)以增强材料为主区分:如碳纤维增强复合材料、颗粒增强复合材料等。

3)以基体和增强材料组合来区分:如木材—塑料复合材料等。

2. 按复合性质分类

1)物理复合材料:复合前后原材料的性质、形态没有变化。

2)化学复合材料:复合以后原材料发生显著变化,这类材料为数甚少。

3. 按复合效果分类

可分为力学复合材料(结构复合材料)和功能复合材料。

力学复合材料是利用其力学性能(如强度、硬度、韧性等),用以制作各种结构和零件。功能复合材料是利用其物理性能(如光、电、声、热、磁等),如雷达用玻璃钢天线罩就是具有良好透过电磁波性能的磁性复合材料;常用的电器元件上的钨银触点就是在钨的晶体中掺入银的导电功能材料;双金属片就是利用不同膨胀系数的金属复合在一起而成的具有热功能性质的材料。

4. 按结构特点分类

可分为纤维复合材料、多层复合材料、颗粒复合材料、骨架复合材料等。

常见复合材料分类见表13-1。目前使用最多的是纤维复合材料。

表 13-1 常见复合材料分类

增强剂	机体			
	金属	陶瓷	高聚物	
金属	纤维增强金属 包层金属	纤维增强陶瓷 夹网玻璃 金属陶瓷 钢筋混凝土	纤维增强塑料 夹网波板 铝聚乙烯复合薄膜 填充塑料	轮胎 橡胶弹簧
陶瓷	纤维增强金属 颗粒增强金属 碳纤维增强金属	纤维增强陶瓷 压电陶瓷 陶瓷磨具 玻璃纤维桩增强水泥 石棉水泥板	纤维增强塑料 砂轮 填充塑料 树脂混凝土 树脂石膏摩擦材料	轮胎多层玻璃 乳胶水泥 炭黑补强橡胶 玻璃纤维增强碳 碳纤维增强塑料
高聚物	铝聚乙烯复合薄膜	—	复合薄膜	合成皮革

13.2 复合材料的复合增强原理

复合材料的复合过程包含着复杂的物理、化学、力学甚至生物学等过程,并不是单一的机械组合。其基体材料、增强相的类型和性质以及两者之间的结合力,决定着复合材料的性能。同时,增强相的形状、数量、分布以及制备过程等也大大影响复合材料的性能。

13.2.1 纤维增强复合材料的复合增强原理

纤维增强相是具有强结合键的材料或硬质材料,如陶瓷、玻璃等。增强相的内部一般含有微裂纹,易断裂,表现在性能上就是脆性大。为克服这种缺点,将硬质材料制成细纤维,使纤细断面尺寸缩小,从而降低裂纹长度和出现裂纹的概率,最终使脆性降低,增强相的强度也能极大地发挥出来。纤维处于基体中,表面受到基体的保护不易损伤,也不易在受载过程中产生裂纹,承载能力增强。对于高分子基复合材料,纤维增强相起到有效阻止基体分子链运动的作用;而金属基复合材料,纤维增强相的作用就是有效阻止位错的运动,从而达到强化基体的作用。

纤维增强相主要有玻璃纤维、碳纤维、硼纤维、芳纶纤维、碳化硅纤维及氧化铝纤维等。

将增强纤维定向或杂乱地分布在基体中使其成为承受外加载荷的主要组成相,即增强纤维主要是承受外加载荷,而纤维和基体的性能,它们界面间的物理化学作用的特点以及纤维的数量、长度和排列方式等对纤维强化效果影响显著。为了达到纤维增强的目的,必须对纤维和基体有明确的要求。纤维增强复合材料的复合原理如下。

（1）纤维增强相是材料的主要承载体，因此纤维增强相应有高的强度和模量，并且要高于基体材料。两种材料复合一体后，在产生相等应变条件下，二者所受应力的大小与它们的弹性模量成正比，只有增强纤维的承载能力大，才能起到增强作用。

（2）增强纤维和基体的结合强度要适当，二者的结合力要保证基体所受的力通过界面传递给纤维。结合力过小，纤维从基体中拔出，对基体起不到强化作用，反而使基体强度降低，受载时容易沿纤维和基体间产生裂纹；若结合强度过高，复合材料受力破坏时不能从基体中拔出，使复合材料失去韧性而发生脆性断裂。

（3）纤维方向要和构件受力方向一致，才能很好地发挥增强纤维作用。因为纤维增强复合材料是各向异性的非均质材料，沿纤维方向的强度大于垂直方向的强度，所以纤维在基体中的排列方向要和成形构件受力合理地配合。

（4）纤维相的含量、尺寸和分布等必须满足一定的要求，一般是增强纤维所占的百分数越高，纤维越长、越细，增强效果越好。

此外，纤维和基体的热膨胀系数要相互匹配，不能相差过大，纤维和基体间不能发生有害的化学反应，以免引起纤维相性能降低而失去强化作用。

13.2.2 颗粒增强复合材料的复合增强原理

颗粒增强复合材料的增强颗粒主要为陶瓷颗粒，如 Al_2O_3、SiC、Si_3N_4、WC、TiC、B_4C 及石墨等。

对于这类复合材料，基体承受载荷时，颗粒的作用是阻碍分子链或位错的运动。增强颗粒的大小、数量、形状和分布等因素对强化效果有直接影响。颗粒复合材料的复合原理如下。

（1）颗粒相应高度均匀地弥散分布在基体中，从而阻碍导致塑性变形的分子链或位错的运动。

（2）颗粒大小应适当：颗粒过大本身易断裂，同时会引起应力集中，从而导致材料的强度降低；颗粒过小，位错容易绕过，起不到强化的作用。实践证明，增强颗粒直径过大（大于 0.1μm），容易引起应力集中，而使强度降低；直径过小（小于 0.01μm），则近似固溶体结构，颗粒强化作用不大。通常，增强颗粒直径为 0.01～0.1μm 时增强效果最好。

（3）颗粒的体积含量应在 20%以上，否则达不到最佳强化效果。增强颗粒含量大于 20%时称为颗粒增强复合材料，增强颗粒含量少时称为弥散强化材料。

（4）颗粒与基体之间应有一定的结合强度。

13.3 复合材料的性能特点

13.3.1 比强度和比模量

复合材料的比强度和比模量比金属材料高许多。如碳纤维和环氧树脂复合材料，其比强度是钢的 8 倍，比模量比钢大 3 倍。这对高速运转的零件，要求减轻自重的运输工具或工程构件等具有重大的意义。表 13-2 为几类材料的性能比较。

表 13-2 几类材料的性能比较

材料名称	密度 ρ /$g \cdot cm^{-3}$	抗拉强度 R_m /MPa	弹性模量 E /MPa	比强度 R_m/ρ	比模量 /ρ
钢	7.8	1030	210×10^3	130	27×10^3
铝	2.8	461	74×10^3	165	26×10^3
钛	4.5	942	112×10^3	209	25×10^3
玻璃钢	2.0	1040	30×10^3	520	20×10^3
碳纤维Ⅱ/环氧树脂	1.45	1472	137×10^3	1015	95×10^3
碳纤维Ⅰ/环氧树脂	1.6	1050	235×10^3	656	147×10^3
有机纤维 PRD/环氧树脂	1.4	1373	78×10^3	981	56×10^3
硼纤维/环氧树脂	2.1	1344	206×10^3	640	98×10^3
硼纤维/铝	2.65	981	196×10^3	370	74×10^3

13.3.2 抗疲劳性能

复合材料抗疲劳性能好。一般金属材料的疲劳极限为抗拉强度的 40%～50%，而碳纤维增强复合材料可达 70%～80%，这是由于基体中密布着大量纤维，疲劳断裂时，裂纹的扩展常要经历非常曲折和复杂的路径，所以疲劳强度很高。

13.3.3 减振性能

复合材料的减振性能好，纤维与基体间的界面具有吸振能力。如对相同形状和尺寸的梁进行振动试验，同时起振时，轻合金梁需 9 s 才能停止振动，而碳纤维复合材料的梁只要 2.5 s 就停止。

13.3.4 高温性能

大多数复合材料在高温下仍保持高强度，一般铝合金升温到 400℃时，强度只有室温时的 1/10，弹性模量大幅度下降并接近于零。如用碳纤维或硼纤维增强的铝材，400℃时强度和模量几乎可保持室温下的水平。耐热合金最高工作温度一般不超过 900℃，陶瓷颗粒弥散型复合材料的最高工作温度可达 1200℃以上，而石墨纤维复合材料，瞬时高温可达 2000℃。

13.3.5 工作安全性

因纤维增强复合材料基体中有大量独立的纤维，使这类材料的构件一旦超载并发生少量的纤维断裂时，载荷会重新迅速分布在未破坏的纤维上，从而使这类结构不致在短时间内有整体破坏的危险，因而提高了工作的安全可靠性。

13.3.6 其他性能

此外，复合材料的减摩性、耐蚀性和工艺性都较好。如塑料和钢的复合材料可用作轴承；

石棉和塑料复合，摩擦系数大，是制动效果好的摩阻材料。若经过适当的“复合”也可改善其物理性能和力学性能。玻璃纤维增强塑料具有优良的电绝缘性能，可制造各种绝缘零件；同时，这种材料不受电磁作用，不反射无线电波，微波透过性好，所以可制造飞机、导弹、地面雷达等。一些复合材料还具有耐辐射性、蠕变性高以及特殊的光、电、磁等性能。

13.4　常用复合材料及应用

13.4.1　纤维增强复合材料

纤维增强复合材料是纤维增强材料均匀分布在基体材料内所组成的材料。纤维增强复合材料是复合材料中最重要的一类，应用最为广泛。它的性能主要取决于纤维的特性、含量和排布方式，其在纤维方向上的强度可超过垂直纤维方向的几十倍。纤维增强材料按化学成分可分为有机纤维和无机纤维。有机纤维如聚酯纤维、尼龙纤维、芳纶纤维等；无机纤维如玻璃纤维、碳纤维、碳化硅纤维、硼纤维及金属纤维等。表 13-3 为几类纤维增强复合材料的性能和用途。

在高温领域中，近十年来，发现陶瓷晶须在高温下化学稳定性和力学性能好（弹性模量高、强度高、密度小），故备受重视。但由于这类晶须产量低、价格高，所以仍处于试验研究阶段。

13.4.2　颗粒增强复合材料

颗粒增强复合材料是由一种或多种颗粒均匀分布在基体材料内所组成的材料。颗粒增强复合材料的颗粒在复合材料中的作用，随颗粒的尺寸大小不同而有明显的差别，颗粒直径 0.01～0.10μm 的称为弥散强化材料，直径在 1～50μm 的称为颗粒增强材料，一般说颗粒越小，增强效果越好。

表 13-3　几类纤维增强复合材料的性能和用途

名称	性能特点	用途
玻璃纤维复合材料（玻璃钢）	热塑性玻璃钢　以玻璃纤维为增强剂，以热塑性树脂为粘结剂制成的复合材料。与热塑性塑料相比，当基体材料相同时，强度和疲劳性能可提高 2～3 倍，韧性提高 2～4 倍，蠕变抗力提高 2～5 倍，达到或超过某些金属的强度	制作轴承、轴承架、齿轮等精密零件；汽车的仪表盘、前后灯；空气调节器叶片、照相机和收音机壳体；转矩变换器、干燥器壳体等
	热固性玻璃钢　以玻璃纤维为增强剂，以热固性树脂为粘结剂制成的复合材料。密度小、比强度高、耐蚀性好、绝缘性好、成型性好。其比强度比铜合金和铝合金高，甚至比合金钢还高。但刚度较差（为钢的 1/10～1/5），耐热性不高（低于 200 ℃），易老化和蠕变	制作要求自重轻的受力构件，例如汽车车身，直升飞机的旋翼、氧气瓶；耐海水腐蚀的结构件和轻型船体；石油化工管道、阀门；电机、电器上的绝缘抗磁仪表和器件

续表

名称	性能特点	用途
碳纤维复合材料	碳纤维树脂复合材料　多以环氧树脂、酚醛树脂和聚四氟乙烯为基体。这类材料的密度小，强度比钢高，弹性模量比铝合金和钢大，疲劳强度和韧性高，耐水，耐湿气，化学稳定性高，摩擦系数小，热导性好，受X射线辐射时强度和模量不变化。性能比玻璃钢优越	制作齿轮、轴承、活塞、密封环、化工零件和容器；宇宙飞行器的外形材料、天线构架。卫星和火箭的机架、壳体、天线构件
	碳纤维碳复合材料　以碳或石墨为基体。除了具有石墨的各种优点外，强度和韧性比石墨高5～10倍。刚度和耐磨性高，化学稳定性和尺寸稳定性好	用于高温技术领域（如防热）和化工装置中。可制作导弹鼻锥、飞船的前缘、超音速飞机的制动装置等
	碳纤维金属复合材料　在碳纤维表面镀金属铝，制成了碳纤维铝基复合材料。这种材料在接近金属熔点时仍有很好的强度和弹性模量；用碳纤维和铝锡合金制成的复合材料，其减摩性比铝锡合金更好	制作高级轴承、旋转发动机壳体等
	碳纤维陶瓷复合材料　用石墨纤维与陶瓷组成的复合材料。具有很高的高温强度和弹性模量。例如碳纤维增强的氮化硅陶瓷可在1400℃下长期工作。又如碳纤维增强石英陶瓷复合材料，韧性比纯烧结石英陶瓷大40倍，抗弯强度大5～12倍，比强度、比模量可成倍提高，能承受1200～1500℃高温气流的冲击	制作喷气飞机的涡轮叶片等
硼纤维复合材料	硼纤维树脂复合材料　这种材料的压缩强度和剪切强度高，蠕变小，硬度和弹性模量高，疲劳强度高，耐辐射，对水、有机溶剂、燃料和润滑剂都很稳定，导热性和导电性好	用于航空和宇航工业，制造翼面、仪表盘、转子、压气机叶片、直升飞机螺旋桨叶和传动轴等
	硼纤维金属复合材料　用高模量连续硼纤维增强的铝基复合材料的强度、弹性模量和疲劳强度，一直到500℃都比高强度铝合金和高耐热铝合金高。它在400℃时的持久强度为烧结铝的5倍，比强度比钢和钛合金还高	用于航空、航天领域

按化学组分的不同，颗粒主要分金属颗粒和陶瓷颗粒。不同的金属颗粒起着不同的功能，如需要导电、导热性能时，可以加银粉、铜粉；需要导磁性能时可加入Fe_2O_3磁粉；加入MoS_2可提高材料的减摩性。

陶瓷颗粒增强金属基复合材料具有高强度、耐热、耐磨、耐腐蚀和热膨胀系数小等特性，用来制作高速切削刀具、重载轴承及火焰喷管的喷嘴等高温工作零件。

细粒复合材料是由一种或多种材料的颗粒均匀分散在基体材料内所组成的材料。金属陶瓷就是一种常见的细粒复合材料，它具有高硬度、高强度、耐磨损、耐高温、耐腐蚀和膨胀系数小等优点，是优良的工具材料，可制作硬质合金刀具、拉丝模等。

13.4.3 多层复合材料

多层复合材料由两层或两层以上不同材料复合而成。其中各个层片既可由各层片纤维位向不同的相同材料组成（如多层纤维增强塑性薄板），也可由完全不同的材料组成（如金属与塑料的多层复合），从而使多层材料的性能与各组成物性能相比有较大的改善。多层复合材料广泛应用于要求高强度、耐蚀、耐磨、装饰及安全防护等零件制造。

用层叠法增强的复合材料可使强度、刚度、耐磨、耐蚀、绝热、隔声、减轻自重等性能分别得到改善。多层复合材料有双层金属复合材料、夹层结构复合材料和塑料－金属多层复合材料三种。

1. 双层金属复合材料

双层金属复合材料是将性能不同的两种金属，用胶合或熔合等方法复合在一起，以满足某种性能要求的材料。如将两种具有不同热膨胀系数的金属板胶合在一起的双层金属复合材料，常用作测量和控制温度的简易恒温器。

目前在我国已生产了多种普通钢－合金钢复合钢板和多种钢－有色金属双金属片。

2. 夹层结构复合材料

由两层薄而强的面板（或称蒙皮）中间夹着一层轻而弱的芯子组成。面板由抗拉、抗压强度高，弹性模量大的材料复合而成，如金属、玻璃钢、增强塑料等。芯子有实心或蜂窝格子两类。芯子材料根据要求的性能而定，常用泡沫、塑料、木屑、石棉、金属箔、玻璃钢等。面板与芯子可用胶粘剂胶接，金属材料还可用焊接。

夹层结构的特点是：密度小，减轻了构件自重；结构和工字钢相似，有较高的刚度和抗压稳定性；可按需要选择面板、芯子的材料，以得到绝热、隔声、绝缘等所需的性能。

夹层结构复合材料的性能与面板的厚度、夹芯的高度、蜂窝格子的大小或泡沫塑料的性能等有关。一般，对于结构尺寸大、要求强度高、刚度好、耐热性好的受力构件应采用蜂窝夹层结构；而对受力不太大，但要求结构刚度好，尺寸较小的受力构件可采用泡沫塑料夹层结构。

夹层结构复合材料常用于制作飞机机翼、船舶外壳、火车车厢、运输容器、面板、滑雪板等。

3. 塑料－金属多层复合材料

以钢为基体、烧结铜网为中间层、塑料为表面层的塑料－金属多层复合材料，具有金属基体的力学、物理性能和塑料的耐摩擦、耐磨损性能。这种材料可用于制造各种机械、车辆等的无润滑或少润滑条件下的各种轴承，并在汽车、矿山机械、化工机械等部门得到广泛应用。

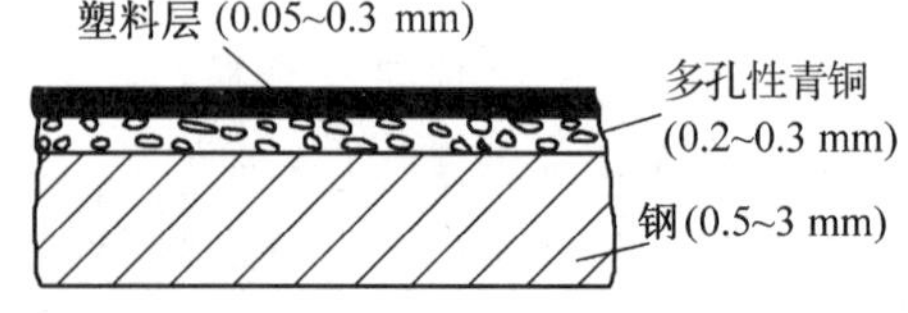

图 13-1　SF 型三层复合材料

例如 SF 型三层复合材料就是以钢为基体，烧结铜网或铜球为中间层，塑料为表面层的一种自润滑复合材料，这种材料的物理、力学性能主要取决于基体，而摩擦、磨损性能主要取决于塑料。中间层系多孔性青铜，它使三层之间获得可靠的结合力，优于一般喷涂层和粘贴层。一旦塑料磨损，露出青铜也不致严重磨伤轴。表面层常用的塑料为聚四氟乙烯或聚甲醛。这种复合材料比单一的塑料承载能力高 20 倍，导热系数高 50 倍，热膨胀系数低 75%，从而改善了尺寸稳定性。可用于制作高应力(140MPa)、高温(270℃)及低温(−195℃)和无油润滑条件下的各种轴承。目前已用于汽车、矿山机械、化工机械等领域。

本章小结

复合材料是由两种或两种以上化学性质或组织结构不同的材料组合而成的材料。主要由基体相和增强相构成。基体相是一种连续相，起传递应力的作用；增强相呈片状、颗粒状或纤维状，起承担应力和显示功能的作用。

复合材料按基体材料不同可分为非金属基和金属基复合材料两大类；按增强相形状不同可分为纤维增强复合材料、颗粒增强复合材料和叠层复合材料。一般来说，复合材料具有比强度和比模量高，抗疲劳性能、减振性能和高温性能好的特点。

习题与思考题

13-1　什么是复合材料？其性能上的突出特点是什么？

13-2　增强材料包括哪些？简述复合增强原理。

13-3　常用的复合材料有哪几种？其性能如何？举出三种常用复合材料在工业中的应用实例。

13-4　简述常用纤维增强金属基复合材料的性能特点及应用。

13-5　为什么复合材料的疲劳性能好？

13-6　非金属材料今后能否完全取代金属材料？为什么？复合材料的应用前景如何？

第14章　功能材料

现代工程材料按性能特点和用途可分为结构材料（structural material）和功能材料（functional material）。一般金属材料、非金属材料和复合材料等作为结构材料，用于工程结构、机械零件和工具制造，要求具有一定的强度、硬度、韧性及耐磨性。功能材料是指其特殊的电、磁、光、热、声、力、化学性能和生物功能等作为主要性能的新型材料。它是以物理性能为主的工程材料，主要用以实现对信息和能量的感受、计测、显示、控制和转换，它是现代高新技术发展的基础和先导，也是21世纪重点开发和应用的新型材料。

14.1　概述

14.1.1　功能材料的发展

功能材料同样具有悠久的发展历史。战国时期就已利用天然磁铁矿来制造司南，到宋代用钢针磁化制出了罗盘，为航海的发展提供了关键技术。铜、铝导线及硅钢片等都是最早的功能材料，但从发展历程看，其产量及应用却远不如结构材料。随着电力技术的发展，电功能材料和磁功能材料得到较大进步。20世纪50年代微电子技术的发展，带动了半导体电子功能材料迅速发展；60年代出现的激光技术，又推动了光功能材料的发展；70年代光电子材料、形状记忆合金、储能材料等迅速发展；进入80年代后，新能源功能材料和生物医学功能材料迅猛崛起；90年代起，智能功能材料、纳米功能材料等逐渐引起了人们的兴趣。太阳能、原子能的利用，微电子技术、激光技术、传感器技术、工业机器人、空间技术、海洋技术、生物医学技术、电子信息技术等的发展，使得材料的开发重点由结构材料转向了功能材料。科学技术的发展带动了功能材料多功能化、功能复合化、智能化发展，其品种越来越多，应用也将越来越广，随着各种高性能新型功能材料的不断开发和利用，将极大促进人类社会文明进步。

14.1.2　功能材料的分类

功能材料种类繁多，有多种分类方法。目前主要根据化学组成、应用领域和使用性能进行分类。

按化学组成，可分为金属功能材料、陶瓷功能材料、高分子功能材料及复合功能材料等。

按应用领域，可分为电工材料、能源材料、信息材料、光学材料、仪器仪表材料、航空航天材料、生物医学材料及传感器用敏感材料等。

按使用性能，则可分为电功能材料、磁功能材料、光功能材料、热功能材料、化学功能材料、生物功能材料、声功能材料、隐形功能材料、智能材料等。

14.2 电功能材料

电功能材料是指主要利用材料的电学性能或各种电效应的材料。本节主要介绍导电材料、电接点材料。

14.2.1 导电材料

导电材料可用来制造传输电能的电线电缆和传导电信息的导线引线与布线。导电性（电导率 σ 或电阻率 ρ）是其主要性能，根据使用目的不同，有时还要求一定的强度、弹性、韧性或耐热耐蚀等性能。

1. 常用导电金属材料

纯铜与纯铝是最常用的导电材料，为改善力学性能和其他物理、化学性能而不明显损害其电导率和热导率，常添加少量合金元素制成高导电的高铜合金和铝合金，其成分、性能和用途见表 14-1、表 14-2。

此外，为了提高使用性能和工艺性能，满足某些特殊需要，还发展了复合金属导体，如铜包铝线、铜包钢线、铝包钢线、镀银铜线、镀锡铜线等。

表 14-1 高导电纯铜与高铜合金的成分、性能和用途

材料名称		成分 w/%	电导率 σ /%IACS	抗拉强度 R_m /MPa	塑性 A /%	主要用途
铜	高纯铜	Cu99.90	100	196～235	30～50	电线电缆导体
	无氧铜	Cu99.99	101	196	6～41	电子管零件、超导体电缆包覆层
铜合金	弥散强化铜	Cu-$Al_2O_3$3.5	85	470～530	12～18	高温高强度导体
	银铜	Cu-Ag0.2	96	343～441	2～4	点焊电极、整流子片、引线
	锆铜	Cu-Zr0.2	90	392～441	10	同银铜
	稀土铜	Cu-RE0.1	96	343～441	2～4	同银铜
	镉铜	Cu-Cd1	85	588	2～6	架空线、高强度导线
	铬锆铜	Cu-Cr0.3Zr0.1	80	588～608	2～4	点焊电极、导线

表 14-2　电纯铝和铝合金的成分、性能和用途

材料名称		成分 w /%	电导率 σ /%IACS	抗拉强度 R_m /MPa	塑性 A /%	主要用途
纯铝		Al 99.70～99.50	65～61	68～93（软）	20～40	电缆芯线
铝合金	铝镁	Al-Mg 0.65～0.9	53～56	225～254（硬）	2	电车线
	铝镁硅	Al-Mg 0.5～0.65-Si0.5～0.65	53	294～353（硬）	4	架空导线
	铝镁铁	Al-Mg 0.26～0.36-Fe 0.75～0.95	58～60	113～118（软）	15	电缆芯线
	铝硅	Al-Si 0.5～1.0	50～53	254～323（硬）	0.5～1.5	电子工业用连接线

2. 导电高分子材料

按其导电原理可分为结构型导电高分子和复合型导电高分子材料。结构型是指高分子结构上就显示出良好的导电性，通过电子或离子导电，如聚酰胺（PA）掺杂 H_2SO_4。复合型是指通过高分子与各种导电填料分散复合、层积复合或使其表面形成导电膜等方式制成，电阻率为 10^{-2}～$10^{2}\Omega\cdot m$ 的导电性材料（如弹性电极和发热元件）由橡胶和塑料为基料，以炭黑（或碳纤维）和金属粉末为填料复合制成；电阻率为 10^{-6}～$10^{-5}\Omega\cdot m$ 的高导电材料（如导电性涂料、粘合剂）也可用类似方法复合而成。

导电高分子材料与金属相比，具有质轻、柔韧、耐蚀、电阻率可调节等优点，可用来代替金属作导线材料、电池电极材料、电磁屏蔽材料和发热伴体等。

3. 超导材料

有些物质在低于某一临界温度时，电阻突然消失为零，同时完全排斥磁场，即磁力线不能进入其内部，这就是超导现象。具有这种现象的材料叫超导材料。该临界温度即为超导温度 T_C。自 1911 年发现超导现象以来，已发现了上万种超导材料，包括几十种金属元素及其合金、化合物、一些半导体材料和有机材料等，其超导温度 T_C 都不相同。绝大多数超导材料的 T_C 均在 23.2K（约－250℃）以下，即为低温超导材料；高温超导材料的 T_C 在 125K（约－148℃）以上。

按在磁场中不同的特征，超导体被分为第一类超导体和第二类超导体。一般除 Nb 和 V 外，其他所有纯金属是第一类超导体；Nb、V 及多数金属合金和化合物超导体、氧化物超导体为第二类超导体。

按成分特点，超导材料可分为化学元素超导体、金属间化合物超导体、陶瓷超导体、高分子超导体材料。

按承受磁场和电流的强弱可分为强电超导材料和弱电超导材料。

由于超导材料的稳定性、成材工艺等方面存在的问题，所以超导材料和超导技术的应用领域还十分有限。目前应用情况：①零电阻特性应用，如制造超导电缆、超导变压器、超导计开关；②高磁场特性应用，如磁流体发电、磁悬浮列车、核磁共振装置、电动机等。随着研究的不断深入，超导材料和超导技术在能源、交通、电子等领域必将发挥越来越重要的作用。

14.2.2 电接点材料

电接点材料是制造电接点的导体材料。根据电接点的工作电载荷大小不同分为强电、中电和弱电三类，但三者之间没有非常严格的界限。

强电和中电接点主要指电力、电机系统和电器装置中通常负荷电流较大的电接点；弱电接点主要指用于仪器仪表、电子与电讯装置中的负荷电流较小，一般为几毫安到几安培，并且压力小的电接点。

1. 强电接点材料

因强电接点通常电流负荷较大，一般用合金电接点材料制造。性能要求有低的接触电阻、耐电蚀、耐磨损，高的耐电压强度、良好的灭电弧能力及一定的机械强度等。常用的材料有：空气开关接点材料，主要是银系合金（如 Ag-CdO、Ag-Fe、Ag-W、Ag-Ni、Ag-石墨等）和铜系合金（如 Cu-W、Cu-石墨等）；真空开关接点材料，主要有 Cu-Bi-Ce、Cu-Fe-Ni-Co-Bi、W-Cu-Bi-Zr 合金等。这些合金坚硬而致密，抗电弧熔焊性好。

2. 弱电接点材料

弱电接点电流负荷和接触压力较小，如小型继电器、微型开关、电位器、印制电路板插座及插头座、集成电路引线框架、导电换向器、连接器等。弱电接点材料大多用贵金属合金制作，以提供极好的导电性、极高的化学稳定性、良好的抗电火花烧损性和耐磨性。常用的材料有 Au 系、Ag 系、Pt 系和 Pd 系四类。Au 系合金的化学稳定性最高，多用于弱电流、高可靠性精密接点；Ag 系合金主要用于高导电性和弱电流场合；Pt 系、Pd 系合金用于耐蚀、抗氧化和弱电流场合。

3. 复合接点材料

为了降低成本，节约贵金属，并提高力学性能，通过一定的工艺将贵金属接点材料与非贵金属基底材料（铜、镍纯金属及其合金）结合为一体，制成能直接制造接点制品的复合接点材料。复合工艺有轧制包覆、电镀、焊接、气相沉积、复合铆钉等。复合接点材料已成为弱电接点材料的主流，国外 90%以上的弱电接点均采用此类材料；它不仅价格便宜，而且赋予了材料性能设计的灵活性，可制造出电接触性能与力学性能优化结合的接点元件。

14.3 磁功能材料

磁功能材料是利用材料的磁性能和磁效应实现对能量和信息的转换、传递、调制、存储、检测等功能，在机械、电力、电子、通信、仪器仪表等领域广泛应用。磁性材料按磁滞特性可分为软磁材料和硬磁材料两类。本节简介几种典型的软磁材料和硬磁材料以及磁致伸缩材料。

14.3.1 软磁材料

软磁材料（矫顽力 $H_C<10^3$ A/m）在较低的磁场中被磁化而呈强磁性，但在磁场去除后磁性基本消失。用于电力、配电和通信变压器和继电器、电磁铁、电感器铁芯、发电机与发动机

转子和定子以及磁路中的磁轭材料等。

软磁材料根据其性能特点又分为高磁饱和材料（低矫顽力）、中磁饱和材料、高导磁材料。软磁材料还包括耐磨高导磁材料、矩磁材料、恒磁导材料、磁温度补偿材料和磁致伸缩材料等。

软磁材料的发展经历了晶态、非晶态、纳米微晶态的历程。典型的软磁材料有电工纯铁（如DT4）、Fe-Si 合金（硅钢——工业纯铁中加 Si，如 DR530-50、DW500-35、DQ200-35 等）、Ni-Fe 合金（如 Ni50、Ni80Cr3Si、Ni80Mo 等）、Fe-Co 合金、Mn-Zn 铁氧体、Ni-Zn 铁氧体和 Mg-Zn 铁氧体及新软磁体（软磁铁氧体、软磁复合材料、非晶和纳米晶软磁材料）等。

14.3.2 硬磁材料

硬磁材料（矫顽力 $H_C \approx 10^4 \sim 10^6$ A/m）又称永磁材料。材料在磁场中被充磁，当磁场去除后，磁性仍长时间保留。硬磁材料有较大的矫顽力，剩磁高，磁饱和感应强度大，磁滞损耗和最大磁能积也大。此外，硬磁材料抗干扰性好，对温度、振动、时间、辐射及其他因素的干扰不敏感。广泛应用于精密仪器仪表、永磁电机、磁选机、电声器件、微波器件、核磁共振设备与仪器、粒子加速器以及各种磁疗装置中。永磁材料种类繁多，性能各异，按成分可分为五种。

1. Al-Ni-Co 系永磁材料

其是较早使用的永磁材料，特点是高剩磁、温度系数低、性能稳定，在对永磁体性能稳定性要求较高的精密仪器仪表和装置中，多采用这种永磁合金。

2. 永磁铁氧体

其是 20 世纪 60 年代发展起来的永磁材料，主要优点是矫顽力高、价格低，缺点是最大磁能积与剩磁偏低、磁性温度系数高。该种材料应用于产量大的家用电器和转动机械装置等。

3. 稀土永磁材料

其是 20 世纪 70 年代以来迅速发展起来的永磁材料，至 80 年代初已发展出三代稀土永磁材料。我国稀土矿藏资源丰富，目前在稀土永磁材料研究方面，已处于国际领先水平。这种材料是目前最大磁能积最大、矫顽力特别高的一类永磁材料。所以，这类材料的产生使得永磁元件走向了微小型化及薄型化。

第三代稀土永磁材料，目前广泛应用于汽车电机、音响系统、控制系统、无刷电机、传感器、核磁共振仪、电子表、磁选机、计算机外围设备、测量仪表等。目前人们正探索第四代稀土永磁材料，目标是改善温度稳定性，提高居里温度，并降低成本。

4. Fe-Cr-Co 系永磁材料

其是一种可加工的永磁材料，不仅可冷加工成板材、细棒，而且可进行冲压、弯曲、切削和钻孔等，甚至还可铸造成型，弥补了其他材料不可加工的缺点。其磁性能与 Al-Ni-Co 系合金相似，缺点是热处理工艺较复杂。

5. 复合（粘结）永磁材料

其是将稀土永磁粉与橡胶或树脂等混合，再经成型和固化后得到的复合磁体，具有工艺简单、强度高而耐冲击、磁性能高并可调整等优点。广泛应用于仪器仪表、通讯设备、旋转机械、磁疗器械、音响器件、体育用品等。

14.3.3 信息磁材料

信息磁材料是指用于光电通信、计算机、磁记录和其他信息处理技术中的存取信息类磁功能材料。信息磁材料包括磁记录材料、磁泡材料、磁光材料等。

1. 磁记录材料

利用磁记录材料制作磁记录介质和磁头，可对声、像、图、文等信息进行写入、记录、存储，并在需要时输出。介质从结构上可分为磁粉涂布型介质和连续薄膜型介质，应用最多的介质材料是 $\gamma\text{-}Fe_2O_3$ 磁粉和包 Co 的 $\gamma\text{-}Fe_2O_3$ 磁粉、Fe 金属磁粉、CrO_2 系磁粉、Fe-Co 系磁膜以及 $BaFe_{12}O_{19}$ 系磁粉或磁膜等。磁头材料通常用 $(Mn,Zn)Fe_2O_4$ 系、$(Ni,Zn)Fe_2O_4$ 系单晶和多晶铁氧体，Fe-Ni-Nb(Ta)系、Fe-Si-Al 系高硬度软磁合金以及 Fe-Ni(Mo)-B(Si)系、Fe-Co-Ni-Zr 系非晶软磁合金等。

用纳米粉末制成的磁记录材料，可使磁带和硬磁盘的记录密度提高数十倍，并能大幅度改善它们的保真性能。

2. 磁泡材料

小于一定尺寸的迁移率很高的圆柱状磁畴（磁泡）材料可作高速、高存储密度存储器。有：$(Y,Gd,Yb)_3(Fe,Al)_5O_{12}$ 系石榴石型铁氧体薄膜，$(Sm,Tb)FeO_3$ 系正铁氧体薄膜，$BaFe_{12}O_{19}$ 系磁铅石型铁氧体膜，Gd-Co 系、Tb-Fe 系非晶磁膜等。

3. 磁光材料

其是应用于激光、光通信和光学计算机的磁性材料，其磁特性是法拉第旋转角高，损耗低及工作频带宽。包括稀土合金磁光材料、$Y_3Fe_5O_{12}$ 膜红外透明磁光材料。

14.3.4 磁性液体

因迄今尚未发现居里温度高于熔点的材料，故还不能制造真正的液态磁性材料。而磁性液体是由超顺磁性的纳米微粒包覆了表面活性剂，然后弥散在基液中而构成稳定的磁性胶体悬浮液。它由磁性微粒（包括纯金属粉、合金粉、铁氧体粉和稀土永磁粉）、表面活性剂（包括离子表面活性剂和非离子表面活性剂）和载体基液（有水基、脂类、烃类、聚苯醚、水银等）三部分组成。既具有强磁性，又具有流动性，在磁场和重力场作用下能长期稳定存在而不沉淀或分层。磁性液体除了具有磁化和流体特性外，还具有光学、超声及热效应等。

磁性液体最先用于宇航工业，现已广泛用于磁盘驱动器的防尘密封、高真空旋转密封、磁液扬声器与磁场传感器、光快门与光纤连接器、热力发动机与其他能量转换装置（如太阳能暖房）、机械人关节手夹钳、拉拔加工润滑装置、磁性染料、阻尼器件、磁印刷和磁分选机等。

14.3.5 微波磁材料

广泛应用于雷达、卫星通信、电子对抗、高能加速器等高新技术中的微波设备的材料叫微波磁材料，包括多种微波电子管用永磁材料、微波旋磁材料和微波磁吸收材料。微波旋磁材料的基本特点是在恒定磁场和微波磁场下磁导率变为张量，典型材料有 $Y_3Fe_5O_{12}$ 系石榴石型铁氧体、(Mg、Mn)Fe_2O_4 系尖晶石型铁氧体、$BaFe_{12}O_{19}$ 系磁铅石型铁氧体等，可制作如隔离器和环行器等非互易旋磁器件。微波磁吸收材料的主要特点是在一定宽的频率范围内对微波有很强的吸收和极弱的反射功能，典型材料有非金属铁氧体系、金属磁性粉末或薄膜系等，可作雷达检测不到的隐形飞机表面涂料等。

14.3.6 磁致伸缩材料

铁磁性材料在外磁场的作用下发生形状和尺寸的改变（在磁化方向和垂直方向发生相反的尺寸伸缩），称为磁致伸缩效应；与此相反，在拉压力的作用下，材料本身在受力方向和垂直方向上发生磁化强度的变化，称为压磁效应。磁致效应很强烈的材料即为磁致伸缩材料，这类换能材料主要用作音频或超音频声波发生器振子（铁心），用于电声换能器、水声仪器、超声工程等，在水下通信与探测、金属探伤与疾病诊断、硬质材料的刀刻加工与磨削、催化反应及焊接方面应用广泛。

传统磁致伸缩材料有金属磁致伸缩材料（如纯 Ni）、铁钴钒合金（如 Ni50Fe50 、Fe87A113）和铁氧体磁致伸缩材料。铁氧体磁致伸缩材料由于电阻率很高，能适用于很高的频率，镍锌铁氧体是最常用的铁氧体磁致伸缩材料。

稀土系超磁致伸缩材料是近期发展起来的一种新型稀土功能材料。性能卓越，在低磁场驱动下产生的应变值高达 1500～2000ppm，是传统的磁致伸缩材料如压电陶瓷的 5～8 倍、镍基材料的 40～50 倍。具有电磁能与机械能或声能相互转换功能，广泛应用于众多行业的科学研究与技术领域（从军工、航空、海洋船舶、石油地质、汽车、电子、光学仪器、机械制造，到办公设备、家用电器、医疗器械与食品工业等）。如在声呐与水声对抗换能器、线性马达、微位移驱动（如飞机机翼和机器人的自动调控系统）、噪声与振动控制系统、海洋勘探与水下通讯、超声技术（医疗、化工、制药、焊接、清洁等）、燃油喷射系统等领域都有广阔的应用前景。

14.4 热功能材料

随着温度的变化，有些材料的某些物理性能会发生显著变化，如膨胀材料、测温材料、形状记忆材料、热释电材料、热敏材料、隔热材料等。这类材料称为热功能材料。目前，热功能材料已广泛用于仪器仪表、医疗器械、导弹、空间技术和能源开发等领域。本节简介膨胀材料、测温材料等。

14.4.1 膨胀材料

热膨胀是材料的重要热物理性能之一。材料热膨胀是由原子的非简谐振动引起的。材料热膨胀系数的大小与其原子间的结合键强弱有关，结合键越强，则给定温度下的热膨胀系数越小。材料中陶瓷的结合键（离子键和共价键）最强，金属的结合键（金属键）次之，高聚物的结合键（范德华力）最弱，因此它们的热膨胀系数依次增大。根据膨胀系数的大小可将膨胀材料分为三种：低膨胀材料、定膨胀材料和高膨胀材料。

1. 低膨胀合金

低膨胀合金是膨胀系数(一般小于 $1.8\times10^{-6}/℃$)几乎为零的材料,也称因瓦合金。主要应用于环境温度波动时要求尺寸近似恒定的元件,以保证仪器仪表、整机的性能精度;还可用作热双金属片的被动层,或液态天然气、液氢、液氧的储罐和输运管材。

低膨胀合金主要有:①Fe-Ni 系,常用牌号 4J36(Fe-Ni36)、4J38(Fe-Ni36-Se0.2)。②Fe-Ni-Co 系,常用牌号 4J32(Fe-Ni32-Co4-Cu06),其膨胀系数更小,又称超因瓦合金。③Fe-Co-Cr 系,常用牌号 4J9(Fe-Co54-Cr9),其膨胀系数比超因瓦合金小且耐蚀,又称不锈因瓦合金。④其他,如 Cr 基非铁磁性合金(如 Cr-Fe5.5-Mn0.5 合金)、高强度因瓦合金 4J35(Fe-Ni34.5-Co5.5-Ti2.5)和高温低膨胀合金 4J30(Fe-Ni33-Co7.5,使用温度高至 300℃)。

2. 定膨胀合金

定膨胀材料是指在某一温度范围内具有一定膨胀系数的材料,也称可伐合金。定膨胀合金的特点是一般在-70～500℃温域内具有较恒定的中、低膨胀系数,主要用于电真空技术中(如晶体管、电子管集成电路等)的引线和结构材料,与玻璃或陶瓷材料等封接而制成电子元器件,故又称封接合金。因此要求定膨胀合金应有与被封接材料相近的恒定的膨胀系数(两者差一般不大于 10%),导电、导热、耐热性良好,具有足够的强度与优良的工艺性能。

定膨胀合金的种类较多,按成分不同主要有 Fe-Ni、Fe-Ni-Co、Fe-Cr、Fe-Cr-Ni、Cu、Fe 与难熔金属(W、Mo、Ta 等)及合金等。

常用的有:①Fe-Ni-Co 系,典型牌号 4J29(Fe-Ni29-Co17),是国内用量最大的封接合金,主要用于与软化温度高的硬玻璃和 Al_2O_3 陶瓷封接。②Fe-Ni 系,典型牌号 4J42(Fe-Ni42),主要用于与软玻璃、陶瓷或云母的封接。③无磁封接合金,典型牌号 4J78(Ni-Mo-Cu 系)、4J82(Ni-Mo 系)等,用于强磁场中工作的元器件。

3. 高膨胀合金

高膨胀合金的特点是膨胀系数大,如牌号为 4J75(Mn75Ni15Cu10)合金,其膨胀系数为低膨胀合金的 15～20 倍,甚至以上。高膨胀合金常用作热双金属的主动层。

14.4.2 热双金属

热双金属是由热膨胀系数不同的两层或两层以上的合金或金属沿整个接触表面牢固结合而成的叠层复合材料。其中较高膨胀系数金属层为主动层,较低的为被动层。有时为了获得特殊性能,还有中间夹层或表面覆层。受热时,双金属片向被动层弯曲,将热能转换成机械能,可用于各种测量和控制仪表的传感元件,如温度指示与控制器、时间继电器和程序控制器、过载保护继电器和温度补偿器、汽车方向指示灯等。

热双金属片的种类很多,按使用要求不同可分为:①普通型(常用型),其工作温度范围不高、用于一般要求的品种,用量最大,如 5J1378、5J1480 等。②高敏感型,即高热敏性且高电阻率的品种,可用作如室温调节器等高灵敏元件,如 5J20110、5J15120 等。③高温型,用于较高温度下的自控装置,如 5J1070、5J0756 等。④低电阻率型,用导电性较好的纯 Ni 或 Cu 基合金作主动层,或中间夹 Ni、Cu 的三层片(即 R 系列热双金属片),主要用作自动断路器,如

5J1017、5J1416 等。⑤耐蚀型，用于腐蚀介质中的控制装置，如 5J1075 属此品种。⑥低温型，如 5J1478 可用于－50℃的低温。

14.4.3　测温材料

测温元件是利用材料的热膨胀、热电阻和热电动势等特性制成的，如水银温度计、热电偶、热电阻、光学及辐射温度计等。热电偶是应用最广的测温元件，它是由两种不同材料导线连接成的回路，其感温的基本原理是热电效应。

测温材料按材质可分为：高纯金属及合金，单晶、多晶和非晶半导体材料，陶瓷、高分子及复合材料等；按使用温度可分为：高温、中温和低温测温材料；按功能原理可分为：热膨胀、热电阻、磁性、热电动势等测温材料。目前，工业上应用最多的是热电偶和热电阻材料。

热电偶材料包括：(1)用于测温热电偶的高纯金属及合金材料，如铜－康铜（－200～400℃）、镍铬－康铜、镍铬－镍铝（硅）（1300℃以下）、铂铑－铂、双铂铑（1350℃以下）、钨铼（2500℃以下）、钨－钼、铱铑－铱、石墨－石墨（不同晶型）、碳化硅－石墨、硼－石墨、氧化铬、碳化铌等；(2)用来制作发电或电致冷器的温差电锥用高掺杂半导体材料。

测温范围更低的温区可用金铁热电偶（－269～0℃）或低温热电阻（－270～0℃），而更高的温区可用光学高温计、全辐射高温计、红外测温系统及光导纤维等。

热电阻材料包括最重要的纯铂丝、高纯铜线、高纯镍丝以及铂钴、铑铁丝等。

14.4.4　隔热材料

隔热材料的最大特性是有极大的热阻。利用隔热材料可以制造涡轮喷气发动机燃烧室、冲压式喷气机火焰喷口等，高温材料电池、热离子发生器等也都离不开隔热材料。

高温陶瓷材料、有机高分子和无机多孔材料是生产中常用的隔热材料。如氧化铝纤维、氧化锆纤维、碳化硅涂层石墨纤维、泡沫聚氨酯、泡沫玻璃、泡沫陶瓷等。

14.5　光功能材料

光功能材料也有各种分类方法。如：按照材质分为光学玻璃（包括有色和无色两种）、光学晶体（有单晶和多晶两种）、光学塑料等；按用途可以分为：固体激光器材料、信息显示材料、光纤、隐形材料等。

14.5.1　固体激光器材料

自 1960 年红宝石用于世界第一台激光器开始，到目前已有产生激光的固体激光器材料上百种。这些材料分为玻璃和晶体两大类，都由基质和激活离子两部分组成。

常用的固体激光材料有：掺 Cr^{3+} 的 $\alpha\text{-}Al_2O_3$、掺 Nd^{3+} 的 $Y_3Al_5O_{12}$、掺 Nd^{3+} 的 $CaWO_3$、掺 Nd^{3+} 的 La_2O_2S，以及 CaAlAs 和 InCaAsP 等半导体。

激光玻璃透明度高、易于成型、价格便宜，适合于制造输出能量大、输出功率高的脉冲激光器。

激光晶体的荧光线宽比玻璃窄、量子效率高、热导率高，应用于中小型脉冲激光器，特别是连续激光器或高重复率激光器，如红宝石激光器（Al_2O_3 基质中掺入少量的三价铬离子形成的激活晶体）、氟化物激光器（MgF_2 基质中掺入少量的二价钒离子形成的激活晶体）。

固体激光器已在工业、农业、生物医学、光学、国防领域广泛应用。

14.5.2 光纤

光纤是高透明电介质材料制成的极细的低损耗导光纤维，具有传输从红外线到可见光区的光和传感的两重功能。因而，光纤在通信领域和非通信领域都有广泛应用。

通信光纤由纤芯和包层构成：纤芯是用高透明固体材料（如高硅玻璃、多组分玻璃、塑料等）或低损耗透明液体（如四氯乙烯等）制成，表面的包层由石英玻璃、塑料等有损耗的材料制成。按纤芯折射率分布不同，光纤可分为阶跃型光纤和梯度型光纤两大类；按传播光波的模数不同，光纤可分为单模光纤和多模光纤；按材料组分不同，光纤可分为高硅玻璃光纤、多组分玻璃光纤和塑料光纤等，生产中主要用高硅玻璃光纤。

非通信光纤的应用较为广泛，如单偏振光纤、高双折射偏振保持光纤、传感器光纤等。可应用于光纤测量仪表的光学探头（传感器）、医用内窥镜等。

14.6 传感器用敏感材料

传感器是帮助人们扩大感觉器官功能范围的元器件，它可以感知规定的被测量，并按一定的规律将之转换成易测输出信号。传感器一般由敏感元件和转换元件组成，其关键是敏感元件，而敏感功能材料则是敏感元件的基础。

敏感材料的种类很多，按其功能不同分为力敏材料、热敏材料、气敏材料、湿敏材料、声敏材料、磁敏材料、电化学敏材料、电压敏材料、光敏材料及生物敏感材料等。

14.6.1 热敏材料

以热电偶、电阻温度计和热敏电阻器的应用最普遍。随着高新技术的迅猛发展，新型热敏传感器（如电容型、压电型、热电型等）的应用也越来越多。

按电阻温度特性，热敏电阻材料分为负温度系数（NTC）热敏材料、临界温度电阻（CTR）热敏材料和正温度系数（PTC）热敏材料三大类。

负温度系数热敏材料的电阻率随温度升高而下降，所制造的 NTC 热敏电阻器主要用作温度传感器、温度测量与温度补偿器，可供选择的材料多为各种金属氧化物及稀有金属氧化物。临界温度电阻热敏材料是指具有突变电阻－温度特性的材料，所制造的 CTR 热敏电阻器主要用作电气开关和用于温度测量。正温度系数热敏材料的电阻率随温度上升而升高（阶跃式或平缓式变化），即 PTC 效应，可用材料主要有 $BaTiO_3$ 系和 V_2O_3 系两大类陶瓷材料。PTC 热敏材料的用途最广，如利用电阻温度特性可制作温度补偿、温度监测传感器等；利用其电流电压特性可制作恒温发热体（各种暖风机等）、温风加热器等；利用其电流时间特性，可制作彩电自动消磁元件、电动机启动、过电流保护和时间继电器等。

14.6.2 湿敏材料

湿敏材料用来制造湿敏元件，可将环境中的湿度变化信息转变为电参量（一般为电阻）输出并测出。

湿敏材料有四大系列：①电解质系列，利用电解质水溶液的导电能力（电阻）与湿度间的关系而工作，典型材料有含 LiCl 的聚乙烯醇膜。②有机物系列，包括亲水性的导电高分子材料（如树脂＋炭黑）制造的电阻式湿度传感器，亲水性高分子膜与金属电极构成的电容式湿度传感器，亲水性高分子膜（如聚酰胺）涂覆石英晶体所形成的共振频率式湿度传感器等。③金属系列，主要包括 Si、Ge 蒸发膜、Si 烧结膜等；④氧化物陶瓷系列，具有巨大的比表面积（多孔质材料，孔隙率 25%～40%）和水分子亲和能力，其电阻率与湿度极为敏感，常用材料有 Cr_2O_3、ZnO、Fe_3O_4、Al_2O_3 涂布膜，V_2O_5-TiO_2 系陶瓷膜等。

14.6.3 气敏材料

气敏材料用以制造气敏元件，可将环境中的气体浓度变化信息转变为电参量（一般为电阻）输出并测出。

气敏材料则主要是氧化物陶瓷材料。如 SnO_2、ZnO、Fe_2O_3 等气敏材料，其晶体中有氧空位和填隙原子（离子）存在，当气体浓度变化时其阻值明显变化（尤其是掺杂了增感剂后更是如此）；ZrO_2、TiO_2 陶瓷则主要作为氧敏材料，这种氧敏传感器已被用于汽车发动机空燃比控制、锅炉燃烧控制和冶炼时钢液中氧含量的监控等。

14.6.4 力敏材料

力敏材料主要用于制造力学量传感器。一般分为敏感栅金属材料和半导体力敏材料两大类。

敏感栅（如电阻应变片）金属材料通常是精密电阻合金，利用其电阻值随其形变（伸长或缩短）而改变的现象，即电阻一应变效应而测量所需的应力（应变）值。常用的敏感栅材料有 Cu-Ni 合金（康铜）、Ni-Cr 合金（如 6J22，Ni74Cr20Al3Fe3）、Fe-Cr-Al 合金和贵金属及其合金（如 Pt、Pt-Ir、Pt-W 等）。

半导体力敏材料多是单晶硅，主要利用其压阻效应（外力作用时电阻率显著变化）来检测力学参量，其灵敏度比金属材料高 50～100 倍。所制作的力敏元件还具有体积小、结构简单、使用寿命长等优点，可实现计算显示与控制电路一体化，为仪器的微型化、数字化、高精度开辟了广阔的前景。

14.6.5 声敏材料

频率在 20～20000 Hz 范围内的机械波即为声波，实际用来测定声压的传感器实质上也是力学量（压力）传感器。声敏材料按机械振动（能）转换成电信号（能）的原理可分为电磁变换型（如磁性材料与线圈）、电阻变换型（电阻应变计）、光电变换型（光纤和光检测器）和静电变换型（压电材料）。

压电型材料是声敏材料的主体，具有所谓的压电效应——晶体材料受力时表面会产生电荷的现象。常用的压电材料主要是石英压电晶体和压电陶瓷材料，而后者又最为重要。压电陶瓷主要有钛酸钡系和锆钛酸铅系；1970 年以后又开发了高分子压电材料（如聚偏二氟氯乙烯和复合压电材料）。

压电材料的应用极广，典型的有水声换能器（完成水下观察、通信和探测工作）、超声换能器、高电压发生装置（如压电点火器）、电声设备（如拾音器、扬声器）及用于测量力加速度、冲击与振动的仪器（如压电陀螺）等。

14.7 智能材料

智能材料是指对环境具有可感知、可响应能力，并具有功能发现能力的材料。后来，仿生功能被引入材料，使智能材料成为有自检测、自判断、自结论、自指令和执行功能的材料。它是一种融材料技术和信息技术于一体的新概念功能材料，是材料、信息、生物、航空航天、自动控制和计算机工程等多学科的综合与集成，是 21 世纪材料发展的主要方向之一。

目前，对智能材料虽然尚无统一的定义，但普遍认为智能材料应同时具备传感、处理和执行三种基本功能。可用于智能结构系统的基础智能材料主要有形状记忆材料、电/磁致伸缩材料、压电材料、智能变色材料、电/磁流变体材料、高分子人工肌肉材料、智能凝胶材料、自组装智能材料、光纤智能材料等。

14.7.1 形状记忆材料

具有形状记忆效应（shape memory effect，缩写为 SME）的材料叫形状记忆材料。材料在高温下形成一定形状后冷却到低温进行塑性变形为另外一种形状，然后经加热后通过马氏体逆相变，即可恢复到高温时的形状，这就是形状记忆效应。

按形状恢复形式，形状记忆效应可分为单程记忆、双程记忆和全程记忆三种。

单程记忆：在低温下塑性变形，加热时恢复高温时形状，再冷却时不恢复低温形状。

双程记忆：加热时恢复高温形状，冷却时恢复低温形状，即随温度升降，高低温形状反复出现。

全程记忆：在实现双程记忆的同时，冷却到更低温时出现与高温形状完全相反的形状。

形状记忆材料通常包括形状记忆合金（shape memory alloys，缩写为 SMA）、形状记忆聚合物以及形状记忆陶瓷。最常用的是 SMA，可分为镍－钛系、铜系和铁系合金三类。镍－钛系是目前用量最大的形状记忆合金，具有很高的抗拉强度和疲劳强度及耐蚀性，密度较小，性能优良，可靠性好并与人体有生物相容性，是最有实用前景的形状记忆材料，但成本高、加工困难。铜系和铁系合金成本低，加工容易，但功能较差。

1. 合金的形状记忆原理

合金的形状记忆功能与其在某一临界温度以上加热后快冷时转变成热弹性马氏体有关。这种热弹性马氏体不像 Fe-C 合金中的马氏体那样在加热转变成它的母相（奥氏体）之前即发生分解，而是在加热时直接转变成它的母相，因而它的形状也就恢复成母相的形状，即变形前的初始形状。

2. 聚合物的形状记忆原理

聚合物的形状记忆原理与合金不同。它具有两相结构，即固定相和可逆相。在高于 T_f 的粘流态温度下进行初次成型，冷却至低于 T_g 温度使制品变形后，固定相分子链间的缠绕确定了制品的初始形状。然后在高于 T_g、低于 T_f 的温度下，仅可逆相软化，施加外力并冷却至低于 T_g 温度后，制品形状发生了改变，但固定相却处在高应力变形状态。再将变形后的制品加热至高于 T_g 温度时（常称为热刺激），可逆相软化，而固定相在回复应力作用下，使制品恢复到初始形状。也可通过光刺激、电刺激或化学刺激来产生形状记忆效应。形状记忆聚合物与形状记忆合金的性能有显著差异：聚合物的密度较小，强度较低，塑、韧性较高，形状恢复可能的允许变形量大，形状恢复的温度范围较窄（在室温附近），形状恢复应力及形状变化所需的外力小，成本低。

3. 形状记忆材料的应用

形状记忆材料是一种新型功能材料，在许多领域得到应用。见表 14-3。

表 14-3　形状记忆材料的应用

应用领域	应用举例
电子仪表	温度自动调节器、火灾报警器、温控开关、电路连接器、空调自动风向调节器、液体沸腾报警器、光纤连接、集成电路钎焊
空间技术	月面天线、人造卫星天线、卫星、航天飞机等自动启闭窗门
机械工业	机械人手、脚、微型调节器，各种接头、固定销、压板，热敏阀门，工业内窥镜，战斗机、潜艇用油压管、送水管接头
医疗器件	人工关节、耳小骨连锁元件，止血、血管修复件，牙齿固定件，人工肾脏泵，去除胆固醇用环，能动型内窥镜，避孕器具，杀伤癌细胞置针
交通运输	发动机散热风扇离合器、散热器自动开关、排气自动调节器、喷气发动机内窥镜
能源	固相热能发电机、住宅热水送水管阀门、温室门窗自动调节弹簧、太阳能电池帆板

14.7.2　高分子人工肌肉材料

某些高分子电解质在不同 pH 溶液中可发生伸缩变形或某些高分子材料在外加电场作用下可发生体积变化，因此可制成电致伸缩（弯曲）薄膜，能模仿动物肌肉的收缩运动，故称为高分子人工肌肉材料。用于制备高分子人工肌肉材料的有共轭聚合物聚吡咯、聚苯胺等，或离子交换聚合物－金属复合材料等。一般认为，高分子人工肌肉材料的变形特性是基于高分子的构象和高次结构的改变。

高分子人工肌肉材料的线性变形比（即收缩后的长度与原长之比）可超过 30%（而压电聚合物仅约 0.1%），所产生的能量密度要比人体肌肉大 3 个数量级，且驱动电压很低，其循环变形寿命可达 2000 次以上，是一种具有较大发展潜力的（电）化学机械系统材料。

高分子人工肌肉材料作为驱动元件和执行元件有其独特的优点，它在机器人、柔性系统、医药、生物工程和智能系统中都有广阔的应用前景。如，制成质量轻、能耗低的人工手臂，代替质量大、能耗高的电动机一齿轮机械手臂，用在太空探测器上采集岩石标本、清洁观察窗玻璃等；利用“人工肌肉”模仿鱼尾作为推进器，可用于制造无噪声的微型舰船；制成人工假体，用于肢体残障者恢复某些功能；研制“昆虫”机器人，用于军事、医疗等领域。

14.7.3 智能变色材料

在光、电、热等外界条件的作用下，材料内部的结构发生变化从而改变材料对光波吸收的特性，使材料显现出不同的颜色，即为智能变色。这种现象被应用于调控光波的辐射，有广泛的应用价值，如制作变色太阳镜、智能窗户、三维全息照相的记录介质等。按材料变色条件的不同，可将变色材料分为光致变色材料、电致变色材料、热致变色材料、压致变色材料等。如在光学玻璃组分中加入氧化铈、卤化银即成为光色玻璃，而 α-WO_3、NiO 薄膜是常见的电致变色材料。

智能变色材料可用于信息存储元件、装饰和防护包装材料、自显影全息记录照相、汽车、国防、防伪、智能窗户、指示物体温度等领域。

本章小结

不同于结构材料，功能材料是以物理性能为主的工程材料，主要用以实现对信息和能量的感受、计测、控制和转换。按化学组成，可分为金属功能材料、陶瓷功能材料、高分子功能材料及复合功能材料；按使用领域，可分为电工材料、能源材料、信息材料、光学材料、仪器仪表材料等；按使用性能，可分为电功能材料、磁功能材料、光功能材料、热功能材料、化学功能材料等。

本章简介了机械工业中常用的电功能材料、磁功能材料、热功能材料、光功能材料、传感器敏感材料和智能材料。

习题与思考题

14-1　什么是功能材料？举出几例功能材料在机械中的应用实例，由此说明作为机械工程技术人员应该掌握的功能材料有关知识的重要性。

14-2　简述超导体的基本特性和超导材料的种类；举例说明超导材料的应用。

14-3　什么是软磁材料？什么是硬磁材料？什么是磁致伸缩材料？它们有哪些主要种类和用途？

14-4　简述热电偶的测温原理；不同测温范围所用热电偶有何不同？

14-5　简述光导纤维的基本构造以及光在光纤中是如何传输的。

14-6　简述形状记忆合金作为温室窗户自动调节弹簧材料的工作原理。

第15章　工程材料的选用

在新产品的设计、工艺装备(夹具、模具等)设计时涉及选材问题。更新零件所用材料，以提高各种性能或降低成本；以及为适应生产条件需要改变加工工艺等情况下也涉及选材问题。要做到合理选用材料，就必须全面分析零件的工作条件、受力性质和大小，以及失效形式，然后综合各种因素，提出能满足零件工作条件的性能要求，再选择合适的材料并进行相应的热处理以满足性能要求。因此，选材是一个复杂而重要的工作，须全面综合考虑。

15.1　机械零件的失效概述

15.1.1　失效的概念

失效(failure)是指零件在使用过程中，由于某种原因，导致其尺寸、形状或材料的组织与性能的变化而不能完满地完成指定的功能的现象。如：齿轮在工作过程中磨损而不能正常啮合及传递动力；主轴在工作过程中变形而失去精度；弹簧因疲劳或受力过大而失去弹性等。

一般机械零件在以下三种情况下都认为已经失效：①零件完全破坏，不能继续工作；②零件虽能工作，但已不能完成指定的功能；③零件有严重损伤，继续工作不安全。

达到预定寿命的失效称为正常失效。远低于预定寿命的失效称为早期失效。一般正常失效是比较安全的；而早期失效常常是无明显预兆的失效，往往会带来巨大的危害，甚至造成严重事故。因此，对零件失效进行分析，查出失效原因，提出防止措施十分重要。通过失效分析，能对改进零件结构设计、修正加工工艺、更换材料等提出可靠依据。

15.1.2　零件的失效形式

一般机械零件常见的失效形式主要有以下三种。

①变形失效，是指零件变形量超过允许范围而造成的失效。包括过量的弹性变形或塑性变形(整体或局部的)、高温蠕变等。例如，高温下工作的螺栓发生松弛，就是过量弹性变形转化为塑性变形而造成的失效。

②表面损伤失效，是指零件在工作中，因机械和化学作用，使其表面损伤而造成的失效。包括过量的磨损、表面腐蚀、表面疲劳、表面龟裂、麻点剥落等。例如，齿轮经长期工作轮齿表面被磨损，而使精度降低的现象，即属表面损伤失效。对工程构件来说，常因腐蚀而影响使用也属失效。

③断裂失效，是指零件完全断裂而无法工作的失效。断裂方式有塑性断裂、疲劳断裂、蠕变断裂、低应力脆性断裂等。

同一零件可能有几种失效形式，但往往不可能几种形式同时起作用，其中必然有一种起决定性作用。例如，齿轮失效形式可能是轮齿折断、齿面磨损、齿面点蚀、硬化层剥落或齿面过量塑性变形等。在上述失效形式中，究竟以哪一种为主，则应具体分析。

15.1.3 失效原因

零件失效的原因很多，主要涉及零件的结构设计、材料选择、使用、加工制造、装配、安装和使用保养等。

1. 设计不合理

零件结构形状、尺寸等设计不合理，对零件工作条件（如受力性质和大小、温度及环境等）估计不足或判断有误，安全系数过小等，均使零件的性能满足不了工作性能要求而失效。

2. 选材不合理

选用的材料性能不能满足零件工作条件要求，所选材料质量差，材质内部缺陷如含有过量的夹杂物、杂质元素及成分不合格等，这些都容易使零件造成失效。

3. 加工工艺不当

零件或毛坯在加工和成形过程中，由于工艺方法、工艺参数不正确等，常会出现某些缺陷，导致失效。如零件在锻造过程中产生的夹层、冷热裂纹，焊接过程的未焊透、偏析、冷热裂纹，铸造过程的疏松、夹渣，机加工过程的尺寸公差和表面粗糙度不合适，热处理工艺产生的缺陷，如淬裂、硬度不足、回火脆性、硬软层硬度梯度过大，精加工磨削中的磨削裂纹等。

4. 安装使用维护不正确

机器在装配和安装过程中，不符合技术要求；使用中不按工艺规程操作和维修，保养不善或过载使用等，均会造成失效。在腐蚀环境下，机械构件表面的腐蚀产物如同楔子一样嵌入金属，造成应力集中，从而引起机件早期失效。

15.1.4 失效分析方法和步骤

1. 失效分析方法

试验分析是失效分析的重要方法，通过试验研究，取得数据，常用的试验项目有：断口分析、显微分析、成分分析、应力分析、机械性能测试和断裂力学分析等。

2. 失效分析基本步骤

零件失效分析是一项复杂、细致的工作，涉及多门学科知识。其基本步骤如下。

1）现场调查研究和收集资料

调查研究的目的是进一步了解与失效产品有关的背景资料和现场情况。如收集现场相关的信息、失效件残骸，查阅有关失效件的设计图纸、设计资料以及操作、试验记录等有关的技术档案资料。

2)整理分析

对所收集的资料、信息进行整理,并从零件的工作环境、受力状态、材料及制造工艺等多方面进行分析,为后续试验明确方向。

3)断口分析

对失效件进行宏观与微观断口分析,确定失效的发源地与失效形式,初步确定可能的失效原因。

4)组织结构的分析

通过对失效件的金相组织结构及缺陷的检验分析,可判定构件所用材料、加工工艺是否符合要求。

5)性能的测试及分析

测试与失效方式有关的各种性能指标,并与设计要求进行比较,核查是否达到额定指标或符合设计参数的要求。

6)综合分析

综合各方面的证据资料及分析测试结果,判断并确定失效的主要原因,提出防止与改进措施,写出报告。

15.2 机械零件选材原则和步骤

正确选材是机械设计的一项重要任务,它必须使选用的材料保证零件在使用过程中具有良好的工作能力,保证零件便于加工制造,同时保证零件的总成本尽可能低。优异的使用性能、良好的加工工艺性能和便宜的价格是机械零件选材的最基本原则。因此要做到合理选材,对设计人员来说,必须要进行全面分析及综合考虑。

15.2.1 选材的一般原则

选材首先是在满足使用性能的前提下,再考虑工艺性、经济性、环保和资源合理利用。

1.使用性能原则

零件的使用性能是保证其工作安全可靠、经久耐用、完成规定功能的必要条件。在大多数情况下,它是选材首先要考虑的问题。

使用性能主要是指零件在使用状态下材料应该具有的机械性能、物理性能和化学性能。材料的使用性能应满足使用要求。大多数机器零件和工程构件,主要考虑其力学性能。对一些特殊条件下工作的零件,则必须根据要求考虑到材料的物理、化学性能。

(1)分析零件工作条件,提出使用性能要求

选材时首要任务是准确判断出零件所要求的主要使用性能。使用性能的要求是在分析零件工作条件和失效形式的基础上提出来的。

零件的工作条件包括三个方面:

1)受力状况　主要是载荷的类型(例如动载、静载、循环载荷或单调载荷等)和大小;载荷的形式,例如拉伸、压缩、弯曲或扭转等;以及载荷的特点,例如均布载荷或集中载荷等。受力

状况是选择材料机械性能指标和数据的主要依据，机械性能指标是保证零件经久耐用的先决条件。

2)环境状况　主要是温度特性，例如低温、常温、高温或变温等；以及介质情况，例如有无腐蚀或摩擦作用等。

3)特殊要求　主要是对导电性、磁性、热膨胀、密度、外观等的要求。

对高分子材料，还应考虑在使用时，温度、光、氧、水、油等周围环境对其性能的影响。

零件的失效形式则如前述，主要包括过量变形、断裂和表面损伤三个方面。

通过对零件工作条件和失效形式的全面分析，确定零件对使用性能的要求，然后利用使用性能与实验室性能的相应关系，将使用性能具体转化为实验室机械性能指标，例如强度、韧性或耐磨性等。这是选材最关键的步骤，也是最困难的一步。之后，根据零件的几何形状、尺寸及工作中所承受的载荷，计算出零件中的应力分布。再由工作应力、使用寿命或安全性与实验室性能指标的关系，确定对实验室性能指标要求的具体数值。

(2)按机械性能选材时，还应考虑的几个问题

由于机械性能指标是通过标准实验测得的，同时有许多没有估计到的因素会影响材料的性能和零件的使用寿命。因此，在按机械性能选材时，还必须考虑以下四个方面的问题。

1)必须考虑材料和零件服役的实际情况

①材料的冶金缺陷。实际使用的材料都可能存有各种夹杂物和不同类型的宏观及微观的冶金缺陷，它们都会直接影响材料的机械性能。

②零件实际应力状态。材料的机械性能是通过试样进行测定的，而试样在试验过程中的应力状态、应力应变的分布及加工工艺等与实际零件存在差异；另外，试验过程与真实零件服役过程也有较大差异，致使实际零件的机械性能与试样测定的数值可能有较大的出入。因此，在选用时往往需要通过模拟试验后才能最终确定。

2)充分考虑钢材的尺寸效应

钢材截面大小不同时，即使热处理相同，其力学性能也有差别。随着截面尺寸的增大，钢材的力学性能将下降，这种现象称为尺寸效应。对于需经热处理(淬火)的零件，由于尺寸效应，而使零件截面上不能获得与试样处理状态相同的均一组织，从而造成性能上的差异。

①对淬透性的影响。一般淬透性低的钢(如碳钢)，尺寸效应特别明显。因此，在零件设计时，应注意实际淬火效果，不能仅以手册上的性能数据为依据。

②对淬硬性的影响。尺寸效应还影响钢材淬火后可能获得的表面硬度。在其他条件一定时，随着零件尺寸的增大，淬火后表面硬度也有所下降。

③铸铁件的尺寸效应现象。一般在铸铁件生产中也同样存在，随着铸铁件截面尺寸的增大，其力学性能也将下降。

3)综合考虑材料强度、塑性、韧性的合理配合

①强度方面　通常机械零件都是在弹性范围内工作的，所以零件的强度设计总是以条件屈服强度，用安全系数加以修正，以保证零件的安全使用。但即使如此，仍经常发生零件的失效及损坏事故。原因之一为零件在工作时不仅处于复杂应力状态下，而且还经常发生短时的过载。这时如片面提高强度不一定就是安全的，因为在一般情况下，钢材的强度值提高后，其

塑性指标会下降，当塑性很低时，就可能造成零件的脆性断裂。所以在提高强度值的同时，还应注意钢材的塑性指标。

②塑性方面　塑性指标不能直接用于设计计算。但对冲击疲劳抗力、冲击吸收能量及断裂韧度都有较大的影响。塑性的主要作用是增加零件抗过载能力，提高零件的安全性。如材料有足够塑性，则在静载荷作用下，可通过局部塑性变形，削弱应力峰值，并通过加工硬化，提高零件的强度及使用中的安全性。

③韧性方面　对于以脆断为主要危险的零件，如汽轮机、电机转子这类大型锻件以及在低温下工作的石油化工容器等，断裂韧度 K_{IC} 是最重要的力学性能指标。因此，对有低应力脆断危险的零件，需要进行断裂韧度 K_{IC} 和断裂判据 $K_I \geqslant K_{IC}$ 方面的定量设计计算，以保证零件的使用寿命。对在小能量多次冲击的情况下服役的零件，如片面追求高的塑性和韧性，势必使强度降低，反而会使疲劳冲击抗力降低，故此时可应用强度较高而塑性、韧性稍低的材料。

4)考虑零件硬度的合理配合

充分考虑零件的结构特点及服役条件，合理确定硬度值。

①对承受均匀载荷、截面无突变的零件，由于工作时不发生应力集中，可选定较高的硬度；反之，有应力集中的零件，则需要有较高的塑性，故只能采用适当硬度。

②对高精度零件，一般应有较高的硬度。

③对相互摩擦的一对零件，要注意其两者的硬度值应有一定的差别。例如轴颈的硬度高于轴承；一对传动啮合齿轮，一般小齿轮齿面硬度应比大齿轮高 25～40HBW；螺母硬度比螺栓约低 20～40HBW，可避免咬死、减少磨损。

2. 工艺性原则

材料的工艺性能是指材料适应某种加工的能力。所选材料一般应预先制成与成品形状尺寸相近的毛坯(如铸件、锻件、焊件等)，再进行切削加工。由于毛坯特点不同，在加工时，对材料提出的工艺性要求也不同。因此在满足使用性能的同时，必须兼顾材料工艺性，使所选材料具有良好的工艺性，以利于在一定生产条件下，方便、经济地得到合格产品。

选材时，同使用性能比较，工艺性能常处于次要地位。但在某些特殊情况下，工艺性能也可能成为选材考虑的主要依据。有时尽管一种材料使用性能很好，但由于加工非常困难或加工费用太高，它也是不可取的。所以，材料的工艺性能应满足生产工艺的要求，这是选材时必须考虑的问题。

(1)金属材料的工艺性能

金属材料能适应的加工方法很多且加工工艺性能良好，这也是金属材料广泛应用的原因之一。但不同类型、不同成分和组织的金属材料表现出来的工艺性能不同，甚至有较大差异。金属材料几种主要的工艺性能如下。

1)铸造性能　常用流动性、铸件收缩性和偏析倾向等来衡量。一般要求具有好的流动性、低的收缩率和小的偏析倾向。通常是熔点低的金属和结晶温度范围小的合金有较好的铸造性能。金属材料中铸造性能较好的合金主要有各种铸铁、铸钢、铸造铝合金和铜合金等。

2)锻造性能　包括可锻性(塑性与变形抗力的综合)、抗氧化性、冷镦性、锻后冷却要求状况等。

低碳钢的可锻性最好，中碳钢次之，高碳钢则较差。低合金钢的可锻性近似于中碳钢。高合金钢的可锻性比碳钢差，因为它的变形抗力大（比碳钢高几倍），硬化倾向大，塑性低，并且高合金钢导热性差，锻造温度范围窄（仅 100～200℃，而一般碳钢为 350～400℃），增加了锻造时的困难。

铝合金可与低碳钢一样锻出各种形状的锻件，但铝合金锻造时，需用比低碳钢大的能量（约大 30%），它在锻造温度下的塑性比钢低，而且模锻时流动性比较差，锻造温度范围间隔窄（一般为 100～150℃）。

铜合金的可锻性一般较好。黄铜在 20～200℃低温及 600～900℃高温下都有较高的塑性，即在热态与冷态下均可锻造，锻造所需的能量较碳钢低。某些特殊黄铜（如铅黄铜）因塑性低，很难锻造。$w_{Sn}<10\%$的锡黄铜及 $w_{Sn}<7\%$、加 P 为 0.1%～0.4%的锡青铜、锰青铜、铝青铜（$w_{Al}5\%\sim7\%$）也都可以进行锻造，但 $w_{Sn}>10\%$的锡青铜则不能锻造。

3)切削加工性　是指材料接受切削加工的能力。一般用切削抗力大小、加工零件表面粗糙程度、加工时切屑排除难易及刀具磨损大小来衡量。

切削加工性与材料的化学成分、力学性能及显微组织有密切的关系。其中零件的硬度对可加工性的影响尤为明显，硬度在 170～230HBW 范围内可加工性较好。过高的硬度不但难于加工，而且刀具很快磨损，当硬度大于 300HBW 时，可加工性显著下降；硬度约为 400HBW 时，可加工性很差。但过低的硬度则易形成很长的带状切屑，缠绕刀具和工件，造成刀具发热与磨损，零件经加工后，表面粗糙度值大，故可加工性差。当材料塑性较好时（$Z=50\%\sim60\%$），其可加工性也显著下降。$w_C>0.6\%$的钢，具有球状（粒状）碳化物的组织比具有片层状碳化物的组织的可加工性好。马氏体和奥氏体的可加工性差。高速钢和奥氏体不锈钢的切削加工性能差，铝、镁合金的切削性能较好。

切削加工性对大批量生产的零件尤为重要，且常常是生产的关键。因此，在合金结构钢、不锈钢等钢种中，增加磷、硫的含量或加入铅、钙等合金元素来改善材料的可加工性能，这在大批量生产上具有极大的经济意义。

4)焊接性能　是指在一定生产条件下接受焊接的能力。一般以焊接接头出现裂缝、气孔或其他缺陷的倾向以及对使用要求的适应性来衡量焊接性的好坏。按钢的焊接性可分为良好、一般、较差与低劣四级。

低碳钢（$w_C\leqslant0.25\%$）及 $w_C<0.18\%$的合金钢有较好的焊接性；$w_C>0.45\%$的碳钢及 $w_C>0.38\%$的合金钢焊接性较差。铜合金、铝合金的焊接性一般都比碳钢差，因为它们焊接时，易产生氧化物而形成脆性夹杂物；易吸气而形成气孔；膨胀系数大而易变形；导热快，故需功率大而集中的热源或采取预热等。常用氩弧焊进行焊接。

5)热处理工艺性　包括淬透性、变形与开裂倾向、过热敏感性、回火脆性倾向、氧化脱碳倾向、冷脆性等。

含碳量高的碳钢，在零件结构形状及冷却条件一定时，淬火后变形与开裂倾向较含碳量低的碳钢严重。而碳钢淬火时由于一般需急冷，在其他条件相同时，变形与开裂倾向较合金钢大，选材时必须充分考虑这一因素。合金钢油淬，虽可减少变形与开裂现象，然而在某些零件要求表层存有残余压应力，以提高其疲劳强度的情况下，由于合金钢淬透性较高，致使合金钢油淬零件的表层残余压应力低于碳钢水淬零件，因而不能满足要求。如中型履带式拖拉机上的花键离合器轴（直径 60mm、长度 125mm），曾用 45CrNiMo 油淬后，回火至 40～45HRC，在使用时，其键槽处往往因突然与离合器啮合而产生很大的扭力峰值，造成了低周、高压力状态的低周疲劳断裂。后改用 45 钢，在专门夹具上进行激烈喷水淬火，沿轴的整个长度获得一层均匀的淬硬层，结果使平均疲劳寿命比用上述合金钢轴提高了数倍。

对于心部要求有好的综合力学性能，表面又要有高耐磨性的零件（曲轴等），在选材时除了考虑淬透性因素外，还应使零件有利于表面强化处理，并使表面处理后能获得较满意的效果。在选择弹簧材料时，要特别注意材料的氧化脱碳倾向。选择渗碳用钢时，要注意材料的过热敏感性。选调质钢调质处理时，应注意材料的高温回火脆性。

材料的工艺性能在某些情况下甚至可成为选择材料的主导因素。例如：①汽车发动机箱体，对它的力学性能要求并不高，多数金属材料都能满足要求，但由于箱体内腔结构复杂，毛坯只能采用铸件。为了方便、经济地铸成合格的箱体，必须采用铸造性能良好的材料，如铸铁或铸造铝合金。②中小型水压机立柱，一般采用强度较高的优质中碳钢或 40Cr 钢，但是，由于铸锻能力的限制，我国第一台万吨水压机立柱（每根净重 90t）采用了焊接结构，并相应地选用焊接性较好的低合金高强度结构钢。这都说明材料的工艺性能与选材的关系，尤其在大批量生产时，更应考虑材料的工艺性。生产中，通过改变工艺规范，调整工艺参数，改进刀具和设备，变更热处理方法等途径，可以改善金属材料的工艺性能。

（2）高分子材料的工艺性能

高分子材料的切削加工性能较好，但是它的导热性差，在切削过程中易使工件温度急剧升高，使其烧焦或软化。少数情况下，高分子材料还可以焊接。

（3）陶瓷材料的工艺性能

陶瓷材料硬、脆且导热性差，主要工艺为成形（包括高温烧结）。成形后其切削加工性能与磨削加工性能极差，几乎不能进行任何其他加工。

3. 经济性原则

材料的价格和总成本应经济、低廉。选材的经济性是指选用的材料价格是否便宜，生产零件的总成本是否低，包括材料的成本高低，材料的供应是否充足，加工工艺过程是否复杂，成品率的高低以及同一产品中使用材料的品种、规格多少等。在保证性能的前提下，尽量选用价格便宜、货源充足、加工方便的材料，能用碳素钢的，不用合金钢；能用硅锰钢的，不用铬镍钢，以降低零件的成本。

必须注意，选材时，也不能片面强调降低消耗材料的费用及零件的制造成本，因为在评定机器零件的经济效果时，还需要考虑其使用过程中的经济效益问题。如某种机器零件在使用中，即使失效也不会造成机械设备破损事故，而且拆换又很方便，同时该零件的需用量又较大时，从使用成本考虑，一般希望该零件制造成本要低，售价应便宜，如机器中的易损备件；有些机器零件（如高速柴油机曲轴、连杆等），其质量好坏会直接影响整台机器的使用寿命，一旦该零件失效，将造成整台机器的损坏事故，因此为了提高这类零件的使用寿命，即使材料价格和制造成本较高，从全面来看，其经济性仍然是合理的。

4.环保和资源合理利用

选材还应该考虑环保和资源合理利用。所用材料应该来源丰富并顾及我国资源状况。此外,还要注意生产所用材料的能源消耗,尽量选用耗能低的材料。尽可能做到绿色生产、绿色使用,减少废物对环境的污染。

15.2.2 选材的步骤和方法

1.选材的步骤

零件材料的合理选择通常按照以下步骤进行:

(1)在分析零件的服役条件、形状尺寸与应力状态后,确定零件的技术条件。

(2)通过分析或试验,结合同类零件失效分析的结果,找出零件在实际使用中的主要和次要的失效抗力指标,以此作为选材的依据。

(3)根据力学计算,确定零件应具有的主要力学性能指标,通过比较预选合适材料。

(4)对预选材料进行计算,以确定是否能满足上述工作条件要求。然后综合考虑所选材料是否满足失效抗力指标和工艺性的要求,以及在保证实现先进工艺、现代生产组织方面的可能性和所选材料的生产经济性(包括热处理的生产成本等)。

(5)材料的二次(或最终)选择。二次选择方案也不一定是一种方案,可以是若干种方案。

(6)试验、投产。通过实验室试验、台架试验和工艺性能试验,最终确定合理选材方案。

(7)最后,在中、小型生产的基础上,接受生产考验,以检验选材的合理性。

2.选材的方法

选材的具体方法应视零件的品位和具体服役条件而定。对于新设计的关键零件,通常先应进行必要的力学性能试验;而一般的常用零件(如轴类零件或齿轮等),可以参考同类型产品中零件的有关资料和国内外失效分析报告等来进行选材。在按机械性能选材时,其具体方法有以下三类:

(1)以综合机械性能为主进行选材

承受冲击力和循环载荷的零件,如连杆、锤杆、锻模等,其主要失效形式是过量变形与疲劳断裂。要求有较好的综合力学性能,即具有较高的强度、疲劳强度、塑性与韧性。如截面上受均匀循环拉—压应力及多次冲击的零件(如气缸螺栓、锻锤杆、锻模、液压泵柱塞、连杆等),要求整个截面淬透。选材时应综合考虑淬透性与尺寸效应。一般可选用调质或正火状态的碳钢;调质或渗碳用合金钢;正火或等温淬火状态的球墨铸铁材料。

采用使材料强度、韧性同时提高的热处理方法即强韧化处理,能使钢的韧性提高。如低碳钢淬火形成低碳马氏体;高碳钢等温淬火形成下贝氏体;奥氏体晶粒超细化与碳化物超细化;采用复合组织(在淬火钢中与马氏体组织共存着一定数量的铁素体或残留奥氏体)以及形变热处理(即形变强化与淬火强化相结合)。如在珠光体转变中,采用等温形变淬火,不但提高强度,而且能使冲击韧性提高 10～30 倍。

(2)以疲劳强度为主进行选材

对传动轴及齿轮等零件,其整个截面上受力不均匀(如轴类零件表面承受弯曲、扭转应力最大,而齿轮齿根处承受很大弯曲应力),因此疲劳裂纹开始于受力最大的表层,尽管对这类零件同样有综合力学性能的要求,但主要是强度(特别是弯曲疲劳强度),为了提高疲劳强度,应适当提高抗拉强度。在抗拉强度相同时,调质后的组织(回火索氏体)比退火、正火组织的塑性、韧性好,并对应力集中敏感性较小,因而具有较高的疲劳强度。

提高疲劳强度最有效的方法是进行表面处理,如选调质钢(或低淬透性钢)进行表面淬火;选渗碳钢进行渗碳淬火;选渗氮钢进行渗氮,以及对零件表面应力集中易产生疲劳裂纹的地方进行喷丸或滚压强化。这些方法除可提高表面硬度外,还可在零件表面造成残余压应力,可以部分抵消工作时产生的拉应力,从而提高疲劳强度。

为了充分发挥不同化学热处理方法所获得的渗层的特点,发展了对工件施加两种以上的化学热处理或化学热处理配合其他热处理的工艺(称为复合热处理)。如 GCr15 轴承零件进行渗氮后再加以整体(淬透)淬火,可在 0.1mm 左右深度范围内,获得高达约 294MPa 的压应力,使轴承寿命提高。

(3)以磨损为主的选材

两零件摩擦时,磨损量与其接触应力、相对速度、润滑条件及摩擦的材料有关。而材料的耐磨性是其抵抗磨损能力的指标,它主要与材料硬度、显微组织有关。根据零件工作条件的不同,其选材如下。

1)摩擦较大、受力较小的零件和各种量具、钻套、顶尖、刀具、冷冲模等。其主要失效形式是磨损,故要求材料具有高的耐磨性,在应力较低的情况下,材料硬度越高,耐磨性越好;硬度相同时,弥散分布的碳化物相越多,耐磨性越好。因此,在受力较小、摩擦较大的情况下,应选过共析钢进行淬火及低温回火,以获得高硬度的回火马氏体和碳化物,满足耐磨性要求。

2)同时受磨损和交变应力作用的零件,为使其耐磨并具有较高的疲劳强度,应选用能进行表面淬火或渗碳或渗氮等的钢材,经热处理后使零件“外硬内韧”,既耐磨又能承受冲击。例如,机床中重要的齿轮和主轴,应选用中碳钢或中碳的合金钢,经正火或调质后再进行表面淬火,获得较好的综合力学性能;对于承受大冲击力和要求耐磨性高的汽车、拖拉机变速齿轮,应选用低碳钢经渗碳后淬火、低温回火,使表面获得高硬度的高碳马氏体和碳化物组织,耐磨性高,心部是低碳马氏体,强度高,塑性和韧性好,能承受冲击;对于要求硬度、耐磨性更高以及热处理变形小的精密零件,如高精度磨床主轴及镗床主轴等,常选用氮化用钢进行渗氮处理。

对于在高应力和大冲击载荷作用下的零件(如铁路道岔、坦克履带等),不但要求材料具有高的耐磨性,还要求有很好的韧性,可采用高锰钢经水韧处理来满足要求。

15.3 典型零件选材及工艺分析

工程材料按照其化学组成有金属材料、高分子材料、陶瓷材料及复合材料四大类，它们各有自己的特性，因而各有其合适的用途。

高分子材料的强度、刚度(弹性模量)低，尺寸稳定性较差，易老化。因此，目前还不能用来制造承受载荷较大的结构零件。在机械工程中，常用来制造轻载传动齿轮、轴承、紧固件、密封件及轮胎等。

陶瓷材料硬而脆，在室温下几乎没有塑性，外力作用下不产生塑性变形而呈脆性断裂。因此，一般不用于制造重要的受力零件。但其具有高的硬度和热硬性，化学稳定性很好，可用于制造在高温下工作的零件、切削刀具和某些耐磨零件。

复合材料克服了高分子材料和陶瓷材料的不足，综合了多种不同材料的优良性能，如比强度、比模量高；抗疲劳、减摩、耐磨、减振性能好；且化学稳定性优异；故是一种很有发展前途的工程材料。但由于其价格昂贵，除在航空、航天、船舶等工业中应用外，在一般工业中应用较少。

金属材料具有优良的综合力学性能和某些物理、化学性能，被广泛用于制造各种重要的机械零件和工程结构，是目前机械工程中最主要的结构材料。机械零件主要使用钢铁材料制造。本章仅讨论钢铁材料制造的几种典型零件的选材及工艺路线分析。

15.3.1 轴类零件的选材及工艺分析

轴是用于支承转动零件并与之一起回转以传递运动、扭矩或弯矩的机械零件。机器中作回转运动的零件就装在轴上。如机床主轴、花键轴、变速轴、丝杠以及内燃机的曲轴等，它是机器中重要的零件之一。

1.轴的工作条件和失效形式

(1)工作条件

轴类零件工作时主要承受弯曲应力、扭转应力或拉压应力，有相对运动的表面其摩擦和磨损较大，大多数轴类零件还承受一定的冲击力，若刚度不够会产生弯曲变形和扭曲变形。由此可见，轴类零件受力情况较为复杂。

(2)失效形式

轴类零件的失效形式有：断裂，大多是疲劳断裂；轴颈或花键处过度磨损；发生过量弯曲或扭转变形；此外，有时还可能发生振动或腐蚀失效。

2.轴类零件材料的性能要求

(1)具有优良的综合力学性能，即有足够的强度、刚度、塑性和一定的韧性。

(2)有相对运动的摩擦表面（如轴颈、花键等处），具有较高的硬度和耐磨性。

(3)有高的疲劳强度，对应力集中敏感性小。

(4)有足够的淬透性，淬火变形小。

(5)有良好的切削加工性；价格低廉。

(6)对于特殊环境下工作的轴，还应具有特殊性能，如高温下工作的轴，抗蠕变性能要好；在腐蚀性介质中工作的轴，要求耐蚀性好等。

3. 轴类零件材料

轴类零件很多，其选材的原则和主要依据是载荷大小、转速高低、精度和粗糙度的要求、有无冲击载荷和轴承类型等。

用于轴类零件的材料主要是经锻造或轧制的低、中碳钢或中碳的合金钢。此外，还可采用球墨铸铁作为轴的材料，尤其是曲轴材料。特殊场合也用不锈钢、有色金属甚至塑料。下面介绍不同工况下钢(铁)轴的材料选用。

(1) 受力不大，主要考虑刚度和耐磨性。如主要考虑刚度，可用碳钢(35、40、45 钢等)或球墨铸铁制造。如要求轴颈有较高的耐磨性，则可选用中碳钢，并进行表面淬火，将硬度提高到 52HRC 以上。

(2) 主要受弯曲、扭转的轴，如变速箱传动轴、机床主轴等。这类轴在整个截面上所受的应力分布不均匀，表面应力较大，心部应力较小。不需要用淬透性很高的钢种，如 45、40Cr，40CrNi 和 40MnB 钢等即可满足要求。

(3) 要求高精度、高尺寸稳定性及高耐磨性的轴，当轴由钢质轴承支承时，其轴颈必须具有更高的表面硬度。如镗床主轴，则选用 38CrMoAlA 钢，并进行调质处理和氮化处理。

(4) 承受弯曲(或扭转)，同时承受拉一压载荷的轴，如船用推进器轴、锻锤锤杆等，这类轴的整个截面上应力均匀，心部受力也较大，选用的钢种应具有较高的淬透性。如 40CrMnMo 等。

18CrMnTi、20MnV、15MnVB、20Mn2、27SiMn 等的低碳马氏体状态下的强度及韧性均大于 40Cr 的调质态，在无需表面淬火场合正得到愈来愈多的应用。

近年来，非调质钢如 35MnVN、35MnVS、40MnV、48MnV 及贝氏体钢如 12Mn2VB 等已用于汽车连杆、半轴等重要零件，这类钢无须调质处理，在供货状态就能达到或接近调质钢的性能，可实现制造过程大量节能。

球墨铸铁和高强度铸铁(如 HT350、KTZ550-06)可作为制造轴的材料，如内燃机曲轴、普通机床的主轴等。其有成本较低、切削工艺性好、缺口敏感性低，减振及耐磨等特点，其热处理方法主要是退火、正火、调质及表面淬火等。

4. 轴类零件选材实例

(1)机床主轴

机床主轴材料与热处理的选择，主要根据其工作条件及技术要求来决定。当主轴承受一般载荷、转速不高、冲击与变动载荷较小时，可选用中碳钢经调质或正火处理。要求高一些的，可选合金调质钢进行调质处理。对于表面要求耐磨的部位，在调质后尚需进行表面淬火。当主轴承受重载荷、高转速、冲击与变动载荷很大时，应选用合金渗碳钢进行渗碳淬火。表

15-1 为机床主轴工作条件、用材及热处理方法。

现以 C616 车床主轴(图 15-1)为例,分析其选材与热处理工艺方法。

1)工作条件:该轴工作时承受交变弯曲和扭转应力作用,但承受的应力和冲击力不大,运转较平稳,工作条件较好。锥孔、外圆锥面,工作时与顶尖、卡盘有相对摩擦;花键部位与齿轮有相对滑动,故这些部位要求有较高的硬度与耐磨性。该主轴在滚动轴承中运转,轴颈处硬度要求 220～250HBW。

2)材料及性能要求:根据上述工作条件分析,本主轴选用 45 钢制造,整体调质,硬度为 220～250HBW;锥孔和外圆锥面局部淬火,硬度为 45～50HRC;花键部位高频感应淬火,硬度为 48～53HRC。

表 15-1 机床主轴工作条件、用材及热处理方法

工作条件	材 料	主要热处理方法	硬 度	使用实例
①与滚动轴承配合 ②轻、中载荷,转速低 ③精度要求不高 ④稍有冲击	45	正火或调质	220～250HBW	一般简式机床
①与滚动轴承配合 ②轻、中载荷,转速略高 ③精度要求不太高	45	整体淬火或局部淬火+回火,整体调质	40～45 HRC	龙门铣床、摇臂钻床、组合机床等
①与滑动轴承配合 ②有冲击载荷	45	调质、轴颈表面淬火+回火	52～58 HRC	CA6140 车床主轴
①与滚动轴承配合 ②中等载荷,转速较高 ③精度要求较高 ④冲击与疲劳较小	40Cr 40MnB	整体淬火或局部淬火+低温回火	40～45 HRC 或 46～52 HRC	摇臂钻床、组合机床等
①与滑动轴承配合 ②中等载荷,转速较高 ③精度要求很高	38CrMoAl	调质,表面氮化	调质后 250～280HBW,渗氮表面 HV≥850	高精度磨床及精密镗床主轴
①与滑动轴承配合 ②中等载荷,心部强度不高,转速高 ③精度要求不高 ④有一定冲击和疲劳	20Cr	渗碳淬火+低温回火	56～62 HRC	齿轮铣床主轴
①与滑动轴承配合 ②重载荷,转速高 ③有较大冲击和疲劳载荷	20CrMnTi	渗碳淬火+低温回火	56～62 HRC	载荷较大的组合机床

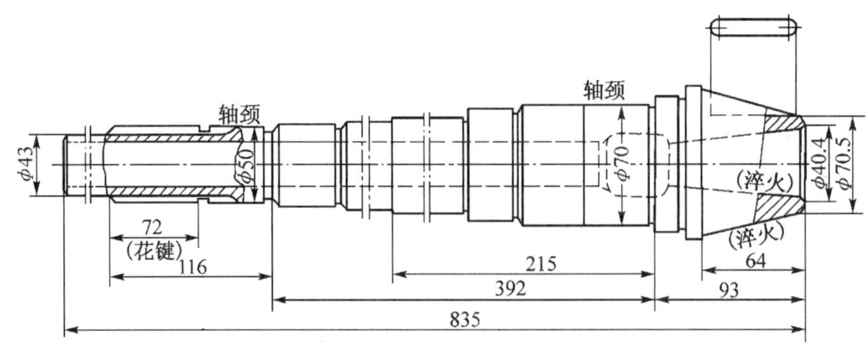

图 15-1　C616 车床主轴简图

3)加工工艺路线

下料→锻造→正火→粗加工→调质→半精加工(花键除外)→局部淬火、回火(锥孔、外锥面)→粗磨(外圆、外锥面、锥孔)→铣花键→花键处高频感应淬火、回火→精磨(外圆、外锥面、锥孔)

4)工艺分析

①锻造:主轴上阶梯较多,直径相差较大,宜选锻件毛坯。材料经锻造后粗略成形,可以节约原材料和减少加工工时,并可使主轴的纤维组织分布合理和提高力学性能。

②正火:目的是消除锻造应力,并得到合适的硬度,便于切削加工。同时改善锻造组织,为调质处理做准备。

③调质处理:使主轴得到较好的综合力学性能和疲劳强度。

④局部淬火:用盐浴快速加热局部淬火使内锥孔及外锥面经回火后达到所要求的硬度,保证装配精度和耐磨性。

⑤高频表面淬火、回火:在花键部位采用高频淬火、回火,以减少变形,并达到表面硬度的要求。

(2)汽车半轴

1)工作条件:半轴是驱动车轮转动的直接驱动件,工作时传递扭矩,承受冲击、弯曲疲劳和扭转应力的作用,工作应力较大,冲击载荷大。在上坡或启动时,扭矩很大,特别在紧急制动或行驶在不平坦的道路上,负荷更重。

2)用材及性能要求:根据工作条件分析,半轴是综合机械性能较高的零件,要求材料有足够的抗弯强度、抗疲劳强度和较好的韧性。一般选用中碳调质合金结构钢。中小型汽车半轴选用 40Cr、40MnB,大型载重汽车则用淬透性高的 40CrNi、40CrMnMo 和 40CrNiMo 制造。半轴热处理技术要求:盘部与杆心部调质,25～35HRC,组织为回火索氏体组织;杆部表面淬火并低温回火,50～58HRC,为回火马氏体组织。

以轻型汽车半轴为例,根据轻型汽车半轴工作条件分析和热处理技术要求,选用 40Cr 钢可满足要求。

3)加工工艺路线

下料→锻造→正火→机械(粗)加工→调质→机械加工→杆部中频淬火＋低温回火→磨削。

(3)内燃机曲轴

1)工作条件:曲轴是内燃机中形状复杂而又重要的零件之一。如图 15-2,它在工作时受到内燃机周期性变化着的气体压力、曲柄连杆机构的惯性力,扭转和弯曲应力以及冲击力等的作用。在高速内燃机中曲轴还受扭转、振动的影响,会造成很大的应力。

2)用材及性能要求:对曲轴的性能要求是保证有高的强度,一定的冲击韧性和弯曲、扭转疲劳强度,在轴颈处要求有高的硬度和耐磨性。曲轴选材主要决定于内燃机的使用情况、功率大小、转速高低以及轴瓦材料等。一般低速内燃机曲轴采用正火状态的 45 碳钢或 QT700-2 球墨铸铁;中速曲轴采用调质状态的碳素钢或合金钢,如 45、40Cr、45Mn2、50Mn2 钢或 QT900-2 球墨铸铁;高速曲轴采用高强度的合金调质钢如 35CrMo、42CrMo、40CrNi、18Cr2Ni4WA 等。

图 15-2 曲轴

一般内燃机,选用 45 钢锻造曲轴比较适合,因合金钢对缺口敏感性较大,合金钢曲轴的疲劳强度并不比 45 钢曲轴优越,在热处理时易产生显微裂纹和回火脆性。

3)加工工艺路线

按照曲轴材料和所采用的加工工艺,可分为锻钢曲轴和铸造曲轴两种。

①锻钢曲轴工艺路线

45 钢锻造曲轴的工艺路线为:下料→模锻→正火→调质→切削加工→局部(轴颈)表面淬火+低温回火→精磨。

②铸造曲轴工艺路线

QT700-2 铸造曲轴的工艺路线:铸造→正火(950℃)→去应力退火(560℃)→切削加工→局部淬火或软氮化处理(570℃)。

4)铸造曲轴热处理工艺分析

①正火:获得细 P 基体组织,以满足强度要求。

②去应力退火:消除正火后产生的内应力。

③软氮化:轴颈气体渗氮,提高硬度和耐磨性。

15.3.2 齿轮类零件的选材

齿轮是应用最广的机械零件,主要用来传递扭矩和动力,改变运动方向和运动速度,所有这些都是通过轮齿齿面的接触来完成的。

1.齿轮的工作条件、失效形式及对材料性能要求

(1)齿轮的工作条件

1) 由于传递扭矩,齿根承受很大的交变弯曲应力;

2) 换挡、启动或啮合不均时,齿部承受一定冲击载荷;

3) 齿面相互滚动或滑动接触,承受很大的接触压应力及摩擦力的作用。

(2)齿轮的主要失效形式

根据工作条件的不同,齿轮的失效形式主要有:轮齿折断、齿面磨损、齿面点蚀、齿面咬合和齿面塑性变形等。

(3)材料的性能要求

①高的抗弯曲疲劳强度,以防轮齿疲劳断裂。

②足够高的齿心强度和韧性,防止轮齿过载和冲击断裂。

③足够高的齿面接触强度和高的硬度、耐磨性,以防止齿面损伤。

④较好的工艺性能,如切削加工性、热处理变形小或变形有一定规律、过热倾向小和有一定的淬透性等。

2.齿轮材料

常用齿轮材料主要有以下几种:

(1)中碳钢或中碳合金钢:常用 45 钢和 40Cr 钢。45 钢用于中小载荷齿轮,如床头箱齿轮、溜板箱齿轮等,经高频淬火和回火后,硬度 52~58HRC。40Cr 钢用于中等载荷齿轮,如铣床工作台变速箱齿轮,经高频淬火和回火后,硬度 52~58HRC。

(2)渗碳钢:常用 20Cr、20Mn2B 和 20CrMnTi 等。20Cr 和 20Mn2B 用于中等载荷、有冲击的齿轮,如六角车床变速箱齿轮。20CrMnTi 用于重载荷和有较大冲击的齿轮,如汽车传动齿轮,经渗碳淬火后,硬度可达 56~62HRC。

通常重要用途的齿轮大多采用锻钢制作。对于一些直径较大(>400~600mm),形状复杂的齿轮毛坯,用锻造方法难以成形时,可采用铸钢制作。

(3)铸铁:对于一些轻载、低速、不受冲击、精度和结构紧凑要求不高的不重要齿轮,常采用灰铸铁 HT200、HT250、HT300 等。灰铸铁齿轮多用于开式传动。近年来在闭式传动中,已采用球墨铸铁 QT600-3、QT500-7 来代替铸钢齿轮。

(4)有色金属:在仪器、仪表以及某些接触腐蚀介质中工作的轻载齿轮,常采用耐腐蚀、耐磨的有色金属,如黄铜、铝青铜、锡青铜和硅青铜等制造。

(5)非金属材料:对于受力不大以及在无润滑条件下工作的小型齿轮(如仪器、仪表齿轮),可用尼龙、ABS、聚甲醛等非金属材料制造。

(6)粉末冶金:粉末冶金齿轮可实现精密、少或无切削成形,特别是随着粉末热锻技术的应用,使所制齿轮在力学性能及技术经济效益方面明显提高。一般适合于大批量生产的小齿轮,如铁基粉末冶金材料用于制造发动机、分电器齿轮等。

此外,对某些高速、重载或齿面相对滑动速度较大的齿轮,为防止齿面咬合,并且使相啮合的两齿轮磨损均匀,使用寿命相近,大、小齿轮应选用不同的材料,如用锡青铜制作蜗轮(钢制蜗杆),以减摩和避免咬合粘着现象。

3. 齿轮选材实例

(1)机床齿轮

1)工作条件:机床变速箱齿轮担负传递动力,改变运动速度和方向的任务。工作条件较好,转速中等,载荷不大,工作平稳无强烈冲击。

2)材料及性能要求:根据机床齿轮工作条件,一般用 45 钢(或 40Cr 钢)即可满足要求。

3)加工工艺路线:用 45 钢制造机床变速箱齿轮的加工工艺路线如下:

下料→锻造→正火→粗加工→调质→精加工→高频淬火+低温回火→精磨。

4)热处理工艺分析

①正火:使组织均匀并细化,消除锻造应力,便于切削加工。对于一般齿轮,也可作为高频淬火前的最终热处理。

②调质:获得高的综合机械性能,心部有足够的强度和韧性,使齿轮能承受较大的弯曲应力和冲击力,其组织为 $S_{回}$。

③高频淬火和低温回火:提高齿轮表面硬度和耐磨性,并使齿轮表面有压应力,以提高疲劳强度。为了消除淬火应力,高频淬火后应进行低温回火(或自行回火)。

(2)汽车齿轮

1)工作条件:汽车齿轮的工作条件比机床齿轮的工作条件恶劣,受力较大,超载与启动、制动和变速时受冲击频繁,对耐磨性、疲劳强度、心部强度和冲击韧性等性能的要求均较高,用中碳钢和中碳合金钢经高频表面淬火已不能保证使用性能。

2)材料及性能要求:根据汽车齿轮工作条件,应用合金渗碳钢 20CrMnTi、20CrMnMo 和 20MnVB 较为合适。经正火、渗碳淬火后表面硬度可达 58～62HRC,心部硬度可达 30～45HRC。对于制造大模数、重载荷、高耐磨性和韧性的齿轮,可采用 12Cr2Ni4A 和 18Cr2Ni4WA 等高淬透性合金渗碳钢。

3)加工工艺路线:用 20CrMnTi 制造汽车齿轮的加工工艺路线如下:

下料→锻压→正火→粗加工→渗碳、淬火+低温回火→喷丸处理→精磨。

4)热处理工艺分析

①正火:可消除锻造应力,均匀和细化组织,降低硬度,便于切削加工。

②渗碳、淬火+低温回火:渗碳层深度 1.2～1.6mm,表面含碳量为 0.8%～1.05%,淬火后表面硬度为 58～62HRC。低温回火是为了消除淬火应力和降低脆性。

喷丸可增加表面压应力,提高疲劳强度,齿面硬度可提高 1～2HRC。同时消除氧化铁皮。

15.3.3 典型弹簧选材

弹簧是机器中的重要零件。它的基本作用是减震、储能。利用材料的弹性和弹簧本身的结构特点,在载荷作用下产生变形,把机械功或动能转变为形变能;在恢复变形时,把形变能转变为动能或机械功。弹簧的种类很多,按形状分主要有螺旋弹簧(压缩、拉伸、扭转弹簧)、板弹簧、片弹簧和蜗旋弹簧等。

1. 弹簧的工作条件

(1)弹簧在外力作用下，压缩、拉伸、扭转时，材料将承受弯曲应力或扭转应力。

(2)缓冲、减振或复原用的弹簧承受交变应力和冲击载荷。

(3)某些弹簧受到腐蚀介质和高温的作用。

2. 弹簧的失效形式

弹簧的失效形式有：塑性变形、疲劳断裂、快速脆性断裂、在腐蚀性介质中使用的弹簧易产生应力腐蚀断裂失效等。

3. 弹簧材料的性能要求

(1)高的弹性极限和高的屈强比。

(2)高的疲劳强度。

(3)好的材质和表面质量。

(4)某些弹簧需要材料有良好的耐蚀性和耐热性。

4. 弹簧的选材

弹簧种类很多，载荷大小相差悬殊，使用条件和环境各不相同。制造弹簧的材料很多，金属材料、非金属材料(如塑料、橡胶)都可用来制造弹簧。由于金属材料的成形性好、容易制造，工作可靠，在实际生产中，多选用弹性极高的金属材料来制造，如碳素钢(典型钢号有65、70、75、85)、锰弹簧钢(常用钢号为65Mn)、硅锰弹簧钢(典型钢号有55Si2Mn、55Si2MnB、55SiMnVB、60Si2Mn、70Si2Mn)、铬钒弹簧钢(典型钢号是50CrVA)、硅铬弹簧钢(典型钢号有60Si2CrA、60Si2CrVA)、钨铬钒弹簧钢(典型钢号是30W4Cr2VA)等。在腐蚀性介质中使用的弹簧常用不锈钢(如0Cr18Ni9、1Cr18Ni9、1Cr18Ni9Ti等)来制造。电器、仪表弹簧及在腐蚀性介质中工作的弹性元件用黄铜、锡青铜、铝青铜、铍青铜等制造。

(1)汽车板簧

汽车板簧用于缓冲和吸振，承受很大的交变应力和冲击载荷的作用，需要高的屈服强度和疲劳强度，一般选用65Mn、60Si2Mn制造。中型或重型汽车，板簧用50CrMn、55SiMnVB钢，重型载重汽车大截面板簧用55SiMnMoV、55SiMnMoVNb钢制造。

工艺路线为：热轧钢带(钢板)冲裁下料→压力成型→淬火＋中温回火→喷丸强化

热处理工艺：淬火温度850℃～860℃(60Si2Mn钢为870℃)，油冷，淬火后组织为马氏体。回火温度为420℃～500℃，组织为回火托氏体。

(2)火车螺旋弹簧

火车螺旋弹簧用于机车和车厢的缓冲和吸振，其使用条件和性能要求与汽车板簧相近。可用50CrMn、55SiMnMoV钢制造。

工艺路线为：热轧钢棒下料→两头制扁→热卷成形→淬火＋中温回火→喷丸强化→端面磨平

热处理工艺与汽车板簧相同。

(3)内燃机气门弹簧

气门弹簧是一种压缩螺旋弹簧。其用途是在凸轮、摇臂或挺杆的联合作用下，使气门打开和关闭，承受应力不是很大，可采用淬透性比较好、晶粒细小、有一定耐热性的 50CrVA 钢制造。

工艺路线为：冷卷成型→淬火＋中温回火→喷丸强化→两端磨平

热处理工艺：将冷拔退火后的盘条校直后用自动卷簧机卷制成螺旋状，切断后两端并紧，经 850～860℃加热后油淬，再经 520℃回火，组织为回火屈氏体，喷丸后两端磨平。弹簧弹性好，屈服强度和疲劳强度高，有一定的耐热性。

气门弹簧也可用冷拔后经油淬及回火后的钢丝制造，绕制后经 300～350℃加热消除冷卷簧时产生的内应力。

15.3.4 机架和箱体零件选材

1. 机架类零件

各种机械的机身、底座、支架、横梁、工作台以及轴承座、阀体、导轨等均为典型机架类零件。

(1)机架类零件的特点：形状不规则，结构较复杂并带有内腔，工作条件相差很大。

(2)机架类零件的功用及性能要求：主要起支承和连接机床各部件的作用，以承受压应力和弯曲应力为主，为保证工作的稳定性，应有较好的刚度及减振性；工作台和导轨等，要求有较好的耐磨性，这类零件一般受力不大，但要求具有良好的刚度和密封性。

(3)常用材料：在多数情况下选用灰铸铁或合金铸钢。个别特大型的还可采用铸钢和焊接联合结构。

2. 箱体类零件

床头箱、变速箱、进给箱、溜板箱、内燃机的缸体等都为箱体类零件。

(1)箱体类零件的特点：重量大、形状复杂，是机器中很重要基础零件。由于箱体结构复杂，常用铸造的方法制造毛坯，故箱体几乎都用铸造合金。

(2)机架类零件的功用及性能要求：作为重要的基础零件，主要起支承和连接机床各部件的作用。

(3)常用材料：首选材料为灰口铸铁、孕育铸铁，球墨铸铁也可选用。它们成本较低、铸造性好、切削加工性优、对缺口不敏感、减振性好，非常适合铸造箱体零件，铸铁中石墨有良好的润滑作用，并能储存润滑油，有良好的耐磨性，很适宜制造导轨。

1)受力不大，而且主要是承受静载，不受冲击的箱体可选灰铸铁。若该零件在工作时与其他部件发生相对运动，其间有摩擦、磨损发生，则选用珠光体基体灰铸铁(HT200 和 HT250 用得最多)。

2)受力较大，选孕育铸铁或球墨铸铁或其他。如 HT400 用来制造液压筒，QT400-17、QT420-10 可制造阀体、阀盖，QT600-2、QT800-2 可制造冷冻机缸体。

3)受力大，要求高强度、高韧性，甚至在高温下工作的零件如汽轮机机壳，可选用铸钢。但形状简单的，可选用型钢焊接而成。

4)受力不大，并要求自重轻或要求导热好，则可选作铸造铝合金制造。

5)受力很小，并要求自重轻，还可考虑选用工程塑料。

对铸铁件，一般要对毛坯进行去应力退火，消除铸件内应力、改善切削加工性能；对于机床导轨、缸体内壁等进行表面淬火提高表面耐磨性。对铸钢件，为了消除粗晶组织、偏析及铸造应力，应对铸钢毛坯进行完全退火或正火。对铝合金：应根据成分不同，进行退火或淬火时效等处理。

15.3.5 典型农机零件的选材

许多农机零件在工作中要与土壤或作物摩擦。不同的零件，性能要求和材料略有不同。

1. 犁铧

在耕地过程中，犁铧的作用是铲起土块和切割土壤。在工作中不断受到土壤的摩擦而磨损，还会受到土壤中石块的冲击而折断。因此，犁铧的性能要求有好的耐磨性和一定的抗冲击性能。常采用65Mn、65SiMnRE等钢和韧性白口铁制造。

钢制犁铧的加工工艺路线为：

下料→热压型→加工刃口→冲孔校型→淬火、回火

用韧性白口铁制造犁铧的热处理方法：

将犁铧加热到900℃保温后在300℃的盐炉中等温淬火。这种犁铧有很高的硬度和耐磨性，并有一定的韧性，成本低。

2. 耙片

耙片的工作条件与犁铧相似。但因直径较大，对韧性的要求比犁铧高。常采用65Mn制造。热处理为淬火后经450℃左右的中温回火。旱地耙片硬度42～49HRC，水田耙片硬度38～44HRC。

3. 收割机刀片

主要用于切割作物和牧草。主要失效形式为磨损和崩刃。对刀片的性能要求是高的强韧性，刃口耐磨。常采用T9或65Mn钢制造。热处理采用高频加热后在240～300℃盐炉中等温淬火，获得强韧性、耐磨性均好的下贝氏体组织。硬度52～55HRC。

15.3.6 压力容器的选材

压力容器是指内部或外部受气体或液体压力，并对安全性有较高要求的密封容器。广泛用于石油化工、外层空间、海洋科学、能源系统以及民用诸领域。它的运行条件苛刻，制造工艺复杂，如果容器一旦破坏，后果极其严重。从容器的使用安全性来选材与用材是预防容器发生破坏事故，确保其安全运行的主要措施之一。

1. 压力容器用钢的一般要求

(1)优良的综合力学性能。具有较高的强度、良好的塑性和韧性、较小的应变时效敏感性。

(2)优良的抗腐蚀性能。

(3)良好的工艺性能。主要指良好的焊接性、压力加工性和热处理性能。

2. 压力容器用钢特点

压力容器用钢板和普通钢板的主要差别在于：

①在钢号上以汉语拼音字母“R”结尾的压力容器钢板(如Q370R)，在冶炼上区别于普通钢板。压力容器钢板只能用平炉、电炉和氧气转炉钢，减小时效倾向，保证钢的塑性、韧性。

②压力容器钢板允许的硫、磷的质量分数更低，一般要求 $w_S \leqslant 0.030\%$，$w_P \leqslant 0.035\%$，甚至都要求不大于0.025%(如13MnNiMoR)。有的压力容器用钢对焊接冷裂纹敏感性也要进行控制。

③出厂保证项目不同。普通钢板不保证内部质量，而压力容器钢板则要求进行超声波探伤。压力容器钢板的冲击吸收能量 KV 值较普通钢板高，如压力容器用钢要求常温 $KV \geqslant$ 31J，而普通钢仅为27J。低温压力容器用钢应按有关规定进行夏比(V型缺口)低温冲击试验。

④由于大部分压力容器用钢在高于室温、低于其蠕变温度的范围内使用，因此，钢材的高温屈服强度是压力容器用钢的一项重要性能指标，而普通钢则无此项要求。

⑤增加力学性能检验率。在检验数量上，普通钢板要求同一炉号的钢取一组试样，而压力容器钢板则随板厚的减小增加取样的组数，甚至可按用户要求逐张取样，确保质量。

3. 常用压力容器用钢选择

(1)压力容器用碳素钢和低合金高强度钢

当压力容器设计压力较小、直径较大时，失效主要为弹性失稳，一般应按刚性选材。这时，可选压力容器用碳素钢。当设计压力较高时，应按强度选材，如果钢板厚度在8～10mm以下，可选压力容器用碳素钢板(如Q245R)，否则，优先考虑低合金压力容器用钢。常用Q345R、Q370R钢。此外，13MnNiMoR钢由于加入铌，具有细化晶粒和沉淀强化作用，使其屈服强度显著提高，热强性好，使用温度可达500～520℃，但焊前要预热，焊后要进行消除应力热处理或去氢处理，对焊接质量要严格加以控制。目前，13MnNiMoR多用于单层卷焊高压厚壁容器或中温、低温容器。

压力容器用碳素钢和300～450MPa强度级别的低合金钢，一般在热轧状态下使用。制造壳体或封头等受压元件或在低温下使用时，Q245R和这个级别的低合金钢应处于正火状态。如用Q245R或Q345R制作壁厚大于30mm的壳体，其使用状态也是正火状态。450MPa以上强度级别的低合金钢，应在调质、正火或正火加回火状态下使用。

(2)高温用钢

在高温条件下运行的压力容器，其用钢应具有良好的抗氧化性和热强性。

常用的高温钢按工作温度范围有：工作温度400～600℃的压力容器，用钢以热强性为主，大量使用含钼、铬钼及铬钼钒类的珠光体耐热钢，一般在正火或调质状态下使用，常用的高温用钢有15CrMoR、12Cr2Mo1R、13MnNiMoR等。温度高于600℃而低于1100℃的压力容器，往往采用高铬镍奥氏体耐热钢，同时具有高的热强性和抗氧化性，如07Cr19Ni11Ti、06Cr17Ni12Mo2等，一般在固溶状态或稳定化状态下使用。温度低于700℃且承载不大，并要求钢具有高的抗氧化性的压力容器，可用1Cr6Si2Mo，属马氏体型耐热钢，有较好的抗氧化性。

(3)低温用钢

在低温下运行的压力容器，其破坏性质几乎均属低应力脆性破坏。

低温压力容器用低合金钢的钢号后均标以“DR”。这类钢一般具有铁素体组织，不但低温韧性和塑性好，还具有优良的卷、弯、焊等制造工艺性能，其价格也比奥氏体不锈钢便宜。

常用的低温用钢按温度等级有：当温度不低于－40℃时，选用正火状态的16MnDR，大型低温球形容器使用调质状态的07MnNiCrMoVDR；温度不低于－60℃时，选用正火状态的09MnTiCuREDR，温度不低于－70℃时，选用正火状态的09Mn2VDR和09MnNiDR；温度不低于－90℃时，选用正火或调质状态的06MnNbDR。若温度更低时，则用低温韧性更好的高铬镍奥氏体钢(如1Cr18Ni9)或高锰奥氏体钢(如20Mn23Al、15Mn26Al)。选用低温钢时，钢材的低温冲击功的实际值较标准值应有较大的富余量，否则钢材在焊接后，将因热影响区冲击功较大的下降，导致产品的低温性能达不到要求。

(4)超高压用钢

超高压容器的工作条件比较苛刻，特别是化工超高压容器。除了高温、高压外还常伴有交变载荷或冲击载荷，有时还有介质的腐蚀作用。由于承受的压力高，超高压容器筒体或端盖多采用整体锻造成形，通过热处理来提高强度。锻造容器用钢均属大型锻件用钢，由于尺寸大，钢中的成分、夹杂物和气体存在偏析，纵向和横向、心部和表面的力学性能不一致，并且氢气扩散困难，容易产生白点和氢脆等缺陷。因此，对于超高压容器锻件，要求采用酸性平炉或电炉冶炼的镇静钢，最好采用真空冶炼、真空脱气或电渣重熔等先进工艺，以减少氢的含量，提高钢的纯净度。

超高压容器一般选用中碳镍铬钼(钒)钢，国产成熟的钢种为30CrNi5Mo。最终热处理采用调质处理。

(5)耐蚀钢与抗氢钢

根据容器介质腐蚀的特点，必要时压力容器可选用不锈钢，如晶间腐蚀倾向小的奥氏体不锈钢06Cr19Ni10及07Cr19Ni11Ti，或具有较高应力腐蚀抗力的奥氏体—铁素体双相不锈钢，如022Cr18Ni15Mo3N等。

在炼油及化工装置的介质中往往含有氢，在一定温度(200～300℃)及压力(30MPa)下，氢能扩散入钢内，与渗碳体进行脱碳反应而生成甲烷，使钢产生晶界裂纹和鼓泡，从而使具有体心立方晶格的钢变脆，产生氢损伤。当压力容器介质的氢分压较高且温度高于200℃时，就应重视材料的氢损伤问题。常用抗氢钢有正火加回火状态的10MoVWNbR、15MoVR、15CrMoR、12Cr2Mo1R和固溶或稳定化状态的Cr18Ni9型不锈钢，其中Cr、Ti、W、V、Nb、Mo等形成稳定碳化物，既可将碳固定住，又可防止生产甲烷。

15.4 工模具选材

15.4.1 刀具的选材

切削加工使用的车刀、铣刀、钻头、丝锥、板牙、拉刀和滚刀等工具统称为刃具。

1. 刀具的工作条件及失效形式

在切削过程中，刀具直接与工件及切屑相接触，受到被切削材料的强烈挤压，承受很大的切削压力和冲击，并受到工件及切屑的剧烈摩擦，刃部温度可升到500～600℃。

刀具切削部分在高温、高压、剧烈摩擦甚至冲击震动的条件下工作，容易发生磨损、崩刃、热裂和刃部软化等形式的失效。

2. 刀具材料的性能要求

(1)高硬度，高耐磨性。硬度一般要大于62HRC；

(2)高的热硬性(或红硬性、耐热性)；

(3)足够的强度和韧性(强韧性好)；

(4)高的淬透性；可采用较低的冷速淬火，以防止刀具变形和开裂。

3. 刀具材料

用于刀具的材料有碳素工具钢、低合金刃具钢、高速钢、硬质合金和陶瓷等，根据刀具的使用条件和性能要求不同进行选用。

(1)碳素工具钢：一般简单、低速的手用刃具，如手锯锯条、锉刀、木工用刨刀、凿子等对红硬性和强韧性要求不高，主要的使用性能是高硬度、高耐磨性。因此可用碳素工具钢制造。如T8、T10、T12钢等。碳素工具钢价格较低，但淬透性差。

(2)低合金刃具工具钢：低速切削、形状较复杂的刀具，如丝锥、板牙、拉刀等，可用低合金刃具钢9SiCr、CrWMn制造。因钢中加入了Cr、W、Mn等元素，使钢的淬透性和耐磨性大大提高，耐热性和韧性也有所改善，可在＜300℃的温度下使用。

(3)高速钢：高速切削用的刀具，选用高速钢(W18Cr4V、W6Mo5Cr4V2等)制造。高速钢具有高硬度、高耐磨性、高的红硬性、好的强韧性和高的淬透性的特点，因此在刃具制造中广泛使用，用来制造车刀、铣刀、钻头和其他复杂、精密刀具。高速钢的硬度为62～68HRC，切削温度可达500～550℃，价格较贵。

(4)硬质合金：是由硬度和熔点很高的碳化物(TiC、WC)和金属用粉末冶金方法制成，常用硬质合金的牌号有K20(旧YG6)、K30(旧YG8)、P30(旧YT5)、P10(旧YT15)、P01(旧YN10)等。硬质合金的硬度高(89～94HRA)，耐磨性、耐热性好，使用温度可达1000℃。它的切削速度比高速钢可高几倍。

硬质合金制造刀具时，工艺性比高速钢差。一般制成形状简单的刀头，用钎焊的方法将刀头焊接在碳钢制造的刀杆或刀盘上。硬质合金的抗弯强度较低，冲击韧性较差，价格较贵。

(5)陶瓷：由于陶瓷硬度极高、耐磨性好、红硬性极高，也用来制造刀具。热压氮化硅(Si_3N_4)陶瓷显微硬度为5000HV，耐热温度可达1400℃。陶瓷刀具一般为正方形、等边三角形的形状，制成不重磨刀片，装夹在刀体中使用。用于各种淬火钢、冷硬铸铁等高硬度难加工材料的精加工和半精加工。陶瓷刀具抗冲击能力较低，易崩刃。

(6)金刚石：分人造和天然两种，常用人造聚晶金刚石(PCD)。硬度约为10000HV，故其耐磨性好，不足之处是抗弯强度和韧性差，对铁的亲和作用大，故金刚石刀具不能加工黑色金属，在800℃时，金刚石中的碳与铁族金属发生扩散反应，刀具急剧磨损。金刚石价格昂贵，刃磨困难，应用较少。主要用作磨具及磨料，有时用于修整砂轮。

(7)立方氮化硼(CBN)：是一种人工合成的新型刀具材料。其硬度很高，可达8000～

9000HV，并具有很好的热稳定性，允许的工作温度达1400～1500℃。它的最大的优点是在高温1200～1300℃时也不会与铁族金属起反应。CBN具有更好的化学稳定性，特别适合加工钢铁材料，如淬火钢、冷硬铸铁、铁基合金、镍基合金、钛合金以及各种热喷涂材料、硬质合金及其他难加工材料的高速切削、干式切削。

高速切削（比常规切削速度高几倍甚至十几倍）所使用的刀具材料有涂层硬质合金、陶瓷、PCD和CBN等。涂层硬质合金刀具与无涂层刀具相比，对于相同的刀具使用寿命，涂层硬质合金刀具的切削速度可提高25%～70%，甚至高达3倍。涂层硬质合金适用于碳素结构钢、合金结构钢、易切削钢、工具钢、铸铁和不锈钢的高速切削。更高的切削速度可选用PCD和CBN。

目前在自动线上使用的刀具仍以高速钢及硬质合金或新型刀具材料为主。高性能高速钢和粉末冶金高速钢更适合用来制造自动线用刀具。在使用高速钢时，应特别注意保证其组织的细化和热处理质量，以及采用涂层方法进一步提高使用寿命。选用硬质合金时，为了保证稳定性和可靠性，多采用超细晶硬质合金、涂层硬质合金和铣刀专用硬质合金。

4. 刀具的选材

(1)手用丝锥

1)工作条件及失效形式：手用丝锥是加工内螺纹的刀具。因它用手动攻螺纹，受力较小，切削速度很低。它的主要失效形式是磨损及扭断。

2)性能要求：刃部应有高硬度和高耐磨性以抵抗磨损；心部及柄部要有足够强度和韧性以抵抗扭断。手用丝锥热处理技术条件为：刃部硬度59～63HRC，心部及柄部硬度30～45HRC。

3)手用丝锥选材

根据工作条件分析，手用丝锥材料的含碳量应较高，使淬火后获得高硬度，并形成较多的碳化物以提高耐磨性。由于手用丝锥对热硬性、淬透性要求较低，受力很小，故可选用w_C=1.0%～1.2%的碳素工具钢。再考虑到需要提高丝锥的韧性及减小淬火时开裂的倾向，应选硫、磷杂质极少的高级优质碳素工具钢，常用T12A（或T10A）钢，其过热倾向较T8钢小。

采用碳素工具钢制造手用丝锥，原材料成本低，冷、热加工容易，并可节约较贵重的合金钢，因此使用广泛。目前，有的工厂为进一步提高手用丝锥寿命与抗扭断能力，采用GCr9钢来制造手用丝锥，也取得较好的经济效益。

4)工艺路线：T12A钢的M12手用丝锥的加工工艺路线为：

下料→球化退火（当轧材原始组织球化不良时才采用）→机械加工（大量生产时，常用滚压方法加工螺纹）→淬火、低温回火→柄部回火（浸入600℃硝盐炉中快速回火）→防锈处理（发蓝）。

为了使丝锥齿刃部具有高的硬度，而心部有足够韧性，并使淬火变形尽可能减小（因螺纹齿刃部以后不再磨削），以及考虑到齿刃部很薄，故可采用等温淬火或分级淬火。淬火后，丝锥表层组织（2～3mm）为贝氏体＋马氏体＋渗碳体＋残留奥氏体，硬度大于60HRC，具有高的耐磨性；心部组织为托氏体＋贝氏体＋马氏体＋渗碳体＋残留奥氏体，硬度为30～45HRC，具有足够的韧性。丝锥等温淬火后，变形量一般在允许范围内。

(2)齿轮滚刀

齿轮滚刀是生产齿轮的常用刀具,用于加工外啮合的直齿和斜齿渐开线圆柱齿轮。其形状复杂,精度要求高。齿轮滚刀可用高速钢 W18Cr4V 钢制造。其工艺路线为:

热轧棒材下料→锻造→球化退火→粗加工→淬火→回火→精加工→表面处理

W18Cr4V 钢的始锻温度为 1150～1200℃,终锻温度为 900～950℃。锻造的目的一是成型,二是破碎、细化碳化物,使碳化物均匀分布,防止成品刀具崩刃和掉齿。由于高速钢淬透性很好,锻后在空气中冷却即可得到淬火组织,因此锻后应慢冷。锻件应进行球化退化,以便于机加工,并为淬火做好组织准备。高速钢的淬火、回火工艺较为复杂,详见有关章节。精加工包括磨孔、磨端面、磨齿等磨削加工。精加工后刀具可直接使用。

为了提高其使用寿命,可进行表面处理,如硫化处理、硫氮共渗、离子氮碳共渗—离子渗硫复合处理,表面涂覆 TiN、TiC 涂层等。

(3)日用刀具

与机械切削加工刀具相比,日用刀具的工作条件和性能要求有明显差别。其形状薄、窄、小,因而要求有较高的韧性以防止折断;切断对象较软,对刀具磨损不严重,故无需过高的硬度和耐磨性;因清洁要求或工作条件下的腐蚀,而要求较好的耐蚀性。日用刀具选材应综合考虑硬度、韧性、耐蚀性及刀具形状、尺寸等要求。表 15-2 为常见日用刀具材料及硬度要求。

表 15-2 常见日用刀具材料及硬度要求

刀具名称	推荐材料	硬度要求(HRC)
菜刀	65、65Mn、70	54～61
	30Cr13、40Cr13	50～53
餐刀	20Cr13、30Cr13	45 以上
民用剪	50、55、60、65Mn	54～61
服装剪	60、65Mn、T10	56～62
	40Cr13	55～60
理发剪	65、65Mn、70、75	58～62
	40Cr13	55～60
理发刀	Cr06、CrWMn	713～856HV
	95Cr18	664～795HV
双面刀片	Cr02、Cr06	798～916HV

15.4.2 冷作模具选材

在冷冲压过程中,被加工材料的变形抗力比较大,模具的工作部分(冲头、刃口)承受强烈的冲击、剪切、弯曲以及与被加工材料之间的摩擦作用,其损坏形式主要是磨损,但也有因结构或热处理不当而产生的刃口剥落、镦粗、折断(主要发生在冲裁模上)或表面产生沟槽(主要出现在拉伸模和压弯模上)等缺陷,导致模具早期报废。

因此,对于这类模具,总的要求是具有高的硬度、强度、耐磨性以及足够的韧性(特别是在重载工作条件下），而对热硬性几乎无要求。选择材料时，应考虑不同工况及冲制件的材料、形状、尺寸及生产批量等因素。表15-3是冷作模具推荐选材。

现以冲裁黄铜制的接线板落料凹模为例，分析其选材、热处理工艺。

该凹模为冲裁黄铜制的接线板，工件厚度小、抗剪强度低，故凹模所受载荷较轻。但凹模如在淬火时变形超差，则无法用磨削法修正，同时凹模内腔较复杂，且有螺纹孔、销孔，壁厚也不均匀。如选碳素工具钢，淬火变形开裂倾向较大，则可选CrWMn钢或9Mn2V钢。淬火、回火后硬度为58～60HRC。

接线板落料凹模的加工工艺路线为：

下料→锻造→球化退火→机械加工→去应力退火→淬火＋低温回火→磨削。

热处理前，安排去应力退火是为了消除淬火前凹模内存在的残余应力，使淬火后变形减小。淬火时，采用分级淬火，凹模淬入温度稍低于 M_s 点的热浴中（硝盐或油），保温一段时间，使一部分过冷奥氏体转变为马氏体，并在随后保温时转变为回火马氏体。这样，不仅消除凹模内外温差引起的热应力，也消除了部分过冷奥氏体转变为马氏体所产生的相变应力。在随后空冷中，由于截面上同时形成马氏体，且数量有所减少，故引起的相变应力也较小，而使凹模不致开裂。同时，由于淬火后有较多的残留奥氏体，可部分抵消淬火时由于形成马氏体所引起的体积膨胀，因而使凹模变形较小。淬火、低温回火后，凹模硬度可达58～60HRC。

表15-3　冷作模具钢及推荐选用

模具种类	推荐材料牌号			备注
	简单（轻载）	复杂（轻载）	重载	
冲孔落料模	T10A、9Mn2V	9Mn2V、Cr12MoV CrWMn	Cr12MoV	
硅钢片冲模	Cr12、Cr12MoV	Cr12、Cr12MoV		因工件批量大，要求模具寿命长
小冲头	T10A、9Mn2V	Cr12MoV	W18Cr4V、 W6Mo5Cr4V2	冷挤压钢件、硬铝冲头还可选用超硬高速钢
压弯成形模	T10A、9Mn2V		Cr12、Cr12MoV	
拉丝模	T10A、9Mn2V		Cr12、Cr12MoV	
冷挤压模	T10A、9Mn2V	9Mn2V、Cr12MoV	Cr12MoV	要求热硬性时还可选用W18Cr4V、W6Mo5Cr4V2
冷镦模	T10A、9Mn2V、 CrWMn		Cr12MoV、 W18Cr4V、 Cr4W2MoV、 012Al、65Nb	

此外，凹模在锻造后采用球化退火；淬火加热时在 600～650℃预热（消除热应力与切削加工应力）；将销孔、螺孔用耐火泥堵住；这些措施都有利于减少凹模淬火时变形与开裂的倾向。

15.4.3 热作模具选材

1. 热锻模

主要是用于热模锻压力机和模锻锤上的热作模具，分别称为压锻模和锤锻模，包括模块、镶块及切边模。在工作过程中，模具承受的单位压力高，冲击载荷大，炽热金属在高速流动时还对型腔产生强烈摩擦。型腔表面常与 1100℃以上的高温金属接触，其温升可达 400～500℃，局部可达 600℃。每锻压一次，需要水、油冷却，在反复加热、冷却作用下，模具表面易产生热疲劳而龟裂。因此，总体上要求热锻模具有在工作温度下保持高的强度及良好的冲击韧性、抗热疲劳性、抗氧化和抗热冲刷的能力，以及高的淬透性、良好的导热性。

锤锻模因承受的冲击载荷较大，多选用合金含量较低、冲击韧性高的钢种，较低的工作硬度，一般不大于 50 HRC。对于形状简单的或中、小型锻模，一般采用 5CrMnMo 钢；对于大型模具或形状复杂的中、小模具，常用 5CrNiMo、5NiCrMoV 钢。大批量生产时，根据锻模大小，可采用韧性及耐热性更好的 H13 做模具的嵌镶模块，工作硬度也可以稍高一些。对于高温强度较大且锻造时不易变形的高合金钢、不锈钢、耐热钢，宜选热强性更好的 H13、H11 或 3Cr2W8V、HM3 等钢制造。

压锻模（或热挤压模）承受的冲击力比锤锻模小，模具与炽热金属接触时间长，承受工作温度高，这类模具一般选热强性较高、合金含量高、淬透性和淬硬性较高的热作模具钢。如 H13、HM3 和基体钢、012A1 钢等。

2. 压铸模

压铸模是在高压下使液态金属压铸成形的一种模具。工作条件最恶劣的是成形部分零件。在压铸过程中，模具直接和高压（30～150MPa）、高温（400～1600℃）、高速的液态金属接触，模具表面温升达 300～1000℃，同时反复多次加热、冷却，温差变化较大；模腔表面还不断受到高速、高压喷射的金属液流冲刷腐蚀，尤其是压铸熔点高的金属，模具龟裂和磨损的现象特别严重。因此，压铸模具必须具有良好的抗热疲劳性、红硬性和抗高温液态金属的冲刷、腐蚀的性能，以及较好的工艺性能。压铸模材料主要根据液态金属的熔点选择。

铅及其合金的压铸温度较低（小于 100℃），其模具可使用 45 钢、40Cr、T8A、T10A 或 P20（3Cr2Mo）塑料成型模具钢制造。

锌合金的压铸温度为 400～450℃，小批量生产时，可采用 P20、40Cr、30CrMnSi 钢；大批量生产时，采用 H13 钢；形状简单的可采用 4CrW2Si、5CrNiMo、3Cr2W8V 等。

压铸铝、镁合金的温度为 650～700℃，小批量生产时可选用 40Cr、42CrMo 钢；大量生产时，选用 4CrW2Si、3Cr2W8V 和 H13，甚至还可选用 HM1、ER8 及马氏体时效模具钢 18Ni（250）等。

对于铜合金，其压铸温度为 850～1000 ℃，通常采用高合金热作模具钢 3Cr2W8V，而 HM1、ER8 等新型高强钢更使寿命大幅提高。

压铸钢铁材料时，压铸温度高达 1450～1650℃，一般热作模具钢已不能胜任，目前仍多采用 3Cr2W8V 制造，表面渗铝或铬、铝、硅三元共渗后使用。

为了达到更高的模具寿命，也可用难熔金属 Mo、W 的高温合金（如钼基合金 TZM）及高导热金属（如铍青铜、铬锆钒铜，并常水冷）制造。

本章小结

1. 主要内容

机械零件（或工模具）不但要符合一定的外形和尺寸要求，还要根据零件服役条件（工作环境、应力状态、载荷等）选用合适的材料及热处理工艺。选材是否恰当，直接影响零件的使用性能、寿命和制造成本。使用性能原则、工艺性原则、经济性原则、环保和资源合理利用原则是选材的 4 个原则。

轴类零件的主要失效形式是变形、断裂和局部过度磨损，因此，轴类零件选材时要综合考虑强度、刚度和耐磨性。主要选用经锻造或轧制的低、中碳钢或中碳合金钢材料；对应力集中敏感性且外形复杂轴类零件也可选用球墨铸铁。

齿轮类零件的主要失效形式是齿根疲劳断裂、齿面局部剥落和过度磨损。机床齿轮常用的材料有中碳钢或中碳合金结构钢和低碳低合金结构钢（渗碳钢）两类。这类材料经表面强化处理后，表面强度和硬度高，心部韧性好。

弹簧类零件的失效形式主要是塑性变形、疲劳断裂和快速脆性断裂，因此，弹簧材料要具有高的弹性极限和高的屈强比、高的疲劳强度和好的材质以及表面质量。常选用各种弹簧钢。

机架和箱体类零件，形状不规则，结构比较复杂并带有内腔，工作条件相差很大，在多数情况下选用灰铸铁或合金铸钢；个别特大型的还可采用铸钢和焊接联合结构。

刀具切削部分在高温、高压、剧烈摩擦甚至冲击震动的条件下工作。容易发生磨损、崩刃、热裂和刃部软化等形式的失效。刀具材料一般要求高硬度、高耐磨，高热硬性，足够的强度和韧性以及高的淬透性。根据工作条件和失效形式，刀具材料可选用碳素工具钢、合金工具钢、高速工具钢、硬质合金、陶瓷和超硬材料。

冷作模具的工作部分（冲头、刃口）承受强烈的冲击、剪切、弯曲以及与被加工材料之间的摩擦作用，其主要失效形式是磨损，也有部分因结构或热处理不当而产生的刃口剥落、镦粗、折断或表面产生沟槽等缺陷。要求材料具有高的硬度、强度、耐磨性以及足够的韧性，一般选用高碳钢或高碳合金钢。

2. 学习重点

（1）机械零件失效破坏形式和原因。

（2）机械零件选材的原则。

（3）齿轮、轴等典型零件材料选择及其热处理。

（4）常用刃具、模具材料选择及其热处理。

习题与思考题

15-1　机械零件设计和选材时主要考虑哪些性能指标？

15-2 零件在什么条件下发生断裂？韧性断裂分哪几个阶段？这种断裂有什么特点？

15-3 脆性断裂常在什么条件下发生？为什么说脆性断裂是零件最危险的失效方式？

15-4 表面损伤失效是在什么条件下发生的？分哪几种形式出现？

15-5 简述零件失效的原因。

15-6 零件失效分析的一般步骤是怎样的？有哪些主要环节是必须进行的？

15-7 轴类零件的工作条件、失效方式和对轴类零件材料性能的要求是什么？

15-8 对汽车、拖拉机齿轮选材的要求是什么？

15-9 有一批 $w_C=0.45\ \%$的碳钢齿轮，其制造工艺为：圆钢下料→锻造→正火→车削加工→淬火→回火→铣齿→表面淬火。说明各热处理工序的名称和作用。

15-10 某 40Cr 钢主轴，要求整体有足够的韧性，表面要求有较高的硬度和耐磨性，采用何种热处理工艺可满足要求？简述理由。

15-11 有一重要传动轴(最大直径 ϕ20mm)受较大交变拉压载荷作用，表面有较大摩擦，要求沿截面性能均匀一致。(1)选择合适的材料，(2)编制加工工艺路线，(3)说明各热处理工艺的主要作用，(4)指出最终组织。可供选择材料：16Mn，20CrMnTi，T12，Q235

15-12 现有下列零件及可供选择的材料，给各零件选择合适的材料，并选择合适的最终热处理方法(或材料状态)。

零件名称：自行车架 机器主轴 汽车板簧 汽车变速齿轮 机床床身 柴油机曲轴

可选材料：60Si2Mn，QT600-2，T12A，40Cr，HT200，Q345，20CrMnTi

15-13 要制造重载齿轮、连杆、弹簧、冷冲压模具、热锻模、滚动轴承、铣刀、锉刀、机床床身、车床传动齿轮、一般用途的螺钉等零件，试从下列牌号中分别选出合适的材料并说明钢种名称。

T10，65Mn，HT250，W18Cr4V，GCr15，40Cr，45，20CrMnTi，Cr12MoV，Q235，5CrNiMo

15-14 指出你在金工实习过程中，使用过或见过的三种零件或工具的材料及热处理方法。

15-15 试为下列齿轮选材，并确定热处理方法：

(1) 不需润滑的低速、无冲击的传动齿轮；

(2) 尺寸较大，形状复杂的低速中载齿轮；

(3)受力较小，要求有一定抗蚀性的轻载齿轮(如钟表齿轮)；

(4) 受力较大，并受冲击，要求高耐磨性的齿轮(如汽车变速齿轮)。

15-16 某厂用 T10 钢制的钻头加工一批铸铁件(钻 ϕ10mm 深孔)，钻了几个孔后钻头磨损失效。经检验，钻头材质、热处理工艺、金相组织及硬度均合格。试问失效原因？并提出解决办法。

附　录

附录 A　主要相关国家标准名录

性能测试

GB/T 228.1-2010 金属材料 拉伸试验 第 1 部分:室温试验方法

GB/T 6397-1986 金属拉伸试验试样

GB/T 231.1-2009 金属材料 布氏硬度试验 第 1 部分:试验方法

GB/T 231.2-2012 金属材料 布氏硬度试验 第 2 部分:硬度计的检验与校准

GB/T 231.3-2012 金属材料 布氏硬度试验 第 3 部分:标准硬度块的标定

GB/T 231.4-2009 金属材料 布氏硬度试验 第 4 部分:硬度值表

GBT 230.1-2009 金属材料 洛氏硬度试验 第 1 部分:试验方法(A、B、C、D、E、F、G、H、K、N、T 标尺)

GB/T 230.2-2012 金属材料 洛氏硬度试验 第 2 部分:硬度计(A、B、C、D、E、F、G、H、K、N、T 标尺)的检验与校准

GB/T 230.3-2012 金属材料 洛氏硬度试验 第 3 部分:标准硬度块(A、B、C、D、E、F、G、H、K、N、T 标尺)的标定

GB/T 4340.1-2009 金属材料 维氏硬度试验 第 1 部分:试验方法

GB/T 4340.2-2012 金属材料 维氏硬度试验 第 2 部分:硬度计的检验与校准

GB/T 4340.3-2012 金属材料 维氏硬度试验 第 3 部分:标准硬度块的标定

GB/T 4340.4-2009 金属材料 维氏硬度试验 第 4 部分:硬度值表

GB/T 1172-1999 黑色金属硬度及强度换算值

GB/T 229-2007 金属材料 夏比摆锤冲击试验方法

GB/T 4337-2008 金属材料 疲劳试验 旋转弯曲方法

GB/T 12444-2006 金属材料 磨损试验方法 试环-试块滑动磨损试验

GB/T 225-2006 钢 淬透性的末端淬火试验方法(Jominy 试验)

组织分析

GB/T 10561-2005 钢中非金属夹杂物含量的测定标准评级图显微检验法

GB/T 13298-1991 金属显微组织检验方法

GB/T 6394-2002 金属平均晶粒度测定法

GB/T 13299-1991 钢的显微组织评定方法

GB/T 1979-2001 结构钢低倍组织缺陷评级图

GB/T 18876.1-2002 应用自动图像分析测定钢和其他金属中金相组织、夹杂物含量和级别的标准试验方法 第1部分:钢和其他金属中夹杂物或第二相组织含量的图像分析与体视学测定

GB/T 18876.2-2006 应用自动图像分析测定钢和其他金属中金相组织、夹杂物含量和级别的标准试验方法 第2部分:钢中夹杂物级别的图像分析与体视学测定

GB/T 18876.3-2008 应用自动图像分析测定钢和其他金属中金相组织、夹杂物含量和级别的标准试验方法 第3部分 钢中碳化物级别的图像分析与体视学测定

GB/T15749-2008 定量金相测量方法

材料类型

GB/T 221-2008 钢铁产品牌号表示方法

GB/T 17616-1998 钢铁及合金牌号统一数字代号体系

GB/T 13304.1-2008 钢分类 第1部分:按化学成分分类

GB/T 13304.2-2008 钢分类 第2部分:按主要质量等级和主要性能或使用特性的分类

GB/T 700-2006 碳素结构钢

GB/T 699-1999 优质碳素结构钢

GB/T 1298-2008 碳素工具钢

GB/T 1591-2008 低合金高强度结构钢

GB/T 4171-2008 耐候结构钢

GB/T 714-2008 桥梁用结构钢

GB/T 712-2011 船舶及海洋工程用结构钢

GB/T 3077-1999 合金结构钢

GB/T 1222-2007 弹簧钢

GB/T 18254-2002 高碳铬轴承钢

GB/T 1299-2000 合金工具钢

GB/T 9943-2008 高速工具钢

GB/T 8731-2008 易切削结构钢

GB/T 15712-2008 非调质机械结构钢

GB/T 20878-2007 不锈钢和耐热钢 牌号及化学成分

GB/T 4237-2007 不锈钢热轧钢板和钢带

GB/T 1220-2007 不锈钢棒

GB/T 1221-2007 耐热钢棒

GB/T 8492-2002 一般用途耐热钢和合金铸件

GB/T 9439-2010 灰铸铁件

GB/T 9440-2010 可锻铸铁件

GB/T 1348-2009 球墨铸铁件
GB/T 17505-1998 钢及钢产品交货一般技术要求
GB/T 1173-2013 铸造铝合金
GB/T 16474-1996 变形铝及铝合金牌号表示方法
GB/T 5231-2012 加工铜及铜合金牌号和化学成分
GB/T 1174-1992 铸造轴承合金
GB/T 5153-2003 变形镁及镁合金牌号和化学成分
GB/T 3620.1-2007 钛及钛合金牌号和化学成分
GB/T 15018-1994 精密合金牌号
GB/T 18376-2008 硬质合金牌号
GB/T 13292-1991 涂层硬质合金分类和涂层主要技术要求

附录B　常用淬火钢回火温度与硬度对应关系

牌号	淬火规范		淬火硬度/HRC	回火温度/℃											
	加热温度/℃	冷却剂		180±10	240±10	280±10	320±10	360±10	380±10	420±10	480±10	540±10	580±10	620±10	650±10
				回火后的硬度/HRC											
35	860±10	水	>50	51±2	47±2	45±2	43±2	40±2	38±2	35±2	33±2	28±2	220±20 HBW	220±20 HBW	
45	830±10	水	>55	56±2	53±2	51±2	48±2	45±2	43±2	38±2	34±2	30±2			
T8，T8A	790±10	水，油	>62	62±2	58±2	56±2	54±2	51±2	49±2	45±2	39±2	34±2	29±2	25±2	
T10，T10A	780±10	水，油	>62	63±2	59±2	57±2	55±2	52±2	50±2	46±2	41±2	36±2	30±2	26±2	
40Cr	850±10	油	>55	54±2	53±2	52±2	50±2	49±2	47±2	44±2	41±2	36±2	31±2	260HBW	
50CrVA	850±10	油	>60	58±2	56±2	54±2	53±2	51±2	49±2	47±2	43±2	40±2	36±2		30±2
60Si2Mn	870±10	油	>60	60±2	58±2	56±2	55±2	54±2	52±2	50±2	44±2	35±2	30±2		
65Mn	820±10	水，油	>60	58±2	56±2	54±2	52±2	50±2	47±2	44±2	40±2	34±2	32±2	28±2	
5CrMnMo	840±10	油	>52	55±2	53±2	52±2	48±2	45±2	44±2	44±2	43±2	38±2	36±2	34±2	32±2
30CrMnSi	860±10	油	>48	48±2	48±2	47±2		43±2	42±2			36±2		30±2	26±2
GCr15	850±10	油	>62	61±2	59±2	58±2	55±2	53±2	52±2	50±2		41±2		30±2	
9SiCr	850±10	油	>62	62±2	60±2	58±2	57±2	56±2	55±2	52±2	51±2	45±2			
CrWMn	830±10	油	>62	61±2	58±2	57±2	55±2	54±2	52±2	50±2	46±2	44±2			
9Mn2V	800±10	油	>62	60±2	58±2	56±2	54±2	51±2	49±2	41±2					
3CrW8V	1100±10	分级，油	≈48								46±2	48±2	48±2	43±2	41±2
Cr12	980±10	分级，油	>62	62	59±2		57±2			55±2		52±2			45±2
Cr12MoV	1030±10	分级，油	>62	62	62			57±2				53±2			45±2
W18Cr4V	1270±10	分级，油	>62									>64（560℃，回火3次）			

注：1. 水冷却剂为10%NaCl水溶液。

2. 淬火加热在盐浴炉中进行，回火在井式炉中进行。

3. 回火保温时间碳钢一般采用60～90min；合金钢采用90～120min。

4. W18Cr4V一般采用560℃回火3次，每次60min；3CrW8V一般采用560～580℃回火2次。

参考文献

[1] 朱张校，姚可夫. 工程材料(第 4 版)[M]. 北京：清华大学出版社，2009.

[2] 周凤云. 工程材料及应用(第 2 版)[M]. 武汉：华中科技大学出版社，2004.

[3] 王忠. 机械工程材料[M]. 北京：清华大学出版社，2009.

[4] 于永泗，齐民. 机械工程材料[M]. 大连：大连理工大学出版社，2007.

[5] 吕烨，王丽凤. 机械工程材料[M]. 北京：高等教育出版社，2009.

[6] 王章忠. 机械工程材料(第 2 版)[M]. 北京：机械工业出版社，2007.

[7] 徐自立. 工程材料[M]. 武汉：华中科技大学出版社. 2012.

[8] 沈莲. 机械工程材料(第 3 版)[M]. 北京：机械工业出版社，2007.

[9] 张铁军. 机械工程材料[M]. 北京：北京大学出版社，2011.

[10] 司乃钧 、舒庆. 工程材料及热成形技术基础(第 1 版)[M]. 北京：高等教育出版社. 2014.

[11] 吕广庶、张远明. 工程材料及成形技术基础(第 2 版)[M] . 北京. ：高等教育出版社. 2011.

[12] 苏子林. 工程材料与机械制造基础[M]. 北京：北京大学出版社. 2009.

[13] 宋杰. 工程材料与热加工[M]. 大连：大连理工大学出版社. 2008.

[14] 孙维连，魏凤兰. 工程材料[M]. 北京：中国农业大学出版社，2006.

[15] 邓文英，郭晓鹏. 金属工艺学[M]. 北京：高等教育出版社，2008.

[16] 侯俊英，王兴源. 机械工程材料及成形基础[M]. 北京：北京大学出版社，2009.

[17] 许德珠. 机械工程材料[M]. 北京：高等教育出版社. 2001.

[18] 王目孔，孙建新，刘新超. 铸造镁合金研究与应用进展[J]. 有色金属工程，2012(2)，56-59.

[19] 黄伯云，易健宏. 现代粉末冶金材料和技术发展现状(二)[J]. 上海金属，2007(4)，1-5.

[20] 刘咏，黄伯云，龙郑易，贺跃辉. 世界粉末冶金的发展现状[J]. 中国有色金属，2006(1)，48-50.

[21] 王正品，李炳. 工程材料[M]. 北京：机械工业出版社，2012.

[22] 王彦平，强小虎，冯利邦. 工程材料及其应用[M]. 成都：西南交通大学出版社，2011.

[23] 骆莉，等. 工程材料及机械制造基础[M]. 武汉：华中科技大学出版社，2012.

[24] 李书伟. 工程材料与热加工工艺[M]. 南京：南京大学出版社，2011.

[25] 王运炎，朱莉. 机械工程材料[M]. 北京：机械工业出版社，2008.

[26] 崔忠圻，覃耀春. 金属学与热处理(第 2 版)[M]. 北京：机械工业出版社，2007.

[27] 张忠健. 硬质合金发展前景广阔[J]. 中国金属通报，2012(31)，16-19.

[28] 中国机械工程学会热处理学会. 热处理手册[M](第 4 版)(第 1 卷：工艺基础). 北京：机械工业出版社，2008.

[29] 中国机械工程学会热处理学会. 热处理手册[M](第 4 版)(第 4 卷：热处理质量控制和检验). 北京：机械工业出版社，2008.

[30] 冶金工业信息标准研究院冶金标准化研究所，中国标准出版社. 钢铁产品分类牌号技术条件包装尺寸及允许偏差标准汇编[M] (第 5 版). 北京：中国标准出版社，2012.